主编 于立文

中华茶道

第二卷

茶道是以养生修心为宗旨的饮茶艺术，涵蕴饮茶之道、饮茶修道、饮茶即道三义。

饮茶之道是基础，饮茶修道是过程，饮茶即道是终极。饮茶之道，重在审美艺术性；饮茶修道，重在道德实践性；饮茶即道，重在宗教哲理性。

在中国茶道中，

辽海出版社

五、名山灵泉

人称"器为茶之父，水为茶之母"，说明了茶之饮用，离不开器与水，而且有着极其重要的地位。因为，茶的内质优劣，要通过冲泡后，以眼看、鼻闻、口尝、手摸去感受和判别，而不同的水质、水温和水量又会孕育出不同的茶汤品质。张源《茶录》说："茶者水之神，水者茶之体，非真水莫显其神，非精茶曷窥其体。"许次纾《茶疏》说："精茗蕴香，借水而发，无水不可与论茶也。"张大复《梅花草堂笔谈》说："茶性必发于水，八分之茶，遇十分之水，茶亦十分矣；八分之水，试十分之茶，茶只八分耳。"可见择水、辨水至关重要。

（一）古人论水

古人择水观

自唐以来，有不少专著论述泡茶用水问题，并将古人的经验和调查结论记录下来。唐陆羽在《茶经·五之煮》中阐述了水的选择："其水，用山水上，江水中，井水下。其山水，拣乳泉、石池漫流者上，其瀑涌湍漱，勿食之，久食，令人有劲疾。又多别流于山谷者，澄浸不泄，自火天至霜郊以前，或潜龙蓄毒于其间，饮者可决之，以流其恶，使新泉涓涓然酌之。其江水，取去人远者。井，取汲多者。"

明屠隆《茶说·择水》说："天泉，秋水为上，梅水次之，秋水白而冽，梅水白而甘，甘则茶味稍夺，冽则茶味独全，故秋水较差胜之。春冬二水，春胜于冬，皆以和风甘雨得天地之正施者为妙，唯夏月暴雨不宜。或因风雪所致，实天地之流怒也。龙行之水，暴而淫者，旱而冻者，腥而墨者，皆不可食。雪为五谷之精，取以煎茶，幽人情况。地泉，取乳泉漫流者，如梁溪之惠山泉为最胜。取清寒者，泉不难于清而难以寒，石少土多，沙腻泥凝者，必不清寒，且濑峻流驶而清，严奥阴积而寒者，亦非佳品。取香甘者，泉唯香甘，故能养人，然甘易而香难，未有香而不甘者。取石流者，泉非石出者必不佳。取山脉逶迤者，山不停处，水必不停，若停即无源者矣，旱必易涸。往往有伏流沙土中者，挹之不竭，即可食，不然，则渗瀦之潦耳，虽清勿食。有瀑涌湍急者，食久，令人有头疾……有温泉，下生硫磺故然，有同出一壑，半温半冷者，食之有害……江水，取去人远者，扬子南零夹石渟渊，特入首品。长流，亦有通泉窦者，必须汲贮，候其澄澈可食。井水，脉暗而性滞，味咸而色浊，有妨茗气，试煎茶一瓯，隔宿视之，则结浮腻一层，他水则无，此其明验矣，虽然汲多者可食，终非佳品。或平地偶穿一井，适通泉穴，味甘而淡，大旱不涸，与山泉无异，非可以井水例观也，若海滨之井，必无佳泉，盖潮汐近，地斥卤故也。灵水，上天自降之泽，如上池、天酒、甜雪、香雨之类，世或希觏，人亦罕识，乃仙饮也。丹泉，名山大川，仙翁修炼之处，水中有丹，其味异常，能延年祛病，尤不易得。"

明许次纾《茶疏·择水》说："今时品水，必首惠泉，甘鲜膏腴，至足贵也。往日渡黄河，始忧其浊，舟人以法澄过，饮而甘之，尤宜煮茶，不下惠泉。黄河之水，来自天上，浊者土色也，澄之既净，香味自发。余尚言有名山则有佳茶，兹又言有名山必有佳泉，相提而论，恐非臆说。余所经行吾两浙、两都、齐、鲁、楚、粤、豫、章、滇、黔，皆尝稍涉其山川，味其水泉，发源长远，而潭沚澄澈者，水必甘美。即江湖溪涧之水，遇澄潭大泽，味咸甘冽。唯波涛湍急，瀑布飞泉，或舟楫多处，则苦浊不堪。盖云伤劳，岂其恒性。凡春夏水涨则减，秋冬水落则美。"

明张源《茶录·品泉》说："山顶泉清而轻，山下泉清而重，石中泉清而甘，砂中泉清而冽，土中泉淡而白。流于黄石为佳，泻出青石无用。流动者愈于安静，负阴者胜于向阳。真源无味，真火无香。井水不宜茶，《茶经》云：山水上，江水次，井水最下矣。第一方不近江，山卒无泉水，唯当多积梅雨，其味甘和，乃长养万物之水。雪水虽清，性感重阴，寒不脾胃，不宜多积。"

辨水

唐张又新撰《煎茶水记》，记载了陆羽的高超辨水本领："代宗朝李季卿刺湖州，至维扬，逢陆处士鸿渐。李素熟陆名，有倾盖之欢，因之赴郡，泊扬子驿。将食，李曰：陆君善于茶，盖天下闻名矣，况扬子南零水又殊绝，今者二妙千载一遇，何旷之乎。命军士谨信者，执瓶操舟，深诣南零，陆利器以俟之，俄水至，陆以勺扬其水曰：江则江矣，非南零者，似临岸之水。使曰：其棹舟深入，见者累百，敢虚给乎？陆不言，既而倾诸盆，至半，陆遽止之，又以勺扬之曰：自此南零者矣。使蹶然大骇伏罪曰：某自南零赍至岸，舟荡覆半，惧其鲜，挹岸水增之，处士之鉴，神鉴也，其敢隐焉。李与宾从数十人皆大骇愕，李因问陆，既如是，所经历处之水，优劣精可判矣。陆曰：楚水第一，晋水最下。李因命笔，口授而次第之：

"庐山康王谷水帘水，第一；

"无锡县惠山寺石泉水，第二；

"蕲州兰溪石下水，第三；

"峡州扇子山下，有石突然，泄水独清冷，状如龟形，俗云虾蟆口水，第四；

"苏州虎丘寺石泉水，第五；

"庐山招贤寺下方桥潭水，第六；

"扬子江南零水，第七；

"洪州西山西东瀑布水，第八；

"唐州柏严县淮水源，第九；

"庐州龙池山岭水，第十；

"丹阳县观音寺水，第十一；

"扬州大明寺水，第十二；

"汉江金州上游中零水，第十三；

"归州玉虚洞下香溪水，第十四；

"商州武关西洛水，第十五；

"吴淞江水，第十六；

"天台山西南峰千丈瀑布水，第十七；

"郴州圆泉水，第十八；

"桐庐严陵滩水，第十九；

"雪水第二十。"

此书还记录了刘伯刍对水的评鉴排序："较水之与茶宜者凡七等；

"扬子江南零水，第一；

"无锡惠山泉水，第二；

"苏州虎丘寺泉水，第三；

"丹阳县观音寺水，第四；

"扬州大明寺水，第五；

"吴淞江水，第六；

"淮水最下，第七。"

张又新经过实地比较，同意刘氏说法。仅从上两例中可见，不同的人辨水，所排定的次序是有异的。如：陆羽认为第七的扬子江南零水，而刘伯刍却认为是第一，以后各种文献中，对水的评价又有不一，于是出现了众多的"天下第一泉"的题名。明代著名地理学家徐霞客周游全国名山大川后，认为位于云南安宁县城以北的螳螂川畔之碧玉泉是温泉中的第一；同代诗人杨之庵与之看法相同，在碧玉泉畔款题"天下第一汤"五个大字，并在温泉诗中写道：可以沦茶，可在烹饪。清乾隆皇帝一人封了两个"天下第一泉"，即北京的玉泉和济南的趵突泉，并亲为北京玉泉撰写、题书了《御制天下第一泉记》一篇，刻碑立石。清人邢江则把四川玉液泉（位于峨嵋山金顶之下）誉为"天下第一泉"。至于各地名山大川，被文人雅士封题为"天下第一泉"的还有很多，像杭州孤山下的六一亭上，就挂有"天下第一泉"匾额。纵观众多的"天下第一泉"，均与地质、植被有关，一般蓄水地面均有良好的植被，雨水经植被渗入地下，经砂岩或石灰岩之裂隙渗漏过滤，最后汇成泉水喷流而出。

古人对水的质量比较，只说明了泡茶需用好水，泡茶者应先会择水而已，至于当今之人是否再按古人排定的水质次序去择水泡茶，想来是不可能的。

试水

《六合县志》卷十二引《茗芨》一书，末附泰西熊三拔试水法，无论江河井泉雨雪之水，均可用五种方法辨水高下。"第一煮试，取清水置净器煮熟，倾入白瓷器中，候澄清，下有沙土者，此水质恶也，水之良者无滓，又水之良者以煮物则易熟；第二试清，水置白瓷器中，向日下令日光正射水，视日光中若有尘埃氤氲如游气者，此水质恶也，水之良者，其澄澈底；第三试味，水无形也，无形无味，无味者真水，凡味皆从外合之，故试水以淡为主，味甘者次之，味恶者为下；第四秤试，多种水欲辨美恶，以一器更酌而秤之，轻者为上；第五丝绵试，又法用纸或绢帛之类，其色莹白者，以水蘸候干，无迹者为上也。"

清乾隆皇帝对水质的好坏，以斗量秤之评定。据《冷庐杂识》载："（乾隆）巡跸所至，制银斗，命内侍精量泉水。"结果，将北京西山玉泉山泉水定为"天下第一泉"，并撰《御制天下第一泉记》一文，文称："尝制银斗较之，京师玉泉之水，斗重一两；塞上伊逊之水，亦斗重一两；济南之珍珠泉，斗重一两二厘；扬子江金山泉，斗重一两三厘；则较之玉泉重二三厘矣。至惠山、虎跑，则各重玉泉四厘；平山重六厘；清凉山、白沙、虎丘及西碧云寺，各重玉泉一分，然则更无轻于玉泉者乎？有！乃雪水也。尝收积素而烹之，较玉泉斗轻三厘。雪水不可恒得，则凡出于山下而有冽者，诚无过京师之玉泉，故定为天下第一泉。"但是，前代明田艺蘅的试水法则就完全相反："源泉水必重，而泉水之佳者尤重"（《煮泉小品》）。因此，以容量轻重衡之，究竟以轻佳还是以重佳，尚难定论。随着科学技术的发展，古人的这些试水方法固可借鉴，但更应利用现代科技手段，对水质进行检测，全面评价，找出适合开发利用的天然活水来。近年来，面世销售的矿泉水的品牌日益增多，可选择其中优质者用以泡茶。

（二） 现代择水

综观前述，古人对泡茶用水十分讲究，但即使在当时，天下人也无法都以"天下第一泉"之水或积雪水来泡茶。从当今而言，虽已有不少优质矿泉水被开发利用，瓶装销售，因受资源的限制，仍不可能成为饮用水的主体。因此，现代择水，只能就地取材，从当地的水资源中选取好水，其基本要求是必须符合饮用水标准。

饮用水标准

根据我国卫生部 1985 年批准的 GB5749 – 85 生活饮用水标准，归纳起来共有四方面指标：

〔1〕感观性状和一般化学指标。

色度 < 15 度，并不得呈现其他异色，浑浊度 < 3 度，特殊情况 < 5 度，不得有异臭、异味，不得含有肉眼可见物。

PH 值为 6.5 ~ 8.5；总硬度（以碳酸钙计）< 450 毫克/升；铁 < 0.3 毫克/升；锰 < 0.1 毫克/升；铜 < 1.0 毫克/升；锌 < 1.0 毫克/升；挥发酚类（以苯酚计）< 0.002 毫克/升；阴离子合成洗涤剂 < 0.3 毫克/升；硫酸盐 < 250 毫克/升；氯化物 < 250 毫克/升；溶解性总固体 < 1000 毫克/升。

〔2〕毒理学指标。

氟化物 < 1.0 毫克/升；氰化物 < 0.05 毫克/升；砷 < 0.05 毫克/升；硒 < 0.01 毫克/升；汞 < 0.001 毫克/升；镉 < 0.01 毫克/升；铬（6 价）< 0.05 毫克/升；铅 < 0.05 毫克/升；银 < 0.05 毫克/升；硝酸盐（以氮计）< 20 毫克/升；氯仿* < 60 微克/升；四氯化碳* < 3 微克/升；苯并（a）芘* < 0.01 微克/升；滴滴涕* < 1 微克/升；六六六 < 5 微克/升（ * 为试行标准）。

〔3〕细菌学指标。

细胞总数 <100 个/升；总大肠杆菌 <3 个/升；游离余氯在与水接触 30 分钟后应不低于 0.3 毫克/升。集中式给水除出厂水应符合上述要求外，管网末梢水不应低于 0.05 毫克/升。

〔4〕放射性指标。

总 α 放射性 <0.1 贝可/升；总 β 放射性 <1 贝可/升。

水质与茶品质

虽然符合饮用水标准者均可用来泡茶，但水质不同会使泡茶品质有异。1984 年，有关专家、学者曾采集了不同来源的水样，以炒青茶为材料，分别测定了水的总硬度、PH 值、电导率、茶汤光密度值（波长 = 500 纳米）和感观审评，结果见表 5 - 1。

表 5 - 1：水质与茶的审评评价

水源		苏州	黄山	杭州	去离	苏州	5 米	126 米	京杭
水质		寒枯泉	鸣弦泉	龙井	子水	自来水	浅井水	深井水	运河水
理化测定	总硬度	1.75	1.58	9.94	0.71	4.42	14.93	15.56	7.99
	PH 值	6.16	7.76	7.93	5.60	7.50	7.51	7.72	8.05
	电导率(UV)	77	80	84	2.3	91	140	110	105
	茶汤光密度值	0.127	0.172	0.225	0.102	0.393	0.770	0.735	0.600
感观审评	香气	清香纯正	香浓	香气馥郁	纯正清淡	具酸香味	中等	带老熟气	浊香
	滋味	醇厚和顺	鲜爽	醇厚鲜爽	淡泊	欠纯	略带苦涩味	浓而欠纯	味浓厚苦涩
	汤色	清澈明亮	黄亮	清而亮略带黄绿色	清淡明亮	黄而明亮	清淡黄浊	黄浊较深	黄浊

从表中可见，泡茶用水确以泉水为佳，其次为去离子水，但茶的色香味均偏淡；城市自来水因有氯气，使香、味均受影响；井水和河水均属下品，相比之下，以浅井水稍佳。但是，上述结论也不可一概而论，有的井是通山泉的，泡茶亦甚佳。

水有软水和硬水之分，凡水中钙、镁离子 <4 毫克/升的（4d）为极软水，4 ~ 8 毫克/升为软水，8 ~ 16 毫克/升的为中等硬水，16 ~ 30 毫克/升的为硬水，>30 毫克/升的为极硬水。在自然水中，大抵只有雨水和雪水称得上是软水，一般均为硬水。而硬水中因含碳酸氢钙、碳酸氢镁而引起的硬水，经煮沸后，便生成不溶性的沉淀即水垢，使硬水变为软水，因此这种水称为暂时性硬水；另一种是含钙、镁硫酸盐和氯化物的，经煮沸仍溶于水，则为永久硬水，不可用于泡茶——因为不同的矿物离子，对茶的汤色和滋味有很大的影响。据研究，低价铁（0.1ppm）会使茶汤发暗，滋味变淡，高价铁则影响更大；铝、钙、锰均会使滋味发苦；钙、铅会使味涩；铅会使味酸；镁、铅会使味淡。

水的 PH 值对茶汤色泽有较大影响，一般名茶用 PH 值为 7.1 的蒸馏水冲泡，茶汤 PH 值大体在 6.0～6.3 之间，炒青绿茶 PH 值在 5.6～6.1 之间。若泡茶用水 PH 值偏酸或偏碱，即影响茶汤 PH 值。绿茶茶汤，当 PH 值＞7 呈橙红色，＞9 呈暗红色，＞11 呈暗褐色。红茶茶汤，当 PH 值为 4.5～4.9，汤色明亮，＞5 则汤色较暗，＞7 则汤色暗褐，而＜4.2 则汤色浅薄。由此可见，泡茶用水以中性及偏酸性的较好。

泡茶用水预处理

以上两节说明了现代人择水比古人更讲究科学性，从水质与泡茶品质的关系中可以找出泡茶用水预处理的对策。

〔1〕城市自来水。

自来水厂供应的自来水均已达到生活用水的国家标准，由于标准中有一条，即游离余氯与水接触 30 分钟后应不低于 0.3 毫克/升，因此，自来水普遍有股漂白粉的氯气气味，直接泡茶，使香味逊色。为此，可采用：①水缸养水。将自来水放入陶瓷缸内，放置一昼夜，让氯气挥发殆尽，再煮水泡茶。②自来水龙头出口处接上离子交换净水器，使自来水通过树脂层，将氯气及钙、镁等矿物质离子除去，成为去离子水，然后用于泡茶。特别是北方，自来水的水源为地下水，PH 值均超过 7，去离子后，也能使 PH 值＜7。

〔2〕天然矿泉水。

各地散有各种矿泉水水源，只要无污染的活水，均可用之。用罐桶盛接泉水，先置容器中一昼夜，让水中悬浮的固体物沉淀，上部清水就可用于泡茶，如用活性碳芯的净水器过滤则更好。若有条件，亦可用离子交换净水器，除去水中钙、镁离子，使硬水变为软水。

〔3〕市售矿泉水、蒸馏水（有的称太空水）。

因在制造时已经过处理，可直接煮水泡茶。

（三）煮水之妙

泡茶择水，有了好水必加以烹煮方能冲泡。煮水貌似简单，实为极讲究之事。古代饮茶用的是饼茶和团茶，虽用煮饮方法，但煮茶也得先煮水，故对候火、汤辨均留下不少脍炙人口的传说，不能一一列举。到了明代，炒青散茶的出现，煮茶渐渐被点茶（冲泡）所代替，在明代屠隆撰的《茶说》中就有"杭俗烹茶，用细茗置茶瓯，以沸汤点之，名为撮泡。"的记载。要煮好泡茶用水，须在煮水过程中不致染上异味，并掌握火候，分辨水沸程度。

煮水燃料及容器

煮水燃料有柴、煤、炭、煤气、酒精、电等多种，除电无异味外，其余燃料燃烧时多少有气味产生，为使煮好的水不带有异味，应注意：①烧水的场所应通风透气，不使异味聚积；②柴、煤等灶，均应装置烟囱，使烟气及时排出，用普通煤炉，屋内应装排气扇；③不用沾染油、腥等异味的燃料；④应使柴、煤、炭燃着有火焰后，再搁水烧煮；⑤水壶盖应密封。在条件许可的情况下，品茗用水最好以煤气、酒精、电等为热源，既清洁卫生又简单方便，达到急火快煮的要求。

烧水容器古代用镬，现在边远山区农村也仍沿用，但必须用专用的或洗刷干净的饭镬，否则会使水沾染油腻，影响茶味。现在一般都用烧水壶，即古书上称为"铫"或"茶瓶"者。论其质量以瓦壶为最佳。品用潮州工夫茶的"四宝"茶具之一——玉书煨，即为烧水陶壶，小巧玲珑，烧一壶水正好冲一道茶，故每次均可准确掌握水沸程度，保证最佳泡茶质量。港台地区茶艺馆林立，且又多以品乌龙茶为主，为增添品茶情趣，煮水用小型石英壶，其壁透明如玻璃，易形辨煮水程度，却不易碎，可耐高温，下配酒精炉或电炉，让茶客自煮自泡，其乐无穷。有的地方仍沿用铜壶，如四川成都的茶馆等。有的茶艺馆刻意定做铜壶，但对人体健康而言，铜壶煮水，会提高水中铜的含量，未必是佳品。多数场合，煮水用金属铝壶或不锈钢壶。

大型茶室或企事业单位，供应开水是用铁制锅炉，常含铁锈水垢，需经常冲洗炉腔，否则所煮之水长时间难以澄清，泡茶时绿茶汤色泛红，红茶汤色发黑，且影响滋味的鲜醇，断不可用以待客或品茶。

煮水程度

煮水"老"、"嫩"都会影响到开水的质量，故应严格掌握煮水程度。自古以来，在煮水程度的掌握上积累了不少经验，至今仍可参考沿用。最早，辨别煮水程度的方法是形辨，正如唐陆羽《茶经·五之煮》中指出："其沸，如鱼目，微有声，为一沸；缘边如涌泉连珠，为二沸；腾波鼓浪，为三沸。已上水老不可食也。"以后，又发展到形辨和声辨。明许次纾《茶疏》中云："水，入铫，便须急煮，候有松声，即去盖，以消息其老嫩，蟹眼之后，水有微涛，是为当时，大涛鼎沸，旋至无声，是为适时，过则汤老而香散，决不堪用。"最全面的辨别方法要属明张源《茶录》中介绍的，原文为："汤有三大辨十五小辨。一曰形辨，二曰声辨，三曰气辨。形为内辨，声为外辨，气为捷辨。如虾眼、蟹眼、鱼眼、连珠皆为萌汤，直至涌沸如腾波鼓浪，水气全消，方是纯熟。如初声、转声、振声、骤声，皆为萌汤，直至无声，方是纯熟。如气浮一缕、二缕、三四缕，及缕乱不分，氤氲乱绕，皆为萌汤，直至所直冲贯，方是纯熟。"从以上经验可知，水要急火猛烧，待水煮到纯熟即可，切勿文火慢煮，久沸再用。

为什么开水过"嫩"和过"老"均不佳呢？这与煮水过程中矿物质离子的变化有关。前已介绍，现今生活饮用水大多为暂时硬水，水中的钙、镁离子在煮沸过程中会沉淀，煮水过"嫩"，尚未达到此目的，钙、镁离子在水中会影响茶汤滋味。再者，煮沸也是杀菌消毒过程，可保饮水卫生。久沸的水，碳酸盐分解时溶解在水中的二氧化碳气体散失殆尽，会减弱茶汤的鲜爽度。另外，水中含有微量的硝酸盐在高温下会被还原成亚硝酸盐，水经长时间煮沸，水分不断蒸发，亚硝酸盐浓度不断提高，不利于人体健康，故隔夜开水不宜次日复烧饮用。若在举行大型茶会开水一时来不及供应，需提前煮水。为了保持温度，可先未等水煮纯熟就灌入保温瓶，用时稍煮加温即可饮用。

（四）茶水神韵

精茗蕴香借水发

水，生命之源，亦是茶之基质。

老子曰："上善若水，水善利万物而不争。"（《老子》）

庄子曰："水静犹明，而况精神。"（《天道》）

孔子则认为水中有道，"是故君子见大水必观焉"（《荀子·宥坐》）。

古代的哲人热烈地礼赞水，崇尚水。

古往今来，大凡提到茶事的，总是将茶与水联系在一起相提并论的。承扬古代哲人的思想，精茶与真水的融合，才是至高的享受，才能有至上的境界。

明代许次纾在《茶疏》中说："精茗蕴香，借水而发，无水不可与论茶也。"明代茶人张大复在《梅花草堂笔谈》中讲得更为透彻："茶性必发于水，八分之茶，遇十分之水，茶亦十分矣；八分之水，试十分之茶，茶只八分耳。"明代张源在《茶录》中宣称："茶者，水之神；水者，茶之体。非真水莫显其神，非精茶曷窥其体。"可见水质能直接影响到茶质，泡茶的水质好坏，对茶叶的色、香，特别是对滋味影响极大。佳茗必须有好水相匹配，方能相得益彰；反之，有了好茶，若不得好水，佳茗也不佳也。

李时珍在《本草纲目》中，曾对水进行了极为精细的论述，书中共收水类43种，其中"地水"30种，如泉水、流水、井水、地浆等；"天水"13种，如雨水、露水、冬霜、雪水等。由于人们用茶角度不同，所处地域环境各异，因此，对水品的要求产生不同的审视点，概略地说，其代表性的论点有如下三种：

一是突出选水先择源。唐代陆羽提出："其水用山水上，江水中，井水下。其山水，拣乳泉、石池、漫流者上。"除陆羽之外，还有不少论著持水以山泉为上的观点。明代《茶笺》一书认为："山泉为上，江水次之。"明代陈继儒《试茶》诗道："龙井源头问子瞻，我亦生来半近禅；泉从石出情宜冽，茶自峰生味更圆。"

二是强调水要"甘"、"洁"。如宋代蔡襄提出："……水泉不甘，能损茶味。"（《茶录》）"水以清轻甘洁为美。"（宋赵佶《大观茶论》）"烹茶须甘泉，次梅水。"（明罗廪《茶解》）

三是主张水宜"轻"。乾隆皇帝一生爱茶，有品名泉之嗜好，对水的要求也别出心裁。他专制一银斗，常品天下之泉水，以水质之轻重分上下。据《玉泉山天下第一泉记》载，乾隆皇帝用特制的银斗量各地名泉之轻重，其所记分量是相当精确的，如北京玉泉水斗重一两，塞上伊逊之水亦斗重一两，济南珍珠泉水斗重一两二厘，扬子江中泠泉水斗重一两三厘，无锡惠山泉水、杭州虎跑泉水较玉泉水重四厘，苏州虎丘泉、北京西山碧云寺泉水各重玉泉水一分。由此可见，凡出自山下而有冽之泉水，没有超过北京玉泉水的，故他定北京玉泉水为"天下第一泉"。

中国人历来很讲究泡茶用水。唐代张又新的《煎茶水记》，宋代欧阳修的《大明水记》、叶清臣的《述煮茶水品》，明代徐献忠的《水品》、田艺蘅的《煮泉小品》，清代汤蠹仙的《泉谱》等专著都对饮茶用水作了研究。另外，还有更多的茶书是既论茶又论水的，如唐代陆羽的《茶经》、宋代蔡襄的《茶录》、赵佶的《大观茶论》、唐庚的《斗茶记》，明代罗廪的《茶解》、张源的《茶录》、许次纾的《茶疏》，清代陆廷灿的《续茶经》等，都有对茶与水关系以及水品鉴别等论述。

陆羽品水

"茶圣"陆羽对饮茶用水进行过潜心研究，唐代张又新《煎茶水记》中有陆羽品水排等次的生动记载。大历元年（766），陆羽逗留于扬州大明寺，御史李季卿出任湖州刺史途经扬州,邀陆羽同舟赴郡。当船抵镇江附近扬州驿时,泊岸休息。御史对扬子江南零水泡茶早有所闻,又深知陆羽善于评茶和品水,于是笑着对陆羽说:"陆君善于茶,盖天下闻名矣!况扬子江南零水又殊绝,今者二妙千载一遇,何旷之乎?"陆羽对李季卿说:"大人雅意盛情,余理当奉陪品饮,只是今日风大浪涌,况时辰将过午时,恐取水有难。"原来,南零水正处于长江漩涡之中,通常只有在子、午两个时辰内,用长绳吊着铜瓶或铜壶,深入水下取水。倘若深浅不当,或错过时间,均取不到真正的南零泉水。但此时李季卿决意要品尝一下"佳茗美泉",于是立即派出一位可靠军士,备下打水器皿,赶在午时前,去南零取水。

军士取水归来后,陆羽"用勺扬其水",便说:"江则江矣,非南零者,似临岸之水。"军士分辩道:"我操舟江中,见者数百,汲水南零,怎敢虚假?"陆羽一声不响,将水倒掉一半,再"用勺扬之",才点头说道:"这才是南零之水矣!"军士听此言,不禁大惊,"蹶然大骇伏罪",军士没想到陆羽有如此品水本领,不敢再瞒,只好实言相告。原来,因江面风急浪大,军士取水上岸时,因小舟颠簸,壶水晃出近半,于是用江边之水加满而归,不想竟被陆羽识破,连呼:"处士之鉴,神鉴也!"

李季卿见此番情景,对陆羽惊叹不已。他恳切地说:"处士有如此眼力,可否对品尝过的水作一评价。"陆羽提出宜茶之水,以"楚水第一,晋水最下"。御史即命人把陆羽口授的茶水品第按次记下,以下即是陆羽排出的宜茶之水二十等次:

第一,庐山康王谷水帘水;

第二,无锡县惠山寺石泉水;

第三,蕲州(今湖北浠水一带)兰溪石下水;

第四,峡州(今湖北宜昌附近)扇子山下有石突然,泄水独清冷,状如龟形,俗云虾蟆口水;

第五,苏州虎丘寺石泉水;

第六,庐山招贤寺下方桥潭水;

第七,扬子江南零水(今江苏镇江一带);

第八,洪州(今江西南昌一带)西山西东瀑布水;

第九,唐州(今河南泌阳)柏岩县淮水源;

第十,庐州(今安徽合肥一带)龙池山岭水;

第十一,丹阳县观音寺水;

第十二,扬州大明寺水;

第十三,汉江金州(今陕西石泉、旬阳一带)上游中零水;

第十四,归州(今湖北秭归一带)玉虚洞下香溪水;

第十五,商州(今陕西商县一带)武关西洛水;

第十六，吴淞江水；

第十七，天台山西南峰千丈瀑布水；

第十八，郴州圆泉水；

第十九，桐庐严陵滩水；

第二十，雪水。

陆羽故世后，唐人张又新在《煎茶水记》中记载了这个被广为传诵的故事和茶水排品录，突出渲染了陆羽的品水本领，肯定了他通过调查研究和实地考察，提出泡茶之水高下优劣的开创精神。但这是在1200多年之前，况神州之泉众多，仅凭陆羽一个人的力量，显然是难以全面考察，并做出科学的鉴评的，所以陆羽所排定的茶水之二十等次，自然难免有偏颇。于是就引发了我国茶学史上的关于宜茶水之水质的首次论争。

后来，张又新又发现了已故刑部侍郎刘伯刍的品水名录：扬子江南零水，第一；无锡惠山寺石泉水，第二；苏州虎丘寺石泉水，第三；丹阳县观音寺水，第四；扬州大明寺水，第五；吴淞江水，第六；淮水最下，第七。

张又新不满足于前人记载，又一一游历品评，认为刘伯刍说得十分准确。但当他来到浙江桐庐著名的严子陵钓台时，深感此地"溪色至清，水味甚冷"，用来煎茶，即便"以陈、黑、坏茶沏之，皆至芳香。又以煎佳茶，不可名其鲜馥也"。钓台之水远远超过扬子江的南零水。

欧阳修在《大明水记》中对陆羽能辨南零水与扬子江水有异议，并提出自己对茶水的看法。一是认为陆羽所列举的二十等水品中，如虾蟆口水（即第四等水）、洪州西山瀑布（即第八等水）、天台山千丈瀑布（即第十七等水），皆陆羽戒人"勿食之，久食令人有颈疾"的瀑水。二是认为"江水居山水上（扬子江南零水居第七），井水居江水上（观音寺水、大明寺水分别居第十一、十二），皆与《茶经》相反，疑羽不当二说以自异……"又说："余尝读《茶经》，爱陆羽善言水……浮槎山与龙池山皆在庐州界中，较其水味不及浮槎远甚，而又新所记以龙池为第十。浮槎之水，弃而不录，以此知其所失多矣。"最后，欧阳修自己提出观点：水味尽管有"美恶"之分，但把天下之水一一排出次第，这无疑是"妄说"。

欧阳修之说也遭到了明代人士的反驳。嘉靖举人徐献忠在《水品》中写道：陆羽能辨别扬子江南零水质并非是张又新无端妄述。"南零洄洑渊渟，清澈重厚，临岸故常流水耳，且混浊迥异，尝以二器贮之可见。昔人且能辨建业城下水，况零岸固清浊易辨，此非诞也。"徐献忠认为欧阳修在《大明水记》中对陆羽品南零水的异议，是因为欧阳修自己"不甚详悟尔"。

清代《泉谱》作者汤蠹仙在《自序》中也评论欧阳修《大明水记》中的说法："此言近似，然予以为既有美恶，即有次第。求天下之水，则不能；食而能辨之，因而次第之，亦未为不可。"他认为：凡爱茶者，一般不专不精；凡专而精者，没有不能辨别水质的。进而推断：欧阳修或许不爱茶，却以常理去衡量，以致得出错误的结论。

在关于品定泡茶之水的水质的问题上，我国传统的茶人似可分成两派，一派认为不必评等第排品次，只要分辨水质美恶即可，可称为"美恶派"。宋徽宗及其《大观茶论》即可称之为"美恶派"。明代田艺蘅著的《煮泉小品》将天下之水分为八类，即源泉、石流、清寒、甘泉、灵水、异泉、江水、井水，并分门别类地加以阐述，但却不排第一、第二之类的等次。另外，钱椿年、顾元庆《茶谱》，孙大绶《茶谱外传》，张源《茶录》，高谦《遵生八笺》以及历代大部分茶书作者、茶学家也都不强调品水排次第。俞樾《茶香室三钞》中说："张又新本非端人，而名泉乃经其品定，不足为荣，反足为辱耳。"此话说得比欧阳修更直率，更刺耳。上述均可称之为"美恶派"流裔。

另一派则是"等次派"。明初朱元璋的儿子朱权就继承"等次派"的衣钵，其《茶谱》中水的排名为："青城山老人村杞泉水，第一；钟山八功德水，第二；洪崖丹潭水，第三；竹根泉水，第四。"这种排法恐为历代品水者中最为标新立异的了。一般的品水者，多在《煎茶水记》的基础上徘徊。如明代张谦德《茶经》宣称，虽然自己无法一一品尝天下之水，但"据己尝者言之，定以惠山寺石泉为第一"。他把惠泉由传统的第二升之为第一了。

陆羽品南零水而排等次所开创的这场关于茶与水的学术论争，从唐代起一直延续到清代。通过不同学术见解的争鸣探求，引发出了不少关于名茶名水的真知灼见，使人们对饮茶用水的品格有了更高的追求，并拓宽了对茶文化研究的视角范围，这在我国茶学史上显然是很有意义的。

宜茶之水

得佳茗不易，觅好水亦难。我国历代名人、茶人为觅得泡茶好水，留下不少色彩纷呈的记述；有个别人为觅得好水，甚至不惜劳民伤财。如唐武宗时的李德裕，位居相位，喜饮无锡惠山泉水，他烹茶不用京城水，却专门派人从数千里地以外的无锡经"递铺"传送惠山泉水至长安，称为"水递"。晚唐诗人皮日休以杨贵妃爱吃新鲜荔枝，以驿道传荔枝的典故作诗讥讽他："丞相常思煮茗时，群候催发只嫌迟。吴关去国三千里，莫笑杨妃爱荔枝。"

在历史上皇帝编撰茶著者，宋徽宗也。宋徽宗工书画通百艺，也以嗜茶著称。他嗜茶、品茶、斗茶，精于评茶品水。在他撰写的《大观茶论》中，提出了泡茶用水"以清轻甘洁为美"的观点，这是在当时的历史条件下，比较客观全面地评茶论水的理论。

"清",就是要求水质无色、透明,无沉淀物。如果说"清"是以肉眼来辨别水中是否有杂质,那么,"轻"则用器具来辨别水中看不见的杂质。最著名的例子就是乾隆以银斗量天下泉水。其实,这也不是乾隆的发明,明代泰西熊三拔"试水法"已云:"第四秤试,各种水欲辨美恶,以一器更酌而秤之,轻者为上。"古代有"以水洗水"之说。乾隆皇帝出巡时以玉泉水随行。"然或经时稍久,舟车颠簸,色味或不免有变,可以他处泉水洗之,一洗则色如故焉。"洗的方法是:以容量较大的器具装若干玉泉水,在器壁上做上记号,记住分寸,然后倾入其他泉水,加以搅动,搅后待水静止时,则"污浊皆沉淀于下,而上面之水清澈矣"。因为"他水质重,则下沉,玉泉体轻,故上浮,挹而盛之,不差锱铢"(《清稗类钞》)。这就是借助于水质轻重的不同来以水洗水。前面提到陆羽辨别扬子江南零水的真伪,历来人们以为不可思议,实际上用的也是这种方法。从这个古人品水的角度来审视,这是相当科学和智慧的。

"甘",宋代诗人杨万里诗云:"下山汲井得甘冷。"(《谢木韫之舍人分送讲筵赐茶》)古人品水觅泉,尤崇甘、冷,或甘、洌。水一入口,舌尖顷刻便会有甜滋滋的感觉,颇有回味。明人屠隆说:"凡水泉不甘,能损茶味。"这句话倒过来说就更准确,即凡水泉甘者,能助茶味。也有人认为最上等的水不甘,是淡而无味的,泰西熊三拔"试水法"的"味试"条曰:"水无形也,无形无味,无味者真水。凡味皆从外合之,故试水以清为主,味甘者次之,味恶为下。"此说主张无味之味为至味,颇有道家审美精神,不失为一家之言,但一般人还是推崇水以味甘为上。

"洁",要求水清洁干净,用今天人的话来说就是无污染。这是非常重要的,可见古人对此点十分注重。

在宋徽宗饮茶之水"以清轻甘洁为美"的基础上,古人又提倡和强调"活"、"洌"。宋人唐庚《斗茶记》说:"茶不问团铐,要之贵新;水不问江井,要之贵活。"活,即流动之水。苏东坡《汲江煎茶》诗云:"活水还须活火烹,自临钓石取深清。大瓢贮月临春瓮,小勺分江入夜瓶。雪乳已翻煎处脚,松风忽作泻时声。枯肠未易茶三碗,坐听荒城长短更。"说的是月色朦胧中用大瓢将江水取来,当夜便用活火烹饮,这才是好水配好茶。南宋的胡仔认为这是深知茶与水之中的三味者之论。他在《苕溪渔隐丛话》中赞叹道:"茶非活水,则不能发其鲜馥,东坡深知其理矣!""洌",就是冷、寒。古人认为寒冷的水,如冰水、雪水,滋味较佳,如果从水在低温结晶过程中,杂质下沉,冰相对比较纯净的角度来说,也是不无道理的。讲水的冷洌,古人最推崇冰水。如唐代诗人郑谷有诗句:"读《易》明高烛,煎茶取折冰",宋杨万里有诗句"锻圭椎璧调冰水",说的都是用融冰之水煎茶。

在中国茶学史上另有一位位居宰相的茶人,此人精于验水品水,他就是北宋的大政治家、文学家王安石。王安石平生爱茶，倡导自己种茶、喝茶。宋人彭乘《墨客挥犀》中曾有这样的记载：有一次，王安石去拜访宋代品茶大师蔡君谟（即蔡襄）。蔡君谟给他泡上绝品佳茗，期望能得到王安石的赞赏。哪知王安石当着蔡君谟的面，在茶汤中调入一撮叫"见清风"的药粉喝了，并自言自语：这茶倒不错。蔡君谟先是惊讶不已，而后大笑。有人据此事肯定王安石不善品茶。王安石究竟是否不善品茶，暂且不说，但他的品水评水的水平却是一般茶人所望尘莫及的。他晚年患痰火之症，多方求医，均不奏效，惟有用长江三峡的瞿塘中峡水，烹煮阳羡茶才有效果。一年，正逢大文学家苏东坡被谪迁黄州。王安石知道苏东坡家在四川，此去湖北黄州，需经瞿塘峡，于是拜托老友在路经三峡时，在瞿塘中峡汲水一瓮。不料苏东坡心情沉闷，随从又纵情于三峡壮丽风光，均无心顾及，直到船至下峡，苏东坡忽然想起王安石汲水之托。时因三峡水流湍急，无法回溯，只好在下峡汲水一瓮，给王安石送去。因碍于情面，隐去实情。谁知王安石煮茶品味之后，立即指出此水并非自瞿塘中峡。苏东坡不由大惊失色，便问王安石："何以见得？"王安石道：瞿塘上峡水流太急，下峡水流太缓，惟有中峡水流缓急相间，以上、中、下三峡之水烹阳羡茶，上峡味浓，下峡味淡，中峡浓淡相宜，此水煮阳羡茶，最利于治中脘病症。苏东坡闻言，既感到惭愧，又佩服不已。

乾隆是清代一位注重文化、有所作为的皇帝。他一生爱茶，晚年尤甚。乾隆在位60年，政局比较稳定，经济呈现繁荣，他到处巡游，曾六次到杭州，四度亲临西湖茶区。乾隆85岁让位于嘉庆时，有位老臣对他引退让位之举感到惋惜，面奏乾隆道："国不可一日无君。"乾隆抚须哈哈大笑，答曰："君不可一日无茶矣！"他享年88岁，是我国历史上皇帝之寿魁，这或许与他品茶择水养生不无关系。乾隆是品茗行家，对名茶、水质、茶具都颇有研究。他讲究择水，为了品评天下名泉水质，特地命人精制了一只小银斗，并用银斗计量各种泉水，按水的比重从轻到重，评定优劣。结果是北京玉泉水最轻，于是钦定为"天下第一泉"，并亲撰《玉泉山天下第一泉记》。

概观前人辨水的主张和经验，有以陆羽为代表的以水源分别优次，即"山水上，江水中，井水下"；有以宋徽宗为代表的以味觉、视觉鉴别水之优劣，主张轻、清、甘、活、洌、洁；有以清乾隆帝为代表的以水的轻重来鉴别，认为水轻的比重的好。这三种辨水见解和经验，从今天的科学角度来分析，都具有一定的科学道理，但也有其片面性，下面分别析之。

泉水：明代《茶笺》一书认为："山泉为上，江水次之。"在天然水中，泉水多源出山岩壑谷，或潜埋地层深处，流出地面的泉水，经多次渗透过滤，一般是比较洁净清澈，悬浮杂质少，水的透明度高，受污染程度少，水质也比较稳定，所以有"泉从石出清宜洌"之说。但是，在地层里的渗透过程中泉水溶入了较多的矿物质，它的含盐量和硬度等就有较大的差异。所以，不是所有的"山水"都是"上"等的，有的泉水如硫磺矿泉水甚至不能饮用。

《茶经》作者指出："真山水，拣乳泉、石池漫流者上。"这是说，从岩洞上石钟乳滴下，在石池里经过沙石过滤的而且是漾溢漫流出来的泉水为最好。乳泉是含有二氧化碳的泉水，喝起来有清新爽口的感觉，所以最适宜煮茶。上乘的泉水，大都是含有二氧化碳和氢的泉水。"漫流"是水在石池中缓慢流动，由于"漫流"的水流稳定，既保证泉水在石池里有足够的停留时间，又不会破坏水中悬浮状的颗粒以垂直沉淀速度下沉，因而池水得到了澄清。所以，"漫流者上"是符合科学原理的。

然而，《茶经》中关于"山水……其瀑涌湍漱，勿食之，久食令人有颈疾"和"飞湍壅潦，非水也"的说法，却被后人所否定。因为瀑布的水源多为地下潜流，与泉水相同，久食之后，为什么会引起颈疾呢？后人认为这是陆羽以个别现象代替了整体，患颈疾与瀑涌湍漱、飞湍应该是没有直接关系的。

泉水丁冬，清澈宜茶。古人有不少茶诗都吟咏了泉水，如唐代皮日休《茶舍》中："棚上汲红泉，炉前蒸紫蕨"，宋代戴昺《尝茶》诗曰："自汲香泉带落花，漫烧石鼎试新茶"，皮日休《煮茶》："香泉一合乳，煎作连珠沸"，黄庭坚《谢人惠茶》："莫笑持归淮海去，为君重试大明泉"，陆游诗："囊中日铸传天下，不是名泉不合尝"，蔡廷秀《茶灶石》："仙人应爱武夷茶，旋汲新泉煮嫩芽"等，都是清新佳绝的咏泉诗作。

江、河、湖水：均为地面水，所含矿物质不多，通常有较多杂质，浑浊度大，受污染较重，情况较复杂，所以江水一般不是理想的泡茶之水。但《茶经》所说的"其江水，取去人远者"，也就是在远离人烟、污染较少的地方汲取江水，用来泡茶仍是适宜的。古人深知此理，"远向溪边寻活水，闲于竹里试银芽"。古诗写的即是这一道理。镇江焦山汲江楼上有一联集郑燮的诗句："汲来江水烹新茗；买尽青山当画屏。"我国地域广阔，不少江河湖水清澈，有些湖水经澄清后用来泡茶，也很不错。明代许次纾在《茶疏》中写道："黄河之水，来自天上，浊者土色也，澄之既净，香味自发。"这还出自实践呢！一次，许次纾横渡黄河，想煮水泡茶，看到河水混浊不清，犹豫不决。船夫见状，以明矾沉淀之。煮沸沏茶，清而又甘，感到并不比惠泉水差，于是便有上述感慨。大诗人白居易曾写诗赞赏江水煮茶，诗曰："蜀茶寄到但惊新，渭水煎来始觉珍。"宋代杨万里写有《舟泊吴江》一诗："江湖便是老生涯，佳处何妨且泊家，自汲淞江桥下水，垂虹亭上试新茶。"李群玉诗曰："吴瓯湘水绿花新。"三首诗分别描写了用渭水、淞江水、湘江水泡茶的情趣。也有以一般溪水煎茶的，如杨万里所谓"自携大瓢，走汲溪水"、"烹玉尖，啜香乳，以享天上故人之意"。

井水：属地下水，悬浮物含量较低，透明度较高，但由于在地层的渗透过程中溶入了较多的矿物质的盐类，因而含盐量和硬度比较大，特别是城市水井，水源往往受到污染。用这种水泡茶，会损害茶味。井的第一层隔水层以上的地下水称浅层水，深度约 1～15 米；第一层以下的地下水，统称深层水。深层水被污染的机会少，过滤的距离长，一般水质洁净，透明无色。其实只要周围环境干净，深而多汲的井水，用作泡茶还是不错的。宋人梅尧臣诗："远汲芦底井，一啜同醉翁。"明代高叔嗣在《煎茶七类》中说："井取多汲者，汲多则水活。"陆游有诗曰："村女卖秋茶，怀茶就井煎。"元代洪希文的诗句："莆中苦茶出土产，乡味自汲井水煎。"这些诗都是吟咏用井水煮茶的。

目前，就国内城镇来说，人们普遍使用的是自来水。水有"软"、"硬"之分，自来水一般属于硬水或暂时性硬水。自来水经过水厂净化和消毒处理，其水质则可软化，通常都是符合饮用水标准的。但用漂白粉消毒的自来水，往往会有较多的氯离子，气味不佳，会使茶中多酚类物质氧化，影响汤色，损其茶味。有鉴于此，可根据各自地区的水质情况，采取一些相应措施。其一，将自来水贮于缸或水桶中，静置 24 小时，待氯气自行挥发消失，即可煮沸泡茶；其二，延长煮沸时间，然后离火静放一会儿，煮沸的自来水，既能使钙、镁、铁、铝离子杂质沉淀，又能释放水中的氯气和氧气；其三，采用磁水器、纯水器，达到水质软化的目的。采用软化后的较纯净的自来水泡茶，自然也是适宜的。

近年来，水污染日趋严重，因此人们对饮水质量也提出了更高的要求。于是，人们便想到了用矿泉水沏茶。矿泉水加热时，会产生碳酸钙、碳酸镁的沉淀，降低饮水中的钙、镁离子含量。所以，一定要加入维生素 C 片，防止钙、镁盐的析出。一般 500 毫升的矿泉水中放入 1～1.5 片维生素 C 片即可。维生素 C 片的加入，对人体还可防止血管脆化，降低胆固醇和血脂等，长期饮用，可增强抗病、抗衰老的能力。沏茶时，矿泉水的温度要根据茶叶品种、等级而定，上等绿茶一般加温到 60℃即可，中等绿茶则掌握在 80℃左右。

在大自然水中，除了山泉、江、河、湖、海、井水等地表水之外，还有空中的大气水，如雨、雪、雾、露等。雪水和雪是比较纯净的，虽然雨水在降落过程中会碰上尘埃和氮、氧、二氧化碳等物质，但含盐量和硬度都很小，古人誉为"天水"，历来就被用来煮茶。特别是雪水，更受古代文人和茶人的喜爱。在寒冬腊月，大雪纷飞之际，何处觅得宜茶水呢？清人袁枚道："就地取天泉，扫雪煮碧茶。"用新雪烹香茗，是雪天饮茶一大乐事。如唐代的白居易《晚起》诗中的"融雪煎香茗"，宋代辛弃疾词中的"细写茶经煮香雪"，元代刘敏中《浣溪沙》中"旋扫太初岩顶雪，细烹阳羡贡余茶"，谢宗可《雪煎茶》中的"夜扫寒英煮绿尘"，清代曹雪芹《红楼梦》中的"扫将新雪及时烹"等，都是歌咏用雪水烹茶的。《红楼梦》中有一回"贾宝玉品茶栊翠庵",说的是贾母带了刘姥姥等人至栊翠庵,要妙玉拿好茶来饮。妙玉用旧年蠲的雨水,泡了一杯"老君眉"给贾母。随后妙玉拉宝钗、黛玉进了耳房,宝玉悄悄跟了来。妙玉用梅花上的雪水,泡茶给他们品,"宝玉细细吃了,果觉轻淳无比,赞赏不绝"。黛玉问妙玉:"这也是旧年的雨水?"妙玉回答:"这是……收的梅花上的雪……,隔年蠲的雨水,那有这样清淳?"雨水是软水,用来泡茶,汤色鲜亮,香味俱佳,饮过之后,似有一种太和之气,弥留于齿颊之间,余韵不绝。

雪水洁净清灵,清代乾隆皇帝"遇佳雪,必收取,以松实、梅英、佛手烹茶,谓之三清。尝于重华宫集廷臣及内庭翰林等,联句赋三清茶诗"(《冷庐杂识》)。实际上,乾隆对雪水是颇有好感的,从某种角度看,乾隆是把雪水当成"天下第一水"了。

水质的优劣是有客观标准的,它只能由实践来检验。古人因限于历史条件,无论以水源来判别,以味觉、视觉来判别,还是以水的轻重来判别水质优次,都不无道理,但均存在不少的局限性和片面性。只有通过测定饮用水的物理性质和化学成分,才能科学地鉴定水质。鉴定水质常用的主要指标是:

(1)悬浮物,是指经过滤后分离出来的不溶于水的固体混合物的含量。

(2)溶解固形物,是水中溶解的全部盐类的总含量。

(3)硬度,通常是指天然水中最常见的金属离子钙、镁的含量。

(4)碱度,指水中含有能接受氢离子的物质的量。

(5)PH值,表示溶液酸碱度。

饮茶用水应以悬浮物含量低、不含有肉眼所能见到的悬浮微粒;总硬度不超过5度;PH值小于5以及非盐碱地区的地表水为好。

当今,许多茶学工作者根据各地的水源,通过物理和化学的检测,用比较对照的方法,去寻觅宜茶之水。上海的评茶专家曾用杭州的虎跑泉水、上海市内的深井水和自来水,以及蒸馏水作比较,先把水煮沸后评出水质,再冲泡成茶汤后来评水质,两种方法检测比较的结果是一致的,均是杭州虎跑泉水第一,深井水第二,蒸馏水第三,自来水最差。杭州的茶学专家用虎跑泉水、天落水、西湖水、城市井水、自来水冲泡各种茶叶,茶汤的色、香、味均以虎跑泉水最好,雨水第二,西湖水第三,井水最差。自来水因有氯的气味,影响茶香和滋味,缺乏可比性,未列入等级。

虎跑水好,好在哪里?这里不妨先引用一则民间传说。

从前,在杭州虎跑山坞里,住着一位名叫杨春的茶农。他种茶、采茶、制茶、卖茶,也喜欢喝茶和品水,每次他进城卖掉茶叶后,总要到号称吴山第一泉的城隍山茶馆去喝茶。喝茶时,他总是说:"这吴山第一泉,不及虎跑水哩!"茶馆老板听了不以为然,很不服气。有一天,他特地叫伙计去虎跑担来两桶泉水,等杨春到来后，便让伙计把一壶用虎跑水冲泡的热茶送到杨春手里，不料杨春刚呷上两口，立即喜形于色，连声赞道："好水，好水，就同我们虎跑山坞里的水一个味道！"茶馆老板闻言这才口服心服，连忙向杨春道出水之来源。杨春笑着来到水桶边，满满舀了一勺水，送到老板面前说："你先尝尝虎跑水，再喝喝吴山泉，就能分出水的高低了。虎跑水质醇、味好，泡出来的茶清香可口。"杨春边说边从衣袋中掏出几个铜钱，又装上满满的一杯虎跑水，将铜钱平放在杯子水平面上，只见铜钱浮在水面而不下沉，水已满出杯口却不外溢。众茶客见此，个个赞叹不绝。这时老板向在座茶客宣布："从今以后，我派人专门从虎跑取水来给诸位用茶。"众茶客道："何不把茶馆开到虎跑去？"老板认为言之有理，连连称好，从此，虎跑泉畔开起了一家新茶馆，四方新老茶客都纷纷慕名来此喝茶。"龙井茶、虎跑水"的名气也越传越大，很快闻名遐迩。

这个传说更为动人地印证了沪杭两地茶学专家们的检测结论。这些都告诉人们：何处觅得宜茶水？山泉清流最相宜。

大地清泉

在我国960万平方公里的土地上，有巍巍高山、浩浩江河，有辽阔富饶的平原和烟波浩渺的湖泊，有幽深奇特的洞穴和壮观伟丽的飞瀑。同时，更有数以万计、千姿百态的清泉。

泉，是地下水的天然露头。据有关资料统计，我国的冷泉数目，犹如天上繁星，难以数清，其中著名的冷泉就有百余处。首都北京的玉泉、杭州西湖的虎跑泉、江苏无锡的惠山泉、甘肃敦煌的月牙泉等等，林林总总，异彩纷呈。我国也是世界上温泉最多的国家之一，全国较大的温泉（包括温泉群）超过2600处。这些泉水，在特定的地质地形条件下，或从岩石缝隙中滴下，珠玑串串，或从岩洞地层中涌出，清流涓涓。有清澈如镜、汨汨外溢的潜水泉，有喷涌而出、飞珠溅玉的喷泉，有四季如汤的温泉，有治病祛邪的药泉，还有离奇古怪的喊泉、哭泉、潮泉、水火泉、含羞泉……

泉，按泉水的温度，可分为冷泉和温泉；按泉的涌出状态，可分为长流泉和间歇泉；按泉的成因，可分为接触泉、侵蚀泉、溢出泉和断层泉；按泉水的化学成分，可分为矿泉和普通泉。世界上多数国家认为：泉水中含溶解无机盐类 >1000 毫克/升，或者含游离 CO_2 >250 毫克/升，或者含有对人体健康有益成分，且水的微生物特征符合世界卫生组织饮用水的国际标准的泉水，方可称为矿泉。矿泉又有医疗矿泉和饮料矿泉之分。

冷泉的形成，不受地热等条件限制，分布较广，华夏大地星罗棋布。我国著名的冷泉，较常见的有碳酸泉、钙镁泉及氡泉。这些泉水有的以水质清莹、水味甘醇而成为上好的泡茶之水，有的所含成分有益于健康，有的分布在名山秀川之中，具有较高的观赏价值。

温泉的形成大致有两种原因，一种是受火山活动影响，火山爆发喷射出大量岩浆，火山熄灭后，经过熔岩区的地下水，常年不断地流出地面，形成温度高低不一的温泉。另一种是地温及地下水的循环作用。地壳内的温度远远高于地面，地壳深处的水流受高温气压的影响，也会沿地壳断裂的地方向外流溢，形成温泉。我国的温泉，具有水温高、矿化度低、酸碱度高等特色。水温一般均在42℃以上，最高的达80℃，甚至有超过100℃的。温泉具有药用、医用、热用价值和疗养、保健、观赏价值，并逐渐扩大到工业应用领域，展示了利用天然能源的广阔前景。

我国关于泉的记载，最早见于《诗经》，有关泉水的诗就达10多首。北魏时的地理学家郦道元在其所著的《水经注》中，对许多泉水作了详细的记载。唐代的刘伯刍撰有泉的专著。茶圣陆羽游历天下，逢泉必加考察和品评，在《茶经》中对泉水水质作了精到的分析和论述。唐代以后的众多茶人学者撰写了大量茶书文，其中有不少关于水的真知灼见。明代地理学家、旅行家徐弘祖有《徐霞客游记》中，对我国泉水的分布、成因和特征更是作了详尽的记录。明代著名医学家李时珍，在他编著的《本草纲目》中，对泉水从温度上分为热泉和冷泉，从味觉上分为甘泉、酸泉和苦泉。李时珍也是我国最早的泉之分类学者之一。

"五岳若与黄山并，犹欠灵砂一道泉。"可见灵砂泉对于黄山的价值。匡庐山色竞秀、风光奇美，却仍以清泉飞瀑为著称。到名城济南的人，总想看看"家家泉水、户户杨柳"的风光，特别是要去欣赏一番趵突泉那"千年玉树波心立、万叠冰花浪里开"的奇丽景色。千百年来，山水画家们在泼墨挥洒时，总喜欢在悬崖峭壁之上，绿树丹枫之际，添上一道流泉和飞瀑，使画面显得更加生机盎然、苍古遒劲。

名泉清流以其汩汩溢吐、涓涓流淌的形态、风采、声响、秀色吸引着人们去寻觅、鉴赏和品用，为神州大地增色添彩。

泉，是祖国珍贵的历史文化遗存，在茶文化的温馨世界中，更是佳茗的永恒伴侣，茶人的生命之水。

（五）第一神泉

茶圣口中第一泉
——庐山康王谷谷帘泉

公元1170年夏秋之交，陆游从浙江山阴（今绍兴）起程，赴四川任职。他把途中所见所闻写成一部著名的日记体游记——《入蜀记》。书中记载他在游览庐山之后，天色已晚，投宿东林寺中，借来方志，秉烛夜读。当他读到庐山康王谷的谷帘泉水"甘腴清冷，备具众美"时，欣然提笔在日记中写道："前辈或斥水品以为不可信，水品固不必尽当，然谷帘卓然，非惠山所及，则亦不可诬也。"陆游在这里提到的"谷帘"，就是唐代茶圣陆羽《茶经》中评定的"天下第一水"。

康王谷又名庐山垅。《星子县志》载："昔始皇并六国，楚康王昭为秦将王翦所窘，逃于此，故名。"康王谷位于庐山南山中部偏西，是一条长达7公里的狭长谷地，垅中涧流清澈见底，酷似陶渊明著的《桃花源记》中"武陵人"缘溪行的清溪。康王谷离陶渊明故里仅5公里多，相传陶渊明晚年时曾在此度过一段清苦而恬静的生活。康王谷口在星子观口，由此入垅，山重岭复，溪涧引路，松林掩映。路回溪转约5公里后，地势豁然开朗，峡谷中有村舍田园、茂林修竹，桃红李白、阡陌交纵间，男女衣着朴素，耕作劳动，仿佛就是陶渊明构想的桃源境界。

康王谷中那条溪涧的源头，就是谷帘泉。谷帘泉来自大汉阳峰，从筲箕洼破空跌落，于枕石崖上喷洒散飞，纷纷数十百缕，恰似一幅玉帘悬在山中，隐隐绰绰，悬注170余米。

谷帘泉经陆羽品定为"天下第一水"后名播四海。历代文人墨客接踵而至，纷纷品水题字。如宋代名士王安石、朱熹、秦少游、白玉蟾等都在游览品尝过谷帘泉水后，留下了华章佳句。朱熹在《康王谷水帘》一诗中咏道："采薪爨绝品，瀹茗浇穷愁，敬谢古陆子，何年复来游？"北宋著名学者王禹偁考察了谷帘泉水后，挥笔作诗："泻从千仞石，寄逐九江船，迢递康王谷，尘埃陆羽仙。何当结茅室，长在水帘前。"并在《谷帘泉序》中写道："其味不败，取茶煮之，浮云蔽雪之状，与井泉绝殊。"

庐山有一大名产，即驰名海内外的庐山云雾茶。这种茶在生长过程中因受到山上长时间的云雾滋润，其芽叶肥壮，叶质嫩软，白毫显露，浓郁清香。如果说杭州有"龙井茶叶虎跑泉"双绝的话，那么，庐山上的"云雾茶叶谷帘泉"，也被茶界称为珠璧之美。

扬子江心第一泉
——镇江中泠泉

扬子江心第一泉，南金来此铸文渊。

男儿斩却楼兰首，闲品《茶经》拜羽仙。

这是民族英雄文天祥品尝了用镇江中泠泉泉水煎泡的茶之后所写下的诗篇。

中泠泉即扬子江南零水，又名中零泉、中濡水，意为大江中心处的一股清冷的泉水。在唐以后的文献中，又多说为中泠水。古书记载，长江之水至江苏丹徒县金山一带，分为三泠，有南泠、北泠、中泠之称，其中以中泠泉眼涌水最多，便以中泠泉为其统称。中泠泉位于江苏省镇江市金山寺以西约0.5公里的石弹山下。唐代时，此地处于长江漩涡之中。宋代陆游游金山时留有诗句："铜瓶愁汲中濡水，不见茶山九十翁。"苏东坡有"中泠南畔石盘陀，古来出没随涛波"的诗句，咏水势汹涌，急涡巨漩，使汲中泠水极为困难。自唐以来，达官贵人、文人学士，或指派天下代汲，或自己冒险自汲，都对中泠泉表示出极大兴趣。宋初李昉等人所编的《太平广记》一书中，就记载了李德裕曾派人到金山汲取中泠水来煎茶。到明清时，金山已成为旅游胜地，人们来这里游览，自然也要品尝一下这天下第一泉。明代陈继儒《偃曝谈余》记载，因为泉水在江心乱流夹石中，"汲者患之"，但为了满足人们的好奇心，于是寺中僧侣"于山西北下穴一井，以给游客"。唐宋时人们对泉水的准确位置没有留下记载。到明代人文献中，如张大有《梅花草堂笔谈》才有比较详细的记载，他说："予闻中泠泉故在郭璞墓，墓上有石穴鳞，取竹作筒，钩之乃得。郭璞墓故当流间，难为力矣！"这是得之于传闻，非亲身经历，自然不甚翔实。

清代的张潮亲自去过金山，并和一位姓张的道士深入江心汲中泠水而品之，后来把此番经历写成《中泠泉记》，不仅内容翔实，文笔也洒脱动人。"中泠，伯刍所谓第一泉也。昔人游金山，汲中泠，胸腋皆有仙气，其知味者乎！""次日，觅小舟破浪登山，……穿茶肆中，数折，得见世所谓中泠者，瓦亭覆井，石龙蟠井栏，鳞甲飞动。寺僧争汲井水入肆，……细啜之，味与江水无异，予心窃疑之。"原来取中泠泉长须"用铜瓶长绠入石窟中，寻若干尺，始得真泉。若浅深先后，少不如法，即非中泠正味。"那么，用什么工具去取中泠泉水呢？文中绘声绘色地写道："越数日，舟自澄江还。同舟憨道人者，有物藏破衲中，琅琅有声，索视之，则水葫芦也，朱中黄外，径五寸许，高不盈尺。"据文中所记载的水葫芦，构造非常精巧，它由三部分组成：一铜丸、一壶身、一壶盖。铜丸是用来调整壶的重心并增加整个壶的重量的。壶身直径五寸左右，带盖高约一尺，壶身有三铜环纽，盖上一蝇剖而为三，用以系壶身的铜杯，牵动绳子，壶盖可以随绳上下活动。铜丸则系在壶身一侧，绳的另一头系在壶盖铜环上，也可以随时牵动。把葫芦沉入中泠泉窟中，再牵动系盖子的绳，使壶盖落下正好盖住壶口，不使壶中之水倾荡泼洒。用这种深水中汲水工具所取得的水才是真正的中泠泉水。"但觉清香一片从齿颊间沁人心胃，二三盏后，则薰风满面腋，顿觉尘襟涤尽。……味兹泉，则人皆有仙气。"《中泠泉记》是一篇反映古人品茶用水实践的绝好文献。

中泠泉在陆羽品评排列的泉水榜中，只排列第七。稍后，刘伯刍又把宜茶之水分为七等，列中泠泉为天下第一泉。中泠泉原是江心泉，后来却怎么变成陆地泉了呢？这在当地有一段动人的民间传说。

很久之前，大江中居住着一条长着三只眼睛的蛟龙，名叫三眼蛟。它与白蛇娘子同时修炼，结为道友。有一天，江水中突然出现一枝金钗，紧接着又见一面绣着水波纹的令旗，三眼蛟一看便知，是仙人命令它推波助澜的信号。于是它立即呼唤虾兵蟹将涨水。待水涨高后，三眼蛟露头一看，只见白蛇娘子和小青蛇正在与金山寺里的法海和尚恶斗。它忙派去一名虾兵探问，虾兵探得消息回报，报是白蛇娘子得千年道行后，在天上受南极仙翁指点，下凡与书生许仙匹配成婚。这一对天生伉俪本来生活得很幸福，谁知好事多磨，遭到法海和尚的破坏，把许仙骗到寺内软禁起来。这场恶斗，正是白娘子逼法海和尚交出许仙。三眼蛟知道法海的底细。原来在三眼蛟和白娘子修行时，法海不过是一只乌龟精。那天他们都在江水中游玩，远远听见了吕洞宾叫卖汤圆的声音。这时，一位小孩吃了汤圆入不了肚，只好吐到江中，恰巧落进白蛇嘴里。乌龟精知道汤圆是吕洞宾的仙丸，硬要白蛇吐出来。已经吃进肚里的东西怎能吐出来呢？从此以后，乌龟精恨死了白蛇娘子。它趁白蛇上天之后，也上了岸，爬到如来佛佛座下面，偷听经文去了。后来又回到镇江金山寺当起长老和尚。

三眼蛟获知真情后，决定帮助白蛇娘子救出她可怜的丈夫。它把大水推动得如排山倒海一般，眼看滔天波浪就要淹到金山寺门了。突然间，惊慌的法海和尚将披在身上的袈裟脱下，往寺门外一遮，忽地一道金光闪过，袈裟变成了一堵环寺的围堤，将大水拦在堤外了。奇怪的是，三眼蛟的大水涨高一尺，围堤也长高一尺，大水涨高一丈，围堤也涨高一丈，任凭三眼蛟施展浑身解数，大水就是漫不进围堤。何以法海和尚的袈裟有这般神力？原来有一次，如来佛讲经歇息，不觉瞌睡起来，乌龟精趁机偷走了他三件宝物，其中之一就是这件袈裟。既然是西天如来的法物，自然是法力无边了。三眼蛟无可奈何，这时身怀六甲的白蛇娘子也退下阵来。白蛇娘子退阵，三眼蛟护后。可是，法海和尚追将上来，用锡杖将三眼蛟钩进了围堤。不久，白蛇娘子又被法海和尚用偷来的佛金钵收进，镇压在杭州雷峰塔下。被俘的三眼蛟悲愤至极，它那三只与肠胃相通的眼睛连同身子一起都化成了三个喷水的泉眼。因中眼最大，悲愤的泪水也最多，喷出的泉水也最大。因此，人们便将此处泉水称作中冷泉。中冷泉也便从江心泉变成陆地泉了。

"三眼蛟化泉"的故事仅仅是民间传说，可作为茶余饭后的谈资。那么，中冷泉水由江心移位到陆地的原因又是什么呢？这就是沧海桑田。随着岁月推移，长江主河道也在变迁，至清末长江泥沙淤积，金山与南岸的陆地已连成一片，金山的中冷泉于是成了陆地泉，脱离了江水。今天的中冷泉水汇聚于金山寺以西一座绿树掩映的小楼与一个双层八角亭之间，长方形的石池由大石块垒砌而成，四周围有石栏，池内石壁上镌刻着"天下第一泉"五个大字，系清代镇江知府、书法家王仁堪所书，与金山寺楼阁相映成趣。清澈的泉水源源不断从池底涌起，终年不竭。中冷泉水醇厚甘冽，特宜煎茶，用中冷泉煮茶，清澈甘香，饮之其味难忘。中冷泉水内聚力与表面张力均大，满杯的泉水，其水面可高出杯口一二毫米而不外溢。

乾隆御赐第一泉
——北京玉泉山玉泉

"嶂雾岩云涌玉泉，长流未似瀑流悬。声惊素练鸣秋壑，光讶晴虹饮碧川。"这几句诗是对北京的天下第一泉——玉泉的真实描述。玉泉位在颐和园以西的玉泉山南麓，出露在奥陶系石灰岩缝隙中。玉泉水"水清而碧，澄洁似玉"，故称玉泉。玉泉所在的山上洞壑迂回，流泉遍布，故称玉泉山。玉泉山六峰连缀，逶迤南北，属西山的支脉，其山"土纹隐起，作苍龙鳞，沙痕石隙，随地皆泉"，自然风景十分优美。

据说，古代玉泉泉口附近有大石，镌刻着"玉泉"二字，玉泉水从此大石前经过，宛若玉液奔涌，翠虹垂天。于是，在公元 12 世纪末，金章宗完颜景把玉泉纳入燕京八景，定名为玉泉垂虹。不知何时起，大石无存，涌泉处也成为碎石一片，至清乾隆时，皇帝又把玉泉垂虹改为玉泉趵突。

关于玉泉，北京人有个传说。那是遥远而古老的年代，北京的大部分还是一片苦海。苦海中有一位凶残的龙王，把百姓们赶到山上，山下的地盘全给龙王、龙母、龙子、龙媳、龙孙一家霸占着。这时出了一个身着红袄短裤衩的少年英雄，名叫哪吒。哪吒打败了恶龙一家子，并拿下了龙王和龙母，勒令他们住在西山附近的一处海眼中，还在海上砌了一座白塔，使他们永世不得翻身。从此，苦海中的苦水也退下去了，这里变成了一片陆地。

被哪吒打败的龙子龙孙们不甘心呆在西山附近的海眼里，他们等待机会捣乱逞凶。有一天，龙公听说要盖北京城，气得龙鳞直翻，于是龙公一家乔装打扮成赶集的老百姓，混进正在修建的北京城。龙子将北京城内的甜泉水、龙女将北京城内的苦泉水，全都喝进肚里，然后变成两只鱼鳞水篓，由龙公、龙婆装到一辆独轮车上，推着逃回西郊。主持修建京城的官员听说龙公一家偷走了北京泉水，但谁也不敢前去追取。这时，一位名叫亮亮的工匠挺身而出，请命前去追回泉水。命官视他气势不凡，便同意了他的请求，并授予他一支锋利无比的红缨枪，叮嘱他："你赶上龙公一家后，一定要尽快刺穿那两只鱼鳞水篓。"

亮亮英雄气盛，武功又非同一般，很快追到西郊的玉泉山下，一枪就刺穿由龙女变的苦泉水篓，苦水"哗"的一声流淌地上。这时百姓们也赶到了，大伙儿共同奋力战斗，终于把龙王擒住，杀了他。龙子要活命，只好乖乖地将甜泉水吐出，还给北京城。从此，玉泉山下便有了一眼源源不竭的甜泉水，因泉水清澈碧透，晶莹如玉，人们便称它为玉泉，玉泉山也因此而得名。

玉泉流量大而稳定，曾是金中都、元大都和明、清北京河湖系统的主要水源。著名的元代水利专家郭守敬曾引玉泉等 11 处泉水，凿成通惠河，便利了交通运输，更对大都的建设发挥了积极的作用。明代从永乐皇帝迁都北京以后，就把玉泉定为宫廷饮用水之水源地，并沿袭至清代。

玉泉被宫廷选为饮用水源，主要有两大原因。一是玉泉水洁如玉，含盐量低，水温适中，水味甘美，又距皇城不远。清朝乾隆皇帝曾命人分别从全国各地汲取名泉水样和玉泉水一起进行比较、秤水检测，结果，北京玉泉水名列第一，比国内其他名泉的水都轻，证明泉水所含杂质最少，水质最优。当今，用 20 世纪 80 年代的先进检测方法对玉泉水分析鉴定，其结果也表明此泉水确实是一种极为理想的饮用水源。

玉泉被选作宫廷用水还有一个极其重要的因素，就是该泉四季势如鼎沸，涌水量稳定，从不干涸。那么玉泉水为什么水质佳美而又水量丰富呢？这是因为玉泉有良好的补给、径流、排泄条件。玉泉的补给源主要是大气降水和永定河水。在玉泉山附近还有进珠泉、裂锦泉、试墨泉和珠宝泉等泉头出露，构成玉泉山泉群。明朝文人刘侗游历了该泉群后，描述了泉水群的情景为："泉进湖底，犹如练帛，裂而珠之，直弹湖面，涣然合于湖。"玉泉径流路程不长，且无含盐量较多的地层，故涌水量大，水洁而味美，成为一处难得的优质水源地。玉泉山泉群最大平均涌水量达 5760 立方米/时。但近年来由于不断扩大对古河道地下水的开采量和直接凿取奥陶系石灰岩中的承压水，造成区域性的地下水位下降，玉泉的涌水量也逐年减少，甚至出现罕见的断流现象。因此必须对玉泉山地区水资源加强管理和保护，科学地合理开发利用，才能恢复玉泉的历史风韵和天然姿色。

玉泉水质好，古有定评。元代《一统志》说玉泉"泉极甘冽"。乾隆皇帝特地撰写了《玉泉山天下第一泉记》，全文交由户部尚书、军机大臣汪由敦书写刻石，立于泉旁。明人吴宽所赋《饮玉泉》诗曰："龙唇喷薄净无腥，纯浸西南万叠青。……坐临且脱登山屐，汲饮重修调水符。尘渴正须清泠好，寺僧犹自置茶炉。"用玉泉水沏茶，色、味、香俱佳，确实非同一般。据此。当年乾隆还讥嘲茶圣陆羽，说他对南方诸泉的评定颇为中肯，可惜他没有到过北京，不识玉泉水之佳妙。

经过现代科学检验，泉水品位的高下，对酿酒也起着决定性的作用。谚曰名泉出名酒，北京的莲花白、绿豆烧等享誉海内外的名酒，出都得力于玉泉。"万叠燕山万叠泉，飞流千里挂长川。"北京在历史上是个多泉的地区，据近年出版的《北京泉志》记载，北京有泉千余处，可惜近百年来，一些泉水已经消失，或水量锐减，变得有名无实了。而在这众多的名泉中，当首推玉泉为魁首。

大明湖畔第一泉
——济南趵突泉

济南是著名的泉城，有关济南泉水的记载，最早见之于《春秋》。金代有人立"名泉牌"，列名泉 72 处，趵突泉为七十二泉之首。明代晏璧有诗曰："渴马崖前水满川，江水泉进蕊珠圆。济南七十泉流乳，趵突洵称第一泉。"沈复在《浮生六记》中说："趵突泉为济南七十二泉之冠。泉分三眼，从地底忽涌突起，势如腾沸，凡泉皆从上而下，此独从下而上，亦一奇也。"趵突泉又名瀑流泉、槛泉。它出露于济南市旧城区的西南，"泺水发源天下无，平地涌出白玉壶。"趵突泉东西 700 米，南北 250 米，为古泺水发源之地。

北宋文学家曾巩任齐州（今济南）太守时，在《齐州二堂记》一文中，正式命名为"趵突泉"。按字义释，"趵，跳跃貌；突，出见貌"，形容该泉水瀑流跳跃如趵突。趵突泉与漱玉泉、全线泉、马跑泉等 28 眼名泉及其他 5 处无名泉，共同构成趵突泉群。其中，集中在趵突泉公园的有 16 处，是国内罕见的城市大泉群。趵突泉是此泉群的主泉，泉水汇集在一长方形的泉池之中，泉池东西长约 30 米，南北宽为 20 米，四周砌石块，围以扶手栏杆。池中有 3 个大型泉眼，昼夜涌水不息，其涌水量每昼夜曾达 9.5 万吨至 13.8 万余吨，约占济南市总泉水量的 1/3。池中三泉，平地上涌，浪花四溅，声若隐雷，势如鼎沸，状似堆雪，景状极为壮观。前人有"倒喷三窟雪，散作一池珠"及"千年玉树波心立，万叠冰花浪里开"之咏。清代学者魏源在《趵突泉》诗中亦称："三潜三见后，一喷一醒中；万斛珠玑玉，连潭雷雨风。"

趵突泉古今之观相差甚多。《老残游记》说趵突泉在未修池之前，能喷水五六尺之高，后来修了池子，只能喷翻二三尺高了。若干年前，由于过量的开采，济南地下水位明显下降，致使趵突泉出水量越来越少，乃至在枯水时节停止喷涌。1981

年5月，胡耀邦同志到济南视察后问："什么时候趵突泉恢复冒水？一年能不能恢复？一年恢复不了，两年；两年恢复不了，三年。三年差不多了吧？"山东省济南市人民政府多方采取措施，终于使趵突泉重现"泉源上喷，水涌如轮"的胜景。

在趵突泉四周有许多古建筑。泉池北岸有三座大殿，曰泺源堂。元代大书法家赵孟頫所题的楹联"云雾润蒸华不注，波涛声震大明湖"就刻在堂前抱厦柱上。后堂内壁上嵌着明清以来咏泉的若干石刻。泉池南为半壁廓水榭，曰"沧园"。西南有明代观澜亭，建于公元1461年。亭边立有明清时胡缵宗、张钦和王仲霖书写的"趵突泉"、"观澜"、"第一泉"等石刻。池东侧为来鹤桥、望鹤亭茶室，游客多喜爱在亭中小憩，享用名泉香茗。趵突泉水清醇甘冽，最宜煮茶。用此泉水泡砌的绿茶、茉莉大方茶，茶汁汤色明亮，幽香沁人。宋代曾巩品尝之后有"润泽春茶味更真"之赞咏。

趵突泉得名"天下第一泉"，相传是乾隆皇帝游趵突泉时赐封的。当时，乾隆皇帝巡幸江南，专门派车辆运载北京玉泉山泉水，供沿途饮用。途经济南时，他除了遍游名泉之外，还亲自品尝了趵突泉的水，觉得这泉水果真名不虚传，水味竟比玉泉之水还要清冽甘美。于是，从济南启程南行，沿途的饮用水，就改用趵突泉的水了。临行前，乾隆为趵突泉题了"激湍"两个大字，还写了一篇《游趵突泉记》，文中写到"泉水怒起跌突，三柱鼎立，并势争高，不肯相下"。

其实，趵突泉除乾隆皇帝赐封为"天下第一泉"之外，还有不少文人学士都赋予其"第一泉"的桂冠。蒲松龄的《趵突泉赋》中写道："尔其石中含窍，地下藏机，突三峰而直上，散碎锦而成绮。波汹涌而雷吼，势頽洞而珠垂。……海内之名泉第一，齐门之胜地无双……"而《水经注》赞趵突泉水为"固寰中之绝胜，古今之壮观也"。

话说"天下第一汤"
——安宁碧玉泉

被誉为天下第一汤的云南安宁温泉古称碧玉泉，位于昆明西郊，距城39公里，沿途孔雀杉苍郁染黛，修竹飘洒流翠。泉区周围，群山环绕，林木葱翠。温泉区内，街道整洁，恬静舒适。安宁温泉宾馆豪华精致，月季、海棠、叶子花把这座精舍装点得花团锦簇。左边一个圆池，黑色石壁上现出"天下第一汤"五个金色大字。晶莹的池水宛若碧玉磨成的明镜。银光闪闪的水泡从池底不断上冒。前人把它称之为碧玉泉，再贴切不过了。

温泉水自螳螂川峡谷东岸的石灰岩壁下涌出，较大的天然泉眼有9处，每昼夜涌水量为1000余吨，最大时可达1万吨左右。泉水清澈、透明，水质柔滑优良，属弱碳酸盐型温矿泉水，水温在 40～45℃，可浴可饮。浴则可治多种疾病，尤其对皮肤病、关节炎和慢性胃病患者疗效甚佳；饮则可沏茶煮茗，其味温醇可口，风味独特。故明代学者杨慎评价此泉水"不可不饮"。

第一个把安宁温泉称为天下第一汤的就是这位大学者杨慎（字用修，号升庵）。杨慎原籍四川新都，24 岁就成金榜题名的状元公，曾任翰林院修撰和经筵讲官，为嘉靖皇帝讲解过经史。他一生为人正直，不畏权势，多次对皇帝直言苦谏，于嘉靖年间被贬谪到云南永昌（现保山县）度过了他的一生。在贬居云南的数十年间，杨升庵深爱安宁山林泉壑的清幽，常在林间泉边阅卷著书，写下了不少有关温泉的诗文。他所写的一篇《浴温泉序》中，赞叹云南温泉众多，"以安宁之碧玉泉为胜"，并为这个温泉归纳了七大特色："滇池号曰黑水，虽盈尺不见底，而此特皓镜百尺，纤介毕呈，一也；四山壁起，中为石门，不烦甃砌，二也；浮垢自去，不待捆拭，三也；苔污绝迹，不用掏渫，四也；温凉适宜，四时可浴，五也；掬之可饮，尤发苔颜，六也；酾酒增味，治庖省薪，七也。虽仙家三危之露，佛地八功之水，可以驾称之，四海第一汤也。"从杨慎的文中可知他把安宁泉温泉题为"天下第一汤"的缘由。"仙家三危之露，佛地八功之水"，究竟怎样，无从知道，但在我国各地的温泉中，安宁温泉的水质，的确是数一数二的。

另一位称此泉为第一的，是明代的旅行家、地理学家徐霞客。明崇祯十一年（1638），徐霞客来到云南安宁，详细考察了碧玉泉，他在当天的游记中记述道："……池汇于石崖下，东倚崖石，西去螳川数十步。池之南有室三楹，北临池上。池分内外，外固清莹，内更澄澈；而浴者多就外池。内池中有石高下不一，俱沉水中，其色如碧玉，水光映烨然。余所见温泉，滇南最多，此水实为第一。"

那么，安宁温泉究竟有多少年历史呢？按照泉池石壁所记载，此泉发生于公元 56 年。这里史龙寺碑记上曰："东汉建武丙辰（56）年间，有名将苏文达随伏波将军马援南征交趾，其后回朝，道经滇省，因瘴气不能进，乃止于是。偶与乡人游，见山中白气腾腾，始知为温泉，于是召工开辟，遂成名胜。"

与碑记相呼应的是当地流传着一个动人的传说。说是苏文达随伏波将军南征作战得胜后，便班师回朝。经过此地时，部下将士突然得了一种不知名的传染病，被迫驻扎下来。驻扎营地恰巧是新罗邑国（古代安宁县）所在地。一天，苏文达心情忧郁地到军营外散心，被新罗邑国公主阿树罗看见，邀请他上龙山打猎，订下终身。阿树罗喜出望外，可是苏文达总是高兴不起来。公主询问他为什么，苏文达说："我所率部队途经此地，染上瘴气，军中将士大半命在旦夕，如此下去，我怎能向朝廷交令？"阿树罗公主听罢，哈哈大笑说："原来如此呀！将军，你这人真怪，驻扎在我父王的土地上，这等事为何不告诉我们呢？我知道，许多外乡人初赴此地常染瘴气。不过，在这块宝地上有一处碧玉泉，病人一经洗浴，瘴气即刻全消。"苏文达听后，即忙问阿树罗公主碧玉泉在哪里，公主用手一指，只见那峡川岩壁处，白气蒸腾，袅袅萦绕。苏文达拉着公主一阵子跑，忽见在荒荆蔓草之中喷涌着许多清亮暖热的泉水，随即脱衣沐浴，顿感舒适至极。受瘴气染疾的军士们也随后入浴，果然瘴气全消，神采焕发。不久，苏文达与阿树罗公主成婚，全军上下为其祝福，众口称颂阿树罗公主与苏文达将军的爱情如碧玉般的温泉一般纯洁、和美，并被传为佳话。

如果石碑所载民间传说确实，那么安宁温泉的发现，距今已有1900多年的历史了。不过，那时可能只是露天泉塘。据说在元初至元末才盖上几间茅屋，明代重建，加盖瓦房，开始分为官塘和民塘，或许就是徐霞客所写的"内池"和"外池"了。不过，根据徐霞客游记所载，当时这里已有亭、有庵、有寺，楼阁轩亭俱有名额。螳螂川东岸又是"庐舍骈集"、"夹庐成衢"，可以想见这一带在元明间已具相当规模了。

"温泉沏茶茶益香"。澄碧如玉的碧玉泉水是我国温泉中极其难得的宜茶之水。杨慎专为碧玉泉题写的"天下第一汤"五个大字和其《浴温泉序》至今还镌刻在古温泉口岩壁上，"天下第一汤"早已美名远播。而今，泉池也呈半圆形，泉水从地底石罅中喷出，流动的温泉水，清澈碧透，饮浴两宜，为人类造福呢。

峨眉"神水"第一泉
——峨眉山玉液泉

"峨眉天下秀"，峨眉山是我国国家重点风景名胜区，又是佛教四大丛林之一。在奇秀的峨眉山上分布着众多的流泉飞瀑。如果说报国寺附近的龙门飞瀑、虎溪鸣泉，清音阁前的黑白双溪等众多泉水是以声色取胜的话，那么神水阁前的玉液泉不仅以湛碧的秀色悦人，而且还以其绝奇的水品，被称之为"第一泉"的。

玉液泉位于大峨寺旁的神水阁前，四周风光具有峨眉独特的清幽和深秀。其水品，古人有"饮水诧得仙"之句，认为此泉水不同寻常，故把它称之为神水，又名甘泉。1000多年来，神水遇旱不涸，终年不竭，在嶙峋石壁之中冒出来的这泓碧水，清澈明亮，光鉴照人。夏日用手一掬，冷气直透肌骨，喝了下去，只觉得涤肠荡胃，浊气下沉，清气上升，如饮琼浆玉液。因此以玉液名泉，是一点也不为过的。

峨眉山大峨寺一带盛产云雾茶，为峨眉山之极品，用玉液泉水沏峨眉茶，可谓双绝，茶水清亮，茗香扑鼻，喝到口中，香在心里，顿觉神清气爽。神水的盛名传播四海，而今到峨眉山来饮玉液泉的人络绎不绝。尤其是到峨眉山来烧香拜佛的人，非要喝到此泉"神水"不可。

峨眉神水"第一泉"的来由，也有一则民间故事。古时候这里有一个青年，勤劳朴实，每天不等太阳露面就起身出门耕种，一直要到日落西山、暮色深沉才回家。夜晚，他又借着月光秉烛苦读，夏去冬来，从不间断。他的勤奋好学精神，感动了天界的玉女，从瑶池中引来玉液，给他润喉解渴。青年人得了玉液的滋润，精力更加充沛旺盛，勤耕苦读，终于成为智者大师。后来智者大师离开峨眉山到荆州玉泉居住，好心肠的天上玉女又设法把峨眉山的玉液泉引到荆州，供智者大师饮用，所以有些书中有"神水通楚"之说。

峨眉山玉液泉的泉眼前，立有一块石碑，上面镌刻着唐宋以来苏东坡、黄庭坚等不少著名文人墨客赞咏玉液泉的诗文篇章。当代到峨眉山游览的名人，在神水阁品饮了用玉液泉烹沏的茶水后，也留下了不少墨宝，普遍认为用玉液泉水泡沏峨眉山茶，是"二美合碧瓯，殊胜馔群玉"。

玉液泉为何有如此赞誉？经科技人员对峨眉山玉液泉的考察鉴定，证明玉液泉之所以能名传四海，除视感、口感之美殊绝于众之外，还有充分的科学依据。此泉水中含有微量的氡、二氧化硅等多种矿物质，泉水鲜美，对人体有保健作用。轻工业部的食品专家们经过检测，也认为玉液泉水最宜煮茶，并是一种极为难得的优质饮用矿泉水。于是，各种使人强壮、延年益智的保健饮料脱颖而出，"玉液泉水峨眉茶"的盛誉也更为传扬远播。

（六）神州名泉

无锡惠山泉

惠山泉，因茶圣陆羽曾亲品其味，故一名陆子泉。它位于无锡市惠山第一峰白石坞下的锡惠公园内，从古华山门往前走不远就到了。相传唐代陆羽评定了天下水品二十等，惠山泉被列为天下第二泉。随后，刘伯刍、张又新等唐代著名茶人又均推惠山泉为天下第二泉，所以人们也称它为二泉。中唐时期诗人李绅曾赞扬道："惠山书堂前，松竹之下，有泉甘爽，乃人间灵液，清鉴肌骨。漱开神虑，茶得此水，皆尽芳味也。"宋徽宗时，此泉水成为宫廷贡品。元代翰林学士、大书法家赵孟頫专为惠山泉书写了"天下第二泉"五个大字，至今仍完好地保存在泉亭后壁上。当时，赵孟頫还吟了一首咏此泉的诗："南朝古寺惠山泉，裹茗来寻第二泉，贪恋君恩当北去，野花啼鸟漫留连。"

惠山泉为唐大历元年至十二年（766—777）无锡令敬澄所开凿。惠山的得名是因为古代西域和尚慧照曾在附近结庐修行，古代"慧"、"惠"二字通用，便称惠山。惠山泉水源于若冰洞，呈伏流而出成泉。泉池先围砌成上、中两池。上池呈八角形，由八根小巧的方柱嵌八块条石以为栏，池深三尺余。池中泉水水质很好，水色透明，甘洌可口。中池紧挨上池，呈四方形，水体清淡，别有风味。至宋代，又在下方开一大池，呈长方形，实为鱼池。明代雕刻家杨理特在下池池壁雕刻了一具螭首，这螭首似龙非龙，俗称石龙头，中池泉水则通过石龙头下注到大池之中，终年喷涌不息。池前建有供茶人品茗的漪澜堂，苏东坡曾在此赋曰："还将尘土足，一步漪澜堂。"惠山泉水为山水，即通过岩层裂隙过滤了流淌的地下水，因此其含杂质极微，"味甘"而"质轻"，宜以"煎茶为上"。清乾隆皇帝计量各地名泉，量得惠山泉水为每量斗重一两零四厘，仅比北京玉泉水稍重略微。近年来经多次化验，知惠山泉水所含矿物质有钙、镁、碳酸盐等及微量氡气，表面张力大，水高出杯口数毫米而不溢，水质清澈透明而无任何有害物质，与世界卫生组织及美、日等国家的饮用水水质相比较，确系当今世界饮用水中之佼佼者。

由于惠山泉水"上好"，所以古代许多茶叶专家纷纷前来品尝研讨。华淑在《二泉记略》中就总结了惠山泉的"三异"与"三癖"："泉有三异，两池共亭，圆池甘美，绝异方池，一异也；一镜澄澈，旱潦自如，二异也；涧泉清寒，多至伐性，此则甘芳温润，大益灵府，三异也。更有三癖，沸须瓦缶炭火，次铜锡器，若入锅炽薪，便不堪啜，一癖；酒乡茗碗，为功斯大，以炊饮作糜，反逊井泉，二癖也；木器止用暂汲，经时则味败，入盆盎久而不变，三癖也。"这"三异三癖"，实际上是具体细致地分析总结了惠山泉水的特色和煮茶的禁忌。

惠山泉名重天下，四方茶客们不远千里前来汲取二泉水，达官贵人更是闻名而至。唐武宗时，宰相李德裕嗜饮二泉水，便责令地方官派人通过"递铺"（类似驿站的专门运输机构），把泉水送到三千里之遥的长安，供他煎茗。宋代苏东坡深通"泉美茶香异"之理，他于熙宁年间，"独携天上小团月，来试人间第二泉"。他品饮之后，连声赞妙，并把泉水比作乳水，告诉人们说"乳水君当餐惠泉"。南宋第一位皇帝赵构，在金军追击下被迫南逃途经无锡时，仍有雅兴"幸"惠山泉品茗。泉旁的二泉亭，就是当年地方官吏为迎接赵构所建。

北宋时，京城一些显贵和名士也常常不惜千里之遥，以舟车载运惠山泉水至开封。为了防止长途跋涉，水味变质，人们在实践中摸索出"折洗惠山泉"的办法。据周辉《清波杂志》第四卷记载，惠山泉水运到汴州后，用细沙淋过，便像新汲的一样，号称折洗惠山泉。用细沙淋过，也就是用细沙将水过滤一下，去掉其尘污杂味。惠山泉水也是当时人们相互馈赠的礼品。大文学家欧阳修曾以18年之功撰《集古录》十卷，请他的好友、大书法家、茶艺大学者蔡襄写序，欧阳修称此篇序文"字尤精劲，为世所珍"。为了酬谢蔡襄，他精心准备了4件礼品，一为鼠须栗毛笔，一为铜渌笔格，一为大小龙团茶，另一件就是一瓶惠山泉水，算作润笔。到明代，讲究品茶的人们慕惠山泉之名，但外地人毕竟不易得到惠山泉水，于是只好自制惠山泉水，以代替真惠山泉水。明代朱国桢记述此办法是：先把一般的水煮开，放到大缸内，把水缸放置在庭院中晒不到太阳的背阴地方，待到月色皎洁的晚上，打开缸盖，以便承受夜间露水的滋润，经过如此三个夜晚，再用瓢轻轻地将水舀到瓷坛中。据说用这种水"烹茶，与惠山泉无异"（《涌幢小品》），因此，用此法制成的泉水叫做"自制惠山泉水"。

元代时，到惠山泉品茗和汲水的更多了。当地官员为了限制人员流量，便在惠山泉外围设卡收税。到明代时，此泉依然是茶人、游客和汲水者的涉足热点，"漪澜堂下水长流，暮暮朝朝客未休"的诗句便是当时的真实写照。

清乾隆皇帝南巡时，不但到惠山泉品水饮茗，而且诗兴大发，其诗曰："惠泉画麓东，冰洞喷乳廳。江南称第二，盛名实能副。流为方圆池，一倒石栏甃。圆甘而方劣，此理殊难究。对泉三间屋，朴断称雅构。竹炉就近烹，空诸大根囿。"这首诗后来镌刻在惠山泉前景徽堂的壁上，被人们所传诵。

历代名流对惠山泉均有很高评价，褒奖惟恐不及。其中不乏为惠山泉屈居第二泉而鸣不平之作。刘远的《惠山泉》有一诗："灵脉发山根，涓涓才一滴。宝剑护深源，苍珉环甃壁。鉴形须眉分，当暑挹寒冽。一酌举瓢空，过齿如激雪。不异醴泉甘，宛同神瀵洁。快饮可洗胸，所惜姑濯热。品第冠寰中，名色固已揭。世无陆子知，淄渑谁与别。"明代有位镇江知府，尽管被誉为天下第一泉的中泠泉就在他的辖区之内，但他还是认为第一的桂冠应该让给惠山泉。诗人王世贞也吟出："一勺清泠下九咽，分明仙掌露珠圆；空劳陆羽轻题品，天下谁当第一泉？"公元1751年，乾隆皇帝南巡，经无锡品尝了惠山泉后，援笔题诗，内中也有"中泠江眼固应让"之句，说明惠山泉水确实为天下稀珍之物，宜茶之水。

惠山泉不仅水甘美、茶情佳，而且还孕育了一位我国优秀的民间艺术家和蜚声海内外的名曲《二泉映月》。"甃石封苔百尺深，试茶尝味少知音。惟余半夜泉中月，留照先生一片心。"宋代文人已经写出了钟情"半夜泉中月"的诗句。到了清朝光绪年间，无锡雷遵殿道观出了个小道士，名字叫阿炳，学名华彦钧。阿炳青年时双眼因目疾而先后失明。他从小就酷爱音乐，在其父道士华清和的传授下，二胡演奏技艺渐臻圆熟精深，最后达到深高造诣，以致无锡的人们誉他为"小天师"。他常在夜深人静之时，摸到惠山泉畔，聆听那丁冬泉声，手掬清凉的泉水，神接皎洁的月光，幻想着人间能有自由幸福的生活。他用二胡的音律抒发内心的忧愤和人间的疾苦，祈盼光明幸福的降临，作出了许多二胡演奏曲，其中以惠山泉为素材的名曲《二泉映月》最脍炙人口。此曲节奏明快鲜明，旋律清越动人。二泉孕育的名曲《二泉映月》，它和名泉一样清新流畅，发人幽思，催人奋进。人们为纪念这位著名民间音乐艺术家，1984年在二泉亭重建了华彦钧之墓。

二泉亭上有景徽堂，在此可品尝二泉水烹煮的香茗，并欣赏泉周围的美妙景致。从二泉亭北上有竹护山房、秋雨堂、隔红尘廊、云起楼等古建筑。听松堂也在二泉亭附近。亭内置一古铜色巨石，称为石床，光可鉴人，可以偃卧。石床一端镌刻"听松"二字，为唐代书法家李阳冰所书。皮日休在此听过松涛，留有诗句："殿前日暮高风起，松子声声打石床。"从二泉亭登山可达惠山山顶，纵眺太湖风景，历历在目。

扬州大明寺"天下第五泉"

扬州大明寺，在北郊蜀冈中峰。寺内有平山堂，传为宋庆历八年（1048）二月，欧阳修构筑，取"江南诸山，拱揖槛前，若可攀跻"之意。平山堂之后为谷林堂，系苏东坡为纪念恩师欧阳修而建。谷林堂后为"欧阳祠"，此外，还有建于1973年的鉴真纪念堂。大明寺西侧，就是历来为人称颂的西园，建于乾隆元年（1736），乾隆十六年（1751）重修，一称平山堂御苑。园内凿池数十丈，瀹瀑突泉，皮宛转折。由山亭入舫屋，池中建覆井亭，上置辘轳，仿效古之美泉亭。亭前建荷花厅。缘石磴而南，石隙中又有井。明僧智沧溟于此掘地得泉，即是此井。泉井侧勒"第五泉"石刻三字，为明御史徐九皋所书。旁为观瀑亭，亭后筑有梅花厅。以奇石为壁，两壁夹涧，壁中有泉淙淙。昔时剖竹相接，钉以竹钉，引五泉水贮以僧厨，有古诗句云"引泉竹溜穿厨入"。西园之右，有芳圃。

平山堂西园的第五泉，即是张又新《煎茶水记》中所列的天下第五泉。对此欧阳修表示过异议。欧阳修被贬官后，由滁洲再迁扬州，做了江都太守。因仕途坎坷，怀志不遇，故常常出门寄情山水，饮酒赋诗。一天，他来到大明寺，寺中老僧见来了个州官，一面施礼，一面打发小和尚去泡香茶。老僧虽知来者身分，却态度冷淡，他认为欧阳修不过是一个被贬降职的官员，也许徒负虚名，胸中不一定有大学问。

不一会儿，小和尚把茶端了上来。欧阳修呷了一口，就向老僧打听泡茶之水来自何处？老僧脸上顿时显出得意的神色，答道："这水汲自本寺里面的一泉，历来被称为'天下第五泉'。"欧阳修听了，不以为然地问了一句："请问师父，说它是'天下第五泉'，不知有何依据？"

"这是唐人张又新说的。"老僧答道，并找来张又新的《煎茶水记》，捧给欧阳修。

"张又新没有走遍天下，自然没有尝遍各地泉水，只凭想当然就把泉水分七等，这种做法并不足取。"欧阳修不客气地将了老僧一军。

老僧又搬出了茶圣陆羽，说张又新是根据陆羽所说而写的。镇江金山寺中泠泉为第一，无锡惠山石泉为第二，苏州虎丘石泉为第三，丹阳县观音寺水为第四，扬州大明寺泉水为第五，松江水为第六，淮水为第七。茶圣之论，岂能有错。老僧语气坚定，颇为自信。没想到欧阳修穷追不舍，紧紧追问："师父，诚然张又新的话出自陆羽，那么，陆羽又是根据谁说的呢？"老僧无言以对。

欧阳修十分认真地对僧人说："唐代的天下，滔滔长江在南，滚滚黄河在北。河、湖、泉、井不可计数。陆羽、张又新没有走过几州几府，他们所评七泉只限于东南一隅，谁能保证除此之外，长城内外、黄河上下、天府四川、苍茫楚地，再没有好水？陆、张两位并未品遍天下之水，就轻率地下此结论，这又如何可信。"他又说，凡事要调查实察，寻根求源，不可人云亦云，拾人牙慧。这一看法说得入情入理，让老和尚心悦诚服，甚为钦佩。

欧阳修从大明寺告别僧人回到府里，当天就写了《大明寺泉小记》一文。文中赞美了大明寺泉水"为水之美者也"，既未冠之"天下"，也没有说属于何等。文章写好，派人送给大明寺老僧人，请他指正。老僧人阅罢佩服不已，从此和欧阳修结成好友，来往甚密。大明寺的泉水，的确是清澈甘冽的宜茶好水，老僧虽然还是常向人们介绍，但不再说是天下第五泉了。这一传说一直流传至今，但人们仍沿用天下第五泉称赞大明寺泉。

现在，大明寺西园新建了五泉茶社。人们在游览了蜀冈胜景之后，坐在茶社内小憩，品尝用五泉水沏泡的新茶，清香留颊，实在是一种怡人的享受。

苏州虎丘三泉与天平山白云泉

苏州有几处名泉，多在姑苏城阊门外西北的虎丘。虎丘是苏州是古老的名胜之一。春秋晚期，吴王夫差葬其父阖闾于此，相传葬后三日有白虎踞其上，或云山丘形状犹如蹲虎，故名虎丘。它岩秀壑幽、曲涧潺湲，池泉清冷，修篁掩映，路若绝而复通，石将颓而又缀，景色十分秀丽。名泉就处在这一静幽秀美的环境里。

虎丘第一眼名泉，叫憨憨泉，又名观音泉，位于斗拱飞檐的断梁殿一旁。泉畔有石碑一通，上刻憨憨泉三字，清澈澄清的泉水奔涌不息。关于憨憨泉，民间流传着一个动人的故事。很久远的时候，虎丘山上有个名叫憨憨的小和尚，他双目失明，但可恶的老和尚却每天叫他到山下挑水，稍一迟慢，就遭斥骂。一天，小和尚挑着水往回走，脚一滑，摔倒在地，他用手一摸，原来是地上青苔。聪明的小和尚想，青苔之下，说不定是清泉，便用扁担掘了起来，恰逢老和尚过来，见此情景以为是小和尚在借此行乐，怒火顿起，不由分说夺过扁担，劈头打去。小和尚因眼睛看不见，躲避不了。不知怎的，不知从哪里来的力量把老和尚向他狠狠打来的扁担扇到一边，沉沉地落到掘土的地方。顿时，清泉汩汩涌出，声音丁冬悦耳。泉水喷溅到小和尚脸上，他双眼顿时复明，惊喜万分。而老和尚却在一旁吓得目瞪口呆，还以为小和尚是天上神仙下凡，连忙跪下叩拜。从此，这眼泉水就叫憨憨泉。

剑池，是唐代李季卿品评的天下第五泉。石壁上刻有"虎丘剑池"四字，相传是唐代大书法家颜真卿的手迹。剑池位在千人岩底下，呈长方形，深约5米。池上两崖如劈，藤蔓披拂。崖底便是一汪碧波，形如长剑，澄澈透明，冷气逼人。崖壁上有宋书法大家米芾手书"风壑云泉"刻石，字体雄浑遒劲。

据考证，剑池乃是吴王阖闾的墓穴之门。相传吴王阖闾死后，曾将他生前喜爱的鱼肠、专诸等3000支宝剑一同陪葬在此石穴中，并积虎丘岩石渗水于上，以防后人掘取，故名剑池。1955年苏州市人民政府在整修虎丘塔时，曾将剑池泉水戽干，将淤泥掏尽，先在池壁上发现有明代唐伯虎、王鏊等人的题诗记事。后在剑池底北侧的尽头，正对着虎丘塔的下面，发现了一个呈人字形的石洞，洞里有一条隧道，洞的尽头为三块人工凿成的巨石所筑成的石墙。据专家分析，里面可能就是阖闾的墓室。由于墓室正好拱于虎丘塔之下，如果发掘此墓，有可能会对有千年以上历史的虎丘塔产生破坏性影响。所以，考古学家们只好发掘到墓门为止，于剑池内再重新蓄水，成为一泓俨然如初的清泉。

关于剑池里有3000支宝剑之说，有关方面分析，有可能是古人胡编误传，也有可能是建墓不久，就有掘盗人将剑掘去。相传，秦始皇、东吴孙权都曾派人到此凿石求剑，皆无所得。

唐代张又新和刘伯刍游虎丘时评定的天下第三泉，就是陆羽井，又名观音泉。游人从虎丘二山门进去，沿山路可达千人岩后面的冷香阁。陆羽井就在冷香阁的不远处。泉眼现为一口石井，井口约3米多见方，四周围以石壁，水流终年不断。泉水清亮透明，略有甜味，现在冷泉阁已辟为茶室，为饮茶品泉最佳处。用陆羽井的泉水，沏上太湖名茶碧螺春，香郁沁人，味醇色鲜，一口饮毕，余香无穷。中外游人前往品著者，一年四季不绝，就连茶室附近的树荫下、岩石边也常常置桌椅、放茶杯，品饮者满座。

饮水思源，便不能不说起陆羽。唐代贞元年间，陆羽曾住虎丘，亲自到山上挖了一口井，专门研究泉水水质对煎茶的作用。这个消息传到了唐德宗李适耳里，立刻下诏召陆羽进宫，要封陆羽为官，但陆羽没有接受，他又回到虎丘专门用剑池和陆羽井的水栽培苏州散茶。经试验培植，他创造了整套种茶、育茶、采茶、煎茶的方法，并大力倡导发展茶业茶事。当时吴地人们饮茶已成为习惯，种茶成为百姓的一项职业。陆羽在清泉畔，一边研究栽茶技艺和品泉心得，一边著作我国茶文化代表作《茶经》。

在苏州西郊的天平山，有号称"吴中第一水"的白云泉，又名钵盂泉。

天平山群峰峻峭，怪石林立。《吴郡图经续记》中说它："魏然特出，群峰拱揖。"因山势高峻，峭拔入云，故又称白云山。上山的路也分成三段，称为三白二云。穿过御碑亭周围的大片枫树林，登上数十级山径，便到达下白云，也就是白云泉所在之处。石壁上刻有白居易手书的"白云泉"三字，旁有云泉精舍。白居易有诗咏此泉曰："天平山上白云泉，云自无心水自闲。何必奔冲山下去，更添波浪向人间。"从白云的坦荡淡泊，"吴中第一水"的清闲透澈，使人领会到一种无牵无挂、从容不迫的意境。由白居易的题字和诗咏，可以想见此泉在唐代已相当有名。

白云泉从攀附着苍藤薜萝的峭壁隙罅中潺潺流出，注入池内，终年不断。泉水清冽而晶莹，水味醇厚而略带甘甜。泉前现建有敞轩一座，在此不但可以畅饮用白云泉泡沏的香茶，还可纵赏天平山四周的景色。轩前古树参天，浓荫蓊郁，东麓有宋代名人范仲淹父亲、祖父和曾祖的墓园。自宋至清的几百年间，范仲淹的后代在此营造规模宏大的墓园，四周林茂花香，山明水秀，亭台楼阁俱全。"汲取清泉三四盏，芽茶烹得与尝新。"在白云泉畔边品茗边凭眺，吟诵范仲淹"先天下之忧而忧，后天下之乐而乐"的名词，能引发出不少遐思，胸襟顿感开阔，天地更为宽广。

杭州虎跑泉

素以天下第三泉著称的虎跑泉位于西湖西南隅大慈山白鹤峰麓，在距市中心约5公里的虎跑路上。虎跑梦泉是新西湖十景之一。

虎跑景区有钟楼、罗汉堂、济公殿、五代经幢、弘一法师纪念塔等名胜古迹，但泉水则是虎跑的主景，其他景也环绕虎跑泉而设。走近山门，先是"听泉"，天王殿内 是"释泉"，叠翠轩中是"赏泉""试泉"，滴翠岩下为"寻泉"，至茶室为"品泉"。

进入山门，是一条平坦的青石板路，两旁青山耸峙，叠嶂连天；一泓清泉沿着路侧的溪涧，潺潺流淌，石板路的尽头是一座供人小憩的凉亭，亦称二山门，这里松枫参差，泉声悦耳，令人驻足。穿过亭子，是一座石桥，桥下是澄碧的池水，由此拾级而上，就可进入虎跑寺了。

虎跑寺原名广福寺，唐大中八年（854）改名为大慈禅寺，明清时多次毁建，现在的寺宇为清光绪时重建。虎跑寺以虎跑泉为中心进行建筑布局，具有江南园林特色，泉池四周依次建轩立亭，院内引水凿池，架设拱型石桥，寺中松柏交翠，寺后修篁漫山。

虎跑泉是一个两尺见方的泉眼，清澈明净的泉水，从山岩石罅间汩汩涌出，泉后壁刻着"虎跑泉"三个大字，为西蜀书法家谭道一的手迹，笔法苍劲，工力深厚。泉前有一方池，四周环以石栏；池中叠置山石，傍以苍松，间以花卉，宛若盆景。游人在此，坐石可以品泉，凭栏可以观花，怡情悦性，雅兴倍增。

宋代苏东坡有一首写虎跑泉的诗：

> 亭亭石塔东峰上，此老初来百神仰。
>
> 虎移泉眼趁行脚，龙作浪花供抚掌。
>
> 至今游人盥濯罢，卧听空阶环佩响。
>
> 信知此来如此泉，莫作人间去来想。

诗中所说的"虎移泉眼"则是一则流传很广的传说。相传在唐以前，此地既无泉水，也无大的寺宇，唐宪宗元和年间，有位名叫性空的和尚云游至此，见大慈山白鹤峰麓环境清幽，便有心栖禅于此。但经进一步考察，却发现这里缺少饮用水源。有一天，来了两个力大无比的兄弟，兄大虎、弟二虎，他俩长期流浪在外，近日才到杭城。听说性空和尚有心在此建立大寺院，却苦于无水，便决计剃度为僧，做性空和尚的徒弟，专为寺院挑水，性空和尚见他俩心诚便收下为徒了。

大虎、二虎每天起早到大慈山外的西湖中去挑水。由于他俩力气大，挑回的水倒也足够师徒三人享用。但是，性空和尚想的是建立一座大寺院，他兄弟俩纵有千斤之力，又能从西湖里挑来多少水哩！性空和尚为此发愁。有一天，大虎突然想起在南岳衡山时，一次口渴异常，恰遇一眼山泉，清冽香甜。后来听当地人说这眼泉名叫童子泉，是一眼稀世的仙水。于是，大虎对二虎说："我们何不把它移来"。二虎一听，拍手叫好，于是兄弟俩告别师父，历尽千辛万苦，赶到了童子泉。性急的二虎上前就要搬，童子泉却一动也不动，兄弟俩无奈只好望泉兴叹。这情景被一守护童子泉的小仙童看得真切，便走出山林来说："这童子泉是仙泉，凡人哪能搬得动它。但如果你俩愿意脱俗成虎，这泉便可移动。"大虎和二虎当即应允。于是，小仙童便在他俩身上拂柳枝，洒仙水。顿时，只见烟雾中跳出两只斑斓猛虎，小仙童立即拔出童子泉，跨上大虎之背，催赶二虎背驮着童子泉，一阵风似地赶往杭州。

一天夜里，性空和尚正在打坐，朦胧中见到两只口渴异常的老虎在禅房外刨地作穴，性空和尚猛地惊醒过来，打开门一看，老虎未见，却有一股清泉从石崖间涌出。性空和尚明白，这就是大虎和二虎移来的童子泉，它由"二虎"刨地作穴而成。所以，便给这眼泉取名为虎刨泉。后来性空又觉得此名有些拗口，便更名为虎跑泉。白鹤峰麓有了虎跑泉，性空和尚栖禅的大寺宇也很快建成了。

根据"虎移泉眼"民间传说，1983年在虎跑滴翠岩后的山腰平台上，雕塑家创作完成"梦虎"雕塑。整个塑像借用一组巨大的山岩叠石，只见两只猛虎接踵跑地出泉，性空禅师则合着双目，怡然梦中。雕塑充分利用自然地形、山涧，把人物和山虎、涌泉、自然山水、庭院建筑融为一体。高僧梦卧之形态，两虎自林中跑水之情状，既有宁静感，又有跃动感，动静结合，野趣盎然。石壁间刻有"虎跑泉眼"四字行书和"梦虎"两大篆体字。

当然，人们不会相信虎跑泉真的是两只老虎跑出来的。明初文学家宋濂在为虎跑泉所作的铭文中就说："谁信清泠生于虎爪？"张舆在诗中亦云："虎曾听法跑泉出，龙或逃禅挟雨飞，……世情总被凡僧惑，泡影观来果是非。"

那么，涓涓不息、清澈宜茶的虎跑泉是从哪里来的呢？旧时虎跑有块四字碑："源远流长。"现在清音亭上书有楹联："山势北连三竺去；泉声西自五云来。"那是因为虎跑泉出露处的北、西和西南三面均为高山，环绕成为面向东与东南的一个马蹄形洼地，给虎跑泉提供了良好的供水条件；加之这里的石英砂岩中的节理裂隙发育极好，使地下水可以顺着裂隙源源不断地补充给虎跑泉，从而使泉水在这里涓涓流出，终年不断。经测定，虎跑泉涌水量每昼夜为 192 吨左右，属于裂隙下降泉。所以三四个月甚至半年多不下雨，虎跑泉水依然叮咚。1978 年大干旱，不甘心喝钱塘江水的人们便纷纷涌往虎跑汲水，成为一时盛况。

从地质结构看，此处系 X 断裂发育体，虎跑泉水沿断裂层从石英砂岩中流出，而后受粉砂岩与泥页岩阻挡，地下水即沿断裂层上升溢出而成泉，流量为 0.37 立升/秒。虎跑泉水质极为纯净，它的总矿化度每升仅有 0.02～0.15 克，泉水分子密度高，表面张力大，向盛满泉水的碗中逐一投入硬币，只见碗中泉水高出碗面达 3 毫米而不外溢。清代丁立诚《虎跑泉水试钱》诗中赞叹："虎跑泉勺一盏平，投以百钱凸水晶。绝无点点复滴滴，在山泉清凝玉液。"历来"戏水"成为人们游览虎跑的一项乐事。一般水含氡量极少或不含，当每升水中含氡量大于 12.74 埃曼时就称为矿泉水了。而虎跑泉水每升含有 26 埃曼氡。据上海、南京、杭州地矿系统和防疫部门专家测定，虎跑泉水中还含有 30 多种微量元素，是一种很珍贵的冷矿泉水。经常饮用，具有较好的医疗保健作用。现在，虎跑矿泉水厂出品的矿泉水供不应求，而每天凌晨起来到虎跑汲取泉水的人更是越来越多。

虎跑泉水色晶莹，味甘洌而醇厚。明代高濂在他的《四时幽赏录》中说："西湖之泉，以虎跑为最。西山之茶，以龙井为最。"如今，虎跑泉依然澄碧如玉，从池壁石雕龙头喷出的那股水流仍旧涓涓汩汩，不停涌出。坐到轩敞明亮的茶室中，泡上一杯热气腾腾的龙井慢啜细品，一股清香甘洌之味，透于舌间，流遍齿颊，顿感神清气爽。1959 年 2 月，郭沫若先生游览虎跑泉后曾留诗一首：

> 虎去泉犹在，客来茶甚甘。
>
> 名传天下二，影对水成三。
>
> 饱览湖山美，豪游意兴酣。
>
> 春风吹送我，岭外又江南。

虎跑景观以"泉"为中心，新中国成立以来经过多次拓建，重新恢复了钟楼、罗汉堂，修建了弘一法师石塔及纪念堂、济公殿和济颠塔院等景观，人们在品泉饮茶的同时，探胜访古，凭吊这两位佛门弟子的遗迹，更增添了不少游兴和遐思。

杭州龙井泉

"采取龙井茶，还烹龙井水。一杯入口宿醒解，耳畔飒飒来松风。"这是明人屠隆的《龙井茶》中的诗句，他赞诵龙井茶，更夸龙井水。

龙井，本名龙泓泉，又名龙湫，是个圆形泉池，位于杭州西湖西南，南高峰与天马山之间的龙泓涧上游的风篁岭上。

龙井泉池环以精工镌雕的云状石栏，泉池后壁是古朴叠石，泉水从叠石下石隙中涓涓涌出，汇集于龙井泉池后，又经过泉池下方通道流入低处的两个相连的长方形水池中，接着注入玉泓池，最后跌宕下泻形成风篁岭下"十里泉声咽断崖"的淙淙溪流。

据明代田汝成撰《西湖游览志》记载，龙井泉发现于三国东吴赤乌年间（238—251）。西晋学者葛洪曾在此炼丹。明代，有人曾在井口发现一片投书简，刻有东吴赤乌年间向"水府龙神"祈雨的祷文。可见龙井泉闻名于世已有1700多年的历史了。民间相传龙井泉与江海相通，有龙居其中，故名龙井。苏东坡有吟龙井泉诗："人言山佳水亦佳，下有万古蛟龙潭。"北宋词人秦观的《龙井记》写得更是生动、深沉，曰"惟此地蟠幽而居阳，内无靡丽之诱以散越其精，外无豪悍之胁以亏疏其气，故岭之左右大率多泉，龙井其尤者也。夫蓄之深者发之远，其养也不苟，则其施也无穷；龙井之德，盖有至于道者，则其为神物之托也，亦奚疑哉！"古书记载说龙井寺辨才法师也曾率徒求雨，"俄而有大鱼自泉跃出，观者异焉！……而其名由此益大闻"。

关于"井中有龙"的传说，千百年来一直为人们所津津乐道。传说在很久以前的遥远年代，杭州一带并不像今日风光如画，而是一片荒土，而且年年大旱，百姓们年年上风篁岭祷神降雨，但老天还是不下雨。后来此事被一条秉性正直、喜好济贫的蛟龙知道，它便悄悄溜出龙宫，准备将钱塘江水送至风篁岭，可是水还没送到岭上，蛟龙就被老龙王派来的兵将们抓了回去，关进海底铁牢。蛟龙虽然身在铁牢之中，但它为老百姓解忧排难之决心不移。经过深思熟虑，终于想出了办法，于是它避开守牢的虾兵蟹将的眼目，用龙爪从牢底向杭州风篁岭方向挖掘起来。龙爪神速，不久一条细长的海底水道便透迤挖通。于是，清澈的泉水就通过地下通道源源涌出洞口。从此，风篁岭上便有了这眼清冽甜亮、终年不涸的甘泉了，也使杭州一带变成了人间天堂。为纪念蛟龙送水之德，老百姓们特地在泉口四周砌一圆池，环石皆饰以云纹，并将此泉取名为龙井泉。

千古神话传说给龙井泉带来了美丽而神奇的色彩，于品饮之际作为谈资，也能助人茶兴。

龙井属于石灰岩区的岩溶泉。龙井四周为石灰岩层，而且均由西向东南方倾斜，龙井正好处于倾斜的东北端，有利于汇集顺岩层面顺流的地下水。另外，在龙井泉附近还有一条断层破裂带，也为龙井泉源源不断的地下水补给提供了良好通道。在地形上，龙井又是处于有利于汇合地表水的地方；再加上地表植被发育良好，山林茂密，有助于拦蓄地表水渗透到地下岩溶裂隙之中，最终都流向龙井，使之形成了终年不涸的龙井清泉。

龙井还有一种有趣的现象：当人们用棍子搅动龙井泉水以后，水面上就会出现一条游丝般蠕动的由外向内渐渐缩小而终于消失的水纹，人们称为分水线，当地人称之为龙须。这种分水线在天雨时尤为明显。这是一种水流体动力现象。因龙井泉出口比水面低，当水从下出口流出时，出口附近水流因流速加快而压力变小，水被搅动后排泄加速更加明显，因而可看到分水线。另外，在龙井泉池的底部和边缘岩石上，常可见到一些豆状小颗粒叠成的不规则的小堆，那是岩溶泉中的碳酸钙与其他杂质掺合在一起的沉淀物，因在其沉淀过程中，泉水不断流动，致使沉淀物也不断转动，所以天长日久便构成豆状小颗粒。

"烹茗僧夸瓯泛雪，炼丹人化骨成仙。当时陆羽空收拾，却遗龙泓一片泉。"这是苏轼所作《龙井》诗中对龙井泉的赞美。诚如苏轼诗咏，龙井之所以蜚声四海，首先是龙井泉水清冽甘美，可与虎跑水媲美；二是龙井四周环以茶山茶园，盛产西湖龙井茶。龙井茶因具色翠、香郁、味醇、形美"四绝"而著称于世。元代诗人虞集晚年寓居杭州。他游龙井，品尝了用龙井泉烹煮的雨前茶，诗兴大起，赋诗曰："徘徊龙井上，云气起晴昼。澄公爱客至，取水挹幽窦。但见瓢中清，翠影落群岫。烹煎黄金芽，不取谷雨后。同来二三子，三咽不忍漱。"大有甘之若饴之慨。明代孙一元在《饮龙井》诗中，要流露了陶醉之情，诗曰："眼底闲云乱不开，偶随麋鹿入云来。平生于物原无取，消受山中水一杯。"

在宋代以前，有老龙井、龙井寺、龙井之分。老龙井在风篁岭南面的落晖坞。现在人们所见的龙井，旧名龙泓。龙井寺原建于老龙井处，相传为五代后汉乾祐年间（948—950）一位叫凌霄的杭州人所建。北宋年间，龙井寺名垂天下，当时大法师辨才告老退居于龙井寺，以汲龙井泉煮茶待客为乐事，一时许多名流学士竞相前来龙井寺，如苏轼、苏辙、秦观、黄庭坚、赵阅道、杨无为等都曾来此赋诗吟咏。

"路上风篁上翠微，老龙蟠井四周围。"龙井泉四周围风光秀美佳绝。未到龙井，先有涤心亭相迎，有楹联曰"紫云细路杳无尽；落石飞泉静有声"。继有一片云石，江湖一勺亭、神运石，还有龙井泉旁专供人们享用龙井茶的秀萃堂。明人田艺蘅著《煮泉小品》记道：

> 今武林诸泉，惟龙泓入品，而茶亦惟龙泓山为最。又其上为老龙泓，寒碧倍之，其产茶，为南北山绝品。……求其茶泉双绝，两浙罕伍。

清乾隆皇帝 6 次南巡，都到了杭州。其中公元 1762 年和 1765 年两次亲临龙井，品尝了用龙井水冲烹的龙井茶，作《坐龙井上烹茶偶成》："龙井新茶龙井泉，一家风味称烹煎。寸芽出自烂石上，时节焙成谷雨前。"他在《再游龙井》一诗中则写道："清跸重听龙井泉，明将归辔启华游。问山得路宜晴后，汲水烹茶正雨前。"

用龙井泉水冲泡龙井茶，乾隆的感受是："啜之淡然似乎无味，饮过后觉有一种太和之气，弥漫乎齿颊之间。"认为这"无味之味，乃是至味"。乾隆之论，深得名泉名茶之精蕴，同时由于他的品评也使龙井泉与龙井茶并称，并名扬天下。

龙井附近有"湖山第一佳"五个大字，也是当年乾隆所书。他曾亲临狮峰茶园采茶品茗，把龙井茶列为贡品，并把狮峰 18 棵茶树封为御茶，至今仍郁郁葱葱。狮峰茶园旁有御茶室，与龙井毗邻处则是新建的中国茶叶博物馆。

杭州玉泉

位于仙姑山北的青芝坞口，旧有寺庙，名清涟寺，又名玉泉寺。南齐为庵，五代时改为净空寺，南宋时又称净空院，清康熙三十八年（1699），改名为清涟寺。1964 年，在旧寺的基础上改建成一座具有江南园林特色的庭院，面积为 0.73 公顷。整组建筑采用粉墙漏窗，回廊环接，隔而不断，互相掩映，景中有景，园中有园，巧妙的布局给人以一种幽深宁静的感受。

新建的玉泉庭院，大门是个对景园门。从大门进去，迎面是一方形大窗框，框里的小天井中，安置着一块嵯峨湖石，几竿翠竹，宛若把一幅天然的竹石写意图推到游人眼前，让人几疑是走进了画卷深处。宽敞的南北亭尽头，在有限的空间里，建亭植树，配置松梅竹，呈现一派幽静雅致的氛围。由此进内，便为玉泉主景玉泉池。玉泉池畔回环着亭廊轩榭和大理石栏杆围槛。玉泉池呈一长方形，长约 13 米，宽约 9 米，深约 3 米，清亮的泉水从地下露头，晶莹明澈。相传在南齐建国前，有昙超和尚在玉泉开山筑庵，但无水源。偶遇神人，昙超请他解决寺内缺水问题，神人抚掌而泉水汩汩涌出，因此玉泉又名抚掌泉。自宋代开始，玉泉池中就放养了百余条数十斤重的大鱼。古诗"寺古碑残不记年，池清景媚且留连。金鳞惯爱初斜日，玉乳长涵太古天。投饵聚时霞作尾，避人深处月初弦。还将吾乐同鱼乐，三复庄生濠上篇"，便是当年的泉池鱼乐的写照。泉池变鱼池，观鱼忘观泉，似乎主从倒置，然而在造园艺术上未尝不可。玉泉观鱼，数百年来吸引着四方游客，并以"玉泉鱼跃"列为西湖十八景之一。宋代有人题有一幅楹联，刻于池畔亭柱上：

鱼乐人亦乐；

泉清心共清。

明代著名诗人、书画家董其昌题联道：

鱼有化机参活泼；

人无俗虑悟清凉。

　　由董其昌题书的"鱼乐园"匾额，至今还高悬于池畔的亭廊之上。如今玉泉池中放养着青鱼、草鱼和红鲤、黄鲤 200 余条，其中有几条大青鱼重达 30 多公斤。湛湛泉色，尾尾大鱼，沉浮其间，鱼儿时而扬鳍而来，争逐食饵，时而摆尾纵腾，潜入泉池。"疏凿莲花沼，红栏护碧漪，园波一镜洗，暖日万鳞嬉。"今日，除泉池中的大鱼之外，在庭院的敞厅里，又添了许多金鱼缸以及众多盆景。鱼乐园畔开设了茶座，一边细啜用玉泉烹沏的香茗，一边观赏泉池中鱼儿纵回游姿，给人们留下了各自的启迪和难忘的印象。

　　在玉泉西侧内园中，有著名的古珍珠泉，泉池呈长方形，面积约 3 平方米。池中水清见底，游人以脚蹬地，泉池内即有串串小水泡不断往上涌现，恰如串串珍珠。

　　穿过珍珠泉圆洞门，便见一造型别致的庭院。这里有玉泉的又一姐妹泉——晴空细雨泉，又名法雨泉。有关志书上载："泉眼上涌，浮激波面，滴滴作雨状，每斜风疏点，游人或惊雨而去。"这是因为这处泉水下面的泉眼既细又密，丝丝上涌，经太阳光照映，犹似纷纷雨点。古人有用"耳边曾未闻淅淅，眼底辄复看蒙蒙"的诗句来描绘此泉奇观。

　　关于玉泉，民间有则动人的传说。那是很古以前，钱塘江口有一条深不见底的"天开河"，河中有一条正直勇敢而又本领无比的草龙。一天，有一条官船押着两条大船从钱塘江口经过。大船中不时传出阵阵凄惨的哭声。草龙从探卒回报得知，是官府强抓了穷苦百姓，押往京城去做苦工的，顿时，怒火中烧，于是翻起一个大浪头，掀翻了官船，救出了两船百姓。接着，草龙驾起乌云直奔京城，闯进皇宫。但正当它伸出龙爪刚要扑抓昏君时，一个太监从暗处向它射来一箭，正好射中它右眼。草龙疼痛万分，只得退回天开河，发誓要报此血仇。

　　那时候，在杭州清涟寺里住着一位医术高明的老和尚。草龙便变成一位黑脸大汉前去求医。老和尚见这位黑脸大汉右眼鲜血淋漓是刀创所致，就心存疑惑，经他巧妙盘问，草龙道出真情，并流露出眼伤治愈后要去复仇的急切心情。谁知这老和尚住的寺院正是昏君赐金建造的。老和尚欲报皇恩，又怕自己不是草龙对手，便想出一条奸计，假意对草龙说："我若是治好了你的眼伤，你拿什么来谢我呢？"草龙说："只要你能治好我的眼睛，你要东海明珠，我也给你弄来。"老和尚说："金银财宝，我什么也不要，本寺缺水，你先替我钻个泉眼吧。"

　　草龙不知是计，就在老和尚指定的地方翻身钻入泥中，眨眼间，清泉从洞口涌出。草龙越钻越深，泉水也越涌越大。此时，老和尚便将佛前供奉的玲珑石移过来，狠心地扣压在泉眼上。这样，草龙就永远被镇在地下了，而清涟寺却有了一眼千古不涸的清泉。民间传说中还说古珍珠泉是草龙的左眼代成的，晴空细雨泉是草龙的右眼化成的。

现代科学考察出玉泉水的成因，与它所处的地质、水文地理条件密切相关。从玉泉至灵隐寺之间，是一距今约50万年前的第四纪中期形成的巨大洪积扇，构成了良好的透水岩层，当大气降雨和地表溪流从桃源岭、北高峰、天竺山等三面向玉泉一带汇流到达谷口洪积扇顶部时，绝大部分地表水经渗透转变成为地下水。地下水顺着倾斜地形，最后涌出地表，便成玉泉。

由于玉泉附近的洪积层孔隙直接与大气沟通，地下水溶有的气体很多，涌出地面时，气体便迅速从水中释放出来，形成许多雾状气泡，在晴日里看得特别清晰，这便是晴空细雨泉。如果人们用脚踩地，其震动作用加速了气泡的喷出，古珍珠泉便是这样形成的。其实，玉泉、古珍珠泉、晴空细雨泉，都属同一地下水体，只是涌出成泉的地段相异而已。

虎跑泉、龙井泉、玉泉为西湖三大名泉，如果说虎跑泉和龙井泉水能饱人口福，那么玉泉就是饱人眼福了，玉泉也是三大名泉中最古老的名泉。"湛湛玉泉色，悠悠浮云身。闲心对定水，清净两无尘。"这是白居易在任杭州刺史时，对玉泉水的赞赏。可见玉泉名胜称誉于世，已有千余年的历史。宋代时，玉泉的泉水还曾灌溉附近农田三千顷，如今玉泉庭院外的山水园中又开凿了一处湖湾。玉泉的景致因水而活，人们的游兴因水而增。"年深须变化，泉清自逍遥"，经过杭州人民的情心护理和建设，玉泉已成为一处闻名四海的赏泉胜地。

西湖的泉群

杭州之泉除虎跑、龙井、玉泉这三大名泉之外，还有许多清泉星罗棋布于湖山。据钟毓龙《说杭州》一书中不完全记载，著名的泉就有60多处。目前未湮没的约20多处，这里择其要者再介绍几处。

冷泉，位于灵隐寺前，飞来峰西麓。唐代中期，元䒲做杭州刺史时，发现了冷泉，并建亭于其上，从此冷泉就一直受到人们的青睐和赞美。宋代政和年间对冷泉进行了疏浚，扩大3倍多，并修建了水闸，以蓄水抗洪。当时灵隐寺的如璧禅师撰文说，冷泉"可以育鱼鳖而豢蛟龙"；放水则"雷奔电激，飞雪喷雾"

冷泉掩映在绿荫深处，泉水晶莹如玉，用来冲泡上等好茶，则味爽而香愈浓。在清澈明净的池面上，有一股碗口大的地下泉水喷薄而出，无论溪水涨落，它都喷涌不息、飞珠溅玉。宋人林積《冷泉》诗云："一泓清可沁诗脾，冷暖年来只自知；流向西湖载歌舞，回头不似在山时。"明代大画家沈石田对冷泉评价更高："湖上风光说灵隐，风光独在冷泉间。"

冷泉池畔有亭，曰冷泉亭，始建于唐中期，为当时杭州刺史元䒲所修。初建时，亭在水中央，明万历年间移建于岸上。1953年重新修缮一新。自唐以来，有关冷泉和冷泉亭的诗咏甚丰。宋僧智圆《冷泉寺》诗云："晚花闲照影，古木冷垂阴。凭槛不能去，澄澄发静吟。"古人常到冷泉亭来消夏，清人江元文诗云："莫道炎威可炙手，云林尚有冷泉亭。"冷泉亭上旧有不少楹联，明代书画家董其昌撰联曰："泉自几时冷起；峰从何处飞来？"清代名将左宗棠有联云："在山本清，泉自源头冷起；入世皆幻，峰从天外飞来。"更有意思的是晚清学者俞樾（曲园）在《春在堂随笔》中记述，他和夫人一次在冷泉亭上共撰一联曰："泉自冷时冷起；峰从飞处飞来。"后来其女也为冷泉亭旧联作一答联："泉自禹时冷起；峰从项处飞来。"曲园惊问"项"字作何解？其女解释道："没有项羽将此山拔起，安得飞来？"曲园闻之不禁大笑。这些联句状物寓意，妙趣横生，已成为冷泉历史文化不可分割的组成部分，引得人们兴致勃勃地在此驻足观赏。

水乐洞泉。水乐洞位于石屋洞西面的栖霞岭下，是西湖溶洞中景致最为奇特的一个喀斯特岩洞。水乐洞全长60多米，右洞口向左斜，左洞口便是一方形泉池，上铺石板，从洞深处潜流而来的地下泉水至此涌出，终年不绝，泉声激石，铿锵悦耳，如水中奏乐。泉旁还有一处称为石鼓的岩石，用石轻轻叩击，冬冬如鼓声。跨过泉池上的石梁进内，豁然开阔，穹若广厦，陈设着石桌石凳。人们在此小憩，把盏品饮山洞名泉，听玲玲琮琮的泉声不绝如缕，使人油然涌起"悬崖滴水鸣金磬，激涧流泉走玉砂"的诗句。

六一泉。此泉位于孤山南麓，西泠印社之西，俞楼东北一侧，那紧贴崖壁的半只红亭，一汪浅潭便是。泉为一方池，那青瓦翘角的小亭原有亭联："湖两山孤，此处有泉可漱也；天一生六，先生自号无说乎。"亭内岩壁呈浅洞窟。

诗人苏东坡首任杭州通判时，经六一居士欧阳修介绍，结识了住在此处的西湖高僧惠勒，两人朝夕往来，谈诗论文，结为莫逆之交。他们皆钦慕远在千里外的欧阳修之道德文章。后苏东坡调离杭州，欧阳修患病去世。数年后，即宋哲宗元祐四年（1089），苏东坡再度来杭任郡守，惠勒又离世圆寂。这18年间，东坡为二失挚友几度恸哭孤山。惠勒弟子二仲，画欧阳修及惠勒之像于孤山寺院内，画上还有一泓泉水。从此六一泉名震古今，后虽几度兴废，终因名显，至今尚存。泉池面积约2平方米，睡莲笑脸迎人，泉水清凉甘冽，上有半亭一座，名为六月亭，又称半壁亭。泉亭附近都是人文胜迹，东边是宋代遗迹柏堂和竹阁；其上是还朴精庐，是现代金石家丁敬、吴昌硕研究印学之所；西边是清代大学者俞曲园先生晚年养老居舍——俞楼。

苏东坡怀念前贤，在寺旁结庐为庵，表示与惠勒、欧阳修共聚。同时又按画意，在山石下开凿一池，引来清泉，为纪念欧阳修而名为六一泉，并亲撰《六一泉铭》，镌刻于泉旁岩石上。后来，惠勒的弟子们又造了一座亭，用来保护苏东坡的《六一泉铭》。

吴山八泉。吴山，山奇石秀，四周多名泉，素有"吴山八泉"盛名。

从鼓楼大井巷上山，巷右首就可看到"吴山第一井"五字刻石，刻石后有五眼水井，就是八泉中最著称的大井。此井之水源于吴山，经岩层多次过滤，汇聚而成。由于不染江湖之流，水质清澈澄碧，前人品其水，认为名属钱塘第一。据宋《梦梁录》及明《西湖游览志》记载，此井系吴越国时韶国师所凿，至今已有 1000 年以上历史。南宋淳祐七年（1247），杭城大旱，市内井泉全部枯涸，独此井如常，打水者从早至晚不绝，而井泉之水亦不减不盈。明洪武年间，参政徐本立"吴山第一井"石刻碑，记南宋之事。明代时，大井内还有数尺长的金银杂鱼，在水中时隐时现。大井历经千载，至今水质不减当年，近年大井经过整修，重立碑石，予以保护。

河坊街胡庆余堂旁有条小井巷，小井开凿于明朝万历二十五年（1597），后来井上面铺设石板凿八眼，俗称下八眼井。沿吴山车道上宝月山，右边巷内有一井，叫乌龙潭（旧名黑龙潭），俗称上八眼井。白居易做杭州刺史时，曾在此求过雨，遗有《祀雨黑龙潭》文，可见历史之悠久。据当地长者传说，天晴时，井水澄碧清澈；天雨时，早一日水便变黑，附近居民常以此井来预测天气晴雨。从四宜路上吴山，在四宜亭下，有一口郭婆井，又称郭璞井。此井一说为晋人郭璞开辟；一说系山下郭姓老婆婆所凿，因"婆"与"璞"音近，后误传为郭璞井。

吴山八泉中最古老、最享盛誉的当推唐代名泉青衣古泉。据记载，唐开成年间，有道士韩道古在此结茅为庐。一天，忽见一青衣童子入一山洞，不再出来，即寻找入内，突然听到洞中泉声大作，一股清流汩汩流出，青衣泉名由此而来。后洞泉湮灭。400 年后南宋庆元年间，发现青衣古泉涌于荒草丛中，于是砌石为池，引泉下注。元代有天师广广微子，在此建三清宝阁、元帝圣殿，并在井旁石壁上书刻"青衣洞天，吴山福地，十方大重阳庵" 14 个大字，青衣洞天遂成为当时吴山著名的十景之一。后青衣古泉再次湮没于草莽之中。1984 年，青衣泉再度被发现，泉地在吴山十二生肖石东侧宝莲山山腰，洞深 10 余米，阔 1 米多，清澈的泉水自石罅内涓涓流出，左方石壁上，残存唐代摩崖石刻。

白鹿泉位于吴山东南，曾列为吴山第一景。据史籍记载，南宋绍兴年间此地建有通元观，"石上泉香眠野鹿，步虚歌罢鹤飞还"，是一处以清幽著称的好地方。白鹿泉就在观中三清殿后，传说道士刘敖因梦见一对白鹿来此饮泉，遂凿山而泉涌出，故称白鹿泉。泉水甘冽莹洁，泉壁上镌有闲鹿一对，影浮泉中，仙姿绰约。明代诗人高应冕游览白鹿泉后，曾留下了"白鹿何年去，灵源此地留，水从山下出，人向镜中游"的名句。吴山八泉中白鹿泉、三佛泉等泉，因地质变迁，都已干涸湮没。

白沙泉。从岳庙西边小径翻栖霞岭，过紫云洞下行，便可到白沙泉。

白沙泉也是西湖名泉，白沙泉四周环境清幽，纤尘不染，市嚣不闻，而山水极佳，秀色可餐。康有为曾亲笔题名"白沙泉"三字。白沙泉水清澈，可鉴人面，泉味甘洌，是沏茗饮用的上乘好水。毗邻的浙江大学教授学人和附近居民多向此泉汲水，甚至有不少离此很远的居民，也天天凌晨来挂盘山取饮白沙泉水。据说，长期饮用白沙泉水能使身体虚弱者逐渐健康强壮。为此，去白沙泉饮泉汲水的人越来越多，白沙泉的知名度也越来越高了。这两年因采水过多，山水不足，曾有较长时间干枯见石。

金果泉也在黄龙洞附近的挂盘山上。此泉水源为地下水，水温低，纯度高，水质好。炎夏酷暑，金果泉上白雾缭绕，那是因为低温水与热空气相激相溶所致。泉的对面石壁上刻有篆文。据说，此泉在宋代就已存在，今在篆刻之旁赫然书有"为民饮水"四个红色大字。这里曾有一位忠实地守护这泓清泉的老人，来金果洞取水的人从早晨到半夜几乎不曾间断过。这位老人每天用金果泉水沏好几壶泉茶，让他的新老朋友享用。汲泉者每每喝到此茶水，都感到透心的爽气和无比的甘洌。现在金果泉已成为杭城茶人市民竞相品饮和采汲的清纯山泉。

白居易则在《钱塘湖石记》中写道：西湖"有泉数十眼，湖耗则泉涌，虽尽竭湖水而泉用有余"。杭州湖山处处有溪涧泉井，淙淙有声，盈盈不竭，即使整个西湖枯竭了，三面云山中的泉水源流也是用不完的。除了上述的几处名泉之外，西湖其他的清泉还有很多，如天竺寺的梦泉、云栖的洗心泉、葛岭抱朴道院的还丹泉、五云山顶的井泉、九曜山法因寺的钱王古井、上天竺法喜寺的观音泉。其中葛岭抱朴道院的还丹泉，据说也是葛洪汲水炼丹之处，于是便有了百病可治的"仙水"之名。云栖洗心泉"泓寒碧天光岚影"，泉旁有明代高僧莲池大师主建的洗心亭。旧时，亭梁上悬大珠一串，人到此亭可轮转悬珠，发出隆隆响声，再以手掬泉扪抚心口，其意在以我佛训戒条与无邪清泉来荡涤心中污垢，故名"洗心"。而今游人每至此泉，往往品饮泉水，喝上一杯甘泉香茗，消渴除烦，在心中留下一份清爽与纯净。

青岛崂山矿泉水

防病强身即是仙，青松泰岱伴华年。

深知海上长生药，不及崂山第一泉。

这是国外华文报刊对青岛崂山泉水的评赞。青岛的啤酒缘何能驰名四海，成为国内外人士都喜欢的美酒？源在崂山水。

崂山地处青岛市东北部，绵亘于崂山市境内，古称劳山、牢山，又名鳌山、辅唐山。其主峰崂顶即巨峰，居于群峰中央，海拔1130米。崂山泉历史悠久，早在1500多年前，就有"泰山虽云高，不及东海崂"之说。泰始皇曾于公元前219年亲临崂山，观蓬莱仙境，眺瀛洲风采。唐玄宗也曾遣人上崂山炼丹。自古以来，崂山既是道家云集之地，也是文人墨客探胜品水之所。李白、苏东坡、文徵明、顾炎武、王海洋、高凤翰、蒲松龄、康有为等都曾先后登临崂山。古今游人游览崂山，必饮崂山泉水，崂山泉水自古有"神水"、"仙饮"之称。《唐常衮中书门下贺醴泉志》中记载："积年之疾，一饮皆愈，挈瓶而至，踵迹相望，日以万计，酌之不竭。"崂山矿泉水未必如古人所云"积年之疾，一饮皆愈"如此灵验，但其健身祛病之功效是显而易见的。如果经常饮用崂山泉水，可以加速人体内的新陈代谢，增进食欲。矿泉水中所含各种矿物质，被人体吸收后，可以收到调节内分泌、舒张末梢血管等功效，所以崂山矿泉水是大自然赐予人们的天然优质饮料。

崂山水为冷矿泉水，因崂山临海矗立，地处海陆气流汇合之处，气温适宜，雨量丰沛，植被发育良好。当大量降雨渗入花岗岩体裂隙中后，成为地下水，在径流过程中溶解了岩体中的多种矿物质，再从山体翠谷中流出，便形成了著名的崂山冷矿泉水。崂山泉流纵横，计有崂山九水、潮音瀑、龙潭瀑、神水泉、金液泉、天液泉等泉群。仅山顶就有瀑布5处、泉水16处、洞穴39处。

潮音瀑，又称鱼鳞瀑。它因溪水在此遇30多米高的断崖而呈三折破天而下，瀑水从断崖上跌落溅出的浪花状如鳞，故有鱼鳞瀑之称。瀑水下注两潭，上潭较小，深约六七米，口缘似缸，水色靛蓝，故称靛缸湾。下潭较大，方圆30多米，旁有石柱亭。西岩顶有观瀑亭，岩壁上镌有叶恭绰题写的"观音瀑"三字。附近巨石上还刻有古人题写的"春泻潭空，别有天地"等石刻。潮音瀑东北侧有蔚竹庵，建于明万历十七年（1589），清嘉庆年间重修。著名的蔚竹鸣泉就坐落在蔚竹庵中。堂壁有诗云："峭石开青壁，岣嵝不记年。叩门惊宿鸟，隔涧听流泉。树老含秋色，峰高入暮烟。蓬君栖隐处，遥望白云间。"这诗绘声绘色地把翠谷的环境特色，特别是蔚竹鸣泉刻画得情景交融、意趣盎然。

龙潭瀑，又名玉龙瀑。相传很久以前，东海里一条美丽的白龙，得道后奔向太清宫，被一山岩挡住了道路，白龙纵身一跳，其身影在空中泛出了一道白光。白龙离去后，这道白光历久不散，最后化成了一道奔泻不息的飞瀑，后人称之为龙潭瀑。

"崂山春茶神水泉。"神水泉是崂山群泉中最有名的。它位于太清宫西侧。泉边绿树四合，浓荫匝地，清幽凉爽。神水泉，为一集水的泉池，在太清宫院前三清殿的石壁下，石壁上镌刻着"神水泉"的题字。凡泉，一般或从地表露头，或从岩隙喷涌。有的泉流水声汩汩泙泙，如琴筝奏乐；有的泉水花翻滚，如雪浪花开；有的泉则宛如玉珠串串，银光闪烁……但神水泉的特点是听之不闻水声，筑池而蓄泓澄净清水，雨不漫溢，旱不涸竭，一年到头，总是保持着一定水位，故称神水泉。泉水"清凉甘冽、凉爽可口"。游人到此，总爱在泉旁的茶座，品饮崂山春名茶，因为用神水泉水沏上崂山茶，闻则香、饮则甜、咽则滑，品茗之余，香留齿间，回味无穷。

金液泉，为崂山名泉之一，位于崂山北部碧落岩巨石之下。水从一岩石中渗出，一昼夜才能流满 1 米见方、2 米深的泉池，水质清冽爽口，也是宜茶好水。夏日至此饮上一杯，暑气顿消。

上述诸泉瀑流构成了崂山矿泉群，这些清澈甘美的流泉为祖国的茶事篇章增添了佳色。

济南的四大泉群

济南历来有泉城之称，到处是一湾湾、一泓泓的泉水。刘鹗在《老残游记》中说它"家家泉水、户户垂杨"，这种赞誉又播向四海，给泉城平添了诗情画意。

泉城究竟有多少泉呢？据元代史书载，说是七十二泉。清代学者盛百二所著《评泉斋记》曰，济南"之泉甲海内，著名者七十二，名存者五十九，其他无名者奚翅百数"。据统计，现济南有名可考的泉水就有 108 处。这些不全是《名泉碑》所记之泉。《名泉碑》记载的不少泉在市区之外，甚至很远的地方，而且遗漏不少。现今泉城 108 处泉，按分布的地区和汇流情况分为四大泉群，即趵突泉群、珍珠泉群、黑虎泉群和五龙潭泉群。这四大泉群有泉 79 处，其余 29 处分布在市区其他地方。

泉城之水从何而来？《历城县志》上说："泰山北麓，泉源竞发，吾邑得七十二焉。"在泰山以北，济南市以南的广大区域内，主要为寒武、奥陶系构成的单斜岩层的山区，地形与构造均向济南市方向倾落，丰富的地下水顺岩层的倾落方向，汇流于济南市的旧城厢，水承压而回流上升出露成泉。有的从岩体中溢出，有的经岩浆岩体的裂隙上升，终于在静区力最弱的地方出露成泉群，其密集出现处便构成"家家泉水"的奇观，并以其流量之大，"势不得不汇而为湖"。大明湖就是这泉群之水汇集而成的。济南市能有"四面荷花三面柳，一城山色半城湖"的美景，主要得之于滋润这座古城的泉群。

四大泉群中，趵突泉群在本书第二章"天下几多第一泉"中已作评述，这里介绍其他的三个泉群。

黑虎泉群，位于济南市旧城东南，即黑虎泉东路的河滨公园内，为一裂隙上升泉。这里假山、石笋耸立，绿荫如盖，泉池分内外两池，内池悬岩苍黑，从深凹的洞穴内汩汩上涌的泉水，绿如碧玉，清似琼浆；外池较大，游人尚未走近泉畔，数十米之外就能听到水声如雷。近前一看，泉水从一处石窟中涌出，流入人工雕刻的三个虎头，再喷洒而出，显得特别好看。石窟终日不见阳光，游人在泉边一站，立即感到凉意袭人。此泉因明嘉靖年间在其近旁建有一座黑虎庙而得名。

黑虎泉那白如雪、洁似玉的清泉及声如虎啸的轰鸣，也引发过众多文人的诗咏。明代胡缵宗《过泉留题》云："济水城南黑虎泉，一泓泻出玉蓝田。雪涛飞雨随河转，霞液流云到海边。杨柳溪桥青绕户，鹭鸶烟水碧涵天。金汤沃野近千里，春满齐州花满川。"

　　离黑虎泉不远处有琵琶泉、金虎泉等10几处泉水汇成的泉水河，河中有泉，别具佳趣。河中之泉名曰溪中泉，泉出于河底而涌泉水柱高出河水面，又因被围砌在方池内，泉水溢出池沿，状如莲花盛开，所以此泉又名莲花泉。

　　在黑虎泉群内，还有一眼名曰舜井的泉，传说虞舜在千佛山躬耕时曾在此饮过泉水，后人便称此泉为舜泉。

　　珍珠泉群，位于大明湖南岸，为一侵蚀上升泉群，总涌水量每昼夜1.9万吨左右。珍珠泉水被围蓄在一个面积约为940平方米的长方形池内，水面平似镜，清澈可见底。泉水自地下涌出，无数气泡袅袅上浮大如鸡蛋，小似米粒，状如串串珍珠，若在阳光下越发显得光彩夺目。古人有诗曰："风回池面破沧烟，涌出珍珠万颗圆"，"不知合浦珠，较此孰多少"。黄景仁咏赞："跳珠溅雪碧玲珑，甃石围栏绿曲红，……咫尺明湖瀚不尽，可知有本是无穷。"这"有本是无穷"蕴含着哲理，正因为这里地下水源补给充足，才有无穷珍珠串串涌出。

　　珍珠泉象征着幸福和爱情，千百年来，一直得到人们的珍爱。如今珍珠泉池内养有许多鲤鱼，鱼儿缘水嬉戏，口中也吐出水泡，鱼吐之珠与泉涌之珠交相辉映，构成了"鲤鱼戏珠"图。在珍珠泉边，还植有古海棠，据说那是宋代的遗物，故称宋海棠。整个珍珠泉风景区内小桥流泉，绿柳垂荫，间以亭台水榭，点缀红花绿树，设有茶座、茶室，游客在此能舒心地品尝名泉名茶的甘冽和韵味，观赏一派清雅优美的景观。珍珠泉与溪亭泉是济南城内水量最大的流泉。与珍珠泉毗邻的溪亭泉，又大又深，泉水澄碧。有水亭一座建于水上，一桥相通。月夜凭栏而立，可见明月映入泉中。1958年，郭沫若游溪亭泉留诗一首："七二名泉莫与京，才观趵突又溪亭。珍珠潭底鱼三尺，一片琉璃入大明。"

　　五龙潭泉群位于济南市旧城西门外，它与趵突泉群遥相呼应，相距约0.5公里，为一侵蚀上升泉群，总涌水量每昼夜达4.71余万吨。五龙潭泉又名灰湾泉，它由五处泉水汇注而成，面积约亩许，泉流量稳定，不涸不息。

　　泉城泉多水佳茶香，历来为茗家向往之地。近年来，由于工农业用水量急剧上升，过量开采深层地下水，造成水位下降，泉水干涸。济南市政府采取了多种措施保护泉水。如开发新的水源地，规划建设引黄保泉工程等，使济南泉城再现"家家泉水"的优美景观。

淄博柳泉

在齐鲁大地众多的泉水之中，有一处声名远播的名泉——柳泉。柳泉是我国古典小说《聊斋志异》作者蒲松龄故居的名泉。它位于淄博市淄川区的蒲家庄，从淄博市乘公共汽车约1小时即可抵达。

蒲家庄东门外数十米处即为柳泉。泉前方是一道幽深的山谷，谷底转弯处即为柳泉出露处。泉口1米见方，条石镶边高出地面，泉口外围为青石铺的约百余米的平台，并有花墙围栏。泉边竖立一块石碑，上面镌刻着茅盾亲笔题书的"柳泉"二字。泉后柳树上挂着一块简介牌，上面写道：

> 柳泉原名满井。当年此井深丈余，水满而溢，自流成溪。周围翠柳百章，合环笼盖，风景秀美。传说蒲松龄曾在茅亭上设茶待客，听取乡夫野老谈狐说鬼，以写《聊斋志异》。

据有关史料，柳泉原为一处天然自流泉水，村民们砌石为井以蓄水。当时，泉水深丈余，即便是大旱之年，泉水仍涌流不息，终年水满四溢，因而柳泉俗名为满井。泉边原有巨大古柳一株，蒲松龄和村民又在泉边植柳一片。从此，井畔柳风拂面，翠枝婆娑，景色比以前更加宜人。蒲松龄和村民们便改泉名为柳泉。蒲松龄十分喜爱柳泉，他自号为柳泉居士，每天到柳泉汲水烹茶。柳泉水质极佳，清澈明亮，用来酿酒，其酒馥郁甘香；用来煎茶，其茶清香四溢，品后历久不忘。

蒲松龄白天在私塾绰然堂教书。夏日休馆，他便在柳泉背后的茅亭中设桌凳，以柳泉之水沏香茗，招待过往行人。古代这一带是通往济南的官道，行旅频繁。人们在歇脚饮茶之时，蒲松龄就问长问短，请行人讲述各地的风俗人情和各种新奇的鬼怪神话故事。他每当听到一个优美动人的神奇故事便欣喜若狂，如获至宝，马上用泉水磨墨，挥毫成章。春去秋来，持续20多年，他采风撰写的故事，终于汇编成了"写鬼写妖高人一等，刺贪刺虐入骨三分"的不朽小说《聊斋志异》。

《聊斋》故事的传扬，不仅使人们熟知柳泉居士，也使柳泉名闻遐迩，直至今日慕名前去寻访柳泉的中外游客、文人雅士仍络绎不绝。当今柳泉由于开采矿井，致使地下水位大幅度下降，虽然已没有当年"水满而溢，自流成溪"的景观，只有在丰水季节，才能看到井底的清水，但柳泉畔的垂柳，依然迎风飘舞，丝条拂人。在柳泉胜迹追思这位"鬼怪文学"大师在故乡摆茶设摊、谈狐说鬼、刺贪刺虐的创作历程，将给我们以深刻的感悟和启示！

泗水泉林

在山东省泗水县城东25公里的陪尾山麓，有一风光秀美、气候宜人的游览胜地，这就是泗水泉林。古籍《读史方舆纪要》和《山东运河备览》称此泉林为"山东诸泉之冠"。北魏郦道元所著《水经注》中描述泗水泉林为"五穴吐水、五泉俱导，各径尺余"。

从地质结构上看，泗水泉林一带为石灰岩层和砂岩层，断裂结构非常发育，地下水透过石灰岩溶隙及砂岩断层，在陪尾山麓涌出，是山东省境内一处大型岩溶裂隙泉群，最高时泉流量每昼夜可达 6.72 万吨，据《泗水县志》记载，明代名流墨客的文章词赋中就咏叹此地清泉遍布，密如树林，"泉林"之名也就此而来。泗水泉林之泉异彩纷呈，或从地涌，或由内突，或见隙溢。游人漫步其间，但见泉连溪流，溪穿泉群，汩汩涓涓，丁冬有声，有的如珍珠闪闪发光，有的似雪花片片飞落。泉流或汇成深潭，或流成池塘。池潭清澈见底，云光倒影，历历可见。

泗水泉林与济南泉群有异曲同工之妙。泗水泉林亦以"名泉七十二，大泉十八，小泉多如牛毛"而著称。有名的泉也分为三个泉群，有趣的是其泉名也叫趵突、黑虎、珍珠等。如果从名泉涌水量的大小来分，大型泉有黑虎、趵突、响水、淘米、珍珠、石缝、瑀泉等 7 处，中小型的则不计其数。

泉林之泉各具特色。趵突泉从石淡中涌出水面，"有若人之搏而涌激"，翻波作浪，汹涌激荡。黑虎泉犹如猛虎出峡谷，长啸怒号，声势浩荡，气概雄壮。珍珠泉"有若雾之散于水面"，泉池底不时涌出银白色的气泡，大小、形态变幻，恰如珍珠抛出明镜。红石泉"有若腥血之涂石者"，那是因为泉林一带多赤铁矿，其泉水从成矿矽卡岩裂隙带涌出，远远望去，就像一潭碧血，景色十分奇特。双睛泉从石壁之两个圆洞中喷出，真像一双晶莹明亮的眼睛。雪花泉中浪花翻滚，远映近绕，如流烟相灌激，似翻云之成堆，不以雨而盈，不以旱而涸。

泉林的自然风光古今闻名。早在北魏时期，泗水已在主泉处建造了一座源泉祠。宋代在陪尾山建起了泗水神庙。明代万历年间，泗水先后建成三坊、六亭和泉林寺。清康熙、乾隆时期，是泉林最为辉煌的时期。这两朝皇帝多次来此游览，留下了大量诗文楹联。乾隆皇帝曾 9 次驾临泉林，每次均有"御制诗文"，其中仅题诗就有149首。乾隆还根据古籍所载和民间关于孔子曾到泗水泉林游览，看了涌流不息的泉水后，发出"逝者如斯夫，不舍昼夜"的浩叹的传说，特地在陪尾山立了名为"子在川上处"之碑。此外，乾隆还在山下立了一亲笔题书的七律两首的巨型御碑。地方官吏为了供皇帝游览观赏和驻跸，在泉林附近修建了行宫、致本斋、御桥、石船浮槎等，还建筑了近圣居、横云馆、古荫堂、红雨堂、镜澜榭等馆阁亭榭。

晋江国姓泉

福建晋江东南白沙村外，有一国姓泉，泉之外 100 米就是碧波大海。国姓泉之所以能够声名远播，是因为此泉由明末清初收复台湾的名将郑成功开凿的。

国姓泉为圆式井泉，形制古朴、典雅。其奇特处在于附近的井水、泉水或咸或腥或涩，唯有此泉的水甘洌醇香，宜饮用宜烹茶，滋养土地万物，造福一方人民。其泉名为国姓，缘于郑成功才 22 岁时，南明隆武帝因郑成功远见卓识，赐他国姓——朱，将原名郑森改为成功，并任命他为禁军提督，照驸马的职权行事。朝野上下就称他为国姓爷。由他寻找开掘的泉，也就被称作国姓泉了。

国姓泉的开凿在清顺治三年（1646）。郑成功父亲郑芝龙降清后，郑成功率部南返沿海招募义军，举义报明，矢志抗清。五年后，郑成功在晋江白沙一带创建了抗清大本营，在那里招兵买马，操练将士，却碰到了淡水奇缺的困难，严重影响军训，于是郑成功决计要寻找泉源。一天，郑率士兵数名，在白沙滩的一处灌木中，发现沙地上有一条黑色的蚁路，蚁群往同一个地方运食筑窝。这时，郑成功想起一句民谚："蚁群窝边跑，淡水脚下冒。"他连忙围绕蚁群画了一个大圆圈，立刻令兵士动手掘泉。当天夜里泉眼掘成，清亮澄澈的泉水露出地表，郑成功掬起一杯清泉品尝，甘洌爽口，不禁大喜过望。涓涓清泉使将士们和当地百姓欣喜若狂。于是，此泉便成了周围人们饮水、煮茶的最佳水源。直到今日，白沙滩尚留存郑成功屯兵城遗址和饮马石槽，并有刀、戟、炮等各种兵器和郑成功护卫亲军穿的铁甲鳞片等文物出土。

永泰洗钵泉

"风吹飞瀑全城缕，洞倚悬岩半结庐。"

这是明代闽人宰相叶向高题咏方广岩诗句。在层峦叠嶂、林荫蔽天之中，一块巨石拔地而起，刺向青天，此石凌空舒展如覆瓦，遮地 1000 多平方米。这就是方广岩，人们把它喻作广寒仙宫，素有"闽山福地"之誉。洗钵泉就坐落在方广岩景区，位于福建永泰县葛岭山麓。

从福州市乘车行 40 公里，沿大漳溪行，一路上处处可见映在碧波之中的奇峰倒影。抵达方广岩山口，松篁夹道，层峦耸翠。在这清幽的风景胜地，泉流如练。依石听泉，自有无限情趣。蹑凿石、涉险径，过"天关"，至天泉阁，仿佛进入泉的王国。水帘泉，气势磅礴；清音洞，洞水淙淙。当你跨过一座石桥，就来到了声名卓著的洗钵泉。

洗钵泉是水帘交织、清泉汇聚之处，其中有一幅"珠帘"从数十米高的悬岩上飞泻而下，泉流随风飘洒，瞬间异彩纷呈；飞溅飘洒的泉水如霰如雪，似烟似雾；微风时发出环佩之音，大风时发出怒涛之声，风静则仅潺湲而鸣，宛若琴韵。这是洗钵泉的奇观。

在距平地 1 千余米的山岩上，飞阁挺立，檐牙凌空，既空灵又壮观。洗钵泉水质极佳，清冽沁人，是难觅的烹茶之水。倘若在此边喝洗钵泉烹煮的茶，边纵目远眺，真有飘飘欲仙之感。

泉州清源山泉

福建泉州市北郊的清源山风景名胜区遍布清泉，有人说可探的泉眼起码百来口，如果把池、潭、洞也计算进去那就更难计数了。山，因源头水清而名清源山；城，因山多清泉而称泉州。

假如把清源山比作苍穹，那么，不计其数的清泉恰是繁星密布。清源山有名的泉有弥陀岩左侧的"泉窟观瀑"，妙觉岩兴福院香积厨旁"鉴者神清、饮之无疾"的瑞泉，南台岩山门外，从二石相倚的缝隙中流渗出来的丸泉，高土峰右侧从六七米高处石上流下的一线泉，位于清源上下两洞之间，为纪念宋代留正、梁克家二相而得名的二相泉……

在林林总总的山泉中，清源山最著名的则是虎乳泉。

从清源洞出"第一洞天"门，沿石阶而下，左侧便可找见虎乳泉。上下皆为石矶，泉水从隙缝里流出，注入一尺见方的石孔中，不分酷暑严冬，日夜涌流不息，人们贴耳在泉口的岩石上，可听到阵阵蛙鸣声，别有一番情趣，这就是虎乳泉。相传，曾有乳汁不足的母虎每天带着仔虎到泉边啜饮泉水，以泉水代乳汁，小虎都壮健地长大，啸跃泉林，虎乳泉也由此得名。今日来清源山的游客大多要寻访虎乳泉，并不忘品尝用虎乳泉水煮烹的清源山茶。那茶水犹如甘露，清甜芳香，韵味悠长，三杯两盏饮后，顿感疲劳消除，神清气爽，精力充沛。来自港澳台地区的不少游客，下山时，往往还要十分珍重地捎上一瓶虎乳泉水远走异域他乡……

滁州琅玡山酿泉

"环滁皆山也，其西南诸峰，林壑尤美，望之蔚然而深秀者，琅玡也。"此乃北宋文学大家欧阳修在名作《醉翁亭记》中的文句，其所述"滁"即今安徽省滁县，"琅玡"即指境内琅玡山也。

北宋时，年仅 30 多岁的欧阳修被贬任滁州太守，因愤于时政，便常到琅玡山中观景游览，深爱山中"野芳发而幽香，佳木秀而繁阴"之景色，于是"朝而往，暮而归"，忘此不疲。山上的智仙和尚，发现欧阳修如此迷恋琅玡山水，深为敬佩，就特意在山水形胜之处，修建了一座亭子供他休憩抒怀和饮酒，以浇胸中块垒。欧阳修对这个亭子非常中意，他欣然登亭饮酒，"饮少辄醉"，故名醉翁亭，他自号醉翁，于是乎《醉翁亭记》便应"运"而生了。亭屡经兴废。其布局严谨小巧，四方端正，明秀怡静，晴红烟绿，意趣盎然。亭内横卧着一块奇石，上镌篆书"醉翁亭"三字。

中国风景佳地，有名山、名亭，一般总有名泉。琅玡山上，既有名传千古的醉翁亭，当然也就有名泉——酿泉，山、亭、泉三者相映成趣。

酿泉，原叫玻璃泉，又名让泉，沿琅玡古道上行，过薛桥不远处即是。泉水久旱而不涸，润滑清亮，甘醇爽口。欧阳修有《题滁州醉翁亭》诗中赞咏："声如自空落，泻向两檐前。流入岩下溪，幽泉助涓涓。响不乱人语，其清非管弦。岂不美丝竹？丝竹不胜繁。"清康熙年间，州守王赐魁立碑镶嵌于泉侧石砌护墙中间，上刻"酿泉"二字。泉边还立有一小巧玲珑的洗心亭，亭边立有一块巨石，上面镌刻着"枕流漱石"四字，形容泉清石净的意境。

酿泉的形成受到琅玡山岩体和构造的控制。众多的断层裂隙，为地表水的渗透创造了有利条件，并在斜谷地出露成泉。欧阳修发现了这一清泉后，情有独钟，认为这股水泉为石山所酿造，命名为酿泉，并在《醉翁亭记》中称誉"酿泉为酒，泉香而酒冽"。醉翁亭之西为意在亭，亭内石板上凿有一条弯曲回环的小沟渠。酿泉水自外引入其中，经过八折九回，再流出亭外，曰"九曲流觞"。欧阳修当年与一批文人雅士们列坐于曲水之旁，用特制的酒具盛泉水漂浮于流水之上，众宾客顺序赋诗，投射酒杯，对弈"饮酒"。他以"酿泉为酒"，却"醉翁之意不在酒，在乎山水之间也。山水之乐，得之心而寓之酒也"。

欧阳修的《醉翁亭记》这篇名作，后经大学士苏东坡挥笔，由石工刻于两块石碑上，至今仍完好地竖立于醉翁亭西的宝宋斋内。欧阳修在滁州还发现了紫薇泉和濯缨泉。欧阳修出资在紫薇泉旁筑了座丰乐亭，并作《丰乐亭记》。濯缨泉之名源自《诗经》"沧浪之水清兮可以濯吾缨"之句，泉水甘冽，自山岩间涓涓流入泉池。酿泉和紫薇泉、濯缨泉更宜于烹煮安徽毛峰、祁门等名茶，泉冽而茶香，味甘而韵长。

潜山山谷流泉

唐代大诗人李白在《江上望皖公山》一诗中写道："奇峰出奇云，秀水会秀气。"这里的皖公山就是指安徽潜山县的天柱山。据《天柱山志》载，它"峰无不奇，石无不怪，洞无不杳，泉无不吼"。

天柱山是一座历史悠久的风景名山。主峰海拔 1760 米，直插云霄，峭拔如顶天之柱。它是我国首批国家重点风景名胜区。在重峦叠嶂，奇岩峥嵘，翠竹奇松之间，遍布流泉飞瀑。每当暴雨过去，幽谷深涧之中，到处是清溪奔流，而位于山谷寺之西的山谷流泉最让人忘返流连。

　　天柱山的审美特征可以概括为两点，那就是山顶之雄奇和山麓之灵秀。所谓灵秀，则指自然环境之美与人文景观之智的最佳结合。山谷流泉，实为天柱山岩体表部裂隙水汇集而畅流于山间沟谷中的清亮溪水。一般来说，在石牛洞以上为上游，称为潺潺溪，石牛洞一段为中游，称为石牛溪；下游为主泉区，称为山谷流泉。溪谷全长近1.5公里。石牛溪之名，相传为唐代名人李翱所取，"山谷流泉"则是由宋代文豪黄庭坚命名。天柱山下的这片谷地，留有众多历史文化遗迹，堪称文化谷地。谷宽而不旷，三面环绕青山，幽林古寺，环境极其清雅。南面随溪开敞，似有吞吐潜河广野之气概。在这一溪谷中，有一巨石酷似卧牛，所以才有石牛溪、石牛洞之名称。山谷流泉之东的山谷寺，又名乾元禅寺，四周古木参天，绿荫葱茏，佛塔高耸，并有宝公洞、锡林井、卓锡泉等点缀其间。

　　"水泠泠而北出，山靡靡以旁围，欲穷源而不得，竟怅望以空归。"其实，山谷流泉沿变质岩裂隙发育，河床岩壁陡峭，却不甚高，经流水侵蚀显得格外光洁，清水淙淙，终年不息。在这条小溪中的岸边石壁谷底，布满石刻，几乎到了"有石皆镌刻，使之无空隙"的程度。从山谷流泉到石牛溪上游，约200多米的溪谷内，现有石刻就有280余处，就年代看，各个朝代均有，尤以宋代为最多；就字体而言，楷、草、隶、篆无所不俱；从书法名家来说，有唐代的李翱、李德修，宋代的王安石、黄庭坚，明代的胡瓒宗等；就其内容来讲，多为反映作者热爱大好河山的感情和善于发掘山水之美的悟性。

　　黄庭坚酷爱山谷流泉风景，常在泉畔石上读书赋诗，汲泉煮茶，并自号山谷道人。王安石在任舒州通判期间，常来此游览，并对此十分流连，以致与弟王安国拥火夜游。如今，在石牛溪东岸石壁上，还可看到当初题记："皇祐三年九月十六日，自州之太湖过寺宿，与道人文铣、弟安国，拥火游，见李翱习之书，坐石听泉久之，明日复游乃刻习之后。临川王安石。"与此不远处，还有王安石的诗刻："水无心而宛转，山有色而环围；穷幽深而不尽，坐石上以忘归。"溪泉岩壁上还有苏东坡的诗句："先生仙去几经年，流水青山不改迁，拂拭悬崖观古字，尘心病眼两醒然。"宋元丰三年，黄庭坚游览了山谷流泉之后，曾赋诗多首，至今仍可见其留世字迹。明清以来，书家文人接踵而至，留下了大量的墨宝石刻，其石刻数量之多、内容之丰富、地点之集中，在我国大山名泉中极为少见。这里是一处珍贵的山水文化库，堪称"历代诗书艺术石刻博物馆"，是研究我国古代书法艺术和历史人物的宝贵资料。山谷流泉泠泠潺潺，千古不息。在如此清幽素雅的自然环境和丰厚灿烂的文化谷地中，寻古访幽，品泉啜茶，无疑是人生之一大乐事也。

怀远白乳泉

我国古代劳动人民很注意对泉水色调的观察，有不少名泉都是依据泉水的颜色命名的，出露在安徽省怀远县城南郊的白乳泉即是。

白乳泉位于荆山北麓。因"泉水甘白如乳"而得名，是难得的宜茶之水。据史料记载，春秋时楚人卞和在荆山采得一块价值连城的璞玉，敬献给国王。因宫中玉工不识其宝，卞和先后以欺君之罪被厉王和武王砍去双足。及文王即位，卞抱璞哭于荆山之下。文王被卞和的赤诚之心所动，派玉匠剖璞，终于琢成一块世之罕宝——和氏璧。传说白乳泉就是从卞和眼泪冲刷成的石坑中出露的。显然，眼泪再多也冲凿不出石坑的，民间传说不过是表明了人们对卞和忠贞报国的一片敬意。那么，白乳泉及其泉坑是如何形成的呢？

原来，荆山是一座因岩浆侵入作用而形成的山体，在其冷凝形成过程中及其形成后受内外地质营力作用，产生了一系列节理和断裂，泉坑就是在三组密集中的节理交汇处发育而成的。泉水则是大气降水顺岩体的节理和风化裂隙下渗地下，沿断裂层汇入泉坑的。

白乳泉的泉坑后，有两人方可合抱的古榆树一株，枝叶茂盛，绿荫蔽日，酷暑季节，泉四周也凉爽宜人。泉水从石隙中流出，在1米多口径的石坑中汇聚成一泓碧液，清澈透明，同其泉名似乎不相符合。据文献，宋代大文学家苏东坡曾率领其子来白乳泉游览并考察，经品味泉水后写有《游涂山荆山记所见》诗，诗中有"牛乳石池漫"之句，诗后自注云："泉在荆山下，色白而甘。"可见，苏东坡确实看到了泉水色白如乳。这也说明，古人命泉确有水色依据。那么，我们现在看到的白乳泉水为何是无色透明的呢？

对泉水颜色的长期研究结果表明，部分地下水确实会具有某种颜色，这主要是水中含有某种离子成分或有较多悬浮物质、胶体物质所造成的。白乳泉周围分布着花岗岩一类（白岗岩）的岩石，受风化作用，地表部分会形成白色的高岭土。在大雨滂沱之时，高岭土的细小颗粒可悬浮在水中，或汇入地表河流，或流入地下，使水呈现"牛乳"状。由于地层的过滤作用，这种悬浮物质往往被分离出去，使涌入泉坑的水透明无色。但也有一些距地表较近和泉口相通的宽大裂隙，可将这些未经过滤的水输入泉口，使泉水浑浊发白。这可能就是苏东坡所记白乳泉"牛乳石池漫"的形成机理。据居住白乳泉畔已有51年的王振芳老人所讲，白乳泉平时清澈透明，雨后涌乳，尤其是滂沱大雨之后，泉的涌水量增大，泉水发白。同时，该泉的流量随季节发生变化，雨季水丰，旱季水少，干旱年份还会出现断流现象。从这位老人的长期观察和宋代苏东坡的记叙，说明古人对此泉的命名无误，白乳泉确能涌"白乳"。

白乳泉背依金山，面临淮河，东与禹王庙隔河相望，西邻卞和洞。因而泉左建有望淮楼，登临远眺，景色壮美，正如楼上楹联所云：

　　片帆从天外飞来，劈开两岸青山，好趁长风冲巨浪；

　　乱石自云中错落，酿得一瓯白乳，合邀明月饮高楼。

泉右侧有双烈祠，为纪念辛亥革命黄花岗七十二烈士中的怀远籍烈士宋玉琳、程良而建。祠上有亭，曰半山亭，可俯瞰怀远全城。这里群峦叠翠，芳草如茵，古榆参天，柏林似海，景色清幽佳绝。泉水内含有矿物质，甘洌清口，烹茶煮茗，醇香可口。白乳泉和杭州虎跑泉水相似，表面张力很强，水倾注杯中，能突出杯面而水不外溢，并能浮起硬币，使游人称奇。苏东坡曾将此泉誉称天下第七名泉。1965年，郭沫若亲笔为白乳泉、望淮楼题名，笔力遒劲，字迹雄浑，大为泉区增色。

庐山招隐泉

"匡庐奇秀甲天下"，这是唐代诗人白居易赞咏庐山的诗句。庐山重岭叠嶂，云雾缭绕，林木葱郁，流泉飞瀑，除了被陆羽品评为天下第一泉的康王谷谷帘泉之外，还有著名的招隐泉。庐山东南五老峰和大汉阳峰夹峙的深谷，因宋代李渤等七贤士曾在此读书，而被命名为栖贤谷。栖贤谷曾建有栖贤寺。招隐泉就位在观音桥东、同栖贤寺夹涧相望处。陆羽说的"庐山招贤寺下方桥潭水第六"即指招隐泉。招隐泉的泉眼在一个石筑小阁中，阁内原有一个螭首，生生不息的泉水出自螭首的石隙之中，出水恰似玉龙吐珠喷翠。泉眼盖有石板，以免外界杂物污染清泉。

邹士驹写过一首《招隐泉》的诗："龙首清泉味无穷，长流清韵此山中，古今招隐何人至，只有苕溪桑苎翁。"诗中说招隐泉只招隐了隐居在浙江苕溪、自称桑苎翁的陆羽，招隐泉因而又叫"陆羽泉"。相传，陆羽为品定天下名泉，曾于唐上元年间，登上匡庐，下康王谷，经反复品评，定谷帘泉水为天下第一泉。此后，他准备到栖贤寺休憩数日，当他转过几座山崖，走在通往栖贤寺的修篁夹道的小径时，见有一石筑小亭，陆羽进亭小憩。这时他听到犹如跌落玉盘的泉溪之声，循声而寻，原来亭旁有一眼泉水，陆羽从怀中取出随身携带的小陶杯，酌满泉水，细细品尝，只觉得清洌中蕴含甘醇，他喝上两杯，不觉清凉爽口，气畅神怡。这泉好水的发现，使他喜出望外。此后，他常来此地取水于亭中烹煮云雾茶。经招隐泉烹煮的云雾茶水，汤色清亮，醇香持久。最后陆羽将招隐泉评定为"天下第六"，从此招隐泉又多了个第六泉的佳名。一般日子，陆羽就在此石亭中，一边撰写他的《茶经》，一边饮用第六泉水烹成的庐山云雾茶，专心致志，如醉似痴，真是"翁在野亭醉，皆为泉入心"。此亭后来也被人称为陆羽亭。

据测定，招隐泉水呈中性，每升水中约溶解有 70 毫克的硫酸钙，因而入口使人感到甘爽。招隐泉的水体矿物含量较低，每升水中矿化度只有 134 毫克，硬度低，属软水。水体洁净，透明无色，水温四季不变，流量稳定，为山泉中之优质饮用水，更是宜茶好水。

初建于宋代、历经沧桑的石亭，亭阁已显破残，缀满了苍苔，但阁额上镌刻的"天下第六泉"五字仍可辨见。今天，人们在招隐泉旁所看到的石桥，已非当年陆羽笔下所记述的石桥，而是建于北宋年间的观音桥。桥以 7 排同型大块花岗石扣成为一整体。桥下之溪系汉阳、五老两峰间 99 条水汇成，终年激流汹涌。于桥上俯视涧流，有"足掉不自持，魂惊讵堪说"之感。人们在观赏和赞叹这座我国古代桥梁建筑史上称作"明珠"的古桥的同时，常常会兴味盎然地从招隐泉中灌满一壶泉水，从桥上凭栏倒入桥下的谷潭深渊。令人叫绝的是，当壶中流完最后一滴水时，最先从壶中流出的水，恰巧刚刚落入潭的水面，这一有趣的"凭桥倒壶"现象，更平添了游览者来招隐泉品泉的兴味。

招隐泉近邻有玉渊潭，潭似一大瓮，潭中有一石如玉，横亘中流，故有玉渊潭之名。宋爱国诗人张孝祥手书"玉渊"二字，镌刻在潭中的白石上。每逢雨后，玉渊潭水激浪涌，阳光散为赤、橙、黄、绿、青、蓝、紫诸色水波，如箭离弦，震人心弦，适成天下第六泉的一大奇观。

庐山三叠泉

"云雾茶，三叠泉，庐山茶泉两相宜。"三叠泉，位于庐山东谷会仙亭旁。据《桑记》记载，三叠泉之水，"出自大月山下，由五老背东注焉。凡庐山之泉，多循崖而泻，乃三叠泉不循崖泻，由五老峰北崖口，悬注大磐石上，袅袅而同垂练，既激于石，则摧碎散落，蒙密纷纭，如雨如雾，喷洒二级大磐石山，汇为洪流，下注龙潭，轰轰然万人鼓也"。泻泉如喷雪飞银，似万斛明珠，被誉为庐山第一奇观，堪称天下第一飞泉。

三叠泉落差为 155 米。一叠直垂，水从 70 多米处一倾而下，远看似雨雪交加，近观似大雾弥漫；二叠高约 50 米，跌宕奔涌，带起散珠细雾，凌虚而下；三叠又长又阔，洪流倾泻，如玉龙直闯潭中，激起滚滚波涛浪花，在山色空濛中，犹如一幅生趣盎然的水墨画。古人在《纪游集》里描述为："上级如飘云拖练，中级如碎石摧冰，下级如玉龙走潭。"

"五老峰北嵯峨巅，龙泉三叠来自天。"三叠泉既然被称之为天下第一飞泉，何以唐宋各家大诗人的诗词著作中均未写它呢？李白笔下的香炉峰飞泉比起三叠泉来，实在逊色得多了，李白为何不咏三叠泉？宋代大儒朱熹在庐山讲学的白鹿洞书院，离三叠泉并不多远，然而他也未曾欣赏到三叠泉的壮景。据考证，其原因是因为那时三叠泉尚未被人发现，它还隐藏在名人墨客脚力未到的青峰翠嶂之中。大约在宋绍熙二年（1191），三叠泉被一樵夫发现，于是传播开去，轰动了庐山内外。此时，朱熹已离开庐山9年了。当他得知庐山上还有如此奇伟飞泉而自己因年迈力残而无法再能观赏时，遗憾不已。他让人画了一幅三叠泉的图画来欣赏，仍感叹说："自闻此新泉出，未能一游其下，以快心目，溅雷喷雪，发梦寐也。"

明代地理学家、旅行家徐霞客，曾于明正统三年（1438）8月21日考察了三叠泉，他在游记里记述："……潭前峭壁乱耸，回互逼立，下瞰无底，但闻轰雷倒峡之声，心怖目眩，泉不知从何堕去也。……出对崖下瞰，则一级、二级、三级之泉，始依次悉见。"

自三叠泉被发现之后，诗家名流竞相观赏，给三叠泉题咏歌赋，留下了无数的精彩篇章。宋代诗人白玉蟾在《三叠泉》诗中有"九层峭壁划青空，三叠鸣泉飞暮雨"之句。元代诗人、画家赵孟頫诗云："飞泉如玉帘，直下数千尺。新月如帘钩，遥遥挂空碧。"后来有人认为众多吟咏三叠泉的诗画都未能尽意，干脆说："无人知此胜，来往水精灵。"也有人书以"色、香、味"三字来概括之。然而，明代名诗人王世懋却对它作了真切的记述："三叠泉从山南最高处，冉冉盘空而降，初级如云如絮，喷薄吞吐，流注大盘石上。水石冲激，乃始滢洄作态，珠迸玉碎，复注二级石上，汇为巨流，悬崖直下龙潭。飘者如雪，断者如雾，缀者如旒，挂者如帘，直入山足，森然四垂，涌若淋汤，奔若跳鹭。其声则蕴隆之候，风掀电驰，霆震四击，轰轰不绝。又如昆阳、巨鹿之战，万人鸣鼓，瓦缶相应，真天下第一伟观也。"

清代黄宗羲游三叠泉后记述了沿途的路径艰险："倚壁有小径，出荆刺之下，遇其绝壁，则涧中，涧水不测，则攀危石而过，登顿怒涛间。……至泉下，劳悴则十倍矣。"今日游三叠泉虽无淌涧水、出荆棘之虞，但路径仍艰险，车不能达，需步行登临，所以病残年老者多有望泉兴叹之憾。但三叠泉的壮观和魅力使它成为庐山揽胜的一个重要景点，福州茶泉的一大资源。

庐山玉帘泉与聪明泉

匡庐多名泉，谷帘泉、招隐泉、三叠泉名闻四海，玉帘泉、聪明泉也是庐山泉家族中的佼佼者。

庐山金轮峰下，一泉瀑从40米高的悬崖飞流而下，泻入深潭，状若玉帘，这就是玉帘泉。玉帘泉的与众不同之处是它不是窜崖倾注，也不是贴崖湍流，而是布崖喷丝，轻扬而下，高数十米，宽二三米，恰似半空垂下的巨幅水晶珠帘。当阳光照映时，玉帘泉中间便显出一弧光圈，似玉块，如断虹，青碧各半，然后又散为五色莹晕，景致奇绝。更妙的是瀑声悠扬宛转，好像玉帘之内，有玉女弹拨，扣人心弦，令人如醉如痴。"何必丝与竹，山水有清音。"这诗句描述的便是玉帘泉。

古人对玉帘泉歌咏赞诵的不少。潘来的《游庐山记》中写道："悬瀑如散丝，随风悠扬，堕潭无声，最为轻妙。"邵长蘅《玉帘泉记》曾有如此说法：以前，苏轼把三峡涧、青玉涧诸瀑当作庐山最好景致，其实都不如玉帘泉壮美。

玉帘泉之所以传名于世，其中与大书家王羲之的结缘是分不开的。据《星子县志》及《庐山志》载，王羲之守浔阳（今九江市），曾览胜庐山之南，解职后居家金轮峰下。东晋咸康六年（340），他在金轮峰下的玉帘泉附近修建了一座别墅，经常在此体察飞泉流韵。泉瀑落深潭，潭前有个天然石洞，可容 10 余人，俗称羲之洞，洞口有石屋残迹，相传王羲之曾在此读书写字。潭水流入石镜溪，宋代名诗人王十朋作《石镜溪》诗曰："山上有镜石为台，云雾深藏未肯开。别有一溪清似镜，不须人为拂尘埃。"溪流中有鹅池，传为王羲之牧鹅处。民间有流传故事，说王羲之性喜鹅，见归宗寺僧养的大群白鹅，甚是喜爱，便向寺僧提出购买。但寺院中养鹅，素不出卖，羲之所求又不好拒绝。于是寺僧请羲之手抄经书一部，而以白鹅酬赠。传说中的王羲之书《道德经》授鹅的故事就发生在此地。据说原玉帘泉附近岩壁间曾镌有一个大"鹅"字，为王羲之之手迹，今已不存。王羲之的书法，"论者称其笔势，以为飘若浮云，矫若惊龙"，人说羲之之书与此玉帘泉及诸山水的陶冶是分不开的。"飞珠满月纹绡坠，别有溪花涧草香。"玉帘泉确实是有其魅力的。

影片《庐山恋》有这样一个情节：女主人公周筠为了试探耿桦对她的爱情，特约耿华来到庐山聪明泉边，指着泉畔的石刻诗句念道：

> 一勺如琼浆，将愚拟圣贤。
>
> 欲知心不变，还似饮贪泉。

两人为了表达永远相爱、誓不变心之情，还用长柄竹筒一勺勺地畅饮聪明泉水。

庐山确实有聪明泉，它出露在庐山西北麓的晋代古刹东林寺内。在该寺神运宝殿后边一丛修竹的掩映下，有一个 1 米见方的泉池，从岩石罅间涌出一股细泉，晶莹清澈。泉旁的石碑上镌刻着"聪明泉"三个刚劲的隶体大字。碑下面刻着唐代大诗人皮日休所赋的聪明泉诗。泉边有青石铺地，游人站立在青石板上，俯首观泉，会发现自己的身影伴同翠竹、青松、蓝天、白云一齐映照在明亮的泉水里，顿时感到兴味倍增。

聪明泉以殷仲堪的聪明博学而得名。相传，慧远和尚来到庐山后创建了东林寺，并开创了我国佛教净土宗。荆州刺史殷仲堪能言善辩，口若悬河。在东林寺竣工后，他专程前来探望好友慧远。他俩漫步于松林间，共谈《易经》，经日不倦。仲堪钦佩慧远的深实的才学，说："师智深明，实难庶几。"慧远更赞赏殷仲堪博学多才，能言善辩。他指着竹丛间的一处涌泉回答："君之才辩，如此泉涌。"后人特在泉之四周砌以青石，号曰聪明泉。后经皮日休的礼赞，于是名传四方，也引得游客来此观泉尝水，求赐聪明。

聪明泉就其水质而言，清洌甘醇，终年不涸，烹煮山茗，鲜爽可口，馨香久存。聪明泉之四周还有玉龙泉、白莲池和出木池等。

承德热河泉

在承德避暑山庄内湖区的东北隅，有一处引人入胜的泉景，那就是热河泉。热河泉是山庄湖泊，也是热河之源。这里泉水潺潺涌溢，汇成碧波千顷。泉旁有座石碑，上面镌刻"热河泉"三字。200多年前，清代乾隆皇帝曾赋诗赞曰："名泉亦多览，未若此为首。"

热河泉的水温只有9～11℃，但比当地的平均气温8.8℃要高。寒冬时节，山庄内外天寒地冻，银装素裹，湖水冰封雪凝，惟独热河泉依然水流淙淙，云蒸霞蔚，一派盎然春意。而到盛夏，泉水清澈晶莹，冷砭肌骨，泉流如绉，水雾似纱，一派烟雨风情，令人怡神清心。热河泉水矿化度较低，含有碳酸镁、碳酸钙和少量的可溶性二氧化碳及微量硼酸，因此，人们饮后顿感清凉爽口。水中还含有微量的氟，可使人们的牙齿洁白防龋。热河泉水质优良，用来沏泡茶叶，汤清味甘，醇香沁人。古人对热河泉水的评价是："泉味甘馨，怡神养寿。"

在避暑山庄诸泉之中，热河泉最有名。泉水经人工疏导引流，汇聚成大小湖泊，外流形成小河，往南注入武烈河，清代时称为热河。清康熙十二年（1673），始建热河行宫，乾隆五十七年（1792）竣工，建筑物达110余处，为我国现存占地最大的古代帝王宫苑。背山面湖，花木蓊郁，宫殿亭榭掩映，湖泊洲岛错落，风光旖旎，巧夺天工。此行宫专供皇帝避暑和处理政务，名避暑山庄。如今，热河泉依然涌流不息，泉水汇成的湖泊碧波荡漾。

安阳珍珠泉

河南安阳珍珠泉以其规模、景观和历史在全国多处珍珠泉中应数首位。它位于距安阳城西20公里的水冶镇西，由8个泉眼组成珍珠泉群。珍珠泉群涌水量平均每昼夜为16.337万吨。涌的泉水汇聚成湖，最终向东流入安阳河。水面1.3万多平方米，平均水深2米。

珍珠泉群的来历，说法较多。相传宋仁宗时，朝廷名将韩琦西征西夏途经此地返朝，时值盛暑，兵士干渴难忍。韩琦急中将剑插于蚁穴祈水，拔剑后泉水喷涌而出，遂名此泉为拔剑泉，又名宝剑泉。又传韩琦的战马咆哮嘶鸣，一蹄踏陷，清泉涌出，泉形状如马蹄，即名马蹄泉，另有一泉形若卧龙，周围多地龙（蚯蚓），又称卧龙泉。这些泉被统称为珍珠泉。泉水汇成的湖，其四周建有石栏，可凭栏观鱼。湖中伸进一个小半岛，岛上有小亭，亭旁有千年古柏，其中一树有两根树干距地面约五尺，在相距四尺处环合，犹如一座门洞，游人可低头通过，传说过此门者能延年益寿。此柏树洞门与珍珠泉群合称柏门珠沼，居安阳八景之首。

清光绪八年（1882）对珍珠泉进行了修整，拓宽了泉池水面，用青石筑砌了泉岸。民国17年，爱国将领冯玉祥，拨款5000现洋，修建了泉池石栏，构建了马蹄泉池，并在泉区修建了石拱小桥和冯公亭等建筑，将珍珠泉风景区改名为"平民公园"。新中国成立后，当地政府于1954年、1958年、1960年先后开挖出五四泉、五八泉、六0泉，从而形成了群泉争涌的珍珠泉群，还颁布了保护珍珠泉水资源的《通知》。1971年，安阳县人民政府把珍珠泉风景区列为重点文物保护单位，并营造珍珠泉大型园林。在幽雅秀美的珍珠泉景区，喝上一杯用珍珠泉水烹煮的清茗，异香满口。近代诗人王文坤秋游安阳珍珠泉后，留下了一首情景交融的诗篇：

> 万壑林红秋雁低，一泓澄澈邺城西。
>
> 泉光平吐霜丸冷，泡影同声玉粒齐。
>
> 自有地灵开水鉴，谁知宝母辟珠溪。
>
> 茶烟小舟游山色，何必登游杖短藜。

浠水兰溪泉

湖北省浠水县西18公里处的兰溪，有一兰溪泉，又名陆羽茶泉。泉深1米余，口小内大，泉水出露后，碧流滑过秀石，潺潺流淌。奇特的是泉流入兰溪，不与溪水相混合，独流一线，仍保持晶莹透明的清亮本色。据《蕲水县志》记载，陆羽曾"汲兰溪水煎茶，认真品尝后，评定它为天下第三泉"。所以兰溪泉一名三泉。明万历年间知县游王廷书写的"天下第三泉"五字，镌刻在兰溪泉上面的龙泉山石壁上，至今犹在。

兰溪泉水澄清纯净，甘洌适口，是极佳的烹茶之水。用兰溪泉水煎茶，不但香郁、色清、味醇，而且有四个特点：其一是茶水不生泡沫；其二是茶壶、茶杯长时期使用，不会有茶垢；其三是沸水入茶杯，缕缕蒸气上升，宛如玉龙飞舞；其四是茶汤甘芳而微辛，醒脑提神效果特别好。所以，兰溪泉水向来为茶人所关注，也为历代文人墨客所赞誉。

传说，宋代王安石曾托被贬谪黄州的苏东坡捎带"陆羽泉"的水给他。苏东坡故意将兰溪泉水让人提早转给王安石，并不予说明是苏东坡捎来的泉水，想试一试王安石品泉评水的水平。王安石接到泉水后，尝了一口就赞叹："好水！无愧为三泉之水。"苏东坡在钦佩之余，又给王安石连续捎去兰溪泉水。

古代关于兰溪泉的掌故逸闻不少。有盛赞"陆羽荐泉"的，也有由三泉而感喟人生的。唐代诗人杜牧在任黄州刺史时，除为老百姓做了许多好事之外，对兰溪泉水也产生了浓厚的兴趣。一次，他来到兰溪品尝三泉水，联想到屈原因爱国而遭迫害的历史，又感伤自己的处境，便在泉畔吟诗一首，寄情感怀："兰溪春尽碧泱泱，映水兰花雨发香。楚国大夫憔悴日，应寻此路去潇湘。"

兴山楠木井和珍珠潭

在明妃王昭君的故乡——湖北省兴山县宝坪村，有与王昭君相关联的楠木井和珍珠潭。这两处井潭之水都是宜茶好水。

楠木井，又名昭君井，位于宝坪村。井口呈六角形，井台由磐石筑成，中嵌一根古老的楠木。井内泉水清亮碧透，清甜可口，冬暖夏凉，四季不竭。井旁立碑，上刻"楠木井"三字。相传此井为昭君当年汲水之处。传说在王昭君出生之前，井中水量很小，稍旱即涸，村里人用水要到山脚下的香溪去挑，艰辛备至。王昭君出生后，井水陡涨，水质清澈。村里人纷纷传说是昭君出世惊动玉皇大帝，令黄龙搬来龙水所致。乡亲们将泉井砌成一口高台六方井，上坡边还垒筑一道石墙，泉井边栽了一棵核桃树。大家对昭君姑娘十分感激，于是把井名取为"昭君宝井"。在昭君进宫那年，当她要离别故乡的亲人和山水时，心中十分难过。这时，昭君之母忽然梦见黄龙欲离开此井，井水即将干涸，使村人惊惶不已。昭君姑娘急忙去请教一位白首红颜的老僧人。僧翁告诉她："我本是天上仙翁下凡。知道你将要当上皇妃，黄龙欲与你一起走，你看该怎么办？"昭君一听，忙说："这可不行，黄龙一走，宝井就没有泉水，一定要想个办法留住它。"僧翁指点昭君，只要到西蜀峨眉山里采一根楠木，往井口一嵌，龙就走不了。昭君忙把此番话告诉了村里的乡亲，乡亲们乘上江中轻舟赶到峨眉山，采来一根千年不腐的坚实的紫红楠木，牢牢嵌在井口。从此之后，黄龙便按昭君的心意继续喷吐清泉。当昭君离开宝坪村时，乡亲们又给这口井取名为"楠木井"。楠木井从此名扬天下。

岁月飞逝了 2000 多年，昭君留下的楠木井依然如故。新中国成立后，兴山县人民政府拨款修整了井台和四周环境。1978 年 12 月 13 日，郭沫若的夫人于立群应兴山县的约请，特地给井碑题写了"楠木井"三个隶体大字。

楠木井泉水属于岩石中的裂隙下降泉水，高山区接受的大气降雨在岩隙内渗流过程中，不仅滤去了各种杂质，还溶解了岩层中对人体有益的化学物质，因此水质很好。冬季水温可达 30℃，夏天凉如冰液。用楠木井泉水冲泡昭君故里出产的白鹤、龙泉名茶，清香可口，饮后还有健身延寿作用，大受四方游客的欢迎。

在昭君故里附近的回水沱有珍珠潭。潭底清泉喷涌，状若滚珠。香溪水从山涧流来经此潭突然急转南流，并在潭中形成洄水漩涡。传说昭君被选入宫时，曾在此潭边伫立良久，临潭照影，挹泉涤妆，昭君十分依恋乡土，她将头上戴的颗颗珍珠撒落在潭中。清人乔守中《珍珠潭》诗曰：

澄澈在中央，深潭夜有光。

明妃留胜迹，此地涤新妆。

月色三秋白，溪流万古香。

每当晴日斜照，潭水金波闪烁，五色缤纷。投石潭底，则水花飞溅，如串串珍珠闪耀水面。待至秋高气爽、月白风清之夜，岚光月影倒映潭中，故有珠潭秋月这一景目。昭君入朝后不久，自愿出嫁匈奴，为民族间的亲善和好作出了卓越贡献。这一喜讯传回家乡后，乡亲们便将她撒落珍珠的泉潭，取名为珍珠潭。珍珠潭水质清澈甘冽，也是人们所青睐的烹茶之水。

武汉伏虎山卓刀泉

在武汉东湖国家重点风景名胜区南侧有一座翠绿的小山。从远处眺望，就像一只青虎趴卧在那里。山麓的松林柏丛之中有一古庙，前院有一口有名的泉井，那就是卓刀泉。泉口呈球台形，泉眼四周围三层石条砌筑，周围环境清幽。井泉深约10米，水质纯净，冬温夏冽，用此泉水来烹武汉磨山新茶，口味甘醇，清香满口。据说，长饮此井泉水，还能除病健身，延年益寿。此井泉现被列为武汉市文物保护单位。明初楚藩昭王为此井泉筑台置栏井建亭。今亭已倾废，井台与井栏犹存，井石上刻"卓刀泉"三字仍清晰可见。庙因泉而建，由泉而名。据碑文记载，庙宇清初毁于兵灾，咸丰八年（1858）重建，1916年重修。现庙内尚有大殿、禅堂、客室、桃园阁等。

据现存于庙中的《卓刀泉记》碑文记载："城东十五里，有卓刀泉者，吾楚胜迹也。昔汉寿亭侯关公治兵江陵时，卓刀于此，故名。斯泉之水，冬温而夏冽，其色淡碧，味甘如醴，饮之可以疗疾。"此井泉命名为卓刀泉还有一段来历。相传在三国争雄的赤壁大战前，关羽奉军师诸葛亮之命率兵马途经此地，正值盛夏，士兵们酷暑难熬，关羽派人四出寻找水源，均无所获。一位银须飘拂的老翁告诉关羽："这里原是水丰林茂之地，后来出了个老虎精，把湖湾水源全结糟塌掉了。老百姓为求水用，还得送上童男童女供这老虎精受用呢！"此话刚出口，一阵狂风起处，一只金睛白额老虎张牙舞爪地扑了过来。关羽见状，凤眉横竖，怒不可遏，随手祭起那把青龙偃月刀，大刀瞬息化为一条青龙，呼啸着迎虎而上，猛虎也纵身窜向青龙，龙虎相搏，飞沙走石，斗得天昏地暗。青龙越斗越勇，猛虎一阵惨叫，趴在地上再也不能动弹，化成了一座石头山，而青龙降伏了猛虎后又还原成偃月大刀，回到关羽手中。关羽以刀卓地，仰天大笑，就在他的大刀卓地之处，居然冒出涓涓清泉。将士们用此泉水痛饮解渴，军威士气大为振奋。临行前，关羽用刀蘸上泉水浇洒石头山，山上立即绿树丛生，青翠一片。后人便把这处清泉取名为卓刀泉，并在泉畔建起了卓刀泉庙，把白虎精化成的山叫做伏虎山。有诗曰："青龙降虎关云长，甘醇还数卓刀泉。"

且不说关羽在赤壁大战前是否途经这里，上述故事仅是民间的传说。但该处的小山和井泉确实存在，这就提出了卓刀泉究竟是怎样形成的问题。根据地质工作者的考察，武汉位于长江中游地区，属亚热带季风气候，有丰富的大气降水，垂直渗入伏虎山的土壤和岩缝中。卓刀泉水的一部分就是来自这种渗入水，另一部分是在含水层和隔水层相互影响制约下，一部分地下重力水运移到地形低凹的地方，被迫出露地表，这就成了卓刀泉。因为卓刀泉的水是经过岩层多层过滤的地下水，所以清澈澄净，炎夏时水温明显低于气温，喝起来确实清冽爽口，有消暑解乏的功能，尤宜冲沏香茗。

宜昌陆游泉

陆游泉距湖北宜昌市约 10 公里，出露在西陵峡西陵山腰，有石磴一径可达。泉水自岩壁石罅中流出，汇入长、宽各 1.5 米、深约 1 米的正方形泉坑中。泉水清澈如镜，透亮见底；夏不枯竭、冬不结冰；取而夏满，常盈不溢，水质味甘凉爽，饮者无不赞绝，故旧称"神水"。用此泉水煮茶，醇香适口。慕名而来者，多以瓶罐盛之，携回家中沏茶。

陆游泉与泉边三游洞、泉前方的下牢溪并称为宜昌三胜。史载，三游洞因唐元和十三年（818）冬，诗人白居易、元稹和文学家白行简三人同游而得名。到宋代，著名文学家苏洵、苏轼、苏辙父子三人于嘉祐元年（1056）冬游该洞，人称后三游。三游洞傍山依水，高岚深谷，秀美壮观。洞室开阔，深约 30 米，高达 6 米余。洞中岩石褶皱起伏，奇丽多姿。爱国诗人陆游不仅喜游名山大川，还爱品尝碧潭名泉。宋孝宗乾道六年（1170）十月，他在入川途中游览三游洞时，特意到洞门左侧的泉边取水煎茶，品评泉味。清冽甘美的泉水令他诗兴大发，吟赋一首，书于峭壁上，后人随即摩刻。诗曰：

> 苔径芒鞋滑不妨，潭边聊得据胡床。
> 岩空倒看峰峦影，涧远中含药草香。
> 汲取满瓶牛乳白，分流触石珮声长。
> 囊中日铸传天下，不是名泉不合尝。

诗中不仅描绘了此泉四周岩影、峰峦、香草等秀丽的风光，也道出了此泉水质如"牛乳"，以及泉涌丁冬如佩玉碰响的悦耳声响。特别记叙了他囊中所带的家乡浙江绍兴日铸茶是名扬天下的名茶，如果不是三游洞下这样的名泉，是"不合尝"的。这泓泉水自从有了陆放翁的光临和品题诗赋，便成为四方闻知的名泉，人们也就将此泉命名为陆游泉。

陆游泉是大气降水沿泉上灰岩孔隙及断层裂隙下渗、并经过过滤所形成的纯净的地下水。在重力的作用下，这地下水从陡峭的岩壁底石罅中呈串珠状涌出，汇入崖边方形潭池中。陆游泉被世人所知大约已有 1160 余年历史。早在唐元和十四年（819），白居易与其弟白行简及诗人元稹等三人首探"三游洞"时，意外地发现了这眠清泉。白居易在《三游洞序》中记道："……次见泉，如泻、如洒。其怪者如悬练，如不绝线。……且水石相搏，嶙嶙凿凿，跳珠溅玉，惊动耳目，自未讫成，爱不能去。"陆游泉近年经过修葺，泉口已用条石镶砌，外加雕花石栏杆，上筑一座半壁亭。半亭依山面溪而建，另半亭嵌入山岩，如同"天坠地出"，虽由人作，宛若天成。亭为青石结构，仿宋代风格，飞檐翘角，顶脊两端有鸱石装饰，亭柱上刻着陆游"囊中日铸传天下，不是名泉不合尝"的诗句，显得古朴雅致。泉之周围，竹木青翠，藤萝蔓生，奇石叠起，流水淙淙，环境优雅秀美。

宜昌黄牛泉和蛤蟆泉

陆羽在《茶经》中写道："黄牛（泉）、蛤蟆碚（泉）水第四。"这黄牛泉和蛤蟆碚泉是长江西陵峡中的两处名泉，都在湖北省境内。现代经过地质勘察，证实陆羽的专证是正确的，现已查明黄牛泉与蛤蟆泉同出一源，二者地质构造相同，可以同享天下第四泉之称誉。

黄牛泉，又名圆井，古称黄牛泉池，与宜昌市葛洲坝相距不远。泉深约 3 米，泉口约 1 米，泉壁由青砖砌成。泉台下方上圆，系用一整块花岗石雕刻而成。开凿此泉的是三国时的诸葛亮。他率兵入川，途经此地，发现建立于春秋战国时的黄陵庙已颓废，他便亲自主持修庙，掘泉，并写了一篇《黄牛庙记》。这篇记事文，镌刻在六棱石碑上，竖在武侯祠前，名为武陵碑，至今完好。

近年，地矿、卫生防疫等部门对黄牛泉的水质进行了采样化验，发现泉水表面张力大，高出杯口一二毫米也不溢出。在检测化验的 37 个项目中，有 28 个为优良、9 个为良好。将化验结果与我国各地的天下第一泉、天下第二泉、天下第三泉水样相比较，并与青岛崂山矿泉水相比较，黄牛泉水的指标有些还比它们高一些，有的指标和它们相接近，足以证明黄牛泉的水质是相当好的。由于此泉水硬度较低，用以煎茶，茶味甘芳醇厚。长期饮用黄牛泉水，能促进人体的新陈代谢，有延年益寿之效。在泉畔生活的七八十岁老人比比皆是，有的已近百岁。

蛤蟆泉，距宜昌市约 25 公里。地处滩险流急的扇子峡边，有一块呈椭圆形的巨石，从江中望去，好似一只张口伸舌、鼓起大眼的蛤蟆，人称为蛤蟆石，又叫蛤蟆碚。南宋爱国诗人陆游在《入蜀记》中作过生动的描述："蛤蟆碚在山麓，临大江，头鼻吻颔很像蛤蟆，而背脊疱处尤其逼真。"游人至此无不惊叹："天工杰作，栩栩如生！"不过蛤蟆石的名气，却远不如隐匿在它背后的那眼清泉——蛤蟆泉。

蛤蟆石后面的山腹有石穴，清泉汩汩流出，倾注在蛤蟆石的脊背和吻鼻之间，喷珠溅玉，状如水帘，声如琴琮，水质洁净，甘凉爽口，这就是名闻遐迩的蛤蟆泉。传说，嫦娥在月宫玉池里养的一只小蛤蟆，偷偷逃出月宫，直奔三峡，半路上被吴刚一斧头打昏，从半天云中坠入扇子峰，被一位砍柴老汉救起，抱回家中护养。不几天，小蛤蟆康复，为报答救命老汉，吐出明月水来谢恩。这蛤蟆泉就是小蛤蟆吐出来的明月水。至今各地还流传着一首民歌："名泉甘露源月宫，蛤蟆吐出明月水，煎茶碗中凤凰叫，酿酒洒坛白鹤飞，百里闻香人亦醉。"此后，西陵峡一带还有句谚语："遍尝华夏水，不如蛤泉美。"此话不免带有几分夸张，然而蛤蟆泉水的甘美醇香却是事实。唐代陆羽曾对此泉作了水质考察，他品尝了泉水后，在《茶经》中写道："峡州扇子山，有石突然，泄水独清冷，状如龟形，俗云蛤蟆口水，第四。"

欧阳修、苏辙、黄庭坚等名人墨客也都先后游览蛤蟆泉一带。欧阳修在《蛤蟆碚》一诗中曰：

> 石溜吐阴岩，泉声满空谷。
> 蛤蟆喷水帘，甘液胜饮酎。

苏辙赋诗道：

> 岂惟煮茗好，酿酒更无敌。

黄庭坚的诗句是：

> 巴人漫说蛤蟆碚，试裹春芽来就煎。

更有宋代诗人陆放翁赞美蛤蟆泉的绝妙佳句：

> 巴东峡里最初峡，天下泉中第四泉。
> 啮雪饮冰疑换骨，搯球弄月可忘年。

如今，葛洲坝工程兴建后，蛤蟆石在航道整治中虽已炸除，但蛤蟆泉清清的泉水依然涌流。

天门文学泉

陆羽，历来被人们奉为茶圣、茶神。他的故乡在湖北天门市竟陵城区，故居庐舍不存。天门西湖公园内，为陆羽建立了一座风格典雅的陆羽纪念馆。陆羽有首广为传诵的《六羡歌》：

> 不羡黄金罍，不羡白玉杯。
>
> 不羡朝入省，不羡暮登台。
>
> 千羡万羡西江水，曾向竟陵城下来。

诗歌中的"西江水"，是指"县西门外"的河水，诗句中饱含着他眷念家乡山水的深情。

在城关古护城河附近，卧有一块八角形的巨石，石上凿有三个圆眼，构成品茶的"品"字。透过"品"字形圆眼，可见一泓清冽的泉水，汲泉品尝，甘甜清凉。用此井泉水烹煮香茗，其味更是甘醇可口，这眼井泉便是名重四海的文学泉，又称陆子泉、品字泉、三眼井。

陆子泉是陆羽少年时期汲泉品茶之处，所以后人称这里为历史真迹。因陆羽曾被召拜为太子文学徒（唐代的一种官职），人称此泉为文学泉。

据《天门县志》记载，陆子泉为晋代支遁和尚开凿，距今已有 1600 余年历史。泉水系大气降雨及古护城河水补给，经井泉周围第四系地层的充分过滤，故其水质优良，四季恒温，历代茶人名家推崇备至。

文学泉虽然开凿历史悠久，但到唐以后长期湮没，直到清乾隆三十三年（1768）当地百姓因抗旱掘荷塘取水时，发现了井址与继碑，碑上有"文学"等字迹，证实为文学泉原址。于是由天门知县马士伟集资凿井封苔，恢复了文学井这一历史胜迹，并在井泉毗领处建造一座古朴雅致的陆羽亭。1939 年亭被日寇所毁。新中国成立后，1957 年周总理过问此事，县政府重建陆羽亭。"文革"期间亭和泉再度遭到破坏。1981 年，天门县政府拨款再建，文学泉和陆羽亭重现历史风貌。亭为双层木结构六角重檐攒尖顶，高 7 米，面积约 10 平方米。亭内立有石碑。主碑正面镌刻"文学泉"三个大字，背面题有"品茶真迹"四字。亭后陆公祠内有"唐处士陆鸿渐小像碑"，碑为横式，像为陆羽端坐品茶的形象，潇洒儒雅。像旁镌有许多古今名人诗词，其中有宋代黄州太守王禹偁来天门观泉品茶时所赋七绝一首：

> 甃石苔封百尺深，试茶尝味少知音。
>
> 唯余半夜泉中月，留得先生一片心。

诗人在一个月夜来到陆子泉边，在明月清晖的映照下，他看到井壁的绿苔，神驰心仪，抒发了对茶圣的崇敬之情，涓涓泉水，映着泉中明月，品茶真迹犹在，留下了先生的一片赤心。

自从《茶经》问世后，陆羽故乡的煮茶名泉——文学泉，也随之名重四海。唐代诗僧齐己曾专程游天门，读陆子传记，赋诗感叹。清代名人陈大文也数次赴此凭吊陆羽遗迹。陆羽亭的文学泉、"品茶真迹"石碑，以及陆羽小像碑，均由陈大文捐石刻成。

陆羽、《茶经》、文学泉，不仅在国内名声卓著，在国外也享有很高声望。我国的饮茶习俗传入东瀛，日本经过吸收改革，乃尊为茶道，而且其饮茶之方式极为考究，精神上尤其至诚。宋代时，日本名僧荣西来到我国，潜心研究《茶经》，收益甚广。公元 1168 年荣西返回日本后，结合《茶经》与日本本民族的饮茶历史经验，编写成《吃茶养生记》一书，受到日本国民的高度称赞，并把荣西誉之为"日本陆羽"。可惜荣西在中国期间未到陆羽故里观赏文学泉。对此，他深感遗憾。1982 年，日本茶叶研究者访华团由布目潮渢一行 12 人组成，专程来到天门县，凭吊陆羽遗迹，参观了陆羽亭和文学泉。访华团的全体成员在文学泉边环坐，以茶道礼仪品味了文学泉水，并吟诗放歌：

> 九夏井含富士雪，三春泉映重瓣樱。

> 赤县扶桑衣带水，古今同风多知音。

这首诗写得情韵悠悠，风采斐然。宋代王禹偁的七绝中曰："试茶尝味少知音。"此诗中却说："古今同风多知音。"华夏扶桑一衣带水，古风相系，茶道同理，茶圣陆羽的知音遍天下。

秭归照面井

照面井位于湖北省秭归屈原故里香炉坪东侧的伏虎山西坡麓。一棵枝叶参天、苍翠茂密的大青树旁还有一棵大柞树，两树并耸立，蔚为巨荫。树下有一眼古井，这就是照面井。井台傍岩甃砌，井口浑圆古朴，四周围以石雕栏杆，井水清澈明亮，光洁如镜，可照见人的面容身影。井水味甘美，清凉爽人。暑天，来这儿观井品水的游客，用大槲树叶做成锥形"茶杯"，舀起清冽的井水，一喝就是五六杯，连声称赞："古井好水！"

一块井碑就竖在井后，靠在大青树旁，上面镌刻着"照面井"三个雄健洒脱的大字，旁边还有小字碑铭："予白遐迩人等，此系屈公遗井，特遵神教，重新整顿，以后切勿荒秽，倘若故违，定遭天谴。此株青树，永世勿得砍伐。三闾阊坛弟子同修。皇清咸丰十年七月十二日立"。碑石已立 100 多年了，那棵大青树也有四五百年的历史。

屈公遗井，还贮积着有趣动听的传闻。屈原从小不仅读书用功，而且爱清洁，他一天要洗三次脸，梳理后一定要在响鼓溪照一照，直到满意。有一天，屈原在溪边洗过脸后，不在溪边梳头照面了，却向一株大榕树跑去，以后每天如此。他姐姐女嬃跟着悄悄来看他，只见他坐在大榕树下，一边梳头，一边正对着伏虎山端详，也看不出什么蹊跷来。原来屈原听说井泉清澈如镜，就决计挖井泉给自己和姐姐照面，所以每天学习之余，就到伏虎山麓挖井不止。可是挖了许多天，还是个小石坑，但屈原的挖井精神感动了伏虎山上的山神。山神化作一老翁，借给他一把金镐，并告诫他泉井挖成后，在七七四十九天里，每天要迎着太阳，在大榕树下，凝望伏虎山，直到用你的眼神将泉井养出佛光，方可告人。屈原用金镐在坑中挖井，一般清澈的井泉立即涌出。屈原恪守山神嘱咐，终于将井泉养出了佛光。那天他把姐姐女婴拉到大榕树下，问："姐姐，你往那边看到了什么？"女婴抬头一看，哇，伏虎山的半山腰悬挂着一面巨大的宝镜，放射出灿灿光辉，巨镜中映着她和屈原的面容身影。女婴连连夸奖弟弟的勇敢、坚毅和聪明。乡亲们也都沾上了宝镜的光，于是这口井便被定名为照面井。

屈原故里，至今尚存有屈原庙、读书洞、吟诗台、照面井等古迹，其中照面井最令人抒发怀古之幽情。清代文人向谨斋有一首七绝吟诵照面井：

> 深山一井涌寒泉，照面遗踪话昔年；
> 人杰地灵都还俗，常教野径锁云烟。

而清代的谭炳轩则借照面井中清澈如镜的泉水来比喻屈原的爱国主义和不畏暴权的崇高心灵：

> 何年凿破楚山河，富贵形容看未讹。
> 照彻悲欢如对镜，涵来云水不生波。
> 无尘荡漾殊相浦，有客行吟异汨罗。
> 古井独清谁得似，孤忠到底鉴心多。

古老的照面井，人们用来饮用、洗涤、煮茶、滋润着人们的心田，寄托着故乡人民对伟大的爱国主义诗人的亲切缅怀和深厚的感情。

鄂城菩萨泉

湖北省鄂州市西山，古名樊山，距鄂州市西2公里，平地崛起，苍劲奇传，林茂泉幽，为古樊楚三名山之一。历代名人陶侃、李白、刘禹锡、杜牧、苏轼、苏辙、黄庭坚等均曾游憩于西山，留下了不少诗赋名篇。

西山多清泉，如涵息、滴滴、活水、菩萨等名泉，其中以"菩萨泉"最为令人流连。此泉位于西山风景区青龙峰与白虎峰环抱的古录泉寺（东晋时名为寒溪寺）前。泉口上方以石镶嵌，中间凿成圆孔。游人立于井口俯视，可见井内的一泓碧水，明澈如镜，终年不涸不溢。井上修筑一座宋式小亭，四根竹节状石柱顶立，小巧别致。井泉之侧竖有一石碑，上书镌"菩萨泉"三个大字，泉附近还修建有拥翠亭、掬泉亭、挹江楼、漱玉楼等建筑。到此游览者，无不以观泉品泉为胜事。

东晋建武元年（317），慧远主持寒溪寺后，大兴土木，扩建庙宇寺观，并在寺前择地掘井引泉，凿成一井泉。几年后，东晋名人陶侃调任武昌太守，携来一尊文殊菩萨的金像赠予寒溪寺。后来，慧远前往庐山创建东林寺时将这尊文殊金像带走，令寒溪寺的僧侣万分遗憾。但有一天，一个和尚在寺前那口井泉打水时，意外地发现泉中文殊的灵光圣影，还看到了慧远的身影。这件事一经传出，顿时轰动了寺宇内外，都说是菩萨显录，于是经众人商议将此井定名为菩萨泉。由慧远和尚开创的寒溪寺，也随之命名为灵泉寺。

相传，苏东坡游西山时，特别喜爱菩萨泉，常用清泉煎香茗，以"助诗兴而云山顿色"，获得"志绝尘境，栖神物外，不伍于世流，不污于时俗"的意趣。他还用菩萨泉代酒送友人，吟出了"送行无酒亦无钱，劝尔一杯菩萨泉。何处低头不见我，四方同此水中天"的佳句。灵泉寺的和尚投其所好，用菩萨泉水调制上好麦面炸饼给苏东坡吃，不料此饼酥脆香醇，滋味奇佳，令苏东坡吃了连声称好。从此，这种酥饼便成为西山传统名点，并定名为东坡饼。

菩萨泉水质清冽，游人往满杯菩萨泉水中置硬币，使其水高出杯口达数毫米而不外溢；由于泉水内聚力大于它的吸附力，用硬币轻轻附于泉水凸面上，也不会下沉。所以，菩萨泉不仅是制作东坡饼的好水，更是烹煮香茗的极宜之水。

长沙白沙古井

在湖南长沙市天心阁下白沙街东隅，有一座叫回龙山的山冈，其下面有一股清泉，"洁净透明，甘冽不竭"，相传因象征"文光瑞气"的白沙星而命名为白沙古井，享誉长沙第一泉，驰名海内外。

长沙白沙泉历史悠久，早在2000多年前春秋战国时已开发利用。1000多年前，白沙泉就有长沙第一泉之称，名列"江南名泉"之一。明清时均有石刻记述。清《一统志》记载："在县东南二里，广仅尺许，最甘冽，汲久不竭。"此泉水质极佳，泉水透明见底，旱不涸，涝不溢，水味可口。据《湘城访古录》记载："其泉清香、甘美，夏凉冬暖。煮为茗，芳洁不变；为酒不酢不滓，浆者不腐；为药不变其气味。"一句话，这股泉水清得很，纯得很，不仅是煮茶泡茗的上好泉水，而且用来酿酒、煎药、食饮均很好。《长沙府志》记述此泉"汲之，桶底浮于桶面"。由此可见其古井泉水的清澈透明程度了。"潭清疑水浅"正是这种现象的写照。如此甘美纯正的清泉水自然赢得历代名人诗家的赞赏和歌赋，革命导师毛泽东的诗词中有"才饮长沙水，又食武昌鱼"的诗句。唐代诗圣杜甫在《发潭州》（唐时长沙称潭州）诗中有"夜醉白沙泉，晓行湘水春"的吟唱。

据民间传说，白沙古泉是龙吐之水，所以才如此明净纯澈，甘美爽口。相传在很久很久以前，江西有一条孽龙，常常掀起滔天洪水祸害百姓。此事被善心的观音菩萨获知，决定制服孽龙，除暴安民。经过几次斗法较量，孽龙已头破血流，精疲力尽。它钻土逃循，从湘江东岸钻出地面时，饥饿难忍，便向江畔卖面的少妇要一碗面条充饥，然而它作梦也没想到，这位少妇就是观音化身，在此静候降伏孽龙。恶龙面条落肚，瞬时化为银链，牢牢地锁住了龙心。孽龙苦苦恳求饶命，并答应吞云吐水，造福于民，永不为害。观音念其决心弃恶从善，不忍加害，就将它囚禁于回龙山下。从此，回龙山下泉水流涌，天下太平。

长沙白沙古泉的清纯明澈是由这一带的水文地质条件决定的。在长沙市白沙古井一带，地表层分布着孔隙细小的红土，其下为 1~5 米厚的名叫"白沙井组"的卵砾石层，底部为不透水的页岩，当大气降水和地表河水下渗时，红土层像一层厚密的过滤纸，将固体颗粒、胶体和各种悬浮物质阻截下来，使洁净的水进入卵砾石层，存于隔水的页岩之上。卵砾石层大部分由干净、圆滑的石英岩构成，对在其中流动的水进一步澄清过滤，使出露于地表的泉水中泥沙、胶体及悬浮物极少，形成"长沙水，水无沙"的状况，达到极高的透明度。白沙古泉之所以"汲久不竭"，是因为泉水排泄的含水层富水性好，或者说输导水量的能力较强。白沙古井泉排泄区的含水层，是直径较大的卵石和少量砾石组成，分选性好，胶结程度低，蓄水和输水能力很大，属强富水的含水层。

新中国成立以后，当地人民政府对白沙古井泉进行了多次整修，现有井穴 4 个，井围由条石筑砌，甘露从井底涌出，终年不涸。水味纯正甘冽，水温在 16~20℃ 之间。在长沙市未装自来水的昔日，许多居民都饮用此井水。人们说，用白沙井泉水煮饭做汤，不馊不腐；用来煎药，则药性不改；用来酿酒，则醇香扑鼻。当地用白沙井泉水酿成的酒，命名为白沙液，其酒清如甘露，酒味醇浓，芳香沁人，已被列为全国名酒。

白沙井泉更是宜茶之水，用此井泉水烹茶煮茗，清香甘冽，味极纯正。用白沙井泉水煮泡的沙水花，已成为长沙名饮，四方游客慕名而来，品泉饮茶，一饱口福。

位于湘江西岸岳麓山上的白鹤泉，又名双鹤泉，也是一处甘泉，泉水清澈见底，清冽甘美，冬夏不涸不溢，水源稳定。白鹤井泉与对岸的白沙井泉遥相呼应，好似两颗明珠镶嵌在长沙古城的东西两侧。

洞庭君山柳毅井

在湖南岳阳市 800 里洞庭湖中，有一座面积仅 1 平方公里的葱翠小山，这就是名扬四海的君山。一说舜帝二妃娥皇和女英居此；一说秦始皇南巡舟泊于此地。二妃叫君妃，又叫湘妃，故名君山，又名湘山。君山由 72 座大小山峰组成，山上遍布名胜古迹，位于君山龙口、龙舌山尾部的柳毅井就是一处闻名遐迩的井泉景观。

据《巴陵县志》记载：柳毅井相传为柳毅传书时入洞庭龙宫下水的地方。"井入口丈许，有片石作底，凿数孔以通泉，石下深不可测。"唐代时，井边生长有一棵大桔树，故又名桔井。

唐代李朝威写过《柳毅传书》传奇小说。古时候有位名叫柳毅的年轻书生，去京城长安应考落第后，只好怏怏不乐地打回转。经过陕西泾阳时，遇到一位牧羊少妇，问清了柳毅的姓氏大名后诉说："我是洞庭湖龙君的三公主，父母把我嫁给泾阳君的次子，谁知他是个无赖，尽干些下流事，公婆又十分凶残刻薄，把我当奴隶使，叫我终年在荒郊野地上为他们牧羊，还受尽欺凌屈辱。"并托书信让柳毅传送给龙女父母。

柳毅别了龙女，历尽千辛万苦，按龙女言嘱，来到洞庭湖君山，找到了那棵大桔树，树下果有一口泉井。他取出龙女所给的红丝带子系在树上，接着按龙女之言在树上敲了三下。顿时，井水翻腾，一个身着银甲的武士，从井中上来。柳颜把三公主在泾阳受苦的事向武士诉说了一遍，那武士听后对柳颜说："请相公闭上眼睛，把手搭在我肩上，我带你去见龙君。"柳毅闭上眼睛，只闻两耳波涛汹涌，流水哗哗，身心飘摇。没过多久，又听武士叫他睁开眼睛。柳毅睁眼一看，已置身于华丽晶莹的龙宫。柳毅连忙呈上龙女托他捎带的家书。龙君一边看信，一边哭了起来。龙君之弟钱塘君得知侄女在泾阳受苦遭辱，顿时火冒三丈，刹时化为百条赤龙，飞出龙宫，灭了泾阳君九族，救回了龙女。

龙女回到龙宫，恢复了俊俏的容貌。为了报答柳毅传书之情，洞庭君愿将龙女许配给柳毅为妻，憨厚的柳毅却婉言谢绝了。其实，龙女与柳毅早已互相倾心，自从柳毅离开龙宫后，龙女整日坐立不安，总是从君山那口泉井走上岸去，伫立在大桔树下，苦苦思念着柳毅。而柳毅也日夜苦恋着龙女，后悔不该拒绝婚事。不久，柳毅经媒人介绍，娶范阳庐洁的独生女为妻。洞房花烛夜，柳毅揭开新娘子的头巾，惊喜万分，原来新娘就是龙女。龙女如实对柳毅说明了自己心中早定非君不嫁的决心，同时想到相公必定和自己一样孤独，所以才化成庐氏之女和相公成亲。柳毅闻言，恍然大悟，从此两人更加恩爱钟情，过着幸福美满的生活。他俩还经常回龙宫探亲，当然也都是从君山大桔树下那口泉井进出的。人们后来就把这口泉井取名为柳毅井，还在泉井后2米的高台上修建了一座挑檐多角形的传书亭。

1979年"柳毅井"经整修后，供人观赏游览，井泉建筑别致雅观。井口直径约1米，深约10余米，井口为圆形，并雕塑有两头连身的大鲤鱼，环井相峙；井口距井泉水面约2米，井壁有一巡海神浮雕，手持宝剑，相传为柳毅入龙宫的引导者。修复时增辟5米斜坡甬道至井口，以石阶逐级而下，传说当年柳毅就从这里下达龙宫。甬道两旁壁上刻两对蟹将浮雕，那是迎接柳毅下湖的场面刻画。

柳毅井泉水恒温，轻雾环绕，清澈明净，醇美甘洌，享有"延年益寿""宜茶仙水"之誉。其水质之所以特佳，从地质结构上看，洞庭湖原属江南古陆背斜之一

中 华 茶 道

五 名 山 灵 泉

四三七

部分，君山处于东洞庭湖之中，属于未被湮没到湖中的山体。君山岩体的垂直裂隙和表面风化裂隙发育极好，为大气降雨的渗入形成地下水创造了良好的条件。柳颜井正是处于山麓极富水的裂隙和风化带上，一经人工挖掘，地下水便能源源补充上来，使之井泉水千百年不涸，保持稳定的流量。

君山上采的茶叶叫君山毛尖，是我国名茶之一。毛尖中最好的叫银针，叶细如针，芽尖上生有一层白色茸毛，加之采集的嫩芽，一根根的，长短一致，恰如绣花银针，故名银针。过去君山银针茶叶产量极少，只作贡品，至为名贵。现在推广生产，茶产量大为增加。当用君山上柳毅井水煎泡银针茶时，芽叶便呈一芽二瓣，族立于水中，垂落上窜，反复几次，最后徐徐下沉，一根根竖立于杯底，令人叫绝。其汤色澄碧清澈，呷上一口甘醇无比，满口清香。由台湾回归大陆定居的马壁教授游览君山柳毅井，品尝用井泉煎泡的君山银针茶后，顿感清心爽神，写下了"茶是君山好，中华第一流。龟蛇春酿熟，不醉洞庭秋"的诗句。

现在，柳毅井泉水除供人观赏品饮外，岳阳市酒厂用柳毅井泉水与君山上的奇珍金龟及蛇配制的龟蛇酒，口味醇和，补益身心，深受海内外顾客的好评。

衡山虎跑泉

南岳衡山多奇泉，其中虎跑泉和卓锡泉更耐人寻味。"龙井茶叶虎跑水。"人们都知晓杭州有一虎跑泉，但很少有人知道南岳衡山也有一处虎跑泉，这个虎跑泉在福严寺后面东侧岩石下。泉水从方形的石井中泛着水泡上来，水质纯净，甘洌可口，沏泡衡山香茗，亦称"双绝"。在泉眼上方岩壁上，镌刻着"虎跑泉"三字。旁有小字："陈光大间，思大师驻锡于此。有猛虎攫岩哮阚槛泉随发。"原来泉眼侧旁有石亭，亭柱有楹联："虎亦有守操，弃百兽王而皈真佛；跑能知进止，攫三尺水以注甘泉。"

据《南岳志》记述：传说慧思禅师创建了般若寺后，发现这里水源奇缺，寺院饮用水都要到前山去挑。一天，慧思念完佛经，高举锡杖，用力向一堆沙土掷去。过一会儿，他拔出锡杖，只见一股清泉汩汩涌出，赐名为"卓锡泉"。但此泉水量不大，不能完全解决寺院用水问题。一天，慧思到寺外去，忽然从树林中窜出一只老虎，走到慧思跟前，衔着他的锡杖，直向寺后走去。老虎来到寺后一块岩石前，伸出利爪使劲跑抓，在大吼三声之后，一泓泉水从岩底流泻出来，老虎随即向山中遁去。这便是衡山虎跑泉的来由。从此之后，泉水源源不绝，水量充足，寺院的香火也更旺盛了。慧思离开南岳后，寺僧在虎跑泉边勒石立碑。虎跑泉上方有一个石台，名叫高明台。石壁上刻着唐代宰相李泌所书的"极高明"三个大字。虎跑泉前左侧的石岩上刻石较多，其中以了然和尚题书的"溪声山色"和彭玉麟、李烈钧的手书石刻为著名。

广元含羞泉

　　神州大地清泉遍布，很多泉以水量多、水质佳而名传四海，也有一些泉却因其奇异的出露方式而引人观赏。人们都知道有一种含羞草，而鲜知还有一种含羞泉。这种极为罕见的含羞泉位于四川省广元县陈家乡山谷中，属龙门山的东北段。人们叫它为怪泉，当地也有人叫它为缩水洞。

　　含羞泉的出露处，草蔓丛生，土石混杂。泉水从一石灰岩裂隙口流淌出来，流量每昼夜约1千吨左右。它像含羞草似的，每每遇到一点震动就会悄然隐止。如有人拣块石头朝泉池一掷，顿时泉水洞中便发出咯咯咯的声响，随之流泉便中止流淌。但只要静静地呆上一刻钟，泉水复又出露，而且流量由小变大，再遇震动声响，又会止流断水。如此往复循环，泉池旁到一定时候就堆满了掷砸的石块，以致当地农民不得不定期前去清理。

　　如果您问含羞泉为啥害羞缩水，当地人就会绘声绘色地给你讲述一个民间传说：相传很久以前，广元一带发生了严重的旱灾。赤日炎炎，河枯泉干，人和牲畜都无水喝。薄山掌梁上住着泉姑一家，父亲在寻水跋涉中已活活渴死，母亲也因无水饮用而奄奄一息。十二三岁的泉姑为救母亲，顶着烈日，四野寻水。功夫不负有心人，她奔波了一整天，终于在一处石洞中一滴滴地接下半碗水来，泉姑捧着水匆匆赶回家中，不幸遇上了凶残的头人。头人抢去了泉水，还以"有水不献"之罪，将她的衣服剥光，弃山喂狼。泉姑想着生命垂危的母亲，哭着跳入了深不可测的落水洞里。找泉姑的乡亲们，顺着隐约的哭声寻到一处小石洞旁，喜见清泉涌流，于是痛快地饮用泉水。那心毒手狠的头人听说泉姑还活着，尾随而至，并欲置泉姑于死地，把石头往水井中抛掷。奇怪的是，当头人来到时，哭声听不见了，流泉也戛然而止，连泉口的那一点点水都缩了回去。头人见状，全身发怵，竟吓死在泉旁。泉姑看到仇人的可悲下场，自然泄恨，但想起了自己的父母亲，又不禁放声痛哭，不料哭声一起，清澈的泉水竟哗哗流淌。乡亲们惊喜万分，靠这股清泉度过了灾年。物以稀为贵。含羞泉为天下稀有，其水质也属上乘，当地人用来煮茶饮用，鲜醇清香，且有回味。

　　1978年以前，含羞泉是个口径约20厘米的不规则溶洞，洞下有个能放下木桶的泉坑。泉坑高出安乐河水面（平水期）近2米，泉水泻入泉坑再入河中。1978年修建乡村公路时，泉口被公路路基压住，泉水改道，断续从石缝中流出，缩水洞已无法看到了。

　　1982年《地球》杂志载文介绍"只要你往水面（含羞泉坑）扔一块石头，产生声响震动后，泉水俨如一位害羞的姑娘，掉头就藏起来。静静地呆上一会儿，泉水又流出来了，……往返如此"。文中解释说："含羞泉奇观是一种毛细管现象。"据地质工作者到实地用较长时间的观察和探索，发现泉口涌水或断流与声音和掷石头毫无关系。在一次泉水断流之后，尽管连续喊叫和敲打泉旁石头，几分钟后还是涌水。还发现此泉干涸现象明显受气候因素影响，比方说雨天出现干涸的次数少，涌水所占的时间多；旱季，泉水干涸的次数就多，且持续的时间增长。整个观察资料及访问结果表明，该泉动态十分复杂，干涸现象没有固定的周期。在含羞泉口并没有观察到涌水的毛细孔隙，其奇特的涌流现象还需作进一步研究。

邛崃文君井

文君井位于四川省邛崃县城内偏南的里仁街文君公园内。郭沫若曾说过这样的话："卓文君与司马相如的故事，实系千秋佳话，故井犹存，令人向往。"故井即"文君当垆、相如涤器"开设酒店时煮酒烹茶所用的泉水井，也就是文君井。

据《邛崃县志》记载："井泉清冽，甃砌异常，井口径不过两尺，井腹渐宽如瓶胆然，至井底径几及丈。"人们立于井口俯观，但见口窄底大，恰似一口大酒瓮埋于地下。经探测，井深为 8 米余，水深 2 米，井泉水清纯沉静，终年不涸不溢。井壁似为汉砖垒砌，坚固无损。当年文君与相如即汲此井泉水酿制佳酿、煮香茗，招待宾客。井畔有一座石坊，上面镌刻"文君井"三字。

清清的井泉水曾孕育了千古佳人情话。西汉时著名辞赋家司马相如一代文采风流，世人尽知。他宦途失意，怀才不遇，返回故乡成都。当时他的挚友、临邛（今邛崃县）县令王吉邀他到临邛小住。临邛豪富卓王孙与王吉交往甚密，也邀相如到卓家作客。王吉见相如才华名世，却年轻未娶，便告知相如说："卓王孙有一位才貌超群的女儿，还通晓音律，可惜年纪轻轻却已亡夫，现孀居在家。"王吉的这一信息，撩动了司马相如对卓文君的思慕之情。卓文君既为才女，早就读过相如的名著《子虚赋》，对他的才华早已倾慕。当她得知司马相如来她家作客的消息，心中的兴奋自不待说。然而当时的女子是不能与男宾同桌共席的，更何况她新寡归家，只能深居闺阁而独自思念。

司马相如住在卓文君家中景色幽美的小庭院，恨不能与文君见面，便在月下抚琴奏了一曲当时的求爱名曲《凤求凰》，琴声越过繁花丛树飘进了卓文君的耳中。卓文君隔帘听曲，爱恋之情自不能禁，终于寻机互吐衷情，许下了终身。但此事却遭到了卓王孙的反对和阻挠。卓文君毅然冲破封建藩篱，私奔相如，追求幸福。两人先回成都，后又返临邛，在友人的接济下，在闹市区开了一家"临邛酒肆"，文君打酒端盘，相如洗涤器皿，夫妻恩爱自在，相依为命，传为千古情话。

文尹井南侧便是卓文君当年梳妆打扮的遗址，井北约 10 米处即为当垆亭，是文君夫妇当年卖酒的地方。井旁立一石壁屏风，镌刻着郭沫若 1957 年的题词：

文君当垆时，相如涤器处，反抗封建是前驱，佳话传千古。 会当一凭吊，酌取井中水，用以烹茶涤尘思，清逸凉无比。

文君井泉水确如郭老所咏是煮茶好水，当年相如、文君用此井泉水烹茗招待过无数宾客。今日，用这泓清泉煮茶，让更多的中外游客品饮。人们品茗饮泉，荡涤尘思，追念故人，真的感受到"清逸凉无比"了。而邛崃县酒厂汲取此泉水酿造的文君酒，甘芳香郁，回味深长、令中外游客竞相品味，已成为四川的一大名酒。

历代文人墨客对文君井都寄予一片深情。石壁上记录着他们的华章佳句，其中有南宋诗人陆游的赋辞：

落魄西州泥酒杯，酒酣几度上琴台。

青鞋自笑无羁束，又上文君井畔来。

与文君井一水之隔的琴台，传为当年司马相如抚弄琴弦、弹奏《凤求凰》的遗址。唐代诗人杜甫流寓成都时作《琴台》，诗有"酒肆人间世，琴台日暮云"句。如今琴台已置于一亭之中，琴桌上放置了一尊司马相如弹奏的绿绮琴。面向月池的亭柱上挂有一副楹联：

井上风，疏竹有韵；

台前月，古琴无弦。

以文君井和琴台为主体的文君公园，小桥石径纵横，高楠垂柳竞秀，假山叠嶂见幽，绿水清泉迷人。游人到此，一杯泉茗在手，赏景品茶，情思悠悠，别有一种情趣雅兴。

成都薛涛井

成都望江楼公园，便是薛涛井的所在。

薛涛是唐代的女诗人，字洪度，原籍长安，父宦游卒蜀中，母孀居贫甚，薛涛乃落川籍。相传她幼年便能作诗，且晓音律，喜与元稹、白居易、刘禹锡等唐代大诗人相唱和，诗名益著。作品多带哀伤愤疾之情。她的诗至今尚存 80 多首，收在《洪度》集中。她为了写小诗的方便，创制深红色松花纸小彩笺，后人效之，特称为薛涛笺。

薛涛井位于望江楼崇丽阁正南浣笺亭畔。相传是薛涛命匠人汲水造纸的泉井。其实此井并非当年薛涛汲水制笺的旧迹。此井泉晶莹澄澈，沁人心脾，故旧名玉女津。原有的薛涛井因年久无从查究之后，历代的人们便以玉女津来代替薛涛井。井呈八角形，井口约 0.7 米，井上盖以巨石，以防游人失足堕井，并保持井泉清洁，而另以吸水管插入井中，用水泵抽出至积水池，供人饮用。此井居锦江下游，周围毕是砂碛，水经过自然过滤，清澈见底，纯净无垢，终年不浊，久旱不竭。成都多茶馆，沏茶均以薛涛井泉水为贵，就像杭州的茶馆以虎跑水沏茶为贵，游望江楼公园的游客多能享用。以此井泉煮茗，泉洌茶香，顿涤烦襟。

薛涛井口长满绿苔，外沿种着火红的炮仗花。红绿相衬，艳美而清逸，不禁使人联想起这位多才薄命女诗人的诗句："花开不同赏，花落不同悲；欲问相思处，花开花落时。"这位奇女子平生爱竹，以竹自况，故人们视她为竹的"知音"，在薛涛井后载下大片翠绿的竹林。"古井平涵倩竹影，新诗快写浣花笺。"以竹的颜色、风韵、气质来衬映诗人，恐怕是再恰当不过了。

于是，竹也成了薛涛井最鲜明的背景，如今的望江楼公园已有130余种竹的品种，如邛竹、绵竹、大琴兰、小琴兰、湘妃、观音、鸡爪竹、凤尾竹、佛肚竹、大方竹等，不一而足。修篁万竿，终年葱翠，整个公园已成为举国瞩目的竹子公园。

三字丰碑四尽高，一潭秋水竹周遭。

分明玉女甘泉液，遐迩闻名袭薛涛。

名家的这首诗作，正是对簇拥在竹子王国中的薛涛井泉的绝妙写照。

大理蝴蝶泉

合欢古树罩深潭，泉沫泠泠清似露。

清茶酹祷蝴蝶魂，阿雯阿霞春永驻。

这是郭沫若1961年游览云南蝴蝶泉后，于9月8日所作长诗《蝴蝶泉》中的最后四句。在云南著名古城和旅游胜地大理，蝴蝶泉是最吸引人的，它距大理旧城20公里，位于苍山的云弄峰麓。那儿树木葱郁，蔓藤长青，山茶诸花，姹紫嫣红。绿荫中有楼阁亭台，泉池畔有曲径通幽。一根粗大古老的合欢树横伸于泉池之上，泉池约50平方米，清泉从池底石隙中渗出，宛若喷珠吐玉。池底色彩斑斓的卵石，历历可数。泉池四周设置大理石围栏，正中立一洁白的大理石碑坊，上面镌刻着郭沫若手书的"蝴蝶泉"三个鎏金大字。

蝴蝶泉，又名蛱蝶泉。公元1639年春，我国古代旅行家徐霞客跋山涉水，入滇考察了蝴蝶泉。他在《滇游日记》中写道："……其西山麓有蛱蝶泉之异，余闻之已久……抵山麓，有树大合抱，倚崖而耸立，下有泉，东向漱根窍而生，清冽可鉴。稍东，其下又有一小树，仍有一水泉，亦漱根而出。二泉汇为方丈之沼，即所溯之上流也。"徐霞客在340多年前的见闻，同今日的蝴蝶泉基本面貌相差无几。只是经过几番整容和建设，蝴蝶泉显得更具魅力了。电影《五朵金花》中的阿妹就是唱着"大理三月好风光，蝴蝶泉边好梳妆，蝴蝶飞来采花蜜哟，阿妹梳头为哪桩"的歌儿，到泉畔合欢树下与好情郎相会的。

名泉出处，大凡都有着美丽的传说，蝴蝶泉因流泉清澈，终年不竭，也不知其有多深，当地人都叫它无底潭。潭边住着一位农夫和他美丽聪明的18岁女儿雯姑。云弄峰上有一个忠厚勤劳的年轻猎手，双亲早亡，名叫霞朗。他的勇敢和动听和歌声远近闻名。雯姑和霞朗互相爱慕，在一个月朗星疏的夜晚，两人在无底潭边定下了终身。

在苍山下有一个凶残好色的俞王，当他得悉雯姑美貌无比，便打定主意要抢她做他的第八房小妾。一天，他带着大队人马把雯姑抢至王府施尽了威胁利诱，但丝毫也不能动摇雯姑那颗坚贞的心。俞王恼羞成怒，把雯姑吊在马房中，妄图逼打成婚。当霞朗获知雯姑被俞王抢掳消息后，他带上了弓箭，飞快赶往俞王府。趁着黑夜，霞朗翻墙进入马房，救出了雯姑。俞王发觉后，立即带兵穷追。刚逃到无底潭边的这对恋人，眼看就要被俞王追上。霞朗张弓搭箭，射瞎了俞王的双眼，然后两人紧紧拥抱着纵身跳进了无底的深潭。

次日，悲愤的乡亲们在潭边打捞霞朗和雯姑的尸体，可是东捞西捞就是找不到他俩的尸体，这时无底潭边突然长出了一棵合欢树，接着又从潭底翻起两串气泡，升到水面后变成一对色彩斑斓、鲜艳美丽的大蝴蝶。彩蝶在水面上形影不离，翩翩起舞，很快引来了四面八方的无数彩蝶，从此人们便把这处泉潭称为蝴蝶泉。

尽管这是一个民间传说，然而每年农历四月，山花烂漫之时，确确实实有成千上万、色彩不一、形状名异的蝴蝶在泉畔相聚，泉之上下四周顿时变成了五彩缤纷的蝴蝶世界，出现了四方闻名的"蝴蝶会"。徐霞客当年在《滇游日记》中有过这样的记述："泉上大树，当四月初，即发花如蛱蝶，须翅栩然，与生蝶无异。又有真蝶千万，连须钩足，自树巅倒悬而下，及于泉面，缤纷络绎，五色焕然。"清乾隆年间，张泓的《滇南新语》也有对蝴蝶会的真切记录："每岁孟夏，蛱蝶千百万会飞出此山，屋、树、岩壑皆满。有大如轮，小于钱者。翩翩随风，缤纷五彩，锦色灿然。集必三日始去，究不知其去来何从也。"

蝴蝶为什么会在这里聚会呢？从自然环境来考察，这儿面靠苍山，东临洱海，云聚生雨，隆水量充沛，温润美丽的地理环境为蝴蝶的繁衍、生长和活动提供了良好的空间条件。经过科学调查，千万蝴蝶聚会泉上，还与那棵由蝴蝶泉养育的合欢树有关。这棵树每年春末夏初时节，树上开满了许多形状若蝶的粉白色花朵，这些花朵芳香浓郁，同时树叶上还分泌出一种油亮的液体，正好是蝴蝶的美味佳肴。离泉不远的蝴蝶箐（即谷）中，又是蝴蝶生长的温湿地带。待到树上开满蝴蝶状的花朵时，蝴蝶箐中的各种蝴蝶便成群结队循树上散发的幽香飞来；当它们在树上吸饱油液以后，就嬉闹着连须挂足，成串相聚地垂吊于树枝上，进行交配、交卵、繁殖后代，从而形成了千万蝴蝶盛会的奇特壮观。昆虫专家们说，这是蝴蝶以飞行聚会形式出现的"集体婚礼",这一场面在青山碧泉和美丽的合欢树花组成的绚丽背景衬托下,就显得更加美满、更加神奇了。

蝴蝶泉处于洱海大断裂的北东盘,其含水层中的地下水溢出地表后,形成了蝴蝶泉。该泉涌水量在18.77升/秒左右。泉水的矿化度小于0.5克升,水质甘美,尤宜泡茶。用蝴蝶泉水冲泡优质的普洱茶,香气馥郁,汤色澄亮,茶味醇厚回甜。倘若在蝴蝶泉观蝴蝶会,品尝一碗用该泉水沏泡的香茗,悠悠地品味,那真的会有"清茶酹祷蝴蝶魂"的真切感受。

丽江黑龙潭

云南丽江纳西族自治县在大理之北约200公里,在城区北侧象鼻山麓,有一奇秀的景区——黑龙潭。这儿泉水喷珠泻玉,潭似明镜鉴人。清乾隆二年(1737),纳西族人民在此建玉泉龙王庙,乾隆题额"玉泉龙神",故有玉泉雅称,又有玉水龙潭、珍珠泉、象山灵泉等名。

黑龙潭泉水在象鼻山附近源源涌出,有流泉数十股,有的从山谷石罅间喷涌而出,有的从潭底呈珍珠串冒出,汩汩流淌,汇成巨潭。涌水量每昼夜达20万吨左右,位居西南地区涌泉之首。

黑龙潭旁峰峦绵延,山坡山脚上有几座漂亮的建筑,与潭泉相得益彰。解脱林牌楼,建于明代,近年整修一新,金碧辉煌。五凤楼造型别致,富丽堂皇,飞檐多角。经过多次拓展的黑龙潭泉湖现在已成为风景秀丽的旅游胜地。潭面比新中国成立前扩大了一位多,玲珑壮美的得月楼屹立在潭泉中心,一座五孔石拱桥把得月楼与潭岸相系连。在五孔石拱桥一侧,新辟泉心百花洲,绿柳拂面,百花争艳,一年四季繁花似锦。游客可在茶室中赏景品茗,沏茶之水便是潭泉水,茶多用滋味浓厚、性情甘和的沱茶,泡来汤色黄亮,香浓味醇,也可选用其他名茶。一杯在手,边品边赏,真有"两腋清风起,我欲上蓬莱"的飘飘欲仙的感觉。郭沫若曾为潭心得月楼题书过两副楹联。一副楹联集毛泽东诗句写成:

> 春风杨柳万千条,风景这边独好;
>
> 飞起玉龙三百万,江山如此多娇。

另一副为自撰楹联;

> 龙潭倒映十三峰,潜龙在天,飞龙在地;
>
> 玉水纵横半里许,墨玉为体,苍玉为神。

著名的五凤楼就像五只展翅欲飞的凤凰,造型奇特,雕饰华美,为纳西、藏、汉等各族能工巧匠共同建筑,1977年由芝山拆迁过来。明崇祯十二年(1639),徐霞客到云南丽江时,就在五凤楼内居住了八天,这一期间他对黑龙潭泉等自然资源进行了详细的考察。他在《滇游日记》中记道："……通事向许导观象鼻水（即指黑龙潭泉水），……抵山下，水从坎下穴中西出，穴小而不一，遂溢为大溪。折而南去……"徐霞客在丽江的认真考察及其作出的评析，对后人开发利用包括黑龙潭泉在内的丽江风景旅游资源有着十分重要的意义。

广州清泉与九龙泉

清泉，又名九眼井，位于广州市越秀山下广东省科学馆内，是广州市现存最古老的井泉，至今已有2000多年的历史了。清泉街就是因清泉所在而得名的。九眼井还称越王井，相传开凿于南越王赵佗年代，所以当地人亦称清泉街为越井冈。

九眼井深6米多，直径约2米，为广州市内所罕见的大型古井。五代时曾叫"玉龙泉"，为南汉王室所占有，泉水只供宫廷内饮用，老百姓不能前去汲水。宋代时，官府将此井泉对外开放，因汲水的人过多，便用了一块很大的巨石，凿了九个圆孔，盖在井口上，这样就可供九个人同时汲水，大大便利了汲水人，清泉也就有九眼井之称。

"泉从石出情宜冽，茶自峰生味更圆。"九眼井水质甘美、清澈、很适于沏茶。清初，平南王尚可喜统治广州时，曾将王府设在九眼井之南侧，并把此井泉占为私有，因为他迷信九眼井泉为神圣之水，饮用它可以延年益寿。

九眼井历经千年沧桑，到了清中叶，九孔井眼已毁六眼。抗战时期，广州沦陷时，此井被日军占用，并被拆去井栏，仅有的三孔井眼也遭毁坏。解放后，清泉古井被保护下来，井身也尚完好，井畔坚立一块"九眼古井"的小石碑，然而已成了一眼阔口大井，井口也非旧貌。

广州市的风景胜地白云山凝翠挹黛，多有汩汩清泉，如濂泉、九龙泉、玉虹池及虎跑泉。在白云寺前的九龙泉井，环境清幽，井口用青石栏围护，井泉后壁上镌刻着"九龙泉井"四字。相传昔日有九龙蜿蜒而出，穿九眼，俄而化童子而去。现仅有此一井眼，水质清冽甘醇，寺内有茶苑，专供人品泉饮茗。用九龙井泉水烹煮的茶水清香沁人，口味悠长，如宋王安石诗曰："水甘茶蛊香。"

广州鸡汤泉

在广州市北郊钟落潭东北侧的旗岭山下，有一鸡汤泉。泉眼口虽仅有碗口大，但清澈澄净的泉水涓涓长流。居住在鸡汤泉附近的居民，下田劳动时总爱带把水壶，收工后汲一壶清亮的泉水回家烧开沏茶喝。用鸡汤泉泡沏的茶特别清香鲜美。而用此泉沏的茶、煮的饭，隔上几天不馊不坏。人们长期饮用这眼泉水，从来没有患过胃疾。因此当地人把此泉水称之为神水、圣水、鸡汤水,把那眼泉叫做鸡汤泉。

鸡汤泉何以有如此神力?千百年来默默无闻的山泉,近年经过科学化验,结果大为出人意料。此泉水是一种世界上较为稀少的标准淡味矿泉水,泉水淡中略含甜味,泉水透明、无色、无味、无臭、无沉淀,理化指标和卫生指标均极佳。

由于鸡汤泉清纯甘和,口感极佳,用此泉水煎名茶铁观音,茶味奇异非凡。《竹窗夜话》曰:"乌龙茶,乃闽粤等处所产之红茶也。当生叶晒干变黄后,置槽内揉之,烘之使热,再移于微火之釜而揉结之,以布掩盖,使发酵变红而成。"铁观音为乌龙茶中之名品,不同于一般不发酵的绿茶,也不同于发酵的红茶,是一种半发酵的茶叶、它初喝苦涩,若以清甘的鸡汤泉水煎泡,入口片刻,微苦,不一会儿就茗香溢口,回味隽永。

桂平乳泉

花礴石,花礴石。

乳泉水,西山茶。

此话不与俗人讲,俗人听了要出家。

这是桂平县赞美乳泉的一首茶谣。著名的乳泉位于广西桂平县风景区——西山。西山距县城 1 公里余,是一座东低西高的浑圆状花岗岩山体,宛如横亘在桂平县城西的一道巍峨天嶂。乳泉出露在位于西山山腰的龙华寺左侧。在一块花岗岩巨石之上,有一棵根须裸露的奇妙大树,盘根错节长在石上,碗口粗的赭红色树根直伸地下。巨石底下就是"乳泉"二字,为古人所书。泉池深与阔均近 1 米。池中碧泉,清澈见底。冬不枯,夏不溢,水量稳定。据《浔州府志》记载:此泉"清冽如杭州龙井,而甘美过之。时有汁喷出,白如乳,故名乳泉"。

奇特的是,桂平乳泉的白色并不是泉水含有某种矿物质成分所造成的,而是交融于水中的极细小气泡与地下水一起出露于地表时所呈现的一种视感。

那么,构成乳汁的气泡是什么气体呢?据现代科学测知,系惰性气体氡。然而氡又是如何进入泉水中的泥?原来,孕育乳泉的桂平西山,是广西中部龙山山脉的一部分,由庞大而坚硬的中生代花岗岩体构成,这种岩体裂隙交错,纵横连通,有利于大气降水的渗入与流动,形成裂隙含水层。桂平西山年降雨量高达 1780 毫米,四季湿润,保证了乳泉有源源不断的补给水源。花岗岩体又是富含放射性元素铀的岩石,铀经过一系列裂变,可产生无色、无臭、无味的惰性气体氡。氡气一部分溶入水中,一部分存留在岩隙壁上。当条件合适时,裂隙壁上的氡进入流动的地下水,形成气水混合物泄喷,使泉水跳珠走沫,呈现出"色白如乳"的"汁"液。由于生成的氡量有限,不能连续不断地进入地下水中,所以"喷汁"过程历时较短,一般仅仅几分钟或数十分钟，且只能"有时发生"。1975年8月的一天，滂沱大雨之后，泉水曾发生过历时达两小时之久的喷汁过程，这是极为罕见的现象。

桂平乳泉中含有极少量的钾、钠、钙、镁和较多的天然氧，喝起来清淡爽口，甘醇怡人。它是我国出口的天然优质软水之一。每值盛夏，泉边备有竹筒，游客舀一筒子泉水，慢慢啜饮，亦是一大乐趣。西山乳泉水温保持在20~22℃，它与杭州虎跑泉水一样，倒满一杯后，轻轻投入一些硬币，水面可高出杯沿二三毫米而不会溢出。乳泉水分子密度高，表面张力大，所以冲泡茶叶香味醇厚、甜爽。

"乳泉水，西山茶。"西山茶是炒青绿茶中的名茶，以产于西山而得名。据《桂平县志》记载："西山茶，出西山棋盘石、乳泉石、乳泉井、观音岩下。矮株散植，根吸石髓，叶映朝霞，故味甘爽，而气芬芳，杭州龙井未能逮也。"言辞当有所夸大，但用乳泉水泡西山茶，汤色嫩绿清澈明亮，香味浓厚鲜醇，却是人所认同的，历来被誉为西山一绝。近年来，人们还利用这优质乳泉水，酿制了不少甘美的琼浆，被称为广西茅台的乳泉酒，以及罗汉果露等饮品，都已名扬四方。

神州大地除桂平乳泉之外，还有四川青城山、南京栖霞山等地的乳泉，不过它们的泉品、知名度均不如广西桂平乳泉。

武鸣灵源泉

广西武鸣县的灵源泉俗称灵水，是我国南方的一处典型的大型岩溶暗河泉群。灵源泉水流量极大，每昼夜达34.56万吨以上，流涌出来的水汇潴成一个长300余米、宽50~200米的泉湖，俗称灵源湖，泉湖水清澈见底，水质上乘，是煮茗、饮用的优良水源。清代一位叫韩章的太守，写下一首描述灵源泉的诗曰：

> 为爱清莹水一泓，龙门石穴日渊通。
>
> 青黄树拖围六幕，红紫石文瀑锦丛。
>
> 心眼顿开诸累尽，须眉毕鉴百私空。
>
> 若教陆羽逢兹会，应注《茶经》上品中。

他在诗中说，假若茶圣陆羽在此相会，看到灵源泉"清莹水一泓"，他应把灵源泉水写入《茶经》的水品之中。

灵源泉水的补给主要来自泉区长约23公里、宽约19公里的"武鸣—那甲—白鹤"一带裂隙岩溶水，最后以泉水形式流出地表。灵源湖中有泉眼9个，大的涌水泉口有5个，有的泉水从湖底岩缝中串珠般溢出，湖潭中可见其汩汩上涌水泡。灵源湖湖底平整，深约三四米，周长为1千米左右，面积约5千平方米，常年水温在18~22℃之间。湖中最大的泉是东面的龙口泉和西北侧的九层皮泉。湖心有一处泉水，喷涌如伞状，称之为伞泉。伞泉左右两旁各有一个回水漩涡，颜色各异，黄者为金对涡，白者为银对涡。鱼群常集游在此处，大小游尾历历可数。夏季水涨流浊，唯此处水常清，澄碧如镜。

灵源泉自古以来就是人们游览观光之地。湖岸石壁上刻有"灵源""龙津吐碧"等题字。现在环湖岸畔广植花木修竹，建筑亭阁楼榭。东岸的渔翁亭早已修复，西岸的望月亭，现已改建为望月楼。观景楼与观鱼台隔水相望，水上运动场设施齐备，一个以灵源为核心的泉湖游览区已经建成。清莹的灵源泉水用来烹煮香茗，则色、香、味、形俱佳。在优雅的观光胜地，一边把盏品茗，一边吟诵前人"一吸怀畅，再吸思陶，心烦顷舒，神昏顿醒，喉能清爽而发高声"的佳句，品茗情趣，越来越浓。

太源晋祠难老泉、
鱼沼泉和善利泉

自山西省太原市南行 25 公里，至悬瓮山麓，有我国重点文物保护单位——晋祠。晋祠山美、花美、建筑美，但最令人难以忘怀的要数那清澈甘美的晋祠泉水。

晋祠泉包括难老、善利、鱼沼三泉。这三泓清泉为晋祠增添了小桥流水的情趣、曲径通幽的意境。信步晋祠园林，殿下有泉，亭中有井，路边有溪，石涧细细潺潺，林中波光闪闪，数百间古建筑犹如建在碧波之上。无论多深的泉、潭、井之水，只要光亮所及，游鱼、碎石、水草均丝纹可见。正如李白诗云："晋祠流水如碧玉"，"微波龙鳞落苔绿"。

白居易、范仲庵、欧阳修等历代名家都留有题咏，近代诸多名人、作家也在此写下了大量的诗文。董必武同志 1960 年 5 月游晋祠后题有"晋祠风物美，山水共清虚"诗句。郭沫若 1957 年 7 月游山西晋祠时，也有诗句"悬瓮山泉流玉磬，飞梁荇菜布葱珩"吟咏晋祠之泉。

这么美的泉水是从何而来的呢？传说，是水母柳氏留于世间的。聪慧贤淑的柳氏嫁于古塘村（晋祠所在地的古地名），常遭婆母虐待。当地缺水，婆母命她每日从远处挑水。到家后只留前桶水，嫌后桶水脏而将其泼掉。一日，柳氏路遇一银须飘拂的老翁，讨水给他坐骑白马饮用，柳氏尽管已累得精疲力竭，还是慷慨允诺。谁知老翁只要前桶之水。柳氏虽有难言之苦，仍欣然给水，让白马一口气饮了个精光。柳氏助人为乐，老翁深被感动，于是将手中的马鞭子赠给了她，并告诉她，此乃二龙吐水鞭，只要将鞭子插入水瓮，需时将鞭子一提，便会水来瓮满，但切不可在用水时将鞭子抽出。柳氏到家里一试，果然水随鞭升。三天过去了，婆母一次也未见媳妇去挑水，正想发作，却见瓮里水满满的。仔细一看，瓮中还插着一条马鞭子。其婆抓鞭在手，欲打媳妇，谁知鞭刚抽出瓮外，清水立即顺瓮口涌泻。顿时水波滔滔，大水很快冲走了恶婆婆，同时也危及到全村人的生命财产安全。柳氏见状，毅然用坐垫盖瓮，自己还坐在上面压住。大水被压住了，只剩少量的清水从垫下溢流，村庄也转危为安了，但柳氏却再也没有从瓮上站起来。

被誉为晋阳第一泉的难老泉，是取《诗经》中的"永锡难老"的文句命名的。它与晋祠内的侍女像、周柏并称为晋词三绝。难老泉，出露于晋祠内圣母殿石侧，泉口直径与深度均为 4 米左右。泉水涌出后，经汇水池的十孔涵洞流泄于外，又分南北两渠东流入汾河，还在晋祠内多处汇积为潭。晋祠主殿前的大池，即为难老泉所汇，池西侧有一石雕龙首，清泉据此泻入池内，清翠的绿萍和斑斓的卵石，在阳光下显得亮丽迷人。

晋祠三泉中的善利泉，在难老泉的左侧，也是名泉。泉流萦回，有"小江南"之誉，为晋祠平添了几许秀雅风情。

晋祠内另一名泉，称鱼沼。沼上架有一桥，名叫飞梁，形制特殊，在我国桥梁史上占有重要位置。

晋祠泉水是承压盆地在那里排泄所致。经考察，在晋祠一带存在着一个由石灰岩含水层组成的承压盆地。较丰富的大气降水，约33%通过岩溶渗入地下，使承压盆地得到补给而形成地下水，因受上覆岩层阴盖，又遇到相对隔水的页岩及粘土等地层，造成径流而来的地下水难于通畅地向较低的太原盆地排泄，滞留下来并顺交城断裂带出露，形成极富水的承压盆地排泄区。晋祠泉则是该承压盆地的集中排泄点之一。晋祠泉的涌水量西季稳定在 6480 立方米/小时左右，水温恒定为 17℃；矿化度保持在 0.7 克/升，水质经久不变，清澈晶莹，是优良的饮用水，堪称天然玉液。晋祠泉水用来煎茶，清纯爽口，双颊生津。金代诗人元好问有"惠远祠前晋溪水，翠叶银花清见底"诗句，形容晋祠泉水。

史载，早在公元前453 年的战国时代，晋祠泉前已修建渠道，使用泉水灌溉农田。经历代劳动人民的不断开发、完善，到宋代晋祠一带已呈现出"千家灌禾稻，满目江南田"的景象。

难老泉、善利泉和鱼沼泉这晋祠三泉构成了晋水河的源泉。古时人们为了祀奉晋源水神，在难老泉的西侧修建了一座水母楼，俗称梳妆楼。据考证，这座二层五开间的楼初建于明嘉靖四十二年（1563）。水母楼下，供奉着一尊鎏金的水母神像，神座为瓮形，水母端坐其上，束发，村妇模样，意态自若，朴实逼真。这是按照上述"柳氏坐瓮，饮马抽鞭"民间故事塑造的。由泉池两侧石阶上水母楼俯瞰，晋水恍若从楼底瓮中涌出，奔涌向前，清代刘大鹏在《晋祠志》中记载："晋水之源，昔无水神庙，人遂视圣母（姜子牙的女儿邑姜、周武王的王后，即周成王和叔虞的母亲）为水神，至明嘉靖季年乃创建重楼于难老泉上，中祀水母，以禾人为晋源水神，而圣母非水神也。"

难老泉口之上，建有一座八角攒尖顶的泉亭，与北侧善利泉对称。该亭始建于北齐天保年间，明代重修，有明末著名学者和医学家傅山所书的立匾，上书"难老"二字。泉边还有唐槐、周柏，浓荫匝地，景色独绝。

平定娘子关泉

"娘子关头悬瀑布，飞腾入谷化潜龙。"这是郭沫若 1965 年 12 月看了山西娘子关飞泉后吟咏的诗句。娘子关，古名苇泽关，雄踞在太行山东侧，为晋冀两省的界关，也是古代晋中盆地通往河北平原的咽喉要塞，距山西省平定县城 45 公里，是长城著名关隘。历史上唐高祖李渊的三女儿平阳公主，自幼习武，坚强善战，曾率数万精兵镇守苇泽关，使这座关口固若金汤。朝廷为了纪念这位巾帼英雄，便将苇泽关改名为娘子关。追溯到公元前 204 年，西汉大将韩信曾屯兵于此，在绵河东岸摆下背水阵，以少胜多，大败赵军，虏其主帅。韩信、平阳公主之所以先后统帅大军在此安营扎寨，除此地易守难攻的自然条件外，也同这里有可靠足量的军需水源——飞泉清流有关。

地下水在娘子关一带，受断裂构造控制，经绵河下切而出露，在绵河右岸形成了一系列侵蚀下降泉，称为娘子关泉群，其中涌水量最大、最为著名的叫水帘洞泉。该泉位于娘子关东约 300 米处，一座古称董卓垒的小山脚下，涌水量每小时在 3600 ~11000 立方米之间。绕泉眼凿成一个直径约 20 米、深 3 米的泉池，被人称为"平阳公主洗脸盆"，传说平阳公主当年镇守娘子关时，即在此泉池内冲洗征尘，梳洗发冠。水帘洞泉的泉水由池底石缝中翻滚而出，横越池岸。泉池东侧是陡峭的崖谷，泉水溢越崖顶，凌空飘然泻落深涧，形成飞泉。飞泉落差达 40 余米，宽约 65 米，宛若贴着石壁下悬的一挂玉帘，又似当年平阳公主佩戴过的绢纱，迎风飘挂在被水浸润而布满青藤绿苔的峭崖上。明王世贞"喷玉高从西极下，擘崖雄自巨灵来"诗句，就是描绘此地的飞泉奇景。飞泉下的绵河谷中，激流湍急，虎啸龙吟。从谷底仰望，蓝天一线。水帘后有深草树木；帘底泻落下来的泉水，汇成一泓碧潭，绕山转石，悠然而去。

娘子关泉群总涌水量每昼夜达 88.128 ~138.24 万吨，每小时为 3.6 ~5.76 万吨，这在国内乃至世界上都是罕见的。全国闻名的大流量水泉均是岩溶水形成。娘子关泉群就是吸收了数千平方公里范围内的大气降水补给，通过极其复杂的地下溶隙系统，汇集到娘子关一带形成的。一个泉的泉域越大，含水层越厚，径流距离越长，蓄水构造规模宏大，有稳定的补给源，则泉的涌水量就越稳定。娘子关泉域面积广达 3800 平方公里，因此，其涌水状况相当稳定。由于地质结构和地形控制，娘子关南部、西南部山区的地下水，沿着石灰岩层中的溶蚀通道朝北、东北方向流动，直到娘子关，受顺绵河发育的隔水断层阻截，含水层被下蚀的峡谷披露，水从右岸的溶洞、裂隙中流出，形成了水帘洞泉、五龙泉、谷突泉、坡底泉、滚泉等11个大型泉眼组成的娘子关泉群，并在峭壁上展现了飞泉奇观。娘子关泉群以其大、奇、美的特色，吸引着古往今来的人们前去探奇访胜，也令众多茶人墨客赋诗题辞。"娘子关泉啜香茗，别样风景别样情。"明代诗人为此题咏："娘子关头水拍天，老君洞口赤露悬。惊雷激浪三千丈，洞里仙人不得闲。"

兰州皋兰五泉

甘肃省兰州市往南行2.5公里处有五泉山，地处黄河南岸，属皋兰山余脉，海拔1600多米。山上古树蓊郁，楼阁层叠，雄奇清新，更有五眼清泉：甘露泉、掬月泉、摸子泉、惠泉、蒙泉。

这五处泉有着一个动听的传说。相传汉元狩三年（前120），霍去病率领20万众西征匈奴，在炎炎烈日之下，经长途行军，将士们来到河西走廊的皋兰山北麓时已口渴舌燥，可是四处无水，大将霍去病得知后带领诸将亲自探山寻水，但折腾了半天也没有找到一条溪一口泉。这时不少战马已干渴倒地，战士们横卧竖躺地在干渴中挣扎。霍去病见此情景，更是心如火焚，急得他抽出马鞭，对着皋兰山狠狠抽打了五鞭，本想挥鞭出出气，不料这五鞭子却抽出了一座皋兰山的姊妹山，山上还有五眼清亮的清泉。顿时，20万军马拥向前去，畅饮清泉后，人欢马叫，大军士气猛增。

后人为了纪念霍去病"执鞭击石，鞭响泉涌"的神功，将这五口泉取名为五泉，这座山便被命名为五泉山。五泉中的甘露泉，是五泉山上出露位置最高的泉，传说此泉因"天下太平，则天降甘露，终年不息，大旱不竭"而得名。凡能登上五泉山顶，饮上甘露泉的泉水，就会感到周身大爽，清凉怡神，疲惫顿消。掬月泉，位于半山文昌宫东边。每当仲秋之夜，月出东山，这里得月最早，月影投泉心，清辉映碧波，恰似掬明月于玉盘。惠泉，在西龙口下的企桥南端谷底，泉圆形，水净沙明，味甘美，它是五泉中最大的泉，因涌水量大，附近群众除饮用之外，常引泉水灌溉农田，因有"养民之惠"取名惠泉。摸子泉，在旷观楼下的摸子洞中，更富有神奇色彩。该泉是从一个深约10米的岩洞中渗流出来的一汪清泉，在泉潭下有花石瓦砾。民间相传，孕妇入洞，如摸得石子，即生男，摸得瓦砾则生女。这当然是民间传流的神话。现在，游客去泉中摸石，只是游览探胜的一种乐趣。

蒙泉，从五泉山公园二道门取东路可直达。蒙泉是五泉中水量最小的泉，但水质清冽澄纯，有"味美甘醇"之誉。《茶谱》中说："雅州蒙顶茶，其生最晚者，春夏之交，有云雾蒙其上，若有神物护持之者，此时采造之茶最佳；而蒙顶茶亦以此称胜他茶也。"白居易诗曰："琴里闻知唯渌水，茶中故旧是蒙山。"相传用五泉山蒙泉之水煎泡四川蒙山茶叶，水与茶相得益彰，品之清香沁人，神清气爽，更有"清味通宵在，余香隔座闻"的美妙感受。

敦煌月牙泉

地处祖国大西北的甘肃省敦煌古城，不仅有著称世界的莫高窟壁画艺术，而且有举世无双的山水绝景——鸣沙山和月牙泉。

月牙泉位于敦煌县城南 5 公里处，鸣沙山的北麓，古称渥洼水、月清泉。由于水域酷似一弯新月，故得月牙泉名。泉的水面长约 250 米，宽 40 米，最深处约 5 米。大雨不溢，千世不涸，映月无尘，水明如镜。泉畔芳草萋萋，芦苇茂盛。相传泉中还生长有铁背鱼和七星草，人吃了可以消灾、益寿，青春长驻，因而民间又称此泉为药泉。以前，在泉畔还建有药王庙等。自汉而始，每年五月端阳，人们纷纷而至，登沙山、观泉景，饮水沐浴，在树荫和庙廊下戏嬉，这个民间习俗相沿至今。炎炎赤日，茫茫沙海，沙漠地区的人们煮茶消暑便成为突出的问题。在茫茫沙漠中有一片绿洲，已是够美的了，何况在沙丘的怀抱中还有一泓明澈的清泉？人们徜徉于此，听鸣沙，品清泉，饮茶水，哪能不流连忘返呢？

关于鸣沙山，据《沙洲图经》记载：沙山"流动无定……俄然深谷为陵，高岩为谷，峰危似削，孤烟如画，夕疑无地"。就是说鸣沙山山形变化无常，变形的原因是流沙造成的。至于沙山为什么能鸣？原来在沙山的下面，有潮湿的沙土层，干燥的沙粒经风一次，振动传到潮湿层，便会引起共鸣而发出声响。风力越大，鸣声越响，甚至如同雷鸣，在 5 公里之外的敦煌城内也能听到，故名鸣沙山。假若人或骆驼在沙山上走动，就会发出如丝竹乐般的沙鸣声，别有一种异趣，此景被定名为沙岭晴鸣。

《大明一统志》中记载了这样一个传说：西汉名将李广出征班师时，军马驻扎在敦煌城南的一座沙丘下，精疲力竭的将士干渴难受，李广命人四出找水，均无汲处，气得李广拖出月牙大刀，朝着那轰鸣的沙丘刺去，深深地扎入沙丘"内脏"，不料，鼓乐和鸣之声戛然停止，那把扎进沙丘的月牙刀随着一声爆裂声化出了一弯月牙形的清泉。传说自然不足为信。曾也有人认为月牙泉是风蚀洼地而形成的湖泊。唐代《元和郡县图志》载：此泉"绵历古今，沙填不满"。清代《敦煌县志》载：月牙"泉甘美，深不可测"。"四面沙龙，一泉澄澈，为飞沙所不到"。月牙泉处在流沙山群之中，为何风起沙飞，均绕泉而过，从不落入泉内，致使"沙填不满"呢？

根据科学工作者实地考察后认为，月牙泉本是党河河湾，并非孤立的湖泊。在漫长的年月中，由于党河改道，弯月状的河曲残留下来，又经千万年的风沙雕塑改造和接受地下水的补给，终于形成了今日人们看到的月牙泉。鸣沙山上的下泄沙粒，经常受到局部地形风的影响，风起沙飞，又被吹扬到沙山上去了。又因为月牙泉南部有高大的金字塔形沙丘阻挡，一部分被风吹动的沙，也只在沙丘的脊背和两面的坡土上滑动，不可能落入泉湖。因此，月牙泉就不会被沙粒所填没，反而呈现"沙挟风而走响，泉印月而无尘"的绝景。

月牙泉所在地区干旱少雨，沙丘遍布。大雨之后，部分水分很快渗入沙丘，一部分消耗于强烈蒸发，所以泉水不会外溢，倒是情理之中；然而，怎么又会久旱不涸呢？这主要是隐埋在地下的蓄水构造在不断地对月牙泉补给水源。水文地质工作者把那种含水层和隔水层互相结合、组成有利于地下水富集和储存的地质构造称为蓄水构造。在月牙泉一带，地表下就存在着一个蓄水构造，其含水层因上部不透水的隔水层覆盖而承压。该承压含水由月牙泉下部的一条近东西向的断层构造与泉湖周围的砂石层沟通，使承压水沿该通道上升，源源不断地进入月牙泉。由于被蒸发消耗掉的水量与地下蓄水构造对泉湖的补给量大体相当，所以看起来，月牙泉的水位一年四季，无论旱雨，变化不大，呈现出久旱不涸的现象。当大雨滂沱、泉湖水位升高时，其水又能很快渗入周围水位相对较低的砂石层中去，故大雨之后不满不溢。事实上，气候因素、地下蓄水结构变化和人类活动都影响着月牙泉湖的水体状况。月牙泉的泉水每时每刻都在流动着、变化着。

> 一弯如月弦初上，半壁澄波镜比明。
> 风卷飞沙终不到，渊含业水正相生。

这首诗正道出了月牙泉的妙处。可是月牙泉历经沧桑，也屡受毁损。月牙泉附近原建有鸣山寺、三圣宫、药王庙等古建筑，有的已荡然无存，有的亟需修复，月牙泉水也曾遭到过量的抽取。近年来，月牙泉胜景从恢复走向拓展，越来越多的中外游人重游丝绸之路，观赏莫高窟壁画、鸣沙山和月牙泉这敦煌三绝，并乐滋滋地品饮月牙泉茶，领受沙海绿洲中饮茶情趣，因而这戈壁滩上的月牙泉必将大放异彩。

天水甘泉和马跑泉

在甘肃省天水市东南20公里的甘泉镇，有一处泉名甘泉。旧时有甘泉寺，镇和寺皆以泉名。《秦州志》载："甘泉寺，东南七十里。佛殿中有泉涌出。""泉在厦前檐下，名曰春晓泉，东流入永川，其水极盛，旱不竭，冬不冻。士人引以灌地，作寺覆其上，号甘泉寺。"甘泉清冽澄澈，石砌泉池呈八角形。俯身探掌掬水品饮，味甘而纯，用甘泉水烹茶，饮后倍爽神志。杜甫客居秦州时赋名泉："山头到山下，凿井不尽土。取供十方僧，香美胜牛乳。"当地人说："人喝了甘泉水，肤色变白，树喝了甘泉水，花儿雪白。"因此，在甘泉所在地，又有"天水"的叫法。

甘泉寺旧时已毁，仅存侧院，坐西向东，新中国成立后立为双玉兰堂纪念馆，白墙青瓦，两窗一门。堂上匾额白底蓝字，为丹青大师齐白石手书。院中特别引人瞩目的是两棵参天的玉兰树，高18米，相距5米，相传树龄已有1200年。密密层层的枝叶织成硕大的树冠，宛如一片绿色的云。这两棵玉兰是吮吸甘泉之水长大的，花色如雪如玉，赛似白莲，如白玉雕琢，高洁雅丽，吸引不少游人前来观赏。

天水市北道区东泉乡还有一处马跑泉，它出露在从天水去麦积山石窟的公路边，距火车站2.5公里的渗金寺下。

相传，唐代以前这里还是一片荒滩。有年夏日，唐朝猛将尉迟敬德领兵西征，路过此地，酷暑干热，士兵和战马都大汗淋漓，干渴异常，将士们正在盼水之中，只见尉迟将军的战马突然跃到草滩上，仰头嘶鸣，前蹄向下猛跑。稍许，奇迹出现了：在马跑挖的坑中，一股清泉喷涌而出，且越流越大，汩汩清泉汇成一条细流向北而去。将士们见状立即欢呼雀跃，大家畅饮清泉水，遂把此泉定命为马跑泉。

马跑泉当然并非由马跑出。此泉南部是地热高峻的秦岭山区。每当降雨或下雪后，一部分在地表形成涓涓细流，汇入泉东侧的永川河；一部分渗入黄土，转化为地下水，也汇向地势较低的永川河谷，而后向北流动。由于受隔水层的阻挡，不能继续北进，地下水不得不在渗金寺前出露，形成一泓清泉，每昼夜涌水量约1300立方米，水质清冽澄澈，是宜茶之水。

鄂、湘、川、甘、滇、贵等地的潮水泉

钱塘江观潮，自古以来被称为天下奇观。苏东坡盛赞钱塘江"八月十八潮，壮观天下无"。不少人观看过"翻江倒海山为摧"的海潮，但未必看到过泉潮。泉潮，又名三潮水，潮泉（潮水泉）在我国湖北、湖南、四川、甘肃、云南、贵州等地均有分布。它们不仅为祖国的锦绣河山增添了奇丽的景观，而且为我国提供了烹煮冲沏茶叶的珍贵的自然资源。

云南省安宁县曹溪寺北潮水龙的潮泉，是最令人关注和流连的泉潮景观。它就在天下第一汤——安宁碧玉泉相邻1公里处，每隔三四小时涌泉一次，十分准时，人们称它为"三潮圣水"泉。这一命名，始于明清之际。因每逢子、午、酉时，泉水就从水口中准时喷出，每当涌潮时，还有无数颗乳白色的气泡随泉流升起，状若一颗颗明亮的珍珠。潮泉旁建间潮亭，有诗描写泉潮涨落时的景状："泉水来潮池潀潀，落潮池影平如镜。"

湖北神农架林区的潮泉同样吸引人们前去探奇观赏。澄碧的清泉从潮泉洞流出，每天早、中、晚三次潮涌潮落，每次持续30分钟。潮涌时，泉眼雪浪翻滚，犹如骏

马奔驰；潮落时，清泉汩汩流淌，潮泉之水，年年月月、日日夜夜，冲蚀着洞内外的土地、岩层，久而久之，泉水出口呈现了一条美丽奇特的潮泉河，它上源于茅湖山壁的潮水洞，下注当阳河，长30公里，宽3～5米，蜿蜒曲折，淙淙玉鸣，河水清澈，晶莹照人。人们用潮泉之水来烹用当地采制的茶叶，一股清香袭人，饮之神清气爽。

相传，神农架这处潮泉，是明末清初农民起义领袖小闯王李来亨发现的。一次，他率领起义军到潮泉河饮马、洗浴，瞬时间从上游涌下滚滚潮流，冲走了将士们的衣物。李来亨感到奇异，他溯源而上，才发现了这眼潮泉。于是，李来亨特地在潮泉河边竖了块石碑，上刻"寅、午、酉时勿洗衣"七个大字。此碑至今尚存，已成为弥足珍贵的文物了。以后凡进入神农架林区的人们，看见了这块石碑，不仅不因涌潮水而惊惶失措，而且还待时以观赏一番上涨时的泉潮景观哩！

四川省武隆县也有一处泉潮，当地人称为灵水。据同治九年《重修涪州志》记载，三潮水亦名信水，"其泉如沸，日三潮，每至高丈余"。这里的三潮水与其他地方泉潮差异较大。这处每天上午8～9点，中午12～13点，下午17～18点各涨落一次。每次来潮时，犹如遥闻密锣紧鼓，接着泉水便"哗哗"地从洞口喷涌而出。水流有碗口粗，持续时间约50多分钟，转而便又水息音消，一年四季都是如此，从不推前拉后，也不长流不息，实在是守"信"之水。

泉侧的石壁上书刻着"三潮灵水"四个刚劲有力的大字，并将其中的"潮"字倒转成"�"字，形象地告示人们，这股奇特的潮水来自地层深处，当地还有许多有关三潮泉的传说，说这泉潮是"神灵显圣""鳌鱼翻身""犀牛滚澡""龙王撒尿"等等。

贵州省修文县城北2.5公里的观音山南麓岩洞中也有一处潮泉，夏秋时期每日早、中、晚从洞中发潮泉三次。泉水清澈鉴人，是宜茶好水。

泉潮水从岩洞间流同，经龙嘴石流入半月形池中，池约12平方米，形如半月，距洞仅6米，中间有一大石龟。潮泉涨时，池中水量随着增大，溢至龟背淹没而至；退潮后，又复涓涓细流，声响俱寂，石龟显出。池上建亭，曰潇洒，连椅以为栏，供人观潮、品泉、受茗、憩息。亭中碑石刊刻着前人纪游诗文，碑侧有一小孔，以口吹气，会发出海螺声，旁有潮泉亭等。崇祯末年，四川巡按使钱邦芑隐居于此，后更名为知非庵，四周清幽奇美。古人有《三潮水祷雨灵应为赋七古一章》：

> 修城西北四里遥，岩谷有水号三潮。
>
> 胜景未能当孔道，名山仍自隐蓬萧。
>
> 长年觞咏无冠盖，便道栖还有牧樵。
>
> 盈虚消长只自知，数见不鲜孰称奇？
>
> 谁料志书早登刊，见闻君子见不遗。

到寺问僧水早干，沟渠枯绝无波澜。

龙涎涸尽青苔死，徒将两眼对栏杆。

矢诚焚香且再叩，洞中似有声鸣吼。

须臾活泼起源头，但异寻常喷在口。

一泓涌出湛然清，真如井渫受福明。

修文县的潮泉胜迹，早在明代就被载入地方志。其附近还修建了诸如潮水亭、观潮亭等亭台建筑。贵州省除修文县的潮泉之外，较著名的还有贵州省猫跳河的多潮泉。该泉涨水时流量达 22.5 至 88.5 升/秒，退潮时涌水量只有 0.45 升/秒。涨潮涌水量为退潮时的 50～197 倍，涨退周期为 30～35 分钟。

湖南省的桂阳县，有个潮泉池，它座落在县城南面 30 公里荷叶乡的塘化境内，海拔 535 米，池呈方形，面积约 40 平方米。池中岩石上刻有"潮泉胜地"四个清秀隽永的大字。这个潮泉胜地，潮起潮落，周而复始。低潮时，水面距地面约 5 米，池水最深处为 14.5 米，最浅处为 6 米。池中水面自低潮升至高潮历时约 2 小时。池水一旦升到高潮，马上急剧下落，并伴随有轰隆轰隆的流水声，5 分钟后降至低水位，潮差达 1 米多。池北 52 米处有一出水口，较潮泉池低潮时水位还低 4 米左右，每当池水开始落潮，出水口便汹涌汇水，势不可挡。潮泉池如此涨潮和落潮，每昼夜可反复 10 余次。汲潮泉水，煮云雾茶，一边把盏品水尝茗，一边观赏潮涨潮落，这实在是极为难得的人生乐事。

甘肃省陇南山区宕昌县的角弓河畔，也有一潮泉群。其出露范围约 5000 平方米，角弓河从泉区中间穿过，将泉群分为东西岸两部分。东岸泉称为公泉，西岸泉称为母泉，角弓河床底部还有两处向上喷涌的泉眼，称作子女泉。角弓河潮泉涌泉的周期没有一定规律，平时每隔二三天才喷涌一次，雨后一昼夜最多可喷涌 5 次。其喷发时间、周期、次数与日月潮汐无关，一天之内随时都可能喷涌。间隔时间也不固定，时而提前，时而推后，这些显然与地下水的补给量有关。

角弓河潮泉在喷涌时颇有情趣。首先是河床底部的子女泉向上喷水，紧接着是西岸的母泉由北向南溢水，流量较小。6～11 分钟后，东岸上的公泉开始由下而上陆续涌水，流量较大。待公泉向外涌水后，泉区喷涌逐渐达到高潮。至最高潮时，泉区所有砾石隙中都有水喷涌，声势浩大，恰如千军万马。泉水从高处喷薄而泻，形成一道道壮观的瀑布。外地人不知缘故，常常惊惶得目瞪口呆。这样整个喷发过程仅 2 个多小时，然后恢复原状。如遇上长时间的下大雨，每次喷涌时间可长达 3 小时，最大流量可达每秒 2 吨多，3 小时内总涌水量可达 1～2 万吨。而久旱少雨时节，喷涌时间就不到 1 小时，最小涌水量每秒 0.3 吨。

角弓河畔的潮泉属于单纯性虹吸泉。从地质结构考察，角弓河潮泉群周围均为石灰岩层，岩层内的许多大小不一的溶洞、溶隙相互连通成蜿蜒曲折的虹吸管道，由于管道不断产生真空和地下水的不断补给，从而形成虹吸泉。因为子女泉位置最低，所以最先涌水，母泉次之，公泉位置最高，最后喷水。也因为大气降雨量、地下水补给的水源有多有少，所以涌水量和时间便有不同。根据科学检测，角弓河潮泉水属重碳酸钙型水，矿化度每升为 0.18 克，氡含量为 0.3 埃曼，水温终年保持在 9.9℃左右，为难得的优质山泉水。茗家都喜欢汲优质的潮泉水来沏优良的高档茶。

通过对一些泉潮现象的科学考察，发现凡形成潮泉的地方，一般都具备了三个方面的水文地质条件。首先，泉水有一定数量的补充来源，即地面有大气降水或地表水渗入形成地下水，但补给量小于泉口的排泄量；其次，有相当规模的储水洞室存在；其三，有一条能产生虹吸现象的蜿蜒管道，可供地下水到达洞室之外高程较低的地表泉口。上述的几处潮泉都具备了这三个方面条件，因而有奇特神妙的泉潮景观产生。

总之，潮泉是在石灰岩分布区、岩溶发育不均一、管道系统复杂、地下水流动不畅、水源补给不足而产生的虹吸现象。至于泉潮现象的系统性机理，还有待有关专家学者的深入探讨和进一步考察研究。

湘、川、皖、桂、藏等地的间歇泉

间歇泉这种自然界的奇异现象，在世界各地都是罕见的，富有吸引力。我国有多处间歇泉，堪称宝贵的奇泉。

湘西大庸县茅岗区温塘乡虾溪村小溪边，有一处间歇泉，水面约 12 平方米，每间隙 20 分钟喷水一次。喷水时发出咕咕的响声，接着气泡骤起，两股水翻腾着从古缝中突喷而出。一会儿，泉池中的水就会骤涨近 1 米左右，向外面的小溪流溢。突喷约 3 分钟，高潮就过去，水柱渐小渐低，再过约 5 分钟，便处于"歇息"状态。间歇泉四周山峰耸立，深谷幽壑，林木葱郁，是一处富有魅力的风景旅游胜地。

间歇泉是一种按自身规律的突喷与休止交替进行的喷发泉。水质与一般山泉水质无异，多是冲沏茶叶的好水。凡间歇泉下面都有容量较大的水室，通过四周裂隙的不断充水，底部又有巨大的热源为水室加温，达到一定水温时，热水汽化，在水室的不断加压下，水气便冲出泉口，向外喷发；随着温度的逐渐下降，喷气柱慢慢降低，最后回到休止状态。这时水室又继续充水、加热，酝酿着下一次喷发。间歇泉有许多不同的表现形式。在湖南新宁县万峰乡境内有一处喊泉，当地人对来此游览的人说："只要你们对着洞口齐声呼喊：'来水哟！'一会儿，泉水就从小洞口一滴滴地流出来，越流越大，越流越急，直至发出哗哗的泉水声。再过一会儿，泉水渐渐减小，直到断流。"有关部门的人员到喊水泉实地考察，证明这一情况属实，大约每 8 分钟就能喊出泉水来。泉流经过 5 分钟，慢慢变小直至休止。如此一涌一停，循环反复，成为一处奇特的泉景观。地质工作者指出，这也是一种间歇泉。

无独有偶，四川省酉阳县小坝乡铺视槽沟山麓也有一处喊水泉。平时泉池干涸，每当人们对着泉眼大喊几声，或用石头在泉眼口边缘敲打几下，清澈纯净的泉水就会汩汩流出，满足人们的饮茶喝水需求。

在我国，类似这种喊水泉还有不少。例如安徽寿县有处喊水泉，游人来到泉边，面对泉眼喊叫，清泉随之流出，大声叫泉水大，小声叫泉水就小，不叫流泉则止。广西富川瑶族自治县有处犀泉，深 3.4 米，长约 10 米，宽 2.4 米。人们到此呼叫，清亮的泉水即应声而涌，不一会儿，清水就注满了泉池。呼叫停止，涌泉也就停息。位于西藏冈底斯山南麓、昂仁县西部的塔各加泉，是我国最大的间歇泉。泉口直径约 40 厘米，泉眼的水柱一起一落，经过数次重复之后，突然一声巨响，一股直径达 2 米的白色水柱射入空际，高达 20 多米。柱顶热气翻滚，化成热泉雨，从空中洒下。瞬息间，水柱越缩越低，直至收缩到泉眼，一切复归平静。这眼无规律的间歇泉，活动十分频繁，每次喷射时气势雄壮，泉口吼声如雷，故称天下第一间歇泉。冈底斯山南麓还分布着 3 处间歇泉，喷涌时间、呈现景观各不相同。在西藏的其他地区都有形形色色的间歇泉。不少藏民都用清亮的间歇泉水来烹煮砖茶、奶酪，浓香扑鼻，分外诱人。

广西兴安县白石乡蒋家屯村外有一口喊水井，只要人大声呼喊，碗口粗的水柱便从 9 个泉眼流出，几个小时后，泉水即断流。据近年来的实地考察，有一天上午 9 时 40 分，在离地面 1 米高的岩缝中有三个泉口在流水，其中两个泉口涌出的水一会儿大、一会儿小。用秒表测出，流水量 2 分钟大、3 分钟小。经过 1 小时的目测和 4 个周期的检测，都是如此。人们走近泉口，开始鸣锣、喊叫，泉水仍按 2 分钟大、3 分钟小的节律交替流水，并未因喊叫、鸣锣而增加水量。下午 2 时的考察，也是这样，并无变化。其实，有不少被称之喊泉、笑泉、击掌泉等泉均属间歇泉，这些时而涌水、时而休止的泉，经过科学研究，流泉水与声响和震动并无关系，实质上是气候条件的变化和地下水补给情况的影响，对这种奇特的间歇泉现象仍需作进一步的研究。

温泉亦有宜茶水

我国的温泉资源极其丰富，长江南北、边塞海疆、崇山密林，都有温泉分布。据 80 年代初的统计，全国已知温泉达 2600 多眼，为世界上拥有温泉最多的国家，其次是美国 1200 多眼，日本 1100 多眼，为第三位。这些温泉在中国大地上的分布，既有广泛性又有相对集中的特点。温泉在我国密度最大的是西南部的西藏、云南和东南部的广东、福建、台湾等省区。这些地区约有1600多处，占全国已知温泉总数的60%以上。其中云南省有480多处，西藏自治区有350处，广东省有230处，福建省有150处，连仅3.6万平方公里的宝岛台湾也有北投温泉、阳明山温泉、关子岭温泉和四重溪温泉等近百处。河北省的遵化温泉、赤城温泉、平山温泉，江苏省的南汤温泉，广东省的台山温泉、丰顺、龙川温泉，海南省的兴隆温泉，辽宁省的兴城温泉，甘肃省的清水温泉，四川省的巴塘高原温泉群，青海省的唐古拉山口温泉群，广西的陆川温泉，湖北省的玉女汤温泉等等都是各有特色的温泉。新疆、湖南、江西、浙江、安徽、黑龙江等省也有数量不等的温泉分布。

温泉是水温超过20℃的泉，也有把水温超过25℃或超过当地平均气温的泉称为温泉。目前我国一般以25℃为界。科学工作者又根据温泉的不同水温分为沸泉、热泉和温泉。泉水的温度等于或高于当地水的沸点的为沸泉。温度在沸点以下、45℃以上的为热泉。辽宁本溪汤泉、吉林长白山热泉群、湖北咸宁温泉等都是典型的热泉。泉温在45℃以下、当地年平均气温以上的为温泉或中温泉，中温泉数约为我国温泉总数的90%以上。沸泉主要分布在西藏、云南及台湾北部的一些地热活动强劲活跃的地区。距拉萨市西北约80公里处，有"羊八井地热田"，这是我国大陆上第一个地热湿蒸气田，这里有一个面积达8000多平方米的热水湖，附近还有许多高温沸泉，最高水温达158℃。西藏阿里地区东南部有四处沸泉群，爆炸泉是其中最大的泉群中的一个泉眼。1975年11月12日曾出现"爆炸"奇观。云南腾冲地区的硫磺塘大滚锅沸泉直径约4米，深约1.5米，池内热水翻滚，气雾蒸喷，水温高达96.6℃。在湖南省汝成县东部，有处峰峦重叠、风光旖旎的热水之乡——热水坪，夏季清泉碧波，热气腾腾，冬季泉如沸锅，雾气弥漫。热水坪一年四季水温达91.5℃，最高达98℃，大热天流量每昼夜达3000吨。

温泉的水质各不相同，相当复杂，有单纯温泉、碳酸泉、碱性泉、重碳酸盐泉、硫酸盐泉、食盐泉、硫磺泉等等。这些泉有的带有苦味、咸味，甚至臭味、毒气，而更多的是带硫磺味。所以一般说来，温泉水不能泡茶，或不宜泡茶。惟有单纯温泉水质最佳，无色、无味、无臭，主要含有碳酸氢钠，这是世界上甚少的温泉。如安徽黄山温泉，水温为42℃，其流量每昼夜在400吨上下，经有关部门检测，泉水感官性状、化学、毒理学、细菌学等指数和射线浓度，均符合国家饮用水标准，清澈如镜，甘芳可口，被誉为独具风味的优良矿泉水，也是温泉中极为难得的宜茶之水。广东从化温泉水温一般为60℃，最低为30℃，属于含氡、氟的碳酸氢钠型的中温矿泉水，既可沐浴，又可饮用，游客在泉湖的楼榭中沏上一杯香茶，边品茗、边赏景，另有一番乐趣。

氡对人体有显著的医疗保健作用。氡泉在国外享有"泉之精"的盛誉。根据医疗矿泉分类，每升水中氡浓度达到10马海单位（1马海=3.64埃曼）的泉可叫氡水泉。广东从化温泉水中有较高含量的氡，被称为氡水温泉。山西省忻州奇村温泉含氡量也比较高，且是氡与硫化氢并存的复合矿泉，在国内温泉中尚属少见。贵州省息烽县的息烽温泉区是久负盛名的疗养和旅游胜地。山麓的石隙中涌出一股股热气腾腾的清泉，也是我国现已发现含氡量较高的氡泉。

现代医学实践证明，由于温泉水中含有多种化学元素。又是温热之水，可以治疗多种疾病，例如早期高血压、动脉硬化、轻度心脏病、风湿性关节炎和各类皮肤病等。即使没有疾病的人，经常洗温泉澡，也能舒筋活血，增强人体的抗病能力。温泉能治病，在我国古籍中早有记载。汉代张衡《温泉碑》一文中提到："有病历兮，温泉浴焉。"明代李时珍在《本草纲目》一书中对温泉的性质和疗效记载甚详。在《水经注》、《太平寰宇记》、《古今图书集成》等典籍中对温泉也广有刊载。我国不少温泉享有"药泉"称誉。如内蒙古的阿尔山温泉，有40多个泉，各有各的医疗价值。疗养人员一到阿尔山温泉区，一般先到23号的问疾泉洗浴，浴后患者的有病部位会有疼痛感，然后再到相应的温泉胃疾泉、耳病泉、五脏泉等进行浴疗。目前新建的疗养大楼每天应接不暇，多数人都是抱病而来，健步而归。由于温泉的医疗价值，因此几乎主要的对外开放温泉区内都建有疗养院、健身楼，有的还建有现代化的医院、医药科研机构、康复中心等。像广东中山温泉区内还建有附设游泳池的高级疗养型宾馆。

我国不少温泉历史悠久，拥有丰富的历史文化内涵。辽宁省鞍山市南的鞍山汤岗子温泉，相传唐太宗李世民东征时曾在此入浴。辽、金时代在温泉附近设置汤池县，县以泉得名。陕西骊山华清池温泉共有4个涌水泉眼，其中一古温泉眼发现于西周，已有3000多年历史。2700多年前周幽王就在华清池附近建骊宫。唐天宝六年，唐玄宗在骊山下建立了规模宏大的华清宫，并首先将温泉水围砌成池——华清池。白居易《长恨歌》中"春寒赐浴华清池，温泉水滑洗凝脂。侍儿扶起娇无力，始是新承恩泽时"描绘的正是当年唐玄宗爱妃杨玉环得宠时在华清池贵妃池沐浴的情景。

"温泉无处不风光。"我国多数温泉所在地，都位于山川秀丽、风景如画的幽美之地，既是人们疗养休憩的好去处，也是游人观光游览的旅游胜地。四川重庆市有南、北温泉区，南温泉区有虎啸悬流、花溪垂钓等十二景供游人观赏，是"四面青山锁翠色，楼台倒影艳泓波"的一处清幽胜地；北温泉前临嘉陵江，背依重山，远望烟岚冉升，江流如带，近观林木苍翠，寺院掩映，景象奇丽。如果说山东济南市以冷泉而称誉华夏，那么福建福州市则以温泉而驰名神州。福州温泉分布面积约5平方公里，占该市总面积的1/7。福州市的屏山、于山和乌石山"三山鼎峙"，于山西麓的白塔寺和乌石山下的石塔东西并列，构成"两塔耸立"的雄姿，福州"西湖"便在卧龙山下，这一绿荫如廊、风光似画的风景区也就是福州的主要温泉区。

河北的遵化温泉、辽宁的兴城温泉等都是风景绝佳的游览地。历史上，文人墨客留下许多咏赞温泉的诗文。唐代诗人李白诗云："神女没幽境，汤地流古川。阴阳结炎炭，造化开灵泉。池底烁朱火，沙旁敲素烟。"宋代王枢写的一首《宜浴温泉诗》："上方新浴宜身轻，恰喜温和水一泓。膏泽不因人世热，此泉犹是在山清。"此类咏吟温泉的诗文不胜枚举，它无疑给林林总总的华夏温泉增添了许多历史文化光辉。

飞瀑絮语

飞瀑是独具特色的动态之水。晋代郭景纯《江赋》曰："挥弄洒珠，拊沸瀑沫。"在千山万壑中，凌虚而泻，撞击悬崖深潭，发出震撼山河的呐喊，像一片片凝重的白云，一匹匹飞舞的银练，来自远古，去向未来……

瀑布的形成，原因多种多样，有的是因为地层的断裂与错落，有的由于流水的侵蚀，有的则是火山熔岩的阻塞，也有的是因为冰川的切割和堆积，等等。不同的地质构造，不同的成因，不同的环境条件，决定着瀑布的落差、宽度和水流量及水质。

我国幅员辽阔，南北各地分布有众多的不同类型的著名瀑布，其中有庐山三叠瀑、黄山"晴雨悦目"的著名三瀑等名山瀑布；有浙江金华冰壶洞、贵州黄果树、安顺龙宫的岩溶瀑布；有东北长白山飞瀑等火山瀑布，也有像云南宾川鸡足山瀑布等高原瀑布。

飞瀑作为风景名胜的动态水景，供游人观赏游览，自有其独特的审美价值。作为一种水资源，则又有其社会价值和经济价值。前者是以"形"怡目，后者是以"质"益人。陆羽《茶经·五之煮》中概括煮茶之水是："其水，用山水上，江水中，井水下"，指出了选用山水、江水、井水的方法。但《茶经·六之饮》中曰"山水……其瀑涌湍漱，勿食之，久食令人有颈疾"和"飞湍壅潦，非水也"的说法是不科学的。壅潦是死水，不在此列。但瀑布为流动之水，水源多为地下潜流，与泉水相同。陆羽说的久食之后会引起颈疾，这只能理解为个别现象，与"瀑涌湍漱"没有直接关系。作为个别现象，山泉中也有会有异物甚至毒素而不能饮用的泉水。而绝大多数瀑湍流，是宜茶之水。有的瀑水水质澄洌，清澈味甘，用来烹茶，汤汁明亮，甘醇沁人；有的瀑水还含有二氧化碳。这种飞瀑之水煎茶，喝起来清新爽口，十分怡人。

> 巨灵斧削从云下，侧接银河天上流。
> 流来石上铺平面，斜挂珠帘不可卷。
> 大珠小珠拾不尽，散作天花空际飞。

形态多变是瀑布美感形式的一大特色。如台湾蛟龙瀑布，瀑高近千米，分为四级，最低一级约 500 米，远眺如银河倒挂，似玉柱擎天，是难得一见的旷世奇观。瀑布在气候变化与时间展现中也在不断地变换它们的形态。如季节的不同，阴晴晦雨的不同，风力水量的不同，会表现出不同的形象，时为青霭色的云烟，时为白纱巾般的薄雾，时如飘动的白绢，时如洒落的团团棉球，在名山大川的衬托下，这些变幻不定的瀑布景观同高低、动静和声色对比，构成极为丰富的审美内容。

在岩石色彩丰富的地区，瀑布也会变无色为有色，甚至幻变成多色彩的瀑流。如江西省玉山县三清山二桥墩为红色瀑布，水从朱红色岩壁上流挂上来，把清亮的瀑布映成红色。川桥双色瀑，一红一白，色彩鲜明，颇堪观赏。

瀑布由于地质条件的差异，往往会产生各种各样的形状、姿态和情趣。如庐山三叠瀑布，呈"之"形三级下坠。贵州梵净山瀑布从山倾泻而下，穿乱石，飞危崖，形成多处条幅状瀑布等；九寨沟的海子瀑布，呈现一级级长串式和梯形的瀑布等。瀑布在下泻水量不同，落差不同，其声色状况也不一致。一般来说，水量小，落差低，其声音小，雾气也小。水量大，落差大，其气势便浩大，声音也宏大。另外，瀑布从不同的高度、侧面和角度去观赏，也会有不贩美感和体验。

九华挂绿

安徽省青阳县境内的九华山，是我国佛教四大名山之一，古名九子山。山有九峰，酷似莲花。九华山方圆 100 公里，群峰峙立，最高的叫十五峰，海拔 1431 米，游人登临最盛处是天台峰，海拔 1323 米。这里苍松如海，翠竹满坡，古刹林立，更有众多的山泉、飞瀑汇成"天河绿水"奇观。唐代大诗人李白有诗咏赞："昔在九江水，遥望九华峰，天河挂绿水，秀出九芙蓉。"

游人往往以先睹龙池瀑布为快。这瀑布既有霹山裂石之声，又有气吞山河之势。从"龙池瀑布"向北攀登，行至神女峰与翠微峰之间的山下，遥见碧桃岩瀑布，凌空起舞，瀑流水光，如珠帘、如玉柱，无不各尽其妙。及至近前观看，水体澄碧明净，蹦跃跌宕，瀑水品质甚好，用来煮泡黄山毛峰、祁门红茶等名茶，茶客一壶把手，可闻阵阵沁香，从中能感受到独特的韵味。

黄山三瀑

黄山有天都、莲花和光明三座主峰，更有九龙瀑、人字瀑、百丈瀑三处名瀑。每当急雨过后，水自天上来，风声瀑声响彻山谷之间，"带得风声入渐川"，正是它的豪爽之气。

在苦竹溪到云谷寺的路上，可观赏到最壮丽的九龙瀑。水流自香炉峰和罗汉峰之间涌出，绕天都、玉屏、仙掌诸峰，悬挂在千仞青壁之上，飞流而下，一折一瀑，折而为九叠，故名九龙瀑。潭潴亦九，故又名九龙潭。每当大雨过后，飞瀑宛若九条白龙，腾空而降，气势磅礴，堪与庐山飞瀑媲美。古人有诗曰："飞泉不让匡庐瀑，峭壁撑天挂九龙。"

人字瀑古名飞雨泉，在朱砂、紫云两峰之间。双峰危崖百丈，在又高又陡的石壁上，有一处突出的岩腹，清泉流至此处，分左右滑壁直下，溅珠飞玉，形成"人"字形飞瀑，声震如雷，蔚为壮观。郭沫若观赏之后，欣然赋诗："果然大块假文章，瞬间飞泉百丈长。岩上大书一人字，天公表示要投降。"

位于青潭、紫云两峰之间的是百丈瀑，顺千尺悬崖下洒，形成百丈瀑布，由此得名。从温泉有路通往云谷寺，沿途即可观赏百丈瀑。枯水季节，只见涓涓细流，故又称百丈泉；每当大雨初歇，飞瀑随山风飘洒，宛若无数条洁白的绸带在空中舞动，美妙异常。泉为瀑布水流，下为百潭。人站在百丈潭前的观瀑亭上观赏飞瀑，眩人眼目。

黄山三瀑，清冽甘爽，用来烹毛峰香茗，则余香绕口，味甘鲜爽。

雁荡飞瀑

号称东南第一山的雁荡山有18处瀑布组成瀑布群，其中尤以三折瀑、梅雨瀑和大龙湫最为游人赞赏。

三折瀑，在雁荡山兰花台旁。三折，即飞瀑分为上、中、下三段形态各异的飞瀑。上瀑和中瀑位于周围危崖峭壁之间，水瀑从岩端倾泻而注入潭中。下折瀑次于上、中两折，但游人走到瀑布前面仰观，瀑布呈葫芦形，古人称葫芦天。

梅雨瀑，位于雁荡山西外谷凌云峰北1公里处。水流从崖巅滚流悬挂直下，离瀑布终跌处不远，有岩石横卧，水流撞击此石，化作水星珠玉，蒙蒙霏霏，恰似江南初夏梅雨，故称为梅雨瀑。

大龙湫，被誉为雁荡十八瀑之冠，也是中国著名飞瀑。元代李孝光赞叹道："壮哉！吾行天下，未见如此瀑布也。"它好似素练脱轴，从高高的连云嶂上垂挂下来，上接青天，下临清潭，好一派"一峰拔地起，有水从天来"的浩淼景象。它长达190多米，随季节、晴雨和风力、风向而变幻无穷，各呈神韵。大龙湫因连云嶂左右合抱构成一环形，岩势峭削内凹，瀑布凌空飘下，无依无靠，是水、似雾、若烟、若雨。在阳光映衬下，恰似玉虹倒挂深渊，气象万千，绚丽夺目，上空如银河倒泻，大珠小珠滚滚而下，潭里似沸水翻腾，玉珠跳跃，哗哗作响，谷风萧萧，烟雾飘飘，怒发之势，慑人心魄，故前人云："欲写龙湫难下笔，不游雁荡是虚生。"

据《瓯江逸志》记载："雁荡山水为佳，此上景为第一……茶但以锡罐贮之，汤清香，味同阳羡山岕茶无二。"雁荡毛峰名茶产于雁荡山的龙湫背、斗室洞、雁湖等海拔800米左右的高山上，尤以龙湫背所产最佳。雁荡瀑流，澄洁透明，清冽沁人，用来烹煮雁荡毛峰，使人有"幽香移入小壶来"之感！

石梁飞瀑

浙江天台山是江南的一座名山，又是佛教天台宗的发祥地。天台山最胜之处，还在于人称"天台绝胜，在此一瀑"的石梁飞瀑。

石梁飞瀑之水来自两源，东为金溪，西为大兴坑溪。两溪至中方广汇合后，水势湍激，喧腾远去。一条二三丈长的大石梁横跨在山壁溪流之间，像鱼背那样微微拱起的梁面，就像一座人为的石拱桥。溪流在一层层雪浪包裹中，形成了一个巨大的雪浪团，向石梁猛撞过去。撞去的浪花又被打了回来，大股水流从梁底向几十米深的深谷涌坠而泻，声如雷鸣。

石梁颜色苍古，缀满苔鲜，斑斑驳驳，显得古意盎然。临潭岩壁上有康有为所书"石梁飞瀑"四字，后来成为瀑名，与左边的宋代书法家米芾所写的"第一奇观"四字，互相辉映。

著名寺观国清寺离石梁飞瀑不远，凡游石梁飞瀑者必游国清寺。此寺山门外有一石碑，刻着"一行到此水西流"几个大字。一行，是唐代高僧张遂。天台山泉瀑除石梁飞瀑一处外，距石梁不远，还有一处称为铜壶滴漏，此处因地层裂陷而成一洞，腹内口小呈壶形，洞内四壁岩石光滑，宛如铜壶，洞水冲入壶中，在内盘旋后从形似壶嘴的岩隙中溢出，形成一泓碧潭。

天台产茶历史悠久，唐代陆羽《茶经·七之事》中也曾提及。宋明两代，天台山茶更风靡全国。明万历年间进士屠隆隐居天台山，自号婆罗居士，研究茶叶采制技术，写了一本著名的茶叶著作《茶笺》。天台山的顶峰叫华顶，其林场已辟茶园13公顷。每年谷雨前采摘细嫩芽叶，制成华顶山云雾茶。此茶条索细紧弯曲，芽毫壮实显露。华顶山茶属半烘炒绿茶，品质很好，又用手工精制，再用石梁泉瀑水来烹煮的话，茶汤色泽翠绿有神，香气清高，滋味鲜爽。明人有诗云："江南风致说僧家，石上清泉竹里茶。法藏名僧知更好，香烟茶晕满袈裟。"

雪窦飞瀑

拔地万里青嶂立，悬空千丈素流分。
共看玉女机丝挂，映日还成五色文。

这是王安石写雪窦飞瀑的诗句，把千丈素流的妙处描绘得意趣盎然。雪窦飞瀑在浙江奉化市溪口镇西北的雪窦山上。雪窦山是四明山支脉最高峰，海拔800米。山上建有雪窦寺，寺前面临深谷，四周崇崖壁立。有两条溪流在千丈岩汇合，突然从岩顶猛泻，喷洒出如同雪崩般的瀑流。游人喜爱在苍松环拱的妙高台上观赏千丈瀑布。妙高台上，宋代就建有飞雪亭，供人俯视飞瀑。从飞雪亭上观瀑，千丈飞瀑更像一匹由雪花织成的白绫，高悬在半空中，熠熠发光。古人有诗："匡庐亦有千寻瀑，无比凌虚碧玉台；身倚老松天上立，眼前飞瀑雪中来。"奉化雪窦山自古产茶，我国历来有"茶禅一味"的说法。名山、名刹、名瀑，在雪窦寺品饮用瀑泉烹就的春茶芽茗，除了香留两颊，怡人清心之外，还能领受"一壶得真趣"的茶之至味。

在妙高台北侧，尚有三隐潭瀑布，隐藏在双崖陡悄的峡谷间。三隐潭两侧壁立，瀑布从山巅凹处直泻，湍急之势，不逊千丈飞瀑。三隐潭山崖削壁，排列如城，崔嵬幽绝，连阳光也很难射入。坐在涧石上观飞流，阵阵寒气逼人，在此深山幽谷，观赏轰然直泻的瀑流，给人以超尘脱俗的感悟。

剑池飞瀑

我国避暑胜地莫干山素有"清凉世界"之称。莫干山之美，美在剑地，剑池之美则美在飞瀑。

剑池飞瀑共有三叠。从剑池仰望，只见两股淡水正沿着溪道飞流而下，汇合后猛然跌落10米许，倾入剑池，形成飞瀑第一叠。飞瀑入剑池后，又从峭壁上倾跌而下，高出数十米，水花四溅，景象万千。前人写的"飞泉裂石出，浩浩破空来。万壑留不住，化作晴天雷"，描绘的正是此时景象。这是飞瀑第二叠。由剑潭而下，水流又被岩石束成一股短瀑，跌入翠竹掩映、杂树丛生的谷底，便是第三叠。飞瀑远观犹如一匹白练，近前细看，才见三叠不同姿态。剑池右侧山崖上，于绿树丛中飞出檐角，这是观瀑亭。南面的峭壁间，有一石桥，高架在峡谷之上，宛若彩虹枕卧翠微，它就是石拱古桥观瀑桥。剑池旁的峭壁上镌有"周吴干将莫邪夫妇磨剑处"11个篆体字。

莫干山千竹摇曳，是有名的竹海；莫干山清泉遍坡，汩汩泉水声几乎无处不在，无时不有。"入山三五里，春衣映寒绿；竹罅露清泉，常有云来宿。"有人说，没有这看得见和看不见的山泉，莫干山便不可能成为"清凉世界"。

据宋《天池记》载："浙莫干山土人以茶为业，隙地皆种茶。"证明莫干山种茶在宋代已很普遍。清《武康县志》记载："寺僧种茶其上，茶啜云雾，其香烈十倍。"《莫干山志》所载，莫干山产黄芽茶，制作精细，低温长烘，形如莲心，香味特佳，色泽嫩黄油润，叶底芽叶成朵。莫干山所产茶叶品质好，山上的泉瀑品质也极好，非常宜于泡茶。清代诗僧秋谭有一首绝句云："峰头云湿地含雨，溪口泉香尽带花；正是天池谷雨后，松荫十里卖茶家。"把莫干山的峰间云雨、溪流香泉及松荫下卖茶的盛况写得声色俱佳。

南岳瀑泉

我国南岳衡山多有瀑布，尤以"水帘洞"瀑布最负盛名。洞位于距南岳镇4公里的紫盖峰下，古名朱陵洞，又名仙人池。紫盖峰上的泉水奔泻而下，汇集为三支注入谷地的石洞中。石洞深不可测，洞满水溢，顺洞前的石壁直泻而下，形成落差百米余的瀑布。

瀑布"水晶帘挂"自上下注，跳珠溅玉。瀑流冲到石磴所在，水被蹬折，注入投龙潭。若是天晴，经阳光映照，水帘五彩斑斓，潭中琼浪翻滚，雪溅雷鸣。水帘洞瀑宽达10米，高50余米，仿佛一幅巨大的白布帘。明代张居正游赏此瀑后写道："瀑泉洒落，水帘数叠挂于云际，垂如贯珠，霏如削玉。"并作《水帘洞》一诗曰："误疑瀛海翻琼浪，莫拟银河倒碧流；自是湘妃深隐处，水晶帘挂五云头。"清代李元度在附近勒刻题记，名为"夏雪晴雷"。在瀑布左侧，有清光绪十年（1884）建的雪浪亭。1964年重修，红柱彩檐。亭之得名是因水帘洞瀑布色如白雪，势若巨浪。人们坐在亭中，眼观碧潭里珠玉跳跃，耳听水帘瀑雷声轰鸣，自能体会"夏雪晴雷"四字所含情趣。

南岳有名的瀑布还有：坐落在莲花峰下的黑龙潭瀑布，位于集贤峰下的百龙潭瀑布，位于华严湖下的络丝潭瀑布，位于方广寺溪涧中的石涧潭瀑布等。如此众多的瀑布，正如魏源所记"不独瀑绅垂"。它们以各自的奇状、声色和景观而迎来四方游客的观赏游览。

黄果树瀑布

黄果树瀑布是我国最著名的瀑布，也是世界闻名的最大岩溶瀑布之一。最近，经过科学考察发现，它是由18个地面瀑布和4个地下瀑布组成的瀑布群，现为国家重点风景名胜区。

黄果树瀑布位于贵州省镇宁县白沙河上，距贵阳市150公里。这一瀑布的形成，大约在5万年前。由于白水河道上古溶洞的顶板塌缩，使已经潜入地下的白水河伏流又转变为地表河，河水漫涌，便形成了瀑布。明崇祯十一年（1638）四月二十三日，徐霞客考察此地飞瀑后曰："一溪悬捣，万练飞空……直下者不可以丈数计，捣珠崩玉，飞沫反涌，如烟雾腾空，势甚雄厉，所谓'珠帘钩不卷，匹练挂遥峰'，俱不足以拟其状也。盖余所见瀑布，高峻数倍者有之，而从无此阔而大者。"

瀑布、水帘洞和犀牛潭是构成黄果树瀑布的三大部分。主瀑布高 67 米，顶宽 84 米，连同落差和下临潭深，总高近 90 米。临瀑仰望，真是壮伟奇绝。谷底轰鸣，十里开外也能闻其声；雾雨升腾，数百米以上也是细雾迷蒙。正如徐霞客所指的，黄果树瀑布最显著的特点是"阔而大"，声势雄壮。夏季流量更为浩大，洪峰时可达 2000 多立方米/秒，声若巨雷炸裂。瀑布对面的峭岩上建有一观瀑亭，从亭中观瀑，更增添一种壮美、激荡的感受。

主瀑布后面有长达 134 米的水帘洞拦腰横穿而过。水帘洞由 6 个洞窗、5 个洞厅、3 股洞泉和 6 个通道所组成。从水帘洞内观瀑，格外令人惊心而动魄。这个壮观的水帘洞，在世界各地的著名瀑布中也是罕见的。瀑布前面是一个很深的箱形岩溶峡谷，中为犀牛潭、三道滩、马蹄潭、油鱼井……滩潭相连，逶迤而去。犀牛潭有 17 米深，常为溅珠所覆盖。浅珠帘上，经阳光折射，如彩虹升起，绚丽多彩，前人早有"雪映川霞"的称誉。

在黄果树瀑布对面的山坡上下，绿竹流碧，柏树耸翠，棕榈撑盖，芭蕉开展，一派雅致的园林风光。瀑布西岸的石笋山下，修建起典雅而富有民族风格的宾舍山庄、茶楼、餐厅，游人在此独具特色的茶楼上，品饮用清冽瀑泉水所泡沏的贵州毛尖细茶，听瀑观景，山之清幽、瀑之轰鸣、茶之清香、人之恬淡，酿成一种"尘心洗尽兴难尽"的情绪，在欣欣然中自有一种妙不可言的愉悦、闲适、舒坦。

在黄果树瀑布群的众姐妹中，还有位于黄果树瀑布上游 1 公里的陡坡塘瀑布，顶宽 105 米，高 21 米，并有 1.5 万平方米的巨大溶潭。溶潭外沿形成瀑布，银涛万顷，如千女浣纱。

黄果树瀑布下游 2 公里处，有螺蛳滩瀑布，滩面长达 350 米，侧视如银须卷曲飘洒，恰似"白发三千丈"。顺流而下 6 公里，有银链坠潭瀑布；在黄果树瀑布西北 8 公里处有滴水潭瀑布；黄果树下游打邦河上有关脚峡瀑布……黄果树瀑布群形成于典型的亚热带岩溶地区，统称岩溶瀑布。黄果树瀑布群因此也被称之为岩溶瀑布博物馆。

龙门瀑布

在距贵州省安顺市西南 27 公里处的马头乡龙潭寨有一个地下岩溶洞湖，叫作"响水龙潭"，也叫"龙宫"，80 年代声誉鹊起。这龙宫长 3500 余米，四壁钟乳石犬牙交错，千姿百态，壮丽无比。龙宫景区主要由龙门地下瀑布、天池、暗湖及云山石林等组成，山水林木，布依小寨，渐次呈现，相得益彰。

龙门地下瀑布是隐藏在号称"天下第一龙门"的大溶洞中的瀑布,它把自己的雄姿丽态打扮得一派银光迷离,再借助溶洞中穹窿的共鸣,奏出一曲雄壮的乐章。龙门溶洞口,高约 50 米,宽 20 多米。进入洞内,向那喷吐着雾珠和隆隆声响的洞底走去,便见对面的陡壁悬崖上,有瀑布从顶上裂隙处汹涌而下,形成高达 45 米左右的地下瀑布,近前数十米,雷鸣般的涛声挟着水星儿劈头盖脑洒来,令人顿感清凉袭身。洞壁上,长泉漱玉,雾雨抛珠,苔草纷披。走近瀑布前面,仔细察看,方知这是山顶流水突遇一条石罅,猛然下注 50 多米,三跌数宕,横冲直撞,流到底部,激起一层层浪花。瀑布两旁的绝壁上,有栈道伸到瀑布入口的天窗口。攀援至一半处,仰望银河倾泻窗口,天光耀眼;下望来路,烟云水浪,令人心惊。

出龙门,缘石径登上半坡,便是龙门顶上的天池,它既是龙宫的入口,又是龙门地下瀑布的源头。天池的右前侧,是人称天台的一座天生桥,形成池水与瀑流的分界。

金华三洞

浙江的金华三洞是指双龙洞、朝真洞和冰壶洞。游罢"水石奇观"的双龙洞,沿石蹬上行约 200 米,就到了冰壶洞,它以洞口小,洞腹大而长,状如冰壶而得名。从洞口至洞底有 260 多台阶,约 120 米深。下行至 20 多级台阶即可听到宛若洪钟的共鸣声,那就是冰壶洞瀑布发出的声音。

冰壶洞瀑布从洞顶右侧石隙中喷涌而出,悬空直下,高约 20 多米,宽 2 米,终年长流不止,其状好似千万支银箭争相下射,流星四迸,飞沫溅珠。由于瀑布全部悬空,每一面都可观看。围绕瀑布探视,水雾迷濛,满眼玉屑冰花,无论走到哪里,总是冰帘当户,晶莹照人。一股股凉意迎面袭来,游人除寒气侵骨之外,还别有一番如置身冰壶之内,漫游琼宫玉阙的俊逸情趣。瀑水跌入洞底,瞬息间四散地下,无踪无影,可谓神出鬼没,令人惊叹不已。1964 年郭沫若游览观赏时,曾书"冰壶洞"三个大字,勒刻石碑于洞前。碑的背面有他的七律一首,其中有"银河倒泻入冰壶","满壁珠玑飞作雨"等句,是对"水自飞濛"的洞中瀑观的生动写照。双龙、冰壶洞瀑泉区内设有茶室,取瀑泉清流沏金华绿茶,游客游罢洞瀑,即可品茶,清冽甘醇,沁人肺腑,精神为之一振。

著名的神农架地区位于鄂、陕、川三省边缘,以其丰富的自然资源和神秘的"野人"而闻名四海。神农架林区的飞瀑泉流既多且美,宛若百丈挂彩,几疑崖壁之间有玉龙银蛟飞舞。其中以洞瀑最为壮观,瀑流高约 100 米,宽近 10 米,最终跌落壁脚莲池中。池前有古洞,洞口全被瀑流遮掩,故名水帘洞。洞瀑仿佛是银色薄幔,轻柔飘洒,袅娜媚人。穿过水帘入洞,洞中忽曲忽直,幽深难测,中有怪石,殊姿异态，十分好看。洞中流水滴泉皆有回声，或似吹笙品箫，若似鼓琴击磬，琮琮琤琤，悠扬悦耳。

神农架地区的飞瀑用"百丈挂彩"来形容，十分恰当。除洞瀑之外，有名的还有位于巴东垭的百丈瀑布、红坪峡的映伞潭瀑布，既富奇景异趣，耐人观赏，又是宜茶之水，可烹四方香茗。

玉龙飞瀑

鸡足山位于云南宾川县境内，左靠金沙江，右邻洱海，与苍山遥遥相望，为我国著名佛教名山之一。至今保留有 6 座寺院，除金顶外，寺庙多藏于幽谷丛林之中，清幽雅寂。鸡足山虽以佛教出名，但其优美环境和奇特的自然景观更为可人。鸡足山三节地形，层层拔起，海拔在 2700 米以上，然而却保持着极为丰茂的原始植被，不仅可供人观赏游览，而且为人们进行科学研究提供了良好的环境和条件。

鸡足山最能使人惊心动魄的，还是那高挂在两峰之间的玉龙飞瀑。

未到达玉龙飞瀑之前，能看到远处的山峰之间，轻烟袅袅，若有若无，若游若定，在接近飞瀑的路程中，不时传来好像发自地层深处的"轰隆、轰隆"声，时高时低、时轻时重。及至玉龙飞瀑，则是千鼓齐鸣、万雷争吼，谷壑中发像是一片金戈相击，铁马奔驰，千军万马，互不相让。飞瀑自上流滚滚而来，涛头好似万马争先，从两峰夹峙的石床上喷薄而下，气吞河山。瀑布宽约有数十米，其高约在百米之上。瀑高谷深，从瀑上俯视不见其底，从谷底仰观亦不见瀑首。那"珠玑错落九天影，冰雪翻成双璧喧"的气势，使它成为荡漾众壑、领挈全山诸胜的点睛之笔。瀑布激起的水珠，好似一束束晶莹耀眼的珍珠，在半空中随意散开，又纷纷跌落下来，荡人心弦。早年玉龙瀑上流建有玉龙阁，具有鹊桥飞空、阁宇横翠之美。附近有观瀑亭供游人欣赏瀑布。对玉龙飞瀑有诗赞咏："怪石嶙峋瞰天公，激流喷泻舞玉龙；细雨弥茫千石外，惊雷怒吼两峰中。"

鸡足山堪称是灵山秀水之境，玉龙飞瀑之美是一种激奋人心的壮美。地理学家徐霞客两度到了鸡足山后，亲自修订了《鸡足山志》。在其《滇游日记》中，他是这样来描述玉龙飞瀑的："垂空倒峡，飞喷迢遥，下及壑底，高百余丈。摇岚曳石，浮动风云，有声有色，壮丽之极。"徐霞客还对鸡足山的绝顶及日、云、水、雪，留下了文采飞扬的赞美诗，其中在《海观》一诗中对玉龙飞瀑有如此诗赞："万壑归同一壑沤，银河遥点九天秋。沧桑下界何须问？直已乘槎到斗牛。"

"玉龙飞瀑水，最宜普洱茶。"普洱茶树属乔木型大叶种茶树，在全国茶叶优良品种中独树一帜。鸡足山的自然环境适宜于普洱茶的生长，普洱茶属黑茶类，有散茶和蒸压茶两种。散茶为嫩绿的滇青，有春蕊、春尖等品种；蒸压茶是用散青经蒸压成型而成的块形茶，呈碗形的称"云南沱茶"，也有呈方形、长方形、圆饼形的。云南普洱茶品性温和，滋味醇厚，既不似绿茶清寒，又不像红茶浓烈，并且有药用健身功能。用玉龙瀑水烹煮的普洱茶，香味浓郁持久，茶汤金黄明亮，滋味醇厚甘美，素有"香飘千里外，味酽一杯中"的美称。

云南两叠水

云南高原有两处叠水瀑布，一处是路南的大叠水瀑布，一处是腾冲的二叠水瀑布。

大叠水瀑布在云南省路南县城西南 25 公里的地方，宽约 20 米，落差近 90 多米，是云南省内最大最壮观的瀑布。巴江的流水，流到河床一块断层处，蓦然从悬岩峭壁上猛跌而下，飘飘荡荡，直落深潭，状如云烟，声似霹雳，数里之外犹可闻其余响。断壁凹凸不平，滚滚巴水跌撞着石壁，折跌一个台阶，又跳上一个台阶，瀑布也就折成一叠又一叠。浪花不断地撒出水珠，凌空飞舞，泛起阵阵烟云细雨。一经阳光折射，映出五光十色，所以大叠水瀑布的景名叫叠水喷云。大叠水瀑布以其自身的壮美与圣洁，成为令人神往的观瀑胜地。

云南腾冲县城西 1 公里处有二叠水瀑布。为何称二叠水？因为瀑流把它自己折叠成不在一个平面上的上下两段。"二叠水"原是大盈江上游之水，从北向南奔流而来，因遇河床陷落，河水从 30 多米高的石岩上倾注下泻，形成奇景，因此这段河流也就称之为叠水河了。

叠水河两岸风光秀美，更有状如怪兽的巨石峭然踞伏在瀑布顶部的激流之中，堪称一奇。"怪兽"之顶建筑小亭，为游人欣赏山光水色的最佳处。近山有明代建筑的龙光台寺，殿院保存完好，观瀑时值得一游，并可在寺内品瀑水饮佛茶。

九寨沟瀑布

九寨沟位于四川南坪县境内，是岷山山脉群峰中一条纵深 40 多公里的山沟谷地，因为以前沟里有 9 个藏族村寨而得名。现为以水为主体的国家重点风景名胜区。在此处海拔 2000 多米的高山上，共有大小湖泊 100 多处，当地藏民称之为海子，即通常所说的高山湖泊，这些明丽的"海子"水光浮翠，美艳醉人与飞流直下的银瀑相距咫尺，一动一静，互为映衬，美不胜收。

从日则沟的第一级瀑布——高瀑布开始，沿沟南行，有 30 多公里长的山谷群瀑。高瀑布，有人也称为思源瀑。水源出自滴水崖，漫过芳草湖、熊猫海、高朵海，汇合几处跌水，坐落在海拔2000余米左右的山谷间，展示其独特的高原瀑布景色。置身其地，头上是湛蓝的天，脚下是碧蓝的水，水中是青天碧峰、白云紫岚、绿树红花的倒影，四周是群山、积雪、森林和奇异的花木，偶而还能碰到珍奇的熊猫，奇特的景象和古老、拙朴的自然环境，仿佛让人回到了千年以前的田园乡村。

离开高瀑布，就来到万花筒似的五花海，这是个卵圆形的湖泊。堪称奇境的珍珠滩，便在仅有一湖之隔的地方。站在珍珠滩瀑布上头，眼前真像有亿万颗珍珠在缓缓滚动，熠熠闪光。这串串水珠瀑是高铃海的湖水从斜坡泻出的瀑布，水势汹涌，撞击石滩散溅而成，滚滚闪闪，奇趣无穷。

万景滩瀑布离珍珠滩瀑布约2公里。这里远接凝白寂静的雪峰，近挹翠色的层峦叠坡，看瀑溅，听瀑声，赏美景，让人心旷神怡，乐而忘返。

"诺日朗"是藏语，山间流水的意思。诺日朗瀑布荡人心魄。这一瀑布宽度竟达400米，瀑高20米许，恰似日则沟的一道壮阔水帘，在九寨沟瀑布群中已是第四级了，但它又是一个单独的群体。有的涓涓细流似垂帘，有的洋洋洒洒像数十匹悬帛从悬岩上飘荡而下；有的气势雄壮，如蛟龙出穴震天动地……真可说是九寨沟一绝。

树正瀑布，是由十几条、几十条水练交织在一起的，宽约30米，富有生气和节奏，如天籁奏乐，悦耳动听。及近瀑布，确有与众不同的妙处，流水从一片红柳中漫溢，并非从悬岩上飞泻直下。瀑布背后的陡岸上，丛生着苍翠的松柏、冷杉和赤桦，俨然是一幅美丽的图画。而树正瀑布则处在画面的右下角，和谐适中，浑然一体，共同构成蔚为奇观的自然风景。

过树正瀑布南下，碧水漫过梯形堤埂，跌落一层层一道道瀑布，飞珠溅玉，煞是好看。九寨沟的高山飞瀑，呈现形形色色的状态和风姿，保持着自然、原始、质朴、雄浑、秀丽的本色和境界，最堪玩味、欣赏。

壶口大瀑布

"黄河之水天上来。"翻腾的黄河进入晋陕地界时，犹如一柄利剑，把黄土高原劈为两半，形成一条深邃的峡谷——晋陕峡谷，成为山西和陕西两省天然分界线。从山西的壶口到陕西的龙门是晋陕峡谷最险要的一段河谷。这段河谷有60多公里长，在晋陕峡谷的南端。"壶口瀑布"就在这段险峻的峡谷中。

壶口之东是山西吉县，壶口之西是陕西宜川县。这一带的黄河两岸下陡上缓，谷底约有200～300米宽，岸高150米。河底坚硬的岩石在水流的长期冲刷下，形成了一道30～50米宽的深槽。黄河之水从平原地带比较宽的水面进入晋陕峡谷已水流湍急，及进入壶口这狭窄的深槽里，更是巨浪翻滚，激流呼啸，惊天震地，十里可闻。壶口像一把特大的巨壶竟能容纳自天而降的滚滚黄河之水，黄河之水经壶嘴飞泻而下坠入一大石潭中形成一个 15～20 米高的大瀑布，呈现"源出昆仑衍大流，玉关九转一壶收"的壮观，壶口之名也由此而得。

据民间传说，这道峡谷是大禹治水时一斧子劈成的。其实，这气势雄浑的壶口瀑布是由于古老的地质演变而成的。在千万年以前，这段河谷的下游龙门一带，由于地壳运动，岩石断裂，形成断层。经过黄河之水长年不断冲刷，出现了"跌水"，即瀑布。天长日久，跌水每年以 3～4 厘米的游移速度向上游移动，从而使跌水的位置由龙门移到了壶口，经过漫长的历史衍变，迄今已使瀑布的位置整整移动了 65 公里。

壶石瀑布因是黄河之水，水质浑浊，且受河水季节性变化的影响较大。在落差 15～20 米时，瀑布就像地坼天崩一般，直扑孟门出龙门，长啸过中州，向前奔腾，呈现出"满天风雨起神鲸"的奇景；当河水上涨时则瀑布的落差相应减少，乃至瀑布暂时完全消失。黄土高原上的这一瀑布，如今已成了旅游者们争相目睹的黄河奇观。因为黄河水质浑浊，所以很少有人会把黄河之水与烹煎茶叶联系起来。其实黄河水尤其是像壶口瀑水，经过一定的处理也是沏茶之水。早在唐代白居易就有"蜀茶寄到但惊新，渭水煎来始觉珍"诗句。唐代人所著《斗茶记》中也说到："水不问江井，要之贵活。"取壶口瀑水，经沉淀澄清，用来煮烹茶叶，同样可口宜饮。

长白山飞瀑

雄峙我国东北地区的长白山，是中朝两国的界山，主峰白头山顶的天池，是中朝两国的界湖。天池是世界著名的火山口湖，湖面海拔高度达 2100 多米，是我国典型的高山湖泊之一。

在天池北侧，有一个称为"闼门"的缺口。闼，是门的意思，湖水就从这闼门口外溢，经过 1250 米的峡谷后，从悬岩上奔腾而下，猛然跌入深谷，形成高达 68 米的大瀑布，这就是著名的长白山飞瀑。瀑布气势雄伟，随山势倾泻。论雄壮，如银河倒倾，波涛壮阔；说清瘦，如白绢悬天，凌空飘逸。岩壁间细流涓涓，连绵不断。水石相击，声如鸣锣击鼓，水花四溅。人站在数米之外，依然感到细雨霏霏，水雾缭绕。夏日游览长白山，在此飞瀑前，倍感凉爽清新，胸襟为之一洗。瀑布终年流泻，即使天池湖面封冻，亦不中断。远处望去，依然水流击起千堆雪，瀑布飞起万缕烟。古人有诗赞叹："疑是龙池喷瑞雪，如同天际挂飞流；不须鞭石渡沧海，直可乘槎问斗牛。"

除长白飞瀑之外，长白山还有岳桦瀑布、梯云瀑布等，也都是飞珠喷雪，龙腾虎跃，为长白山游览之胜景。近年来还发现了一些形状各异、大小不一的瀑布，只是很少有人去过。随着长白山的开发和建设,这些瀑布"新秀"将成为长白山新的景观。

吊水楼瀑布

在黑龙江宁安县南部牡丹江上游,有著名风景湖泊镜泊湖,它由玄武岩流壅塞牡丹江河床而成,是我国最大的火山堰塞湖。湖面海拔351米,最深达62米,由西南至东北蜿蜒曲折拓伸,长约45公里,所以称为百里长湖。在大约100多万年以前,镜泊湖西北有一组火山喷发,大量熔岩流堵塞了牡丹江河道,形成了玄武岩堰塞堤和镜泊湖,湖水漫堤奔泻,就形成了非常壮观的吊水楼瀑布。

吊水楼在镜泊湖的出口处,为湖的最北端,因熔岩冷凝断裂,湖水便沿着裂口倾泻直下,跌入熔岩坑塌陷而形成的深三潭,水瀑喷出团团雪浪,迸发出持续不绝的轰鸣之声,雄壮而豪迈、坦荡而磅礴。吊水楼瀑布落差约20多米,宽为20～25米,那"水石相喷薄,咆哮如雷声"的景观引来许多中外游客观赏。寒冬季节,水瀑凝成冰帘,挂在悬岩上,就像大舞台上垂下的一帷银幕,别有一番意趣。

长江南北,许多瀑布都是从下向上仰望,在吊水楼看瀑布,却是从上往下俯视。瀑布东侧,有亭台、护栏、卧石,可从不同角度观赏吊水楼飞瀑。

白云洞飞瀑

广东南海县西樵山有七十二峰、三十六洞、二十一岩、三十二泉、二十八瀑。"要览西樵胜,应先访白云。"白云即白云洞。西樵山的名瀑就在白云洞内的尽头。崖上刻着"飞流千尺"4字,又称大云瀑。从白云山的望瀑壁,登上望瀑亭,就能观望大云瀑三级瀑布中的第二级飞瀑。云外瀑高20多米,上端是龙涎瀑,下面就是飞流千尺了,又称为白云飞瀑。山泉从三四十米高的悬崖上喷涌而出,从正面一块斜立的巨石旁奔腾直下,溅起满天雾珠,眼看要坠入深谷,又被巨石阻撞,迸发雷鸣般的轰然声,真是岩喷碎玉,壑泻寒冰!然后潇潇洒洒顺着巨石的怀抱,蜿蜒流逝。

石壁上的摩崖刻石琳琅满目,全系历代学士名人为欣赏赞叹飞流千尺所书,例如"泻月"、"滚雪"、"银河倒泻"等。

从望瀑亭往上攀登,西天湖的东西两侧分别有左垂虹瀑和右垂虹瀑,具有"玲琮金石声"和"不减远流情"的风韵。过天湖、九龙岩,就可观赏西樵山最长的瀑布云岩飞瀑了。云岩飞瀑经冬菇石旁长泻而下,琮琮玲玲,声闻数里。

樵山东部的碧洞有西樵二十八瀑中最大的瀑布玉岩珠瀑,人称樵山第一瀑。瀑落水花飞沫，状如珠飞玉洒，有一种涤心忘俗的美感。

从西樵山破崖而出，花雨般的瀑布比比皆是，且各具情趣。然而，这里是曾经喷发过三次后归于沉寂的死火山，如今却充满着生机，它依然年年月月在伴随地层升沉，让云泉飞瀑凌空跃腾！

从地质结构来看，广东从化温泉三瀑等也属于火山瀑布。

六、茶具流韵

（一）茶具概述

品茶之趣，不仅注重茶叶的色、香、形、味和品茶的心态、环境、茶友、话题，还要讲究用什么茶具加以配合。茶具艺术本身也是一门发展中的学科，尤其今天，作为"茶"的含义在不断扩大，许许多多没有茶叶成分的也称作了"茶"，茶具就更为丰富了。明代许次纾在《茶疏》中说："茶滋于水，水藉于器，汤成于火，四者相顷，缺一则废。"一般，品茶者对茶和水都比较注意，对于器，是四者中最不注意的，甚至认为器与茶性之间没有直接联系。这是因为缺乏了解而不理解的结果。

中国是茶的故乡，也是茶文化的发源地。茶具一词，最早见于西汉王褒《僮约》中"烹茶尽具"四字。这个"具"是什么样子，称呼什么，质地和用途如何，都不清楚。晋代，士大夫们嗜酒饮茶，崇尚清谈，促进了民间的饮茶之风渐兴。到了唐代，朝野上下无不饮茶。茶还在佛、道宗教的影响下，成为款待客宾和祭祀神佛、祖先、亡灵的必备之物。茶具就成为与饮茶风气密不可分的一个组成部分，茶具的直接视觉感受成为品饮茶的先导。陆羽总结前人用茶、煮茶、制茶、饮茶的方法，写出了世界上最早、最完整的茶叶专著——《茶经》，其中就专门讲到了茶具。《茶经》中把采茶、制茶的工具称为"具"，把煮茶、饮茶的工具称为"器"，和我们现在的称呼不同。本书所说的茶具，是指煎煮、品饮茶的各式器具。

对于茶具，中国古代茶人非常看重，给它们取高雅的名称，如给风炉取别号为苦节君，其他茶具的名称，见之于《考槃余事》有：

建城——藏茶的箬笼。

湘筠焙——焙茶的箱子。

云屯——盛泉水的罐。

乌府——炭篮子。

水曹——洗茶具的桶。

鸣泉——煮茶釜。

品司——竹编的篓子，放茶用。

沉垢——放用过的水，盛器。

分盈——水杓。

执权——秤茶的秤，当时规定一两茶，二升水。

合香——茶盒。

归洁——洗壶的刷帚。

商象——古石鼎。

降红——火筷子。

啜香——茶杯。

易持——茶杯托。

国风——扇炉之扇。

撩云——茶勺。

共有 27 种之多。宋代，对茶具统称"玉川先生"（卢仝号），《茶具图赞》把 12 种茶具称为"十二先生"，并取了姓名、字、号（日本的《茶寮图赞》也把茶具分列"十八客"，各取了姓名、字、号）。像风炉，尊称为卢相国，取名鼎，字师古，号调和先生，其他茶具还有：

砂丞相——名涛，字松声，号鼓浪居士。

漆雕秘阁——名承，字易持，号古台老人。

竺秘书——名密，字合香，号湘阴公子。

霍将军——名扫，字兴迹，号清净真隐。

平节度——名则，字公平，号思齐闲人。

等等。

茶叶与茶具是不可分离的，茶具是随着饮茶方法的改变而改变，而不断创造出新的品种来的。茶具，历来是非常讲究的。品茶不仅仅是生理上需要饮水解渴，并且升华到一种文化，为全民族所共有。汉族、蒙族、藏族、维族以及西南众多的少数民族，他们在语言、文字、习俗方面不管有多大差异，然而，饮茶、品茶、使用讲究的茶具是一致的。茶和茶具是珠联璧合的文化载体。范仲庵的"黄金碾畔绿尘飞，碧玉瓯中素涛起"，梅尧臣的"小石冷泉留早味，紫泥新品泛春华"，苏东坡的"潞公煎茶学西蜀，定州花瓷琢红玉"，等等，都是借茶具之美烘托佳茗之精。如果茶叶上乘，茶具粗俗不堪，品饮时就会大煞风景，情趣大减，故古人诙谐地比喻说"茶瓶用瓦，如乘跛马"。

茶具与陶瓷的发展又有着密切的关系。陶器有土陶—硬陶—釉陶的发展过程，表明着人们对于烧陶火度技术的掌握也由低级发展到高级。釉陶火度再高上去就可以烧成瓷器了。有了这比陶器细润光亮的瓷，陶茶具也就逐渐为瓷质茶具所代替。从晋代开始，青瓷茶具生产较多。南方是当时青瓷的重要产地；在北方，则出现了白瓷茶具。

陆羽在《茶经》中品定说："碗，越州上。"越州的茶具，就是指今天浙江余姚、上虞一带越窑的产品。他还把越窑和河北任丘的刑窑进行对比。他说：有人说刑州的窑比越州的窑烧得好，那是不对的。如果说邢州窑瓷器像银子一样明亮，那越州窑的就像玉一样晶莹；如果邢州窑像雪一样洁白，那越州窑就像水一样透亮。邢州窑瓷白，茶汤倒在里面呈红色的；越州窑瓷青，茶汤在里面是绿色的。陆羽还引用了晋代杜毓《荈赋》的诗句，"器择陶拣，出自东瓯"，品定茶器东瓯瓷为最好。"东瓯"，指的就是浙江温州一带。东瓯瓷，碗沿不向外卷，而碗底又慢慢向上舒卷，盛水约半升左右，大小适合。越州窑和湖南长沙的岳州窑色泽都是青的，有助于显出茶的本色来。在陆羽看来，盛入茶汤之后呈红、褐、黑色的茶具，就不能算好的茶具了。当时，南方烧瓷技术超过北方，岳州窑的彩瓷、四川大邑窑的白瓷茶碗都很有名。大诗人杜甫称赞了大邑窑："大邑烧窑轻且坚，如叩哀玉锦城传。君家白碗胜霜雪，急送茅斋也可怜。"

由于茶的不同，各个地区的茶具在同一时代中也不一致。在宋代就有了茶盏，而且是斗茶品评的重要茶具。当时，烧瓷技术又有了很大的提高，全国形成了官、哥、汝、定、钧五大名窑。

元代，青花瓷茶具声名鹊起，因为在白瓷上缀以青色纹饰，既典雅又丰富，和茶文化内涵的清丽恬静很一致。青花瓷在烧制技术达到一定高度后，又在艺术造型上不断追求，把流嘴从宋代的肩部移至壶腹部，受到了国内外的推崇。日本茶道开山之祖村田珠光（1423～1502）最喜爱这种青花茶具，后来日本就把它定名为"珠光青瓷"。

从元到明这一时期中，与瓷茶具同时发展的，就是至今不衰的宜兴陶了。

"景瓷宜陶"，并驾齐驱，在烧制、釉色、造型上都有了极高度的革新发展。从茶具上说，由于明代把宋以后的"蒸青"进一步改为"炒青"，饮茶方法从煮饮变为泡饮，为宜兴紫砂陶开创了一个前所未有的新纪元。茶具在历史长河中逐步在多样化方面不断增强其艺术性，具有很高的审美价值。在品茶的过程中，欣赏各式的茶具就成为一项自然衍生的程序，一种愉悦的审美过程。

茶具和饮茶方式关系最为密切。唐代用的是茶饼，饮用前要炙烤、碾粉、过筛。煎煮的时候，有的还加有姜、葱、盐等佐料，煎成以后的浓度因各人的口味不同，备有一种壶形的注水器，用作浓度不同的冲淡。这种在晋代就有的器皿，因为壶嘴上塑有公鸡的鸡冠，称为"鸡头流子"。把壶嘴称流子，今天的制壶艺人还是这样称呼。在唐代，改称为"注子"。关于注子是酒具还是茶具，考古学家们一直有争议。直到 1981 年陕西扶风县法门寺塔坍塌，于 1987 年 4 月 3 日发掘了塔基下的唐代地宫，发现了前所未见的一大批宫廷用茶具，其中就有沉睡了 1100 多年的注子，说明注子既可以用于斟茶，也可用于斟酒。

刚煎煮的茶汤很热，为了使用方便，又出现了一种可托茶碗的托盘。这种托盘能载不少杯樽，故古人取其名为"舟"，近代人叫它"茶船子"。这种茶托和清代普遍使用的盛茶盅的茶盏托又是不同的。

茶盏、茶盏盖和茶托三位一体。四川人就特别喜欢喝盖碗茶。它有四大好处，一是盅小于碗，上大下小，注水方便，还能让茶叶沉积于底，添水时茶叶翻滚，易于泡出茶汁；二是上有隆起的茶盖，盖沿小于盅口，不易滑跌，易凝聚茶香，还可以用来遮挡茶沫，饮茶时不使茶沫沾唇；三是有了茶托，不会烫手，也防止从茶盅溢出的水打湿衣服，特别在礼节上，端起上有茶盏的茶托送至客人面前，具有一种"端茶敬客"的礼仪；四是保温性好。

从汉至唐宋，随着制茶和饮茶风习的发展，从茶饼碾碎煎煮加佐料到不加佐料，及至元末改用了散煎煮，明代则直接用开水泡饮，茶具也随之从庞杂而变为精简了，从而出现茶盏、茶杯、茶壶这些专为品茶而用的器皿逐渐定型了。嗣后，人们从茶具的质量和性能上也开始进一步予以专门研究。这和许多学科一样，分类愈细，钻研愈深。

在唐代中期到明代中期的 800 多年间，随着制茶、饮茶的变化，茶具的变化也有民间与宫廷之间的差异。陆羽作为一个平民，他虽然写了世界上第一部茶文化的论著《茶经》，可是由于时代和个人经历的限制，他所论述的茶之具、茶之器也有一定的局限性。唐代是中华民族封建社会鼎盛时期的朝代，"王公上下无不饮茶"的风气形成是需要一定的文化经济和社会安定作基础的。安史之乱中，陆羽流寓浙江、江苏、江西等地，尤其在湖州定居达 26 年，所写的茶之源，茶之事，不免都以江浙一带的为主。他在唐大历五年（770）推荐湖州长兴的"顾渚茶"为贡茶，在此之前的广德年间（763），他把宜兴的"阳羡茶"推为贡茶。当时全国列为贡茶有 17 种，分布在今鄂、川、陕、苏、浙、赣、闽、皖、湘、豫等省，大部分不是陆羽一一推荐，他也不可能一一考察，更不可能对唐代宫廷茶事加以记载。因此，茶之器就需要加以补述，这方面，法门寺地宫给我们提供了大量的佐证。

茶具的质地有金、银、铜、锡、漆器、水晶、玛瑙、竹制品及玻璃等。除玻璃外，这些质地的茶具并没有起到什么大的作用，还被许多人所摒弃。如明代的张谦德就把金、银茶具列为次等，把铜、锡茶具列为下等。《红楼梦》里妙玉以"绿玉斗"茶碗沏茶招待宝玉，那摆的是自己的"身份"而不是茶该当用玉器。在一本小说中，写了曹雪芹和他表兄喝茶时的茶具：一个雪花蓝高颈瓷壶，打开壶盖，里面有个瓷球，瓷球里可以放进茶叶。泡茶之前先将开水冲入壶中将壶烫热，然后将水倒尽，放入瓷球，再将开水徐徐冲下，旋紧瓶盖闷好。每人面前放一套成化窑的蓝花盖碗，花色淡雅，款式各异。盖碗下边有茶托，是雕花描红的一朵盛开莲花，盖碗就放在花心中间的圆圈上。莲花下又有一个一寸多高的倒喇叭形圆座……从这段描写中，我们可以了解到晚清的茶具制作已是非常地讲究和华贵了。

（二）茶具的流变

茶具的发展和中国陶瓷烧造技术的发展有着密切的关系。严格地说，中国自商代就开始有完整的印纹硬陶龙窑（今浙江上虞樟塘乡）。东汉出现瓷器以来，陶瓷就用于制作饮水喝浆的器皿了。六朝以后，青瓷在江南一带发展，和汉代出现的墨釉并用，像浙江余杭和德清汉代的窑址中，既有黑釉也有青釉，两者并存。南北朝从单色釉发展到黄、绿、褐色釉，一种腹大颈细、从口至肩有曲形提手的水壶已大量出现，罐、盘、碗等器皿也同时使用，饮水、饮浆和饮茶处于不分器具的阶段，还没有专门的所谓茶具。

隋代，北方出现青釉并盛行白瓷。从植物图案转到有龙形图案，这时的碗口有荷叶形，还配有碗托，这一风格一直持续到晚唐、五代及宋初。这时碗和杯开始有了区别，像上海博物馆的一件越窑青釉海棠式碗，口径有30厘米，口沿为四瓣花口，外部刻线，内部凸线。而同时代的另一种小碗及杯，容积很小，大约还是从实用性考虑，并不表示饭器和茶具的区分。

1990年4月，在陆羽撰写《茶经》的湖州杼山附近，考古工作者在清理一座东汉晚期的砖室墓时，发现一只完整的青瓷瓮。该瓮高33.5厘米，最大腹径34.5厘米，呈扁圆形状。这只瓮有其显著的特点：内外施釉，器物的肩上部刻有一个古书的"荼"字。两汉时期，"荼"的常用义即为茶叶。

湖州是我国的重要产茶区之一。六朝时期，刘宋山谦之在《吴兴记》中记载："乌程（即现今湖州）西二十里有温山，出御荈。"唐中期，湖州所产的顾渚紫笋茶岁岁进贡。现代茶学专家吴觉农认为，湖州产茶历史可追溯至三国东吴时期。这出土的贮茶瓮不仅将湖州产茶历史又向前推进了一个时期，也为我国古代茶具提供了一件宝贵的实物资料。经鉴定，这只贮茶瓮系本地窑所烧制。

《茶经》所列茶具

陆羽《茶经·四之器》里共列举 28 种器具，其种类、用途分别如下：

①生火、烧水和煮茶器具。

风炉：形如古鼎，用铜、铁铸成。有三只脚：一脚上铸有"圣唐灭胡明年铸"，说明造炉的年代；一脚上铸有"坎上巽下离于中"，意思是水在上，风在下，火在中；一脚上铸有"体均五行去百疾"，表示五脏调和，除邪祛百病。炉腹上有洞口，其上铸有"伊公羹陆氏茶"字样，意即"伊公（指伊尹，为贤相）用此调羹"、"陆氏（指陆羽）用此煮茶"。在《韩诗外传》中曾有"伊尹……负鼎操俎调五味而立为相"的记述，陆羽则是历史上用鼎煮茶的首创者，故而长期以来，有"伊尹用鼎煮羹，陆羽用鼎煮茶"之说。在炉底部也有一个洞口，用来通风出灰。炉内还有一个放燃料的炉床。炉口设三个支架，一个上面有"翟"，就是火禽，刻一象征火的离卦；一个上面有"彪"，就是风兽，刻一象征风的巽卦；一个上面有虫，就是水虫，刻一象征水的坎卦。炉身上还有花草、山水图案等。风炉主要是供生火承器之用。

承灰：有三只脚的铁盘，供承灰用。

筥：用竹或藤编制的圆箱，供盛炭用。

炭樜：六角形的铁棒，也有做成锤或斧形的，供敲炭用。

火篋：又名筋，即火箸，或火筷子，用铁或铜制成，供取炭用。

镀：又名釜，用生铁制成，内光外粗，耳呈方形，镀边宽阔，以便伸展。镀中心部宽，可使火力集中于中心部位，使水易沸，茶末易扬，茶汤易厚。兴州（今江西修水、赣江支流的锦江流域和南昌、丰城、进贤等地）的镀为瓷制，莱州（今山东掖县、即墨、莱阳、平度、莱西、海阳等地）的镀为石制。陆羽认为，这种镀虽雅致好看，但不坚实耐用。还有用银制的，虽清洁，但近于奢侈。从美观、清洁、实用考虑，陆羽最终认为以铁制为好。镀主要供烧水煮茶用。

交床：十字交叉的架，上置剜去中部的木板，供放镀用。

竹夹：用桃、柳、蒲葵木或柿心木做成的细圆木棒，两头包银，供放镀用。

②烤茶、煮茶和量茶的器具。

镀夹：用小青竹制成。陆羽认为：小青竹遇火能发出津液，可以提高茶叶的清香味。另外，用精铁、熟铜也可制作，它具有经久耐用的特点。供烤茶时翻茶用。

纸囊：用剡藤纸（产于剡溪，今浙江嵊县境内）双层缝制。贮放烤好的茶，使香气不致散失。

碾：用桔木制作，也可用梨、桑、桐、柘木制作。它内圆，便于运转；外方，可防止倾倒。里面装一车轮形带轴的坠，能来回转动。用碾将炙（烤）过的团茶碾成粉末状，才可用来煮茶。

拂末：用鸟羽毛做成，碾茶后用来掸茶末。

罗合：罗是筛，合是盒。筛下的茶末贮存于盒内。筛用竹弯成圆形，绷上纱或绢。盒用竹节或杉木制成。在团茶碾碎后，用来筛分茶末。

则：量茶器具，用海贝、蚌等有壳，或铜、铁、竹制作的匙、小箕等。

③盛水、滤水和提水器具。

水方：用稠木或槐、楸、梓木锯板制成，板缝可用漆涂封。主要供盛水用。

滤水囊：滤水用具，供清洁水用。囊的骨架用生铜制作。陆羽认为，生铜浸水后不会产生苔秽和腥涩味，而熟铜会产生铜绿，铁会生锈，带腥涩味。这种说法，至今仍有现实意义。此外，也可用竹、木制作，但不耐久，不便携带。囊可用青竹丝编织，缀上绿色绢、细巧的饰品。另外，再做一个绿油布袋，用来贮放滤水囊。

瓢：又名牺杓。用葫芦剖开制成，或用木雕凿成，作舀水用。

熟盂：用瓷或陶制成的盛水器。

④盛盐或取盐的器具。

鹾簋：用瓷制成，有盆形、瓶形或壶形，供放盐用。

揭：用竹制作，用以取盐。

⑤盛茶和饮茶的器具。

碗：用瓷制成，供盛茶用。

札：选取棕榈皮，用茱萸木夹住缚紧，或用竹子一段，竹管里装一束棕榈皮，呈笔状。供调茶用。

⑥装盛茶具的器具。

畚：用白蒲编成，也可用筥，并衬以双幅剡纸，呈方形，装茶碗用。

具列：用木或竹制成，呈床形或架形，漆成黄墨色，可关闭，用来收藏和陈设各种茶具。

都篮：篮内用竹蔑编成三角方眼，外用宽的双篾作经，细篾缚紧，呈长方形，用来贮放各种茶具。

⑦洗涤和清洁用的器物。

涤方：用楸木板制成的容器，板缝用漆涂封，供盛洗涤后的水用。

滓方：容器，制法似涤方，供盛茶渣用。

巾：用粗绸制成，计两块，用以交替擦拭各种茶具。

陆羽不仅对茶进行了充分的研究和评介，而且对茶具也进行了详细的介绍，为此，在他在世时，人们已对他怀有十分敬意。唐代李肇的《国史补》一书有记载，说："巩县陶者多为瓷人，号陆鸿渐，买数十茶器得一鸿渐。"李肇和陆羽应是同时代人，《国史补》成书在陆羽死后 20 年。这条记载说明陆羽已被当时人奉为茶神。唐赵璘《因话录》、北宋时撰的《新唐书·陆羽传》、北宋欧阳修《集古录跋尾》等书中，也都记载了陆羽因撰写《茶经》有功，自唐中期到北宋间，已被尊为中国的"茶神"。1959 年，河北省出土了五代邢窑瓷器，其中有茶臼（径 12.2 厘米）、茶釜、灶（通高 15.6 厘米），茶汤瓶（高 9.8 厘米），渣斗（高 9.5 厘米），瓷人（高 10 厘米）。胎质细腻，釉色洁白莹润。除瓷人鬓发黑彩占染，有刻画农纹外，余皆光素无饰。器形玲珑端巧，器皿尺度缩小，可能是冥器。那件白釉黑釉瓷人，既然与茶具同出，当与茶文化有密切关系。这瓷人，头戴四瓣莲花形高冠，手捧展开的经卷，双足结跏趺坐，上身穿衣，下体着裳。乍看似正在诵经的佛子，但从连鬓黑发和衣裳穿着看，说明他不是剃度的僧人。那么这尊非僧非俗瓷制人像是谁呢？正是茶神陆羽的瓷造像。至于手中所捧的经卷，当然只能是《茶经》了（此瓷像现藏中国历史博物馆）。从出土如此众多的瓷制茶器具物看来，唐时的茶器具至迟在五代时已普遍使用。

唐代茶具式样，至今仍为日本末茶道、煎茶道举行茶道仪式时所使用，只是为了方便和清洁，风炉内改用了电炉丝。但正统的茶道活动，又在自己家里进行，还是用炭的。在静寂的茶室里，听击炭和倒水声音所产生的幽雅气氛，也是茶道活动中的重要要求。在唐宋诗词中，对每种茶具几乎都有描写。

唐代的宫廷茶具

1987 年，埋藏于法门寺地下千余年的一套唐代皇室宫廷使用的金、银、玻璃、秘色瓷等烹、饮茶器重见天日。这是一套世界惟一的珍宝，也让我们看到了连陆羽也不曾看到的宫廷茶具，因为陆羽逝世于公元 804 年，而这套茶具据《资治通鉴》记载是公元 873 年末封藏的，即陆羽离世之后 69 年封藏的，这批茶器以它本身明确的鉴文和出土《物账牌》，已成为我国茶文化考古上最齐全的一次茶器发现。《物账碑》载："茶槽子碾子茶罗子匙子一副七事共八十两。"且从茶罗子、碾子、碢轴等本身鉴文看，这些器物为咸通九年至十年制成。同时，鎏金飞鸿纹银则、长柄勺、茶罗子上还刻有"五哥"两字。"五哥"是宫中对僖宗小时的称呼。《物账碑》又将此记在新恩赐物（僖宗供物）项下，因而全为僖宗所供。从实物中来看，"七事"应为：茶碾子，茶碢轴、茶罗子、鎏金飞鸿纹银器中标出的茶器。另外，还有玻璃器皿的茶碗、茶盏子两枚，《物账碑》载明为茶器。

①焙炙器。

金银丝结条笼子：筒形带盖，横截面为椭圆形，带提梁，底有四足，通体用金丝、银丝编织而成。提梁以素银丝编织为复层，宽 0.5 厘米，厚约 0.2 厘米，长 20

厘米，编结于椭圆形长径两端。盖面稍隆，顶端有塔状丝编物装饰，盖面与盖沿的相交棱线为金丝盘旋成的小圈，连珠一周，盖沿与笼体上沿为复层银片，呈子母口。笼体、笼盖均为五边形近圆的小孔，下沿边交结四个盘圆圈足。通高 15 厘米，长 14.5 厘米，宽 10.5 厘米，重 355 克。

飞鸿毬路纹鎏纹银笼子：呈桶形，带隆面盖，倒"品"字形足，带提梁，模冲成型。通体为古钱形实地与菱形孔。直壁、深腹、平底、四足；盖拱隆，直沿带子母口与笼体开合，顶带圆铰环，一银链与笼体相系。盖面笼外壁模冲出相向飞翔的大雁，錾刻羽绒，工艺构图给人以奔放之感。直沿为上、下错开的如意花，以鱼子纹衬底。沿边带耳环，上套鹅形提梁，四足由破叶花瓣粘接呈"品"字形，纹饰鎏金。

这两个笼子很可能是当时用来盛茶饼的。蔡襄《茶录》记："茶焙，编竹为之，裹以叶，盖其上，以收火也。隔其中，以有察也。纳火其下，去茶尺许，常温然所以养茶色香味也。"宋庞元英《文昌杂录》卷四："叔文魏国公，不甚喜茶，无精粗共置一笼，每次取碾。"以笼装茶，用温火慢烤可以达到两个目的：一可使茶饼内外都干透，不致造成外干内潮；二又可保持色、香、味的纯正。唐秦韬玉诗曾有碾烤干饼茶的记述，"山童碾破团圆月"，团圆月即指圆形茶饼。

②碾罗器。

鎏金鸿雁纹云纹茶碾子：钣金成型，纹饰鎏金，通体方长，纵截面呈"Ⅱ"形。其主体结构为梭状槽外带护槽架；下带座垫，木制；上有可以抽出推进的辖板（上带宝珠形捉手），用来保持梭槽的干净卫生，形如今日中药铺中的药碾槽。护槽架和底座两端都带如意云头，护槽架两侧为鸿雁流云纹，座壁两侧为镂空壶门，门间錾饰流云奔马。底外錾铭文"咸通十年文思院造银金花茶碾子一枚，共重廿九两"等字。黄庭坚词云："凤舞团团饼。恨分破、教孤零。金渠体净，只轮慢碾，玉尘光莹。"从碾子形制看，一改民间方形碾而更显科学。通高 7.1 厘米，横长 27.4 厘米，槽深 3.4 厘米，辖板长 20.7 厘米，宽 3 厘米，重 1168 克。

鎏金团花银锅轴：由执手和圆饼组成，纹饰鎏金，圆饼边薄带齿口，中厚带圆孔，套接擀面杖一样中段粗两边细的执手。上有"碢轴重十三两十七字号"。皇室饮茶作为一种高雅文化活动，用茶量小，轻推慢拉。"碾成黄金粉，轻嫩如松花"，因而碢轴显得小巧别致。饼径 9 厘米，轴长 22 厘米，重 123.5 克。后来的宋徽宗认为："凡碾之制，槽俗而峻，轮俗锐而薄。槽深而峻，则底有准而茶叶聚；轮锐而薄，则远边中而槽不夏。"他没有想到唐人已制作出他认为最理想的碾茶器。

鎏金仙人驾鹤纹壶门茶罗子：钣金成型，纹饰鎏金，由盖、套框、筛罗和屉、器座组成。盖顶长方形，直沿，与罗架套框子母口开合，其上錾刻两个飞天翔游于流云间，罗套框架为双层，上留口，以放罗端。有方口置屉，两侧为仙人乘鹤流云纹，端面为山、云纹。罗为"口"形框，双层，厚约0.2厘米，高约2厘米，中夹质地为细纱的网筛，极为细密，近乎今天的细纱网，出土时呈深褐色，伴有大量褐色粉末，给人感觉网眼极细致。罗下盛茶面的届——如今日桌框抽屉，以此来看，唐人用此具来制"黄金粉"，否则网筛不会如此细致。

不论是烹茶，还是点茶都离不开量具"则"。《茶经》云："则者，量也，准也，度也。凡煮水一升，用（茶）末方寸匕，若好薄者减之，嗜浓者增之，故云则也。"《十六汤品》则云："且一瓯之茗，多不二钱，茗盏量合宜，下汤不过六分，万一快泻而深积之，茶安在哉。"地宫出土的"鎏金飞鸿纹银则"形如勺，但其前宽角仰面平后椭圆。柄前窄后宽，后端作三角形，前后两段分别为联珠组成菱形图案，间以十字花、飞鸿流云纹。两段下方均以弦纹和破式菱形为界，小巧精制，通长19.21厘米，重44.5克。匙径2.6厘米，长4.5厘米。

③贮茶器。

保持茶面的香味要用盒密存。此鎏金银盒钣金成型，纹饰鎏金。龟形，昂首曲尾，四足着地，以背甲作盖，盖内焊接椭圆形子母口。龟首及四足中空，首腹套合加焊，龟尾焊接，似一龟正欲启程。通长28厘米，宽15厘米，高13厘米，重818克。

鎏金双狮纹菱弧形圈足银盒：钣金焊接，纹饰鎏金。盒体呈菱弧状，直壁、浅腹、平底、喇叭形圈足。盖、盒呈菱弧形。盖沿饰一周莲瓣，内以联珠纹组成一个菱形，与周边呈拱斗布局，中心部位为两相向腾跃的狮子。盖、盒子母口扣合。

在唐人心目中，龟象征着吉祥、长寿，狮子象征着雄猛威严。

④贮盐器。

在茶道发展过程中，茶圣陆羽对茶中加盐进行了保留，使这一方法得以延续至晚唐。

鎏金摩羯纹银盐台：由盖、台盘、三足架等组成。盖顶为莲花形捉手，中空，有铰链可开合为上下两半，用根焊接并与盖相连。盖心饰团花一周，面饰四尾摩羯，盖沿为卷荷形三足架与台盘焊接相连，似一平展的莲叶莲蓬，支架以银箸盘曲而成，中部斜出四枝，枝头两花蕾两摩羯，通高25厘米。支架有錾文："咸通九年文思院准造涂金银盐台一枚"錾文明确表明此为盛盐的盐台。

银镡子：钣金成型，纹饰鎏金，带盖、直口、深腹、平底、喇叭形圈足，盖顶为宝珠形提钮。

⑤点茶器。

《茶经》对点茶法稍有提及："乃斫、乃熬、乃舂，贮于瓶之中，以汤沃焉，谓之庵茶。""庵茶"亦即在盏内点茶。

从地宫出土文物看，属于点茶之器不在少数。秘色瓷中，两种碗的口径和高度都较大，很显然不适合于作餐具，也不适合于饮用器，作为点茶之器来说，越窑生产之青瓷很受饮茶之人喜爱，因茶水注入后令人感到格外的鲜绿和清爽。

系链银头箸：上粗下细，通体素面，上端为宝珠顶，顶下为半厘米宽的凹槽，以辖扣环。箸子以银丝编结的链条套链。茶面入碗，以热水冲击会泛走茶花，用箸子击拂，搅拌，调如胶状。

鎏金流云纹长柄银匙：形制似则，但其柄长直，匙面平整。作为点茶器，击拂茶花，进行搅拌。

五瓣葵口高圈足秘色瓷碗：素面、侈口、口沿五曲，曲处内有尖凸棱至碗底，外有凹槽，平底，高圈足稍外撇。通体施青釉，釉层均匀凝润，外壁留有仕女图包纸痕迹，通高9.4厘米，口径21.4厘米，腹深7厘米，足高2.1厘米，足外径9.9厘米，底内径9厘米，重610克。侧视如一卷荷叶，高度较大，壁斜而口沿外翻，是点茶用的佳器。

五瓣葵口内凹底秘色瓷盘碗：卷沿，尖唇，斜鼓腹，底内平处内凹，通体施釉，青绿泛灰，通高6.8厘米，深6.2厘米，口径24.5厘米，底径4.5厘米，重902克。此盘碗也是点茶器。

茶托、茶碗：《物账碑》明确记为茶托、茶碗。各地出土的茶碗茶托不止一件，法门寺所出土一套托盏均为淡黄绿色玻璃制品，茶托卷棱圈沿，斜壁内收于喇叭形柄把，柄把为管状物，带卷棱圈足，通体较多鱼泡，浑沉。

素面淡黄色玻璃茶碗：侈口、秃唇、腹斜光洁呈倒喇叭形收于小底，底外凸一小包，环棱圈足，与茶托配套使用。通高4.5—5.2厘米，腹深4厘米，口径12.6，底径3.5厘米，重117克，用玻璃来制茶器，表明民间制作茶盏、茶托已有相当历史。但一些国内外专家认为，法门寺出土的玻璃是来自伊斯兰。

法门寺出土的茶器具中少了最重要的风炉、煮水的锅和盛水的器皿。这大约是在陆羽之后的近100年中，宫廷中已开始偏重点茶饮法。"上有好者，下有甚焉"，上层的讲究和提倡，自然会对全国乃至国外产生重大的文化影响。

宋元明清时期的茶具

宋代，北方饮茶风尚开始社会化，茶肆、茶楼由寺庙僧众经营转为民间经营，功能出现多样化趋势。宋代的陶瓷工艺也进入黄金时代，当时最为著名的有汝、官、哥、定、钧五大名窑，它们的产品瓷质之精，釉色之纯，造型之美达到了空前绝后的地步。还有陕西铜川的耀州窑，也以其胎薄、釉色绿青中带黄为一大特征，在中国青瓷发展史上也占有一定的地位。宋代末期元代初期，著名画家赵孟頫画有《斗茶图》，我们可以看到画中的人们手中只持茶碗，但南方武夷山茶崛起后，便出现了专为斗茶而用的茶具——兔毫盏。

宋徽宗在他的《大观茶论》中说："天下之士，励志清白，啜英咀华，较筐箧之精，争鉴裁之别。"福建建窑的兔毫盏直径一握，釉黑青色，盏底有向上放射状的毫毛纹条，内出奇幻的银光，异常美丽多变。用此盏来点茶，以茶面泡沫纯白，着盏无水痕，久热难冷者胜。兔毫盏还以黑白相映，对比强烈而名重一时。苏轼的"来试点茶三昧乎，勿惊午盏兔毛斑"，杨万里的"鹰爪新茶蟹眼汤，松风鸣雪兔毫霜"，陈蹇叔的"兔毫瓯心雪作泓"，黄庭坚的"兔褐金丝宝碗，松风蟹眼新汤"，对宋代这一极富特色的茶具都作了生动的描写。

这一时期，长江下游的宜兴紫砂茶具也开始萌芽。苏东坡在宜兴任职时，对鼎蜀镇的紫砂陶情有独钟，他酷爱的提梁壶，至今被称为"东坡提梁"。河南禹县的钧瓷，改变了单色瓷的历史，利用氧化铜、铁呈色不一的特点，在烧制中任其产生自然的"窑变"，"绿如春水出生日，红似朝霞欲上时"，获得一种人工无法达到的变幻境界。浙江龙泉窑出品的茶具，则以清奇淡雅、古风淳朴的碎裂纹，达到一种视觉上的风韵逸品通灵感。它们的出现，适应了人们对茶具艺术多式样、高品味的要求。这种淡雅质朴的茶具韵味与宋代士大夫退隐、遁世的政治感伤情绪相通，适合了他们的审美趣味，把茶、茶具的内涵、风格、形式、色彩与一种精神情趣融合为一体。

明代，除特殊的个别地区外，饮用之茶改用了蒸青、炒青。茶具因永乐、宣德两朝30多年的衍变，不但在瓷的烧制上出现了红釉以外，其青花、彩瓷的茶具成为社交生活中最惹人注目的器皿。但在接踵而至的正统、景泰、天顺三朝近30年中，由于社会政治原因，官窑全在禁烧之列。瓷器生产业遭到了空前的摧残，而紫砂陶茶壶却应运而生。明代的瓷器件，直到明末万历年间才恢复生产并出口国外。在日本，这一时期的茶具珍贵异常。

到清代，茶具的生产制作出现一个色彩纷呈、数量空前的时期。紫砂陶与瓷器相互竞争，发展迅速，茶具的范围也有了拓展，包括贮茶器在内成组合发展。这主要是基于三个原因：（一）清王朝在1664年至1820年这近200年间政治稳定，经济发展；（二）南北大运河进一步疏浚开通，沿河城镇纷纷建立，唐宋时在北方形成的茶肆在江南演变为茶馆。山东、江苏、浙江、福建的茶馆已经成为一种文化经济的交流场所，饮茶的内涵大大丰富，前朝茶具已成为一种收藏的古玩，茶和茶具成为人们生活中不可或缺的一件事；（三）是瓷器中除素瓷、彩瓷外，又有了从法国传入的珐琅瓷；在宜兴一带，文人介入了紫砂陶茶具的制作，茶具登堂入室，成为一种雅玩，其文化品位大大提高。社会上茶具与酒具彻底分开，茶具艺术作为一门独特的艺术门类而引人注目。直到今天，在林林总总的茶具中，除茶杯、茶盘有用玻璃、塑料等质材外，茶壶依然是以陶瓷为主。

中国地大物博，民族众多，饮茶虽有共同点，但饮用方法就千差万别。例如，云南基诺族把鲜茶叶作凉拌菜吃，崩龙族把鲜茶叶腌渍嚼着吃。严格地说，这并不能称为饮茶。然而，云南的傣族、佤族，是采一枝有五六片嫩叶的茶枝，在火上烤黄投入锅中熬煎，再倒出茶汤来饮用，这种饮茶的茶具是火糖、锅、碗三种。又如，山东、河北，一般家庭中放一个茶盘，内放高瓷壶一把，小杯四个。把茶汤倒进小杯内品饮。广东、闽南的一些地方，也是一壶多盅一个茶盘，但品饮方法较北方讲究，壶、杯都极小，还有一个烫杯的滤盘和盛水的盆，让初来乍到的人见了难以理解。

岭南、西南多细竹，以青竹筒作各有不同的茶具。布朗族是把煮好的茶汤倒进竹筒里饮用，让茶香和竹香搅在一起；而另一种则把干茶叶放进鲜竹筒里烤热，再倒出来冲饮。严格地说，这青竹筒不应算作茶具。

西藏的酥油茶是使用打茶筒把茶叶、酥油、盐充分搅拌；内蒙是用铜壶把茶、奶、盐三者一起熬煮成奶子茶。新疆维吾尔族所用茶具也有区别：南疆是把茶、胡椒、桂皮、丁香等碾末投入长颈的铜壶或瓷、搪瓷壶中煮，北疆是把茶投入锅中煮沸，兑入鲜奶或奶皮子和盐。茶具不同在于一用壶，一用锅。所以，打茶筒、壶、锅、茶碗以及砸碎茶砖用的工具，就可归入茶具之列了。

（三）茶具选配

茶具的种类

我国地域辽阔，茶类繁多，又因民族众多，民俗也有差异，饮茶习惯便各有特点，所用器具更是异彩纷呈，很难作出一个模式的规定。本节所述内容是从中国现代茶艺的基本需要出发，选择主要器具，以功能分类叙述，以供茶艺爱好者参考。

1. 主茶具

泡茶、饮茶主要的用具。

（1）茶壶：用以泡茶的器具。壶由壶盖、壶身、壶底和圈足四部分组成。壶盖有孔、钮、座、盖等细部。壶身有口、延（唇墙）、嘴、流、腹、肩、把（柄、板）等细部。由于壶的把、盖、底、形的细微部分的不同，壶的基本形态就有近 200 种。以把划分。①侧提壶：壶把为耳状，在壶嘴的对面。②提梁壶；壶把在盖上方为虹状者。③飞天壶，壶把在壶身一侧上方为彩带习舞状。④握把壶：壶把圆直形与壶身呈90°状。⑤无把壶：壶把省略，手持壶身头部倒茶。

以盖划分。①压盖：盖平压在壶口之上，壶口不外露。②嵌盖：盖嵌入壶内，盖沿与壶口平。③截盖：盖与壶身浑然一体，只显截缝。

以底划分。①捺底：将壶底心捺成内凹状，不另加足。②钉足：在壶底上加上三颗外突的足。③加底：在壶底四周加一圈足。

以有无滤胆分。①普通壶：上述的各种茶壶，无滤胆。②滤壶：在上述的各种茶壶中，壶口安放一只直桶形的滤胆或滤网，使茶渣与茶汤分开。

以形状分。①筋纹形：犹如植物中弧形叶脉状筋纹，在壶的外壁上有凹形的纹线，称之为筋，而筋与筋之间的壁隆起，有圆泽感。②几何形：以几何图形为造型，如正方形、长方形、菱形、球形、椭圆形、圆柱形、梯形等。③仿生形：又称自然形，仿各种动、植物造型、如南瓜壶、梅桩壶、松干壶、桃子壶、花瓣形壶等等。④书画形：在制成的壶上，刻凿出文字诗句或人物、山水、花鸟等。

（2）茶船：放茶壶的垫底茶具。既可增加美观，又可防止茶壶烫伤桌面。

①盘状：船沿矮小，整体如盘状，侧平视茶壶形态完全展现出来。②碗状：船沿高耸，侧平视只见茶壶上半部。③夹层状：茶船制成双层，上层有许多排水小孔，使冲泡溢出之水流入下层，并有出水口，使夹层中的积聚之水容易倒出。

（3）茶盅：亦称茶海。盛放泡好的茶汤之分茶器具。因有均匀茶汤浓度的功能，故亦称公平杯。

①壶形盅：以茶壶代替用之。②无把盅：将壶把省略，为区别于无把壶，常将壶口向外延拉成一翻边，以代替把手提着倒水。③简式盅：无盖，从盅身拉出一个简单的倒水口，有把或无把。

（4）小茶杯：盛放泡好的茶汤并饮用的器具。

①翻口杯：杯口向外翻出似喇叭状。②敞口杯：杯口大于杯底，也称盏形杯。③直口杯：杯口与杯底同大，也称桶形杯。④收口杯：杯口小于杯底，也称鼓形杯。⑤把杯：附加把手的茶杯。⑥盖杯：附加盖子的茶杯，有把或无把。

（5）闻香杯：盛放泡好的茶汤，倒入品茗杯后，闻嗅留在杯底余香之器具。

（6）杯托：放置茶杯的垫底器具。

①盘形：托沿矮小呈盘状。②碗形：托沿高耸，茶杯下部被托包围。③高脚形：杯托下有一圆柱脚。④圈形：杯托中心留一空洞，洞沿上下有竖边，上固定杯底，下为托足。

（7）盖置：放置壶盖、盅盖、杯盖的器物，既保持盖子清洁，又避免沾湿桌面。

①托垫式：形似盘式杯托。②支撑式：圆柱状物，从盖子中心点支撑住盖；或

筒状物，从盖子四周支撑。

（8）茶碗：泡茶器具，或盛放茶汤作饮用工具。

①圆底：碗底呈圆形。②尖底：碗底呈圆锥形，常称为茶盏。

（9）盖碗：由盖、碗、托三部件组成，泡饮合用器具或可单用。

（10）大茶杯：泡饮合用器具。多为长桶形，有把或无把，有盖或无盖。

（11）同心杯：大茶杯中有一只滤胆，将茶渣分离出来。

（12）冲泡盅：用以冲泡茶叶的杯状物，盅口留一缺口为出水口，或杯盖连接一滤网，中轴可以上下提压如活塞状，既可使冲泡的茶汤均匀，又可以使渣与茶汤分开。

2. 辅助用品

泡茶、饮茶时所需的各种器具，以增加美感，方便操作。

（1）桌布：铺在桌面并向四周下垂的饰物，可用各种纤维织物制成。

（2）泡茶巾：铺于个人泡茶席上的织物或覆盖于洁具、干燥后的壶杯等茶具上。常用棉、丝织物制成。

（3）茶盘：摆置茶具，用以泡茶的基底。用竹、木、金属、陶瓷、石等制成，有规则形、自然形、排水形等多种。

（4）茶巾、用以擦洗、抹拭茶具的棉织物；或用作抹干泡茶、分茶时溅出的水滴；托垫壶底；吸干壶底、杯底之残水。

（5）茶巾盘：放置茶巾的用具。竹、木、金属、搪瓷等均可制作。

（6）奉茶盘：以之盛放茶杯、茶碗、茶具、茶食等，恭敬端送给品茶者，显得洁净而高雅。

（7）茶匙：从贮茶器中取干茶之工具，或在饮用添加茶叶时作搅拌用，常与茶荷搭配使用。

（8）茶荷：古时称茶则，是控制置茶量的器皿，用竹、木、陶、瓷、锡等制成。同时可作观看干茶样和置茶分样用。

（9）茶针：由壶嘴伸入流中防止茶叶阻塞，使出水流畅的工具，以竹、木制成。

（10）茶箸：泡头一道茶时，刮去壶口泡沫之具，形同筷子，也用于夹出茶渣，在配合泡茶时亦可用于搅拌茶汤。

（11）渣匙：从泡茶器具中取出茶渣的用具，常与茶针相连，即一端为茶针，另一端为渣匙，用竹、木制成。

（12）箸匙筒：插放箸、匙、茶针等用的有底筒状物。

（13）茶拂：用以刷除茶荷上所沾茶末之具。

（14）计时器：用以计算泡茶时间的工具，有定时钟和电子秒表，以可计秒的为佳。

（15）茶食盘：置放茶食的用具，用瓷、竹、金属等制成。

（16）茶叉：取食茶食用具，金属、竹、木制。

（17）餐巾纸：垫取茶食、擦手、抹拭杯沿用。

（18）消毒柜：用以烘干茶具和消毒灭菌。

3. 备水器

（1）净水器：安装在取水管道口用于纯净水质，应按泡茶用水量和水质要求选择相应的净水器，可配备一至数只。

（2）贮水缸：利用天然水源或无净水设备时，贮放泡茶用水，起澄清和挥发氯气作用，应特别注意保持清洁。

（3）煮水器：由烧水壶和热源两部分组成，热源可用电炉、酒精炉、炭炉等。

（4）保温瓶：贮放开水用。一般用居家使用的热水瓶即可，如去野外郊游或举行无我茶会时，需配备旅行热水瓶，以不锈钢双层胆者为佳。

（5）水方：置于泡茶席上贮放清洁的泡茶用水的器皿。

（6）水注：将水注入煮水器内加热，或将开水注入壶（杯）中温器、调节冲泡水温的用具。形状近似壶，口较一般壶小，而流特别细长。

（7）水盂：盛放弃水、茶渣等物的器皿，亦称"滓盂"。

4. 备茶器

（1）茶样罐：泡茶时用于盛放茶样的容器，体积较小，装干茶 30～50 克即可。

（2）贮茶罐（瓶）：贮藏茶叶用，可贮茶 250～500 克。为密封起见，应用双层盖或防潮盖，金属或瓷质均可。

（3）茶瓮（箱）：涂釉陶瓷容器，小口鼓腹，贮茶防潮用具，也可用马口铁制成双层箱，下层放干燥剂（通常用生石灰），上层用于贮茶，双层间以带孔搁板隔开。

5. 盛运器

（1）提柜：用以放置泡茶用具及茶样罐的木柜，门为抽屉式，内分格或安放小抽屉。可携带外出泡茶用。

（2）都篮：竹编的有盖提篮，放置泡茶用具及茶样罐等，可携带外出泡茶。

（3）提袋：携带泡茶用具及茶样罐、泡茶巾、坐垫等物的多用袋，用人造革、帆布等制成的背带式袋子。

（4）包壶巾：用以保护壶、盅、杯等的包装布，以厚实而柔软的织物制成，四角缝有雌雄搭扣。

（5）杯套：用柔软的织物制成，套于杯外。

6. 泡茶席

（1）茶车：可以移动的泡茶桌子，不泡茶时可将两侧台面放下，搁架向对关闭，桌身即成一柜，柜内分格，放置必备泡茶器具及用品。

（2）茶桌：用于泡茶的桌子。长约150厘米，宽约60~80厘米。

（3）茶席：用以泡茶的地面。

（4）茶凳：泡茶时的坐凳，高低应与茶车或茶桌相配。

（5）坐垫：在炕桌上或地上泡茶时，用于坐、跪的柔软垫物。大小为60厘米×60厘米的方形物，或60厘米×45厘米的长方形物，为方便携带，可制成折叠式。

7. 茶室用品。

（1）屏风：遮挡非泡茶区域或作装饰用。

（2）茶挂：挂在墙上营造气氛的书画艺术作品。

（3）花器：插花用的瓶、篓、篮、盆等物。

主茶具的功能要求

壶、船、盅、杯、托、碗等所构成的主茶具，一定要符合泡饮茶的功能要求，如果只有玲珑的造型、精美的图案和亮丽的色彩，而在其功能上有所欠缺，则只能作为摆设，失去了茶具的真正作用。不同茶具的功能要求尽管不同，但终究以实用、便利为第一要旨。现分述如下：

1. 茶壶

（1）茶壶的功能要求：一把茶壶是否适用，取决于用之置茶、泡茶、分茶（倒茶）、清洗、置放等方面操作的便利程度及茶水有无滴漏。首先，纵观整体，一则壶嘴、壶口与壶把顶部应呈"三平"，或虽突破"三平"但仍不失稳重，唯把顶略高；二则对侧把壶而言，壶把提拿时重心垂直线所成角度应小于45℃，易于掌握重心；三则出水流畅，不漏水，壶嘴可断水，无余水沿壶流外壁滴落。其次，细察各处，分别有以下标准：

①壶口：为便于置放茶叶及夹取茶渣，壶口直径不宜小于3.5厘米，即可伸入并拢的双指。若是嵌盖式壶口，堰圈部分不能在壶口内侧形成凸起的一圈，否则不

利于去渣、涮壶。为加大壶口与壶嘴的高度差，避免倒茶时水从壶口先出，可将壶嘴方的壶口上扬，并做一块挡水板。

②水孔：茶壶的水孔有单孔、网状孔和蜂窝孔三种。一般小壶为单孔，易被浸泡后的叶底堵塞，使"流"的出水不畅，尤以喇叭状小孔为甚，冲泡时需常用茶针疏通，故其"流"为直形。网状孔可以直接制坯而成，亦可在单孔外加金属网，避免叶底入"流"堵塞，但仍易为单片叶底粘住，出现水流不畅。最佳水孔为蜂窝状，即将水孔处制成一半球状，向壶身内凸起，凸面上面满蜂窝状小孔，即使有单片叶粘着，也只是盖住了一部分小孔，又因是凸面，很快会滑落，不易堵塞，但制作难度较大。

③壶嘴：要求出水顺畅、流速适中、水注成线，特别是"断水"要良好，即斟好茶后，壶嘴的水能马上回落，不会沿"流"的外壁滴于杯外。"断水"功能与壶盖是否密封有关，选购时应注水试用。

④壶把：作为壶的提握部位，壶把的重心十分关键。冲满水的茶壶靠手腕提握，位置不对则未斟茶时已洒出茶水。前文已述，侧提壶之"三平"等原则应牢牢记住。从把的形状来看，固定的提梁壶把，必须加大梁的高度和宽度，使掀盖、置茶、去渣方便，但斟茶时又显笨拙，可改用活动壶把，则可扬长避短。一般多用侧提壶，泡茶时操作方便，姿态优雅。

⑤壶形：壶形的种类很多，同类壶的大小、高低与直径的比例、装饰花纹等千变万化。壶形的好坏直接影响到泡茶时的动态美观，方便实用的壶用来得心应手，更增添了一份泡茶技艺的美感。在泡茶之前，可专门用一段时间用于赏具，如举行无我茶会时，首先由各茶人彼此观摩茶具，从每人所备之茶具的风格，可想见其人的文化层次、个人修养、茶艺造诣等等。所以，在选择壶形时，应摒弃华而不实的装饰，以质朴取胜。如冲泡绿茶之壶，为保持其特有的色泽，除控制水温外，须选用口大（有的大到与壶身直径相同）、壁薄（易传热，与质地也有关）的扁腹形壶，取其散热快的长处，令茶汁色碧而清洌；若冲泡乌龙茶，则应选口小、壁厚或多细密气孔、高度与直径相仿者，盖取其保温性好，使茶汤浓香诱人，余味不绝。

上述五点，只指茶壶的一般功能要求，至于从欣赏角度谈壶形，则人各有所好，尚无定论。一般鉴赏紫砂茶壶，当从其神韵、形态、色泽、意趣、文心、适用等方面——考评。笔者认为，在实用便利的基础上，壶形应以自然流畅、气定神闲者为佳，切忌矫揉造作、匠气十足。古人尝以佳人比佳壶，推崇布衣荆钗，不掩天姿国色，是以一把佳壶不可多色多饰，须以浑然天成为最高追求境界。

（2）壶的整修：前面谈了如此繁复的选壶要求，一般读者必会产生畏难情绪。的确，古往今来只有屈指可数的几位堪称制壶大师，其作品流传至今者更是凤毛麟角，一壶值千金，非一般消费层次者可染指。尤其是现代工厂化生产条件下，市卖者多为大批生产出来的商品，当然不是艺术品，要符合如许要求显然是苛求了。其实，在选购时挑选基本符合前述条件的新壶，然后可通过整修，成为一把理想的合用之壶，并且因为是亲手参与，会有一份特别的乐趣。

整修工具为细圆棒形钻石锉刀，辅料为金刚砂、肥皂和水。整修时先在金刚砂内倒入少量水，并在壶盖沿上抹些肥皂，再抹上湿润的金刚砂，把壶盖盖在壶口上，一把握钮倒托壶，另一手将翻向上的壶底按住，两手作反方向的反复旋转，使壶盖沿与壶口轻轻摩擦，直至密缝。如气孔太小或有微粒堵塞，用锉刀慢慢锉大锉平即可。检验是否整修完毕有两法：其一是测试断水、放水的灵敏度，即按住气孔壶嘴不出水，放开气孔则马上出水；其二是测试壶的密封性能，将盛满水的壶按住壶嘴倒提，壶盖不会掉落，松开壶嘴则盖落。一般用前一方法测试，以免壶盖打碎。经整修后合用的新壶在泡茶前须除异味，可用粗老茶叶放入壶中，待吸尽异味后再用。

2. 茶船

茶船除防止茶壶烫伤桌面、冲泡水溅到桌面外，有时还作为"湿壶"、"淋壶"时蓄水用，观看叶底用，盛放茶渣和涮壶水用，并可以增加美观。选择时应注意：

（1）形状：碗状优于盘状，而有夹层者更优于碗状。这是因为盘状茶船无法蓄盛废水，碗状可蓄，但壶的下半部浸于水中，日久天长会令茶壶上下部分色泽有异。有夹层的茶船既可以下层蓄废水，又可以上层实现茶船的各个功效，十分利于操作与日常养壶。

（2）大小：茶船围沿要大于壶体的最宽处，若是碗状、有夹层的茶船，因要用来蓄水，所以其容水量至少是茶壶容水量的 2 倍，但也不可过大，应与茶壶比例协调。

（3）造型与色彩：茶船应与茶壶的造型、色泽、风格一致，起到和谐的效果。

3. 茶盅

茶盅除具均匀茶汤浓度功能外，最好还具滤渣功能。

（1）形状和色彩：盅与壶搭配使用，故最好选择与壶呼应的盅，有时虽可用不同的造型与色彩，但须把握整体的协调感。若用壶代替盅，宜一大一小、一高一低的两壶，以有主次之分。

（2）容量：盅的容量一般与壶同即可，有时亦可将其容量扩大到壶的 1.5 ~ 2.0 倍，在客人多时，可泡两次或三次茶混合后供一道茶饮用。

（3）滤渣：在盅的水孔外加盖一片高密度的金属滤网，即可滤去茶汤中的细茶末。

（4）断水：盅为均分茶汤用具，其断水性能优劣直接影响到均分茶汤时动作的优雅，如果发生滴水四溅的情形是极不礼貌的。所以，在挑选时要特别留意，盅不一定有盖，断水好坏全在于嘴的形状，光凭目测较为困难，以注水试用为佳。

4. 茶杯

茶杯的功能是用于饮茶，要求持拿不烫手，啜饮又方便。杯的造型丰富多样，其实用感觉亦不尽相同，下面介绍挑选时一般的准则。

（1）杯口：杯口需平整，可倒置平板上，两指按住杯底左右旋转，若发出叩击声，则杯口不平，反之则平整。通常翻口杯比直口杯和收口杯更易于拿取，且不易烫手。

（2）杯身：盏形杯不必抬头即可饮尽茶汤，直口杯抬头方可饮尽，而收口杯则须仰头才能饮尽，可根据各人喜好选择。

（3）杯底：选择方法同杯口，要求平整。

（4）大小：与茶壶匹配，小壶配以容水量在 20~50 毫升的小杯，过小或过大都不适宜，杯深不应小于 2.5 厘米，以便持拿；大茶壶配以容量 100~150 毫升的大杯，兼有品饮与解渴的双重功能。

（5）色泽：杯外侧应与壶的色泽一致，内侧的颜色对汤色的影响极大，为观看茶汤真实的色泽，宜选用白色内壁。有时为增加视觉效果，一些特殊的色泽也可以，如青瓷有助于绿茶茶汤"黄中带绿"的效果，牙白色瓷可使桔红色的茶汤更娇柔，紫砂和黑釉等本色，则不易观看汤色的色泽、明亮度，但一般饮用时可使茶汤显得更加醇厚。

（6）杯的只数：一般均以双数配备杯子，在购买成套茶具时，可在壶中盛满水，再一一注入杯子，即可测知是否相配。在用于泡茶时，茶叶会占去壶体积的 20%~30%。斟茶时杯中茶汤七八分满即可。一壶一杯，宜独坐品茗、感悟人生；一壶三杯，宜一二知己煮茶夜谈；一壶五杯，宜亲友相聚、吃茶休闲；若人数再多，则宜用几套壶具或索性泡大桶茶，也其乐融融。在购买时，最好能买些备用的杯子，可用杯子破损后的替补。

5. 杯托

杯托是承载茶杯的器具，虽是小小一物，却也有一段佳话：唐建中年间，蜀相崔宁之女饮茶时怕茶杯烫着手指，遂命丫鬟以小碟托杯，碟心用蜡捏成刚好嵌住杯底的小环，端拿时杯子不会晃动倾倒，又免于挨烫，后又请人依样做成漆器。崔宁见了，十分高兴，名之曰"托"，从此便流传开来，延用至今。因此，杯托的要求必须是易取、稳妥和不与杯粘合。

（1）高度：托沿离桌面的高度至少为 1.5 厘米，以便轻巧地将杯托端起，如呈一平板状，端取极不方便，只能起垫子作用，避免烫伤桌面而已。因此，即使是盘式的杯托，也应有一定高度的圈足。

（2）稳定度：杯托中心应呈凹形圆，大小正好与杯底圈足相吻合，特别是光滑材料如金属制成的杯托，常在中心做出一个圈形，才能充分嵌住杯子。

（3）平整度：托沿和托底均应平整，可作检测杯口方法进行检测。

（4）防粘着：饮茶时，除盖碗常连托端起外，一般仅持杯啜饮。若杯底有水或杯底升温使托与杯底间空隙部减压，造成杯与托粘连，端杯时会将托带起，稍后即掉落，发出响声或打碎，故茶托不宜过于光滑。分茶时勿滴水入托。取杯时一手扶住托沿，一手拿取，也可避免失手。

6. 盖置

盖置的功用是保持壶盖的清洁，并防止盖上的水滴在桌上，所以盖置要有集水功能。支撑式盖置是筒状物，只能支撑住盖子的中心部位，因此盖子也要设计成有集水功能的，使盖上的水集到中心再滴到筒内蓄积，高度以略高于杯为宜，亦可用直筒杯代之；托垫式盖置可用各种盘子或用各式茶托。

陶瓷茶具的质地

陶瓷是陶器与瓷器的总称。远在万年之前，我们的祖先就学会了用粘土制作陶器。随着制陶土业的不断发展，商周时已能生产陶质建材，秦汉时以低温铝釉陶为多，唐代即以"唐三彩"闻名于世。由单一的陶器生产又发展了瓷器的生产，从夏商始有原始瓷生产，经西周至西汉的过渡阶段，到东汉已成功制作出成熟瓷。总之，瓷器源于陶器，是陶器生产的发展。其演变过程如下所示：

$$
陶— \begin{cases} （普通粘土）\rightarrow 软质陶 \rightarrow 亚硬质陶 \\ （瓷\quad 土）\rightarrow 软质陶 \rightarrow 亚硬质陶 \\ \qquad\qquad\;\; \rightarrow 硬质陶 \rightarrow 原始瓷 \rightarrow 瓷 \\ （高\ 岭\ 土）\longrightarrow 白陶 \\ （特殊粘土）\longrightarrow 白陶 \end{cases}
$$

1. 陶与瓷的区别。

茶具多用陶或瓷制作而成，故了解陶与瓷的不同性状，有助于在选择茶具时，根据不同冲泡方法、不同茶叶、不同饮用方法等有针对性地选用。陶与瓷的主要区别在于：

（1）作胎原料不同：陶器一般用粘土，少数也用瓷土，而瓷器是用瓷石或瓷土作胎，因原料不同，其成分有所差异。以宜兴紫砂陶为例，其矿物组成属含铁的粘土—石英—云母系，铁质以赤铁矿形式存在，主要物相是石英、莫来石和云母残骸，结晶细小均匀。烧制白陶的高岭土是一种以高岭石为主要成分的粘土，呈白色或灰白色，光泽暗淡，纯粹的高岭土含氧化硅46.51%、氧化铝39.54%、水13.95%，熔度为1780℃，因其可塑性差、熔点高，要掺入其他材料才能制作。瓷石是由石英、长石、绢云母、高岭石等组成，完全风化后就是通常所见的瓷土，制作瓷器的瓷石属半风化，经扬碎、淘洗成为制坯原料。主要成分是氧化硅、氧化铝，并含有少量的氧化钙、氧化镁、氧化钾、氧化钠、氧化铁、氧化钛、氧化锰、五氧化二磷等，熔度一般为1100～1350℃，其高低与所含助熔物质的多少成反比。

（2）胎色：陶器制胎原料中含铁量较高，一般呈红色、褐色或灰色，且不透明；瓷器胎色为白色，具透明或半透明性。

（3）釉的种类：釉系陶瓷表面具有玻璃质感的光亮层，由瓷土（或陶土）和助熔剂组成。陶器一般表面不施或施低温釉，其助熔剂为氧化铅。秦汉时就大量烧制这类铅釉陶，唐代的三彩、宋代的低温颜色釉、明代的五彩和清代的粉彩均属此类。瓷器表面施有高温釉，主要有石灰釉和石灰—碱釉两种。石灰釉以氧化钙等为助熔剂，含量多在10%以上；石灰—碱釉以氧化钙和氧化钾、氧化钠等为助熔剂，氧化钙含量多在10%以下，氧化钾和氧化钠等金属氧化物的总和常达4%以上。

（4）烧成温度：因制胎材料的关系，陶器的烧制温度一般在700～1000℃，瓷器烧制温度一般在1200℃以上。

（5）总气孔率：总气孔率是陶瓷致密度和烧结度的标志，包括显气孔率和闭口气孔率。普通陶器总气孔率为12.5%～38%；精陶为12%～30%；细炻器（原始瓷）为4%～8%；硬质瓷为2%～6%。

（6）吸水率：这是陶瓷烧结度和瓷化程度的重要标志，指器体浸入水中充分吸水后，所吸收的水分重量与器体本身重量的比例。普通陶器吸水率都在8%以上，细炻器为0.5%～12%，瓷器为0～0.5%。

以上所述，均须综合考虑，才能正确区分陶器与瓷器，仅比较其中一两点，容易产生误解。试举数例便可知：浙江上虞黑瓷，因作胎材料中含铁量为2%～3%，所以胎亦呈红、灰等色；南宋官窑所产瓷器显露胎色，并以"紫口铁足"为贵；北方瓷器因其胎中含氧化铝较高，大部分瓷器不能达到致密烧结，吸水率较高，有的可达5%以上，这些瓷器如仅仅对照上述某一两条来衡量，就不能称之为瓷器了。因此，在实际鉴别时，必须同时兼顾原料、釉、高温三方面综合考虑，前两项是内因，后一项是外因。

器具质地的选择

器具质地主要是指密度而言。根据不同茶叶的特点，选择不同质地的器具，才能相得益彰。密度高的器具，因气孔率低、吸水率小，可用于冲清淡风格的茶。如冲泡各种名绿茶、绿茶、花茶、红茶、及白毫乌龙等，可用高密度瓷或银器，泡茶时茶香不易被吸收，显得特别清洌，透明玻璃杯亦用于冲泡名绿茶，香气清扬又便于观形、色。而那些香气低沉的茶叶，如铁观音、水仙、普洱等，则常用低密度的陶器冲泡，主要是紫砂壶，因其气孔率高、吸水量大，故茶泡好后，持壶盖即可闻其香气，尤显醇厚。在冲泡乌龙茶时，同时使用闻香杯和啜茗杯，闻香杯质地要求致密，当茶汤由闻香杯倒入啜茗杯后，闻香杯中残余茶香不易被吸收，可以用手捂之，其杯底香味在手温作用下很快发散出来，达到闻香目的。

器具质地还与施釉与否有关。原本质地较为疏松的陶器，若在内壁施了白釉，就等于穿了一件保护衣，使气孔封闭，成为类似密度高的瓷器茶具，同样可用于冲泡清淡的茶类。这种陶的吸水率也变小了，气孔内不会残留茶汤和香气，清洗后可用来冲泡多种茶类，性状与瓷质、银质的相同。未施釉的陶器，气孔内吸附了茶汤与香气，日久冲泡同一种茶还会形成茶垢，不能用于冲泡其他茶类，以免串味，而应专用，这样才会使香气越来越浓郁。据民间传说，一把祖孙三代传下的紫砂茶壶，积了厚厚的茶垢，不必放茶叶用开水即可泡出香茶来，令人神往不已。传说当然有其夸张性，但也从一个侧面说明了专用冲泡的好处。

陶瓷茶具的色泽

陶瓷器的色泽与胎或釉中所含矿物质成分密切有关，相同矿物质成分因其含量的高低，也可变化出不同的色泽。陶器通常用含氧化铁的粘土烧制，只因烧成温度和氧化程度不同，色有黄、红棕、棕、灰等色。在粘土中添加其他矿物质成分，也可以烧制成其他色泽，但较少见。而瓷器历来花色器种丰富，变化多端，现简介如下：

（1）青瓷：施青色高温釉的瓷器。青瓷釉中主要的呈色物质是氧化铁，含量为2%左右。釉由于氧化铁含量的多少、釉层的厚薄和氧化铁还原程度的高低不同，会呈现出深浅不一、色调不同的颜色。若釉中氧化铁较多地还原成氧化亚铁，那么釉色就偏青，反之则偏黄，这与烧成气氛有关。烧成气氛指焙烧陶瓷器时的火焰性质，分氧化焰、还原焰和中性焰三种。氧化焰指燃料充分燃烧生成二氧化碳的火焰；还原焰是指燃料在缺氧过程中燃烧，产生大量一氧化碳及二氧化碳、碳化氢等的火焰；

中性焰则介于两者之间。用氧化焰烧成，釉色发黄；用还原焰烧成则偏青。青瓷中常以"开片"来装饰器物，所谓开片就是瓷的釉层因胎、釉膨胀系数不同而出现的裂纹。哥窑传世之作表面为大小开片相结合，小片纹呈黄色，大片纹呈黑色，故有"金丝铁线"之称。南宋官窑最善应用开片，且胎薄（呈灰、黑色）、釉层丰厚（呈粉青、火黄、青灰等色）的特点，器物口沿因釉下垂而微露胎色，器物底足由于垫饼垫烧而露胎，称口"紫口铁足"，以此为贵。越窑以产青瓷而驰名世界，其作品呈现一种特别的"雨过天晴"色，质地如冰似玉，后流传至国外，成为中国瓷器的代表作。

（2）黑瓷：施黑色高温釉的瓷器。釉料中氧化铁的含量在5%以上。商周时出现原始黑瓷，东汉时上虞窑烧制的黑瓷施釉厚薄均匀，釉色有黑、黑褐等数种，至宋代黑釉品种大量出现。其中建窑烧制的兔毫纹、油滴纹、曜变等茶碗，就是因釉中含铁量较高，烧窑保温时间较长，又在还原焰中烧成，釉中析出大量氧化铁结晶，成品显示出流光溢彩的特殊花纹，每一件细细看去皆自成一派，是不可多得的珍贵茶器。

（3）白瓷：施透明或乳浊高温釉的白色瓷器。在长期的实践当中，窑匠们进一步掌握了瓷器变色的规律，于是在烧制青瓷的基础上，降低釉中氧化铁的含量，用氧化焰烧成，釉色一般白中泛黄或泛绿色，还原焰烧成釉色泛青，有"青白瓷"、"影青"之称。唐代白瓷生产已十分发达，技艺卓越首推北方的邢窑，所烧制的白瓷如银似雪，一时间与南方生产青瓷的越窑齐名，世称"南青北白"。

（4）颜色釉瓷：各种施单一颜色高温釉瓷器的统称。主要着色剂有氧化铁、氧化铜、氧化钴等。以氧化铁为着色剂的有青釉、黑釉、酱色釉、黄釉等。以氧化铜为着色剂的有海棠红釉、玫瑰紫釉、鲜红釉、石红釉、红釉、豇豆红釉等，均以还原焰烧成，若以氧化焰烧成，釉呈绿色。以氧化钴为着色剂的瓷器，烧制后为深浅不一的蓝色。此外，黄绿色含铁结晶釉色也属颜色釉瓷，俗称"茶叶末"。

（5）彩瓷：釉下彩和釉上彩瓷器的总称。釉下彩瓷器是先在坯上用色料进行装饰，再施青色、黄色或无色透明釉，入高温烧制而成。釉上彩瓷器是在烧成的瓷器上用各种色料绘制图案，再经低温烘烤而成。

（6）青花：釉下彩品种之一，又称"白釉青花"。在白色的生坯上用含氧化钴的色料绘成图案花纹，外施透明釉，经高温烧成。在烧制时，用氧化焰时青花色泽灰暗，用还原焰则青花色泽鲜艳。

（7）釉里红：釉下彩品种之一。在瓷器生坯上用含氧化铜的色料进行绘制图案花纹，然后施透明釉，经还原焰高温烧制而成。

（8）斗彩：釉下青花与釉上彩结合的品种，又称"逗彩"。先在瓷器生坯上用青花色料勾绘出花纹的轮廓像，施透明釉用高温烧成，再在轮廓像内用红、黄、绿、紫等多种色彩填绘，经低温烘烤而成。除填彩外，还有点彩、加彩、染彩等数种。

（9）五彩：釉上彩品种之一，又称"硬彩"。是在已烧成的白瓷上，用红、绿、黄、紫等各种彩色颜料绘成图案花纹，经低温烘烤而成。

（10）粉彩：釉上彩品种之一，又称"软彩"。是在烧成的素瓷上用含氧化砷的"玻璃白"打底，再用各种彩色颜料渲染绘画，经低温烘烤而成。

（11）珐琅彩：釉上彩品种之一，又名"瓷胎画珐琅"，即成烧成的白瓷上，用珐琅料作画。珐琅料中的主要成分为硼酸盐和硅酸盐，配入不同的金属氧化物，经低湿烘烤后即呈各种颜色，多以黄、绿、红、蓝、紫等色彩作底，再彩绘各种花卉、鸟类、山水和竹石等图案，纹饰有凸起之感。

茶具的色泽是指制作材料的颜色和装饰图案花纹的颜色，通常可分为冷色调与暖色调两类。冷色调包括蓝、绿、青、白、灰、黑等色，暖色调包括黄、橙、红、棕等色。凡用数色装饰的茶具可以主色划分归类。茶器色泽的选择是指外观颜色的选择搭配，其原则是要与茶叶相配，饮具内壁以白色为好，能真实反映茶汤色泽与明亮度，并应注意主茶具中壶、盅、杯的色彩搭配，再辅以船、托、盖置，力求浑然一体，天衣无缝。最后以主茶具的色泽为基准，配以辅助用品。各种茶类适宜选配的茶具色泽一般可如下所述：

①绿茶类

名优茶：透明无花纹、无色彩、无盖玻璃杯或白瓷、青瓷、青花瓷无盖杯。

大宗茶：单人用具，夏秋季可用无盖、有花纹或冷色调的玻璃杯；春冬季可用青瓷、青花瓷等各种冷色调瓷盖杯。多人用具，宜用青瓷、青花瓷、白瓷等各种冷色调壶杯具。

花茶：青瓷、青花瓷、斗彩、五彩等品种的盖碗、盖杯、壶杯具。

普洱茶：紫砂壶杯具。

②黄茶类

奶白瓷、黄釉颜色瓷和以黄、橙为主色的五彩壶杯具、盖碗和盖杯。

③红茶类。

条红茶：紫砂（杯内壁上白釉）、白瓷、白底红花瓷、各种红釉瓷的壶杯具、盖杯、盖碗。

红碎茶：紫砂（杯内壁上白釉）以及白、黄底色描橙、红花和各种暖色瓷的咖啡壶具。

④白茶类。

白瓷或黄泥炻器壶杯，或用反差极大且内壁有色的黑瓷，以衬托出白毫。

⑤乌龙茶类。

轻发酵及重发酵类：白瓷及白底花瓷壶杯具或盖碗、盖杯。

半发酵及轻、重焙火类：朱泥或灰褐系列炻器壶杯具。

半发酵及重焙火类：紫砂壶杯具。

著名茶具的产地

我国陶瓷业历史悠久，中国的英文名 China 即是最初瓷器传入西方，"瓷"字的谐音。古代名窑颇多，不能一一介绍，只选与茶具关系密切的名窑，简介于此。

1. 越窑

该名称最早见于唐人陆龟蒙的《秘色越器》一诗，系对杭州湾南岸古越地青瓷窑场的总称。其形成于汉代，经三国、西晋，至晚唐五代达到全盛期，至北宋中叶衰落。中心产地位于上虞曹娥江中游地区，始终以生产青瓷为主，质量上乘。陆羽《茶经·四之器》中评述茶碗的质量时写道："若邢瓷类银，越瓷类玉，邢不如越也；邢瓷类雪，则越瓷类冰，邢不如越二也；邢瓷白而茶色丹，越瓷青而茶色绿，邢不如越三也。"陆羽煮饮绿茶，故极推崇越瓷。

2. 邢窑

在今河北内丘、临城一带，唐代属邢州，故名。该窑始于隋代，盛于唐代，主产白瓷，质地细腻，釉色洁白，曾被纳为御用瓷器，一时与越窑青瓷齐名，世称"南青北白"。陆羽在《茶经》中认为邢不如越，主要因为他饮用蒸青饼茶，若改用红花比较，或要反映真实的茶汤色泽，则结果正好相反，所以两者各有所长，关键在于与茶性是否相配。

3. 汝窑

宋代五大名窑之一，在今河南宝丰清凉寺一带，因北宋属汝州而得名。北宋晚期为宫廷烧制青瓷，是古代第一个官窑，又称北宋官窑。釉色以天青为主，用石灰—碱釉烧制技术，釉面多开片，胎呈灰黑色，胎骨较薄。

4. 钧窑

宋代五大名窑之一。在今河南禹县，此地唐宋时为钧州所辖而得名。始于唐代，盛于北宋，至元代衰落。以烧制铜红釉为主，还大量生产天蓝、月白等乳浊釉瓷器，至今仍生产各种艺术瓷器。

5. 定窑

宋代五大名窑之一。在今河北曲阳涧磁村和燕山村，因唐宋时属定州而得名。

唐代已烧制白瓷，五代有较大发展，白瓷釉层略显绿色，流釉如泪痕。北宋后期创覆烧法，碗盘器物口沿无釉，称为"芒口"。五代、北宋时期承烧部分宫廷用瓷，器物底部有"官"、"新官"铭文。宋代除烧白瓷外，还烧黑釉、酱釉和绿釉等品种。

6. 南宋官窑

宋代五大名窑之一，宋室南迁后设立的专烧宫廷用瓷的窑场。前期设在龙泉（今浙江龙泉大窑、金村、溪口一带），后期设在临安郊坛下（今浙江杭州南郊乌龟山麓）。两窑烧制的器物胎、釉特征非常一致，难分彼此，均为薄胎，呈黑、灰等色；釉层丰厚，有粉青、米黄、青灰等色；釉面开片，器物口沿和底足露胎，有"紫口铁足"之称。16世纪末，龙泉青瓷在法国市场上出现，轰动整个法兰西，由于一时找不到合适的语言称呼它，只得用欧洲名剧《牧羊女》中女主角雪拉同所披的青色长袍来比喻，于是"雪拉同"成为青瓷的代名词。现在龙泉窑又有新的发展。杭州南宋官窑遗址建立了南宋官窑博物馆。

7. 哥窑

宋代五大名窑之一，至今遗址尚未找到。有的文献上将浙江龙泉官窑称为哥窑，实为讹传。传世的哥窑瓷器，胎有黑、深灰、浅灰、土黄等色，釉以灰青色为主，也有米黄、乳白等色，由于釉中存在大量气泡、未熔石英颗粒与钙长石结晶，所以乳浊感较强。釉面有大小纹开片，细纹色黄，粗纹黑褐色，俗称"金丝铁线"。从瓷器的釉色、纹片、造型来看，均不同于宋代龙泉官窑。

8. 建窑

在今福建建阳。始于唐代，早期烧制部分青瓷，至北宋以生产兔毫纹黑釉茶盏而闻名。兔毫纹为釉面条状结晶，有黄、白两色，称金、银兔毫；有的釉面结晶呈油滴状，称鹧鸪斑；也有少数窑变花釉，在油滴结晶周围出现蓝色光泽。这种茶盏传到日本，都以"天目碗"称之，如"曜变天目"、"油滴天目"等，现都成为日本的国宝，非常珍贵。该窑生产的黑瓷，釉不及底，胎较厚，含铁量高达10%左右，故呈黑色，有"铁胎"之称。宋代著名书法家也是茶学家的蔡襄在《茶录》中云："茶色白，宜黑盏，建安所造者绀黑，纹如兔毫，其坯微厚，燋之，久热难冷，最为要用。出他处者，或薄或色紫，皆不及也。其青白盏，斗试家自不用。"可见，宋代盛斗茶之风，又视建窑所产茶碗为最佳之器。

9. 景德镇窑

在今江西景德镇。始烧于唐武德年间，产品有青瓷与白瓷两种，青瓷色发灰，白瓷色纯正，素有"白如玉、薄如纸、明如镜、声如磬"之誉。它在宋代主要烧制青白瓷。元代为宫廷烧制青白瓷，上有"枢府"字样，还烧制青花、釉里红等品种。至明代它成为全国瓷器烧制中心，设立了专为宫廷茶礼烧制茶具的工场。这时青花瓷有很大发展，茶具传到日本，日本茶道之祖村田珠光十分喜爱，称之"珠光青瓷"。此时，釉上彩、斗彩、素三彩、五彩等品种相继出现，还烧造了多种名贵蓝、红釉、甜白釉瓷器。清代时它又创制珐琅彩、粉彩等多种新品种。自宋代开始，景德镇瓷器就远销日本，明清时大量输入欧洲，同时也奠定了"景瓷宜陶"的瓷都地位。

10. 宜兴窑

在今江苏宜兴鼎蜀镇。早在汉晋时期，就始烧青瓷，产品造型的纹饰均受越窑影响，胎质较疏松，釉色青中泛黄，常见剥釉现象。于宋代开始改烧陶器，及明代它则以生产紫砂而闻名于世。据明末周高起的《阳羡茗壶系》中记载，紫砂壶的创始者是金沙寺僧，正始于供（龚）春，供春是学使吴颐山的家僮。明正德年间，吴颐山在金沙寺读书时，供春暇时仿老僧制壶，做了一把银杏树瘿壶，现藏中国历史博物馆，但原盖已失，曾由清黄玉麟配制一瓜蒂盖，后被著名画家黄宾虹看出"张冠李戴"，遂又由制壶名家裴石民重做一个树瘿壶盖。供春之后，出现了制壶的"四名家"，即董翰、赵梁（一名赵良）、袁锡（一名元锡）、时朋（一作鹏）。和"四名家"同时的另一位名家李茂林发明了壶放在匣钵（瓦囊）中烧制法，一直沿用至今。明万历年间至清初，被公认为第一制壶大家的是时大彬（时朋之子），他与自己的高足李仲芳（李茂林之子）、徐友泉三人因排行都是老大，故称"壶家三大"。时大彬另有四大弟子，即邵文金（又名享祥）、邵文银（又名享裕）、蒋时英、欧正春。同时，还有紫砂壶艺史上重要人物陈用卿、陈仲美、惠孟臣。现品饮乌龙茶用的"烹茶四宝"中的容量仅 50~100 毫升的茶壶，人称孟臣罐，即其所擅长制作而得名。到了清初、中期，第一大家为陈鸣远，名家还有邵茂林、邵旭茂等。乾隆中后期至道光年间，紫砂壶史上产生重大影响的人物是陈鸿寿。陈鸿寿，号曼生，曾设计了众多壶式，由杨彭年、杨凤年兄妹制作，壶身上留有大块空白，自己刻铭，后人称"曼生壶式"，多学之。之后，又出现黄玉麟、裴石民、朱可心等制壶名人。现健在的顾景舟又将制壶艺术推向顶峰，被誉为"一代宗师"，与时大彬齐名。此外，还有蒋蓉等一批陶艺家，从而使宜陶始终居于最高水平的地位。

瓷器的款识与鉴别

陶瓷器具上的款识，早在新石器时代，无论陕西出土的仰韶文化类型的陶器还是浙江良渚文化类型的陶器，以及青海、甘肃出土的陶器上，都有发现。当时尚无文字，但多数都刻有符号，是为我国陶瓷款识的滥觞。

商周以后，逐渐出现了几种类型的款识，一是编号或记号；二是"左司空"、"大水"、"北司"等官署名；三是"安陆市亭"、"栎市"等作坊名；四是陶工名，"伙"、"成"、"苍"等；五是地名，如"蓝田"、"宜阳"等；六是器物所有主的名字，如"北园吕氏缶"等；七是器物放置地名，如"宫厩"、"大厩"等；八是吉祥语，如"千秋万岁"、"万岁不败"、"金玉满堂"等；九是"大明成化年造"等国号；十是广告（招子）类，上面甚至有如"元和十四年（819）四月一日造此罂价值壹千文"17字。唐代瓷上还有阿拉伯文"真主最伟大"和一批梵文瓷器。至于印有"福"、"寿"的民间窑产品，和"内府"、"官"、"御"的御窑标记，作坊名、姓氏，订制者的堂、斋名等，距今年代越近款识也越多样化。宋代以后，紫砂陶茶具兴直，像供（龚）春，一开始就署了名款，用纪年和国号款的极为少见，吉祥用语只作为壶饰铭刻，这和瓷器具有明显的不同。但作为鉴别，瓷器和陶器虽都有相同的地方，在用釉书写以后，瓷器的款识又远比陶器要复杂。

一般来说，可从书法字体、字数、位置、款式、结构、内容以及款的外线框（又分双圈、单圈、无圈、双边正方框等）加以辨识。字的排列方式有六字两行、三行款，四字两行及四字环形款等。民窑一般是无年款的，康熙朝字体楷、行、篆并用，釉色也多。乾隆时多数不加圈框，特点是堂名特多。嘉庆时出现图章式篆书款；咸丰时篆书减少，民窑篆书章盛行；同治时以青花、红彩或金彩楷书为多，民窑大多用印章式红彩篆书款；光绪以后多不加圈框了。

例如，《世界陶瓷全集·宋代》一书中收有一兔毫盏之照片，外壁下有"大宋显德年制"六字。显德为五代时后周最后一个年号。赵匡胤在显德七年正月禅周建立宋王朝，当年改年号为建隆，当然不会再用前朝年号，更不会"大宋"与"显德"并用。古人对此国号丝毫不马虎。再对比书写部位、字体、风格，证明这是一件拙劣的赝品。再如明代永乐款字浑厚圆润，结构严谨，纪年款均为"永乐年制"四字篆书。凡四字楷书或六字篆书款识者多是仿制。仿永乐的瓷具自明代嘉靖、万历就有了，一直仿至现在，但那书体再无真永乐时的圆润柔和。又如，宣德年的"德"字，心上无一横，有者皆伪。正德年即仿宣德瓷款，但只要对比器型、胎釉等，便易区分。再如"大明正德年制"的明字其"日"与"月"上面是平行的，在德字的"心"上也无一横，"年"字上面一横最短，可以比较。康熙时的茶具的仿制品也很多，珐琅器上凡书六个字的均系赝品。

对仿古做假的瓷器还可以从以下几方面来鉴别：（一）看造型，看器物的口、腹、底足、流、柄、系，是否符合其时代特征，看整体造型风格，是粗矮、高瘦、饱满、修长等等，各朝各代也都有特征，可据其特征加以辨识。（二）看胎釉：从底足上的或口边露胎的缩釉处，可看出胎质特色。福建胎呈黑紫，吉州的就呈米黄或黑中泛青。同是明代，早期的釉色白腻，釉面肥润，隐现桔皮凹凸和大小不等的釉泡，明末的就薄而亮。（三）看工艺：从成型、装烧、烧成气氛和燃料的不同，都会在器物表面上留下不同特征。同是宋代，定窑烧成器物口沿无釉，而汝窑采用支钉烧成，通体满釉，只在底部留下芝麻状支钉痕。（四）看纹饰：元代青花布局繁密多达七八层；到明初，则趋于疏朗。同样是最普遍的龙形，不但有三爪、四爪、五爪之分，龙的神气也各不一样。（五）看彩料：同是青花，明初用的是"苏泥麻"青料，有黑疵斑点，是宣德青花的主要特征，明中期以后改江西产的"陂塘青"，以淡雅为特征。表现的内容也从豪放变为恬静。

以上仅仅是鉴别的一种最普通的常识。当然不能仅仅凭款来断真伪，一定要结合实物从多方面加以辨别，才能得出正确的结论。

例如，在纹饰上，做假仿制者最缺乏用笔的自然流畅、挥洒自如的美感。古瓷釉色是静穆的，仿制品则有浮光（又称燥光、贼光）。仿制者虽想方设法要去掉浮光，他们采用酸浸、皮革打磨、茶水和碱同煮等方法，但总不能达到古瓷釉色那样的自然。我们还可以把彩瓷迎光斜视，彩的周围有一层淡淡的红色光泽（俗称"蛤蜊光"）者是百年以上器物。再就是掂在手上感觉，其重量是沉厚还是轻浮（俗称"手头"）等等，作为鉴别条件。

鉴别瓷器是一项综合性的工作，不过凡事在普遍性中还有特殊性，前人也没有想到后人要如此来对待他们眼中的一件普通器物。例如，用进口釉色时，谁能保证不同时用国产的呢？因此下定论之前，还是应该很谨慎的。

当手持一把紫砂壶时，我们首先的概念认为它是茶具；然而我们手持一件瓷茶壶、茶碗、茶杯、托盘、茶叶罐的时候，我们头脑里总会先考虑它是哪个时期的哪类瓷。所以，紫砂壶的专用特征远比瓷壶、瓷碗来得强，历史上对瓷茶具也没有什么专门的要求。就像唐代法门寺出土的瓷注，可以盛酒，也可以盛水冲淡茶汤。又像今天的饭店里，装醋和酱油的小壶，也可以用来沏茶一样。再说，瓷器的生产过程可以采用灌浆法成型，远比紫砂陶器的拍片法省时，加之釉色的多样、书写绘画也比紫砂的刻制省时，所以很少有资料说明古代瓷工有什么代表人物。

从晋窑青瓷水注，越窑茶碗，唐代长沙铜山窑水注，到宋代青、白瓷水注和碗，建窑的天目茶碗、兔毫盏，吉州窑的玳瑁斑、油滴……曾经令古人爱茶者如痴如迷。同一的茶泡于不同的杯中会产生出不同茶味的意境，这也是古今的共识。现在，有不少茶人也自己捏壶、制碗、削竹做成各种茶具，乃至专门做一只茶桌，茶具的世界是很广阔的，"吃茶去"和"吃茶趣"永远没有句号。

（四）名家名壶

储南强所藏供春壶

这是迄今为止惟一流传下来的供春壶，堪称稀世珍宝。此壶在本世纪 20 年代，为宜兴储南强先生得而藏之。50 年代，储先生将壶捐献给国家，现藏中国历史博物馆。

明嘉靖提梁壶

这件提梁壶是南京市博士馆 1965 年在南京中华门外马家山明墓中发现的，墓主人吴经，是明代司礼太监。从同时出土的砖刻墓志得知，吴氏下葬于嘉靖十二年（1533），说明此壶制于前，正是供春时代的作品，它也是目前惟一有绝对纪年可考的早期紫砂壶。壶的制作者尚未考知。

提梁壶通高 17.7 厘米，口径 7 厘米。赤腹浑圆，周正，靠近底部略收敛。提梁在壶顶上弯成带两个倭堕的拱形，后部有一个小系。壶盖是扁平的，有葫芦形的盖钮。盖内不是常见的子母口，而是凸起一个"十"。壶嘴根部的壶面上，贴塑着四瓣柿蒂纹；里面是单孔。壶的泥色红褐，质地比较粗糙。壶腹一面，斑斑驳驳地粘着些浅土色的东西。据明天启年间周高起的《阳羡茗壶系》记载，紫砂壶烧制初期，不像后来那样单装匣钵烧，而是同其他坛坛罐罐一起烧制，所以紫砂壶上"不免粘缸坛釉泪"。这样的烧制方法在紫砂器的发展史上时间很短，最晚在明万历年以前就得到了改善。此壶是紫砂工艺尚未十分成熟时期的作品，其色泽、文饰等皆不如后来的讲究、精妙。但这一有确切年代的壶，对研究早期壶的制作、烧造，具有重要意义。

时大彬紫砂提梁壶

南京博物院藏有时大彬制紫砂提梁壶一件。壶通高 20.5 厘米，横宽 19.1 厘米，壶体身高 10.5 厘米，腹宽 15.9 厘米，口径 9.5 厘米。壶身圆形圆底，鼓腹削扁，矮颈平盖，壶流折而曲，侧呈六棱，壶的底面大，面分四瓣，把作提梁式，剖成菱

中华茶道

六
茶具流韵

五〇五

方。壶的造型浑厚，形体稳重，制作雅淳，古朴隽丽。壶所用泥质是栗色粗砂土，掺入黄色钢砂土，习称"梨皮泥"，俗呼"桂花砂"，壶表面泛出闪闪夺目的金黄色斑，犹如静夜长空繁星点点，又仿佛木樨朵朵香飘云外。

此壶的壶身采用打筒技法，片子匀平坚巧，提梁与壶流受羊角山手法的影响，都经过竹刀切削，呈多角形，边线劲直有力。梁、流与壶身虽是镶接而成，但不露痕迹，浑然一体。壶身短颈上的压盖，做得工整规矩，准确紧凑，几乎是短颈的延伸，很难分开。

此壶造型的基本构思是一个"圆"字。从正面看，圆圆的壶身和圆圆的提梁重叠在一起，轮廓线相互交错又受到阻断，因而使图形的主体感分外强烈；再俯视看，壶底是一个大圆形平面，壶盖是另一个小圆平面，壶钮正在这两个同心圆的圆心位置。而壶的提梁这个圆特别高大，拱起如虹桥，似乎为人们留出一个一望无际的空间，与壶身的圆虚实相映，使整体舒展大方。这些都体现了创作者训练有素的眼力和手法。

这把壶的壶盖口沿上有阴文"大彬"款署，在左侧又有"天香阁"篆体阴文小印一枚。考用天香阁室名者有多人，如清乌程唐之凤、清青浦张泽瑺、明华亭吴中秀等，从时大彬所处年代推测，此壶可能系吴中秀之物。有人以时大彬制壶"从未见署款而兼盖章者"作鉴别，对这壶是否时大彬制作存有疑窦。

时大彬六方紫砂壶

这把六方紫砂壶于1968年在江苏扬州江都乡一座墓葬中出土，墓主人姓曹，安厝的时间是明万历四十四年（1616）四月。壶呈赭红色，通高8厘米，口径5.7厘米，底径8.5厘米。壶底竖刻"大彬"二字，用笔熟练，名下无印章，亦无纪年或其他文字题记，这和李景康说的：大彬作壶"从未见署款而兼盖章者"是相符的。

这件六方壶的造型，是一种历史较久的样式，1974年在江苏宜兴羊角山紫砂窑址中也有发现。但在时大彬手里，对它作了极有影响于后世的改进。首先，他把六片壶片笔直地镶在壶底外周，比羊角山那把稍稍内敛的底部要平稳得多；第二，他已注意到壶的身、流、把的取平，虽然并未达到"三平"的标准，但平稳感有了增强；第三，他为六方壶设计了一个圆形盖和圆锥形钮，这是不同于宋人传统的，与收藏在故宫博物院的一件"大彬"款紫砂胎包漆方壶相同。向来的壶口盖要与壶身协调统一，这方壶圆盖，许或是时大彬"天圆地方"的宇宙观在陶器造型上的体现。此壶系时大彬晚年作品，现藏扬州市博物馆。

时大彬三足圆壶

这件圆壶1984年出土于江苏省无锡县甘露乡。伴出的墓志表明，墓主是明代有名的华老太师华察的孙子华涵莪。华卒于明万历四十七年（1619），葬于崇祯二年（1629）。

其壶身似一球形，素面无饰，唯壶的盖面上，围绕盖钮贴塑着四瓣柿蒂纹。壶下三小足，曲润有变，又和壶身浑然一体。壶流外撇，和壶把对称而又呼应。壶把下方的腹面上，阴刻横排的"大彬"两个楷书款，字体规而不板，刀法娴熟有力，显得规整而洒脱。壶泥褐色，细看能发现壶面布满着浅色的微小颗粒，这正是鉴赏家所称的"银砂闪点"，也是时大彬时期泥质的特征，有"砂粗质古肌理匀"之誉。

此壶高11.3厘米，口径8.4厘米，属时大彬改制后的小壶，现藏无锡县文管会。1994年邮电部发行《宜兴紫砂陶》邮票中，有一枚就是这把大彬壶。

时大彬僧帽壶

传说金沙寺中的老僧始创紫砂壶，做的就是僧帽壶，壶的造型仿的是自己的僧帽。供春也制作过僧帽壶。时大彬这把壶仿的也是僧帽。

此壶高9.3厘米，阔9.4厘米。壶底四方形，壶颈不长，其线面明快，轮廓清晰，刚健挺拔，神韵清爽。现藏香港茶具文物馆。

李茂林菊花八瓣壶

李茂林是明代紫砂壶走向成熟期间的一位名家，以朴致敦古闻名。他在紫砂壶史上的一大贡献是"另作瓦囊，闭入陶穴"。瓦囊即匣钵。此前，壶坯烧制时不装匣，不免沾缸坛油泪。自有瓦囊后，壶坯烧制时受到保护，不再沾染釉泪釉斑。

李茂林所制这把菊花八瓣壶，高9.6厘米，阔11.5厘米。壶以筋纹型为主，也呈菊花自然型。壶型似一坛子，只加上把和流而已，整体看古朴秀逸，风格高雅。现藏香港茶具文物馆。

思亭壶

此壶高7.5厘米，宽9.5厘米，壶盖有"水平"两字，底款有"雍正二年甲辰惠孟臣"阴刻字。

段泥柿形壶

此壶高 9 厘米，冯桂林制。壶身有菊花图案。

逸公梨形壶

此壶高 7.5 厘米，宽 12.5 厘米，底款为"清香伴日吟。逸公制"。

惠孟臣雍形壶

此壶高 8 厘米，宽 11.5 厘米，底刻"江清月近人。孟臣制"字款。

徐秀棠龙凤呈祥壶

此壶高 9 厘米，宽 17 厘米，壶底铭为"你我爱壶为同好，水茗相投是前缘"。

竹韵壶

此壶高 9 厘米，宽 20 厘米，壶底有"平生八之一也"款，壶嘴、壶把均匀竹节，数片新竹叶从壶嘴伸向壶身。作者刘建平。

石瓢壶

此壶高 7 厘米，宽 16.5 厘米，作者张红华，壶盖有"红华"印，壶把有"张"印款，底有"张红华"之印。壶身阴雕一翁泛舟之图，并写有"载得中冷水，来品龙井茶"，均出自唐云先生之手迹。此壶作者一位是紫砂工艺大师，一位是著名画家，作品可谓名人名家合璧之珍品。

茶经壶

此壶高 11 厘米，宽 11 厘米，作者为程苗根、李雪娥夫妇。茶壶造型古朴，壶上刻有 7000 字的《茶经》，每平方厘米，连行距在内，刻有近百字。

陈鸣远蚕桑壶

蚕桑壶高6.7厘米，口径4－4.8厘米。壶身扁圆折腹，腹下部素面，上部则雕蚕食桑叶状。壶盖是一片桑叶，上卧一条金蚕。壶身上的其他蚕均半藏半露在桑叶中，栩栩如生，十分生动。壶泥白色微黝，调砂，更逼真似蚕。此壶匠心独运，是陈鸣远仿自然形壶的力作。

壶底有"陈鸣远制"印一枚。壶藏香港中文大学文物馆。

吴月亭三足圆壶

吴月亭，字竹溪，杨彭所弟子。

此三足圆壶通高14厘米，足高4.5厘米。通体点冷金色，造型取于商青铜器盉。壶腹阴刻"兰圃仁兄大人正"、"敲冰煮茗"，署"竹溪"款。壶底有阳文铁线篆书"愙斋"印款。愙斋乃是吴大澂的号，清同治进士，官至湖南巡抚，工篆书，兼长丹青，又是收藏家。他曾请黄玉麟、俞国良、余生等工匠为他制壶。此壶造型古朴典雅，是一件精巧而不失古意的佳作。

松亭制月亭铭竹节柿形壶

此壶壶身类似柿形，壶流、壶把皆仿竹节状。壶腹有横曲竖直类筋纹，线条柔和。壶底内收，与壶肩呼应。壶底有"宜兴松亭自造"阴文篆书方印。壶身有吴月亭（字竹溪）的两段铭文，一为篆书："候鼎上之松声。辛巳秋。"一为隶书："中空空而难测，腹恢恢其有余。竹溪。"两段铭文前者说的是品茗沏泡之要，后者道出了紫砂壶的妙趣。

壶通高8.1厘米，口径6.7厘米，为南京王一羽所藏。

乾隆款描金紫砂方壶

这件在壶底钤有"乾隆年制"篆文方印的描金紫砂方壶，系是朝廷设官督造之品。壶高9.2厘米，坯体坚实，无杂质，表面光洁明润，又施加金粉装饰，更显皇家气派。

此壶用镶身筒手法成型，壶身方中有圆，把所有上下或左右两片衔接的直线角都打磨成没有棱角的圆面，给人一种有刚有柔、相遇相接的感悟。圆角方形盖，高高在上，增加了壶身的高度，在视觉上使人感到更为稳定。顶上缀长方形桥钮，更是和盖顶的平面和谐一致。壶底的线条略呈弧度，稍加磨圆，并在中部挖出一条长桥形的空槽，使壶身架空，使之和盖上方形桥钮的空间相呼应。

方壶的另一个特点是壶身两侧均饰有书画，一侧画的是《湖山雁归图》，另一侧用金粉书写《山居即景》诗："径穿玲珑石，檐挂峥嵘泉，水许亦自洼，昨来龙井边。"壶集雕塑、绘画、书法于一身，不失为紫砂精品，现藏故宫博物院。

描金山水八卦壶

此壶通体呈竹节形，圆足。灵芝蟠螭作盖钮，壶上部有浮雕的八卦纹饰，壶腹中部有竹节状的装饰，壶的流与把为对称形，并各衔一套环。壶腹一面绘有描金的山水、楼阁、树木，另一面是描金篆书"吸之两腋风生，玩之四周香拂。朗岑"。系清乾隆年代制作。

壶通高 10.7 厘米。今藏天津市艺术博物馆。

黄玉麟方斗壶

黄玉麟，宜兴人，活动于清道光、光绪年间。13 岁从同里邵湘甫学陶艺，3 年有成。曾先后受聘于吴大澂及顾茶林之家，为他们制壶作为收藏，是邵大亨之后最有实力的制壶名手。晚年多和寓居上海的一些著名画家合作。

这把方斗壶，造型仿古时农家用以量米麦的量具，壶由四个梯形组成，上小下大，盖方正，钮立方，流与把亦呈方形，显得刚正挺拔，坚硬利索，清新别致。壶身一面刻的是扬州八怪之一黄慎的《采茶图》：一老者席地而坐，身旁一篮茶青、一根长杖。图左上刻"采茶图。廉夫仿瘿瓢子"。廉夫，即近代著名画家、鉴赏家陆恢。瘿瓢子，即黄慎。壶身的另一壁刻有吴大澂书的黄慎《采茶诗》："采茶深入鹿麇群，自剪何衣渍绿云。寄我峰头三十六，消烦多谢武陵君。瘿瓢句，愙斋。"

方斗壶现藏美国堪萨斯城纳尔逊·艾坚斯博物馆。

黄玉麟制吴昌硕铭孤菱壶

这是在黄玉麟的壶品中堪称杰作的一把壶。壶呈方形而四角圆转，上小底大，加足，显得稳重而坚定；柔和圆润的线条，有和谐之美，又具藏锋不露之妙；盖钮内孔圆而外呈三瓣弧形，与壶把围成的一个圆，相呼相应，整个壶犹如一位含蓄文静的少女，其聘婷韵致，风流蕴藉，令人回味。

孤菱壶因有书法篆刻艺术大师吴昌硕的壶铭而更见其高雅情趣。壶身一面刻的是："诵《秋水》篇，试中泠泉，青山白云吾周旋。"下钤吴昌硕印。《庄子·秋水》有语："欣欣自喜，以天下之美尽在己。"真是壶中天地宽，一壶在手，吟诵《秋水》，却似神遨于青山白云间。壶的另一面有铭云："庚子九秋，昌硕为咏台八兄铭，宝斋持赠。耕云刻。"庚子年应是光绪二十六年（1900）。

壶盖内有"玉麟"小方印，壶底有"黄玉麟作"篆文方印。此壶高8.9厘米，口径5.8厘米，现藏宜兴紫砂工艺厂。

黄玉麟提梁壶

提梁壶的壶身连盖是一个完整的扁球形，盖钮是一个扁圆粒，短嘴略微有点弯，提梁是弯成弧形的圆棍，靠壶嘴的一端分成两叉。壶的泥色赭红，全身布满金黄色似桂花样的斑点，俗称"桂花砂"。连提梁壶高18.8厘米。这浑圆敦实的壶身，挺拔的提梁，小柱子似的盖钮，造型朴实，做工精巧，充满活力。

壶盖内有"玉麟"阳文椭圆小印，壶底有"愙斋"阳文铁线篆印款。愙斋是清代收藏家吴大澂的号，此壶应是吴大澂请黄玉麟制作的。现为苏州姚士英珍藏。

黄玉麟仿供春树瘿壶

供春原作树瘿壶，后由宜兴储南强先生得之时已缺盖，曾请黄玉麟配盖。黄玉麟配加的盖子是爪蒂柄形。随后，黄玉麟又复制一把并配杯，现藏宜兴紫砂工艺厂。

任伯年铭刻花提梁壶

任伯年，名颐，字伯年，浙江绍兴人，寓居上海，是清末上海画派的著名画家，与任熊、任薰合称"三任"。任伯年兴趣广泛，对紫砂艺术也十分迷恋。

这把刻花提梁壶，高16.5厘米，口径8.7厘米。壶圆球形而微扁，三叉提梁，虚实之间，犹如一件抽象的雕塑，显得雄浑稳重。壶身一侧刻折枝花卉，另一侧左下部刻花卉一丛，右上刻行书壶铭："稚村仁兄清玩。伯年并刻。"壶上花卉及铭文皆出自任伯年之手。

壶内底中间有一明显似印章的方块痕迹，因烟熏污迹不辨字样，制壶者不得而知。此壶现藏南京博物院。

韵石制赧翁铭博浪椎壶

当代中国画大师唐云生前收藏的博浪椎壶，就像一个博浪椎（即大铁锤），盖钮上缀一索。为了使之有铁椎的粗重感，制壶者在细泥中掺和了粗砂，更逼真似铁椎。这是一件极难得的仿古器紫砂壶。

博浪椎，原是张良于博浪沙狙击秦始皇所用的铁椎。秦始皇灭韩，张良是韩国人，为韩报仇，觅得力士，做铁椎重一百二十斤，趁秦始皇东游，于博浪沙击之。此举虽未成功，其志可嘉。制壶者想必有感于此而作。

博浪椎壶高 8.5 厘米，口径 4.6 厘米，壶流下有篆文"韵石"小方印。韵石其人，不详。壶底另有篆文"林园"印。壶身刻行书："博浪椎"三字，另一面刻："铁为之，沙搏之。彼一进，此一时。赧翁铭。"赧翁，梅调鼎的号，他是浙江人，晚清书法家。此壶成于清光绪年间。

程寿珍掇球壶

此壶壶身似球，壶盖像个半球，盖钮亦呈球状，整个壶线条圆润、丰满，气度恢弘，神韵高昂，显得浑厚稳重，又高雅不俗。壶高 13.5 厘米，横宽 12.6 厘米。

掇球壶出自晚清紫砂名家程寿珍之手。他制的壶曾获南洋劝业会金奖，在巴拿马国际赛会上也获得奖状。掇球壶底钤阳文印："七十二老人作此茗壶，巴拿马和国货物品展览会曾得优奖。"壶把下有楷书"直记"印，壶盖上是一方"寿珍"篆书印。

宜兴紫砂工艺厂藏有此壶，香港茶具文物馆有相同的一把。

裴石民串顶秦钟壶

以简洁取胜的秦钟壶，以秦钟为造型的基础，壶体无多装饰，仅一道弦纹，壶盖亦无多装饰，仅一只串圈。色呈铁栗，清纯而沉着。其格调之高雅，疑非人间所有。

制壶者裴石民，宜兴人，是 20 年代至 40 年代紫砂界的著名人物之一，曾为著名收藏家储南强配供春树瘿壶壶盖，又为项圣思的桃形杯配托。

秦钟壶高 11.9 厘米，口径 6.8 厘米，现藏宜兴中国陶瓷博物馆。盖内小方印篆文"石民"二字。壶底钤圆形阴文"裴石民"三字，风格介于篆楷之间。

朱可心金盅壶

金盅壶是当代著名紫砂壶艺家朱可心的代表作。壶体似一高酒盅，上大下小，线条挺拔，造型爽利，盖钮是一个圆椎体，上小下大，尖长挺秀；壶把和壶流则取三弯式，纤细而长，如此互相呼应而和谐，又都加强了瘦削高耸之感。壶通高 23.5 厘米，口径 6.7 厘米，现藏宜兴紫砂工艺厂。

朱可心，字开长，又字凯长，宜兴人。他悟心出众，设计能力极强，青年时代已崭露头角。不仅擅长光货的制作，亦精于花货，多以松、竹、梅为题材，其松鼠葡萄壶、报春壶、彩蝶壶等都为收藏和爱好者所喜好。1932 年，他制作的云龙鼎获美国芝加哥博物展览会金奖。

顾景舟制高庄设计提壁壶

这把提壁壶壶体直中见圆，壶梁直中见圆，并采取提梁直接和壶的腹壁相连，结构合理准确，比例匀称和谐，虚实得当，节奏协调。此壶的最早设计者是中央工艺美术学院教授高庄。壶高 14.5 厘米，口径 7.8 厘米。现藏宜兴中国陶瓷博物馆。壶盖内有"顾景舟"方形篆文印，壶底篆书阴文"景舟七十后作"方印。

顾景舟，亦名景洲，宜兴月埠人。他的学识修养，卓然不群，并善驭诸家之长，厚积而薄发。由于他在紫砂壶的创作和研究方面的突出成就，荣获"中国工艺美术大师"称号。中国传统紫砂工艺到了顾景舟手里，达到一个新的高峰。他是一位集大成者，有人把他和明代的时大彬并称，誉之为"一代宗师"。

顾景舟制吴湖帆书画石瓢壶

文人参与紫砂壶制作是明清以来的传统，近现代书画家们仍乐此不疲，创作出许多书画与壶艺俱佳的精品。这把为当代中国画大师唐云生前宝爱珍藏的石瓢壶，由顾景舟制作，吴湖帆书画。

此壶呈扁圆，上窄下宽，显得稳重，配一扁圆壶盖，壶钮似一座缓坡的拱形桥，壶底有三只圆足，线条流畅，意境舒展。壶面画修篁数枝，款落"湖帆"。另一面是吴湖帆的行书壶铭："无客尽日静，有风终夜凉。药城兄属。"壶盖内有"景舟"篆书长方印，壶底钤"顾景舟"篆书方印。

蒋蓉百果壶

这把百果壶的壶嘴是藕节，壶把是菱角，壶盖是蘑菇，壶足是芋头，壶身四周还有一些瓜子、花生之类，十分自然。壶制者巧妙的构思，真有使人忘记是壶，而在欣赏鲜活果蔬之生趣。壶高 14 厘米，宽 25 厘米，藏宜兴紫砂工艺厂。

百果壶制作得是女陶艺家蒋蓉。她生于宜兴陶艺世家，11 岁即开始制坯，早年在上海铁画轩制壶，尤其喜爱制作仿自然的壶，以西瓜、荷叶壶为最雅。现在是高级工艺美术师。

惠孟臣梨段壶

惠孟臣是明末清初宜兴著名陶人。他制作的紫砂壶，小壶多，中壶少，大壶甚罕；壶色以朱紫色多，白泥者少。他制作的小壶，大巧若拙，别开生面，移人心目，尤其风靡南国。广东潮汕和福建厦门等地喝工夫茶，"壶必孟臣壶"。因他制的壶都有"孟臣"款，茶家遂习惯称为"孟臣壶"。后人仿其者颇多，如今似乎把泡饮工夫茶所用的紫砂小壶都泛称"孟臣壶"了。

这把梨段壶也是小壶，高 7.5 厘米，其形似梨，朱色，壶面没有任何装饰或雕刻，十分朴素，比例匀称，光润温雅，敦正工巧兼而有之。壶底刻有"壬午仲冬月，孟臣"。他还能以唐代大书法家褚遂良笔法作自己的铭刻。按壶铭所记，此壶作于明崇祯十五年（1642）。

邵旭茂仿古提梁壶

这把仿古提梁壶是邵旭茂在清乾隆年间的作品，造型浑朴，气势不凡，制作精湛。壶的泥质细匀秀润，色泽沉着古朴，现藏宜兴紫砂工艺厂。

此壶高 23 厘米，口径 12.3 厘米。壶底有印两方，一为"荆溪"，一是"邵旭茂制"。

彭年制老冶铭石瓢壶

瞿老冶（应绍）是继陈曼生、朱石楳之后的书画金石名家，也是继曼生、石楳之后的与杨彭年的又一合作者。他所装饰的紫砂壶，密而不繁，富有生活气息，而又格调高雅，特别是镌刻，古意盎然，韵致怡人。

石瓢壶的一面壶身刻有修篁一丛，一竿竹枝越过壶盖，伸向壶身的另一面；壶的另一面有铭文曰："翠雨萧萧，人过茶寮。老冶。"壶把下有"彭年"小印一方。壶为当代中国画大师唐云生前收藏。

邵大亨鱼化龙壶

邵大亨，宜兴上岸里人，活动于清道光至同治间，是杨彭年之后的制壶名手。其壶以巧思闻名，且制作精细，格调高雅。大亨与彭年，若春兰秋菊，各有千秋，然大亨壶传世不多，故名气稍逊彭年。

鱼化龙壶是邵大亨的代表作。壶通高 9.3 厘米，口径 7.5 厘米，壶呈圆球状，通身作海水波浪纹，线条流畅明快。海浪中伸出一只龙首，张口睁目，耸耳伸须，龙口吐出一颗宝珠，十分生动。壶盖上也是一片海浪，壶钮是一从海浪中探首而出的龙头，立体活动，伸缩自如。壶把是一条弯曲的龙尾，颇有情趣。壶呈栗色，却偏于冷调子，有清纯之感，大海之态。壶盖内钤阳文楷书瓜子形"大亨"小印。壶现为南京王一羽所藏。

邵大亨八卦束竹壶

这件八卦束竹紫砂壶是用 64 根细竹围成，每根都是一般粗细，工整而光洁。腰中另用一根圆竹紧紧束缚，微瘦些。壶底四周有 4 个由腹部伸出的 8 根竹子作足，上下一体，显得十分协调，并更增强了壶身的稳定性。壶盖上有微微凸起的伏羲八卦方位图，盖钮也做成一个太极图式，壶把与壶嘴则饰以飞龙形象。壶的色泽呈蟹青，有冷逸之感。

八卦束竹壶不仅造型古奥，而且深得易学哲理。这用 64 根竹子拼成的壶身，又用 32 根小竹做成的 4 个底足，正是"易有太极，是生两仪，两仪生四象，四象生八卦"的一本万殊的两分法的象征。制作者通过艺术手法，将《易经》中一分为二，再分为万象万物，以及特殊同归的基本观念得以形象再现。

这件八卦束竹紫砂壶，是清嘉庆、道光年间著名艺匠邵大亨的作品。壶盖内钤有瓜子形阳文楷书"大亨"小印。壶通高 8 厘米，口径 9.6 厘米，现藏南京博物院。1994 年邮电部发行《宜兴紫砂陶》邮票，其中有一枚便是此壶。

项圣思紫砂桃形杯

这件紫砂桃形杯原为宜兴储南强珍藏，1952 年慷慨捐献给国家，现藏南京博物院。

　　杯的造型继承了前代琢玉、金工和髹漆的工艺和图式，是以连着枝叶而切开的半桃作杯，杯口如桃，口沿及内外壁磨修得平整明润，显示着它自身的洁净。制杯者在设计上的巧思是，把桃子做得丰硕肥大，把与桃柄相连的枝干捏得粗老盘屈而中空，所谓"此桃三千年一生实"，艺术地得到了表现；又将枝干做得高于杯口，成为供人把持的杯把，方便使用；特别是利用稍稍伸出杯底的枝干、叶端和小桃，鼎足而三，作为支持茶杯的三个支点，极有天趣。

　　桃杯口外沿刻有唐诗人许碏的《醉吟》"阆苑花前是醉乡，踏翻王母九霞觞；群山拍手嫌轻薄，谪向人间作酒狂"中的前两句。人们吟读诗句即洞察到制作者的胸中丘壑和创作理念。

　　桃杯的制作者项圣思，知闻者不多，文字记载也少见，在宜兴裴石民为桃杯配制的底盘题记中有述说："圣思，相传为修道人，姓项，能制桃杯，大于常器。花叶干实无一不妙，见者不能释手。廿年前，简翁得此于燕市，归而宝之。壶底叶小损微跛，名手裴石民，时方以第二陈鸣远名于世，善为前人修旧。昨年用宾虹老人之意，为供春壶重配盖。今岁复以鄙请，为此杯加一托，中虚而涵纳之，趾乃定。遂为之记略，兼扬其艺绝，以光于陶史为二美。"题记中所说："简翁"即储南强先生。

陈鸣远南瓜壶

　　陈鸣远是清代最著名的壶家，享有"清代第一大家"之誉。他继承了明人壶造型朴素高雅大方的民族形式，又发展了自然写实的风格，在紫砂壶艺的发展史上具有里程碑的意义。

　　这把南瓜壶的壶身是一只相当写实的矮圆南瓜，顶小底大，甚为敦实，壶盖正好是一只瓜蒂。壶身一侧的壶嘴上贴附着几片瓜叶，使得这实用的部件与瓜的主题过滤自然。另一侧的壶把做成一根瓜藤，围成半环状，藤上显出丝丝筋脉。从壶面上所刻铭文"仿得东陵式，盛来雪乳香"看，制作此壶并非仅仅为仿造南瓜，其中更有深意。"东陵式"即为"东陵瓜"。汉人召平，本为秦始皇时的东陵侯，其人品格甚高，安贫乐道，秦亡后，为布衣，在长安城东种瓜，瓜有五色，味甜美。陈鸣远此壶系仿东陵瓜，有慕东陵侯召平其人品之意，所题壶铭更见制壶者心迹。陈鸣远的文化造诣很深，他的书法有晋唐风格。

　　此壶高 10.5 厘米，口径 3.3 厘米，藏南京博物院。

陈鸣远天鸡壶

天鸡壶通体呈紫棠色，紫中泛红，色彩凝重，光滑润泽。壶身直口，长颈，鼓肩，肩一侧与口之间设鸡首形流，对侧设兽首衔环，收腹，平底。颈上端饰莲瓣纹，肩部饰一周绳纹。壶顶是圆形盖，平顶中心饰阴阳鱼，周围饰五朵凸起的祥云，盖周壁饰云雷纹。

壶的腹部阴刻行楷书："柏叶随铭至，椒花逐颂来。庚子山句，廉让书，崔村仿古，壬午重九前二日。"后有阳文篆书"陈鸣远"、"崔村"两方形印。所刻诗系北周庾信《正旦蒙赵王赍酒诗》中的两句。此壶制作之精雅，真可与三代古器并列。

壶通高 10 厘米，口径 3.9 厘米，腹径 8.5 厘米。现藏天津市艺术博物馆。

陈鸣远莲形银提梁壶

"宫中艳说大彬壶，海外争求鸣远碟。"陈鸣远的壶艺并不逊色于时大彬。清桐乡籍诗画家汪文柏《陶器行赠陈鸣远》诗云："陈生一出发巧思，远与二子（指时大彬、徐友泉）相争雄。茶具方圆新制作，石泉槐火鏖松风……吁嗟乎，人间珠玉安足取，岂如阳羡溪头一丸土。君不见轮扁当年老斫轮，又不见梓庆削鐻有如神。古来技巧能几个，陈生陈生今绝伦。"清代紫砂壶已开始大量销往海外，陈鸣远的壶艺通过文人的推崇，延誉海外，声望很高。

莲形银提梁壶是陈鸣远仿自然形的又一佳作。壶身由八片莲花瓣围成，花瓣的尖端微微翘起，显得俏丽纤巧。壶盖正好是花心中的一只莲蓬，上有六颗莲子，皆能活动。盖钮是一颗硕大的莲子，亦能活动。壶流从一片莲瓣中昂然翘出，俨然是荷叶卷成的筒儿。银配的提梁似一藕节，壶盖和壶口磨合紧密。在腰部一大莲花上刻有"资尔清德，烦暑咸涤，君子友之，以永朝夕。鸣远。"并钤印两方，一曰"陈"，一曰"鸣远"。壶通高 8 厘米，藏苏州文物商店。

陈用卿弦纹金线如意壶

这是一把大壶，壶高 28.6 厘米，宽 22 厘米。壶腹上有一道弦线，犹如一条腰带。壶钮镂空为金钱状，盖上有如意花纹。此壶从整体上看，圆、稳、匀、正，由于壶体硕大，显得气势非常；然又宏大中见细微，其金钱、如意纹、弦纹皆十分工致。

壶腹镌有"诗人临白雪，才子步青云"十字，款署"用卿"。

关于陈用卿其人，周高起《阳羡茗壶系》有这样的记述："陈用卿，与时同工，而年技俱后。负力尚气，尝挂吏议，在缧绁中，俗名陈三呆子。式尚工致，如莲子、汤婆钵盂、圆珠诸制，不规而圆，已极妍饰。款仿钟太傅帖意。"

此壶藏香港茶具文物馆。

陈仲美束竹圆壶

陈仲美是江西婺源人，起初在景德镇从事瓷器制造，因当地从瓷业者多，不足成其名，于是离开景德镇到宜兴，转业于紫砂陶艺。陈仲美在紫砂壶造型中擅长于配土，"重锼叠刻，细极鬼工"，酷似自然花果，并缀以草虫，极富天趣。

他的束竹圆壶，也是仿自然形，像一束竹柴，壶身中腰饰以一圈竹篾匝，壶的流、把和盖亦都用不同形态的竹节，自然之趣惹人喜爱。

束竹圆壶高7.7厘米，壶底刻"万历癸丑（1613）"、"陈仲美作"两行款铭。壶现藏香港茶具文物馆。

曼生铭紫砂竹节壶

陈鸿寿（号曼生）因他一生工花卉兰竹，精书法篆刻，能集书画篆刻艺术与高超的紫砂工艺于一体，而盛名于世，号为"曼生壶"。这件自上海金山县松隐乡清代王坫山墓葬中出土的竹节壶，便是曼生壶的代表作。

此壶通高8.8厘米，壶身高6.5厘米，腹径12.2厘米，流长3厘米，把宽3.7厘米。壶的泥色紫黑透红，紫而不姹，红而不嫣，透贴和谐，细腻而不耀眼。造型取材于竹，壶体雕作挺拔的竹竿两节，流与把如若杈枝，枝叶折曲依附主干，流出枝三节，虽短直而见遒劲，把出枝五节，更出二杈仿佛新篁，寓以生机，从端庄稳重中给人一种欣欣向上的感觉。壶腹阴刻"单吴生作羊豆用享"，富金石气息，款署阴文楷书"曼生"。壶盖内钤阳文篆书"万泉"二字。万泉也是清代著名陶工，但不见著录，传世有六方茗壶、悬壁半瓶等。

此竹节壶藏于上海博物馆。

彭年制曼生铭梅雪壶

这把由制陶高手杨彭年制壶、西泠八家之一的陈鸿寿（号曼生）题写壶铭的紫砂壶，称得上是紫砂技艺和翰墨结缘的代表作。壶的盖里钤"彭年"篆书阳文小印一枚，壶身镌刻有"梅雪枝头活火煎，山中人兮仙乎仙。曼生"，壶底钤"陈曼生制"篆书方印。

此壶坯体坚致，表现平滑明亮。壶状如馒头，溜肩以下，气贯其中；壶身圆滑如纯，底大若盘，极为稳重；盖钮拱起，与壶身的弧度一致；壶把与壶嘴所占空间大小相近，分别增加了壶的整体性和平衡感。另外，壶嘴系填塞而成，但制作者把壶嘴根部上下做成圆弧状，软软地与壶身熨帖在一起，看不出有粘接的痕迹，真是"羚羊挂角，无亦可求"。由于壶把向外回转较大，制作者刻意将壶嘴做长，并稍稍上翘，以求得视角上的和谐。

这件紫砂壶通高 7 厘米，口径 6.1 厘米，底径 11.8 厘米，现藏南京博物院。

彭年制曼生铭套环钮壶

这件紫曼生壶通高 10.5 厘米，壶体洒冷金斑，壶体造型新颖，壶流直而短，盖有套环钮。壶腹阴刻行书："为惠施，为张苍，取满腹无湖江"，署"曼生"款。把下有"彭年"，壶底钤"阿曼陀室"款。此是陈曼生、杨彭年默契配合所制，可谓珠联璧合，是鉴藏家钟爱之物。

此壶藏天津市艺术博物馆。

彭年制曼生铭半瓢壶

半瓢壶高 7.2 厘米，口径 6.6 厘米，把梢有"彭年"小印一方，壶底印为"阿曼陀室"。壶身铭："曼公督造茗壶第四千六百十四。"从此壶铭可知，曼生设计铭刻的壶甚多，由他督造的壶尤多。

此壶高 7.2 厘米，口径 6.6 厘米，现藏上海博物馆。

陈曼生云蝠方壶

云蝠方壶高 7 厘米，口径 6.6 厘米，现藏苏州文物商店。壶身呈方形，壶盖、壶钮、壶把和底足皆是方形。壶的盖面饰蝙蝠祥云，壶身一壁雕饰山水画，另一壁刻铭曰："外方内清明，吾与尔偕亨。曼生。"古人云："胆欲大而心欲小，智欲圆而行欲方。"即处世为人，思虑要周圆，行为要方正；内心则要像茶那样清醇蕴藉，澄澈明纯。

陈曼生设计的壶大多由杨彭年制作成型，这把云蝠方壶仅有"曼生"款，可能是他自己设计、刻铭，自己制作的。

杨彭年筒形壶

　　杨彭年以和陈曼生合作制壶而闻名，他也和其他文人合作或自行设计制作。特别是在陈曼生于道光二年（1822）去世后，他继续制造"曼生式"，只是没有曼生的铭刻了。

　　这把筒形壶，壶底有"杨彭年造"一方印，无曼生的壶铭，其式仍是仿曼生壶。从款铭"己卯冬月作"可知，此壶作于嘉庆二十四年（1819），是陈曼生逝世前三年。

　　筒形壶通高9厘米，口径8厘米，形似一木桶。泥质坚结，砂色暗红，制作精致，口与盖转捻即紧，拈钮可以拿起全壶。壶身铭系一署名"蕉雪子"，还摹刻了扬州八怪金冬心、罗聘的书画，如壶身上刻有一尊坐佛，伏膝而眠。原系罗聘画，所摹神形俱似。左上刻偈语曰："放下屠刀否，心莲顷刻开。三千今世界，开眼见如来。冬心金寿门。"为摹冬心的书法。此壶现为私人所藏。

彭年制石梅铭圆角方础壶

　　朱石梅，名坚，是略晚于陈曼生的一位与杨彭年的合作者，擅长于金石书画，精于鉴赏。他以画家的身份参与紫砂壶的制作，曾作"砂胎色壶"，将紫砂与锡、玉工艺相结合，为紫砂工艺开辟另一蹊径。曾著《壶史》，惜已佚。

　　圆角方础壶壶身虽为方础，但没有棱角，而流、把和盖又棱角分明，这样就在浑圆中有锐气，富有变化多姿之妙。壶上刻铭："范佳果，试槐火，不能七碗，兴来惟我。石梅制。"所谓"范佳果"，此壶造型酷似一只饱满的柿子，所以有人名之为"柿形壶"。壶把下有"彭年"阳文篆书小印，壶底有阳文篆书印"石梅仿制"，可知此壶为石梅与彭年合作，而样式仍是仿曼生壶的。壶高8厘米。当代中国画大师唐云生前收藏。

李仲芳扁圆壶

　　李仲芳，人称时大彬门下第一高足，明万历至清初人。其父李茂林也是一位制壶高手，所制的壶多古拙朴致。然李仲芳另辟蹊径，走自己的路，其壶形制以文巧相竞。

　　这把扁圆壶壶盖大而平，壶盖与壶口接触处弥合紧密，真可谓"其间不容发"。

壶呈铁栗色，壶体轮廓分明，线条流畅，刚柔兼济，方圆互寓，挺拔中见端庄，潇洒中见稳重。吴梅鼎评李仲芳的壶"骨胜而秀出"，此壶正然。

此壶高 6 厘米，现为私人收藏。

徐友泉盉形三足壶

徐友泉和时大彬、李仲芳并称"壶家三大"。说起徐友泉的壶艺，周高起在《阳羡茗壶系》中有一段记述："徐友泉，名士衡。故非陶人也。其父好大彬壶，延致家塾。一日强大彬作泥牛为戏，不即从，友泉夺其壶土出门去。适见树下眠牛将起，尚屈一足，注视捏塑，曲尽厥状，携以视大彬，一见惊叹曰：'如子智能，异日必出吾上。'因学为壶。"徐友泉制壶，仿古尊罍诸器，有汉方、扁觯、小云、雷提等款，泥色有海棠红、朱砂、葵黄、梨皮诸名，种种变异，妙出心裁。然晚年仍自叹曰："吾之精终不及时之粗。"

这把壶高 12.4 厘米，宽 8.2 厘米，仿青铜器盉的形式，给人以非常古雅的美感。壶现藏香港茶具文物馆。

邵文银圆珠壶

邵文银又名亨裕，明万历至清初人，是时大彬弟子。其兄邵文金，又名亨祥，亦是大彬弟子。周高起《阳羡茗壶系》中说："邵文金，仿时大彬汉方，独绝。"文银所制壶文巧素雅，这把圆珠壶完全素身，无一纹饰。观其壶，给人一种圆、稳、匀、正之感。壶的身、口、盖、钮、嘴、肩、把的配合十分协调和谐，匀称流畅。壶身是个大圆珠，壶钮是个小圆珠，流和把又皆是长圆，相映成趣，圆润可爱。

壶底有一块大印，上刻"邵亨裕制"四个篆书。壶高 9.6 厘米，阔 8.9 厘米，现藏香港茶具文物馆。

彭年制石梅铭竹段壶

这是一把壶身、壶流、壶把、壶钮均仿竹段的自然形壶。壶身有朱石梅的铭文："采春绿，响疏玉。把盏何人？天寒袖薄。石梅作。""春绿"拟茶，"疏玉"喻泉，"天寒袖薄"指佳人，意为美人为我煮泉烹茶。典出杜甫《佳人》诗："天寒翠袖薄，日暮倚修竹。"书法流畅，落刀遒劲，颇富金石味。壶底有"石梅摹古"印一方，壶盖上有"彭年"小印。壶藏上海博物馆。

彭年、钱杜合制寒玉壶

这是一件杨彭年与钱杜合作的精品。钱杜，钱塘（今杭州）人，字叔美，号松壶，又号壶公。工诗、深通画法，人物仕女花卉靡不清，尤擅山水。壶通高 8.5 厘米，半圆式，平底，壶体呈榴皮色。

"寒玉"者，取自唐王昌龄诗《芙蓉楼送辛渐》："寒雨连江夜入吴，平明送客楚山孤。洛阳亲友如相问，一片冰心在玉壶。"喻指心地纯净高尚洁白，超脱不俗。壶腹刻一梅树，右下阴文刻"叔美为昙如作"。另一面刻行书"寒玉壶"及"一枝两枝翠蛟影，千点万点春烟痕。忽忆西溪深雪里，橹声伊轧到柴门。壶公戏题丙子二月"。把下有"彭年"方印款。丙子当是嘉庆二十一年（1816）。杨彭年制壶，加以钱叔美诗画，犹如锦上添花，实为不可多得之佳作。

瞿子冶汉钟壶

瞿应绍，字子冶，初号月壶，改号瞿甫，又号老冶、陛春。清嘉庆至道光间人，上海籍。工诗词、尺牌，擅书画、篆刻，精于鉴赏古彝尊钟鼎图史、古今名人墨迹，才气纵横。文业之余，酷爱紫砂。尝自制壶，号"壶公"。常请好友邓奎至宜兴定制监造茗壶，遇好壶即亲撰壶铭，或绘刻梅竹双清，时称"三绝壶"，意谓诗书画无一不精也。

这把汉钟壶极类一古钟，又用粗泥制成，显得格外古朴。钟形壶当中有一弦纹，弦纹不取方形，亦不取扁带状，采取半圆形，与圆浑的钟形和谐一体。弦纹之上刻楷书"汉钟"二字，弦纹之下刻："一勺八斗之子才。子冶。"

这把汉钟壶的原盖已失，现在的壶盖是当代工艺美术大师顾景舟配制。壶高 11.2 厘米，口径 6.1 厘米。现为私人收藏。

唐云、许四海合作云海壶

唐云，浙江杭州人，别号大石、药翁，是中国当代著名国画大师。唐云嗜好紫砂陶艺，早在 30 年代在上海就曾与顾景舟、朱可心、王寅春等制壶高手，共同探讨壶艺。80 年代以来，唐云更醉心于紫砂壶创作，或构思设计，或题画撰铭，收藏古今紫砂壶器近百件。

许四海，字紫云，初号拾荒人，又号门外汉。其制壶长于构思，怪怪奇奇，远非他人所及，与书画家合作制壶，推诚相接，莫逆于心，成就非凡。

唐云与许四海先后合作制壶20多把，人称"云海壶"。这20多种"云海壶"的款式和题画无一雷同。

石瓢壶（"云海壶"之九）。壶似石瓢，底生三足，壶盖上的钮弯弯如江南石拱桥，壶把、壶嘴线条飘逸如水之波纹。唐云在壶上画的是西湖山水，题铭是用前人集引的苏轼诗句："欲把西湖比西子，从来佳茗似佳人。"以山水比美女，以美又喻佳茗，使得壶艺与书画相得益彰，赏壶与品茶相映生趣。

柚子壶（"云海壶"之十）。壶面是特制的粗砂，正好表现柚皮的质感，具有浑朴敦厚的风格。唐云没有在上面作画，而是借题了一段包含禅机的文字："四大皆空坐片刻，无分你我；两头是路吃一碗，各奔东西。"一壶在握，默吟那题铭，使人心静如水。

笠式壶（"云海壶"之十九）。壶身是一个极扁的圆锥，如一顶江南的竹笠，虽未镂刻竹编的经纬，却已透出竹笠的神韵。唐云画的是《东坡品茶图》：树荫下，坡翁席地而坐，独自饮茶，一顶大竹笠放在一边。另题："笠荫暍，茶去渴，是二是一，我佛无说。"壶、画、铭浑然而成一体，使人在飘然的茶香中怡然忘机。

枇杷壶（"云海壶"之二十）。壶身圆如枇杷，壶盖、壶把亦圆似枇杷，大圆叠小圆，憨态可掬，令人亲切。壶上画的是一串圆果两片叶，简洁洒脱。一旁题曰："客来茶未熟，先请吃枇杷。"枇杷壶像一个憨厚的朋友，直觉得可亲可近。

此外，还有竹段壶、束柴三友壶等。

陈鸣远树椿壶

此壶高11.5厘米，宽15.5厘米，形如树桩，壶身有一凹处，内伏一只知了，形态栩栩如生。壶盖上一青蛙盘踞正中。壶底有"蛤君霸石泉，淳香溢天年。鸣远"之阴字，并有陈鸣远之方印款。

陈鸣远松竹梅树椿壶

此壶高13.5厘米，宽17.5厘米，壶身形似一棵竹桩，竹竿勾曲成把手，壶嘴形似梅花枝干，有数朵梅花绽开在壶身。壶盖形如竹节，其上盘踞着两只小松鼠。壶底铭为："清风撩坚骨，遥途识冰心。鸣远。"

瞿应绍百果壶

此壶高11厘米，宽14.5厘米，壶身镶嵌有花生、瓜子、豆子、蘑菇、核桃等百果，色彩不一，斑驳陆离，壶嘴形如藕，壶把状如菱角，壶身铭文："本是榴房结子多，菱腰藕口品如何，堆成颗粒皆秋色，万里园中次第歌。"

八仙壶

此壶高 6.5 厘米，宽 10.5 厘米，壶盖有"孟臣"印款，壶底有"康熙御制"的金色字体。壶身布满了八仙的法器，有李铁拐的葫芦，汉钟离的风凉扇，张果老的鱼鼓筒，何仙姑的竹笊篱，吕洞宾的阴阳剑，韩湘子的花篮，曹国舅的七洞箫，蓝采和的大拍板，色彩丰富、华贵。

惠逸公直筒泥绘壶

此壶高 5 厘米，宽 6.5 厘米，底款有"一二年前喜天外。逸公"字。壶身铭是"一色杏花红十里"，为金色字。壶的另一面是一幅乡间闲逸图，几朵彩云，一间竹屋，几棵树，有山也有水。壶盖有数枝杏花图案。

朱泥壶

此壶高 7 厘米，宽 11 厘米，壶底款有"周玉发制"四字。

秋水壶

此壶高 8.4 厘米，宽 9.5 厘米，壶底款有"一色杏花红十里。孟臣制"等字。

七、保健功能

（一）保健功能概述

茶疗的形成与特点

　　茶，自从被人类发现和利用以来，它的应用和发展，无不与茶的药用功效有着密切的联系。所以，自古至今，茶与茶疗，一直是祖国医药学的重要组成部分，是中华民族药学宝库中的一朵奇葩，它在促进人民身体健康的保健事业中，起了积极的作用。今天，随着祖国茶学研究和医药事业的发展，茶在医药学的地位与作用，更加引人注目，并开始走向世界。

1. 茶疗的发生与发展

　　所谓茶疗，通常是指用茶为单方，或配伍其他中药组成复方，用来内服或外用，以养生保健、防病疗疾的一种治疗方法。当提到茶疗时，人们很自然会想到远古时代神农用茶解毒的传说，它表明中国人最早是把茶叶当作药用的。不过，茶的药用，自《神农本草经》问世，才得到了确认。在这部我国现存的最早药学专著中，对茶的功用作了明确的记载："茶味苦。饮之使人益思，少卧，轻身，明目。"说明茶本身确实是一种药，所以，在我国历代的医药著作中，大多有对茶的记载。如东汉医学大师张仲景在《伤寒杂病论》中说"茶治便浓血"，三国"神医"华佗在《食论》中说"苦茶久食，益意思"，梁朝名医陶弘景在《杂录》中则说"苦茶轻身换骨。"

　　唐时，有关茶的强身保健和延年益寿作用的知识广为流传，促使饮茶之风大兴。唐显庆四年，世界上第一部药典性著作《新修本草》成书，书中提出："茶味甘苦，微寒先由主持人亲自调茶，以示敬意。然后献茶给赴宴的宾客，宾客接茶先是闻茶香、观茶色，尔后尝味。一旦茶过两巡，便开始评论茶品，称赞主人品行好、茶味美，随后话题便可转入叙情誉景了。

元代，饮茶的形式和方法基本上沿袭了宋人的习俗，除了清饮雅赏外，待客用茶提倡清茗伴茶点、茶食。另外，自元代开始，由于开放了西北市场，从而使得饮茶风习在西北边疆少数民族地区进一步普及。

明代，随着茶叶加工方式的改革，成品茶已由唐代的饼茶、宋代的团茶改为炒青条形散茶，人们用茶不再需要将茶碾成细末，而是将散茶放入壶或盏内，直接用沸水冲泡。这种用沸水直接冲泡的沏茶方式，不仅简便，而且保留了茶的清香味，更便于人们对茶的直观欣赏，可以说这是中国饮茶史上的一大创举，也为明人饮茶不过多地注重形式而较为讲究情趣创造了条件。所以，明人饮茶提倡常饮而不多饮，对饮茶用壶讲究综合艺术，对壶艺有更高的要求。品茶玩壶，推崇小壶缓啜自酌，成了明人的饮茶风尚。并随着对外贸易的发展，我国的饮茶风习已经水路传到西欧，经陆路传到俄国。

清代，饮茶盛况空前，不仅人们在日常生活中离不开茶，而且办事、送礼、议事、庆典也同样离不开茶。茶在人们生活中占有重要的地位。此时，我国的饮茶之风不但传遍欧洲，而且还传到了美洲新大陆。

近代，茶已渗透到我国人民生活的每个角落，每个阶层。饮茶已成了我国人民老少咸宜、男女皆爱的举国之饮。至于饮茶的方式方法更是多种多样，有重清饮雅赏，追求香真味实的；有重名茶名点，追求相得益彰的；有重茶食相融，追求用茶佐食的；有重茶叶药理，追求强身保健的；有重饮茶情趣，追求精神享受的；有重饮茶哲理，追求借茶喻世的；有重大碗急饮，追求解渴生津的；有重以茶会友，追求示礼联谊的……此外，以烹茶方法而论，有无毒"，有"去痰热，消宿食，利小便"之功用。又说："下气消食，作饮加茱萸、葱、姜良。"这是我国早期有关含茶药茶的记载。唐代著名药理学家陈藏器更是开门见山，在他的《本草拾遗》中称道："诸药为各病之药，茶为万病之药。"指出茶是一种能治疗多种疾病的良药。而且，自唐开始茶疗有了新的发展，如唐代郭稽中的《妇人方》中记述有："产后便秘，以葱白捣汁，调蚋茶末为丸，服之自通。"表时唐时茶疗的方法已打破早期的单一煮饮法，而开始出现成药丸剂。

宋代，茶疗时茶的服用方法更为多样，出现了药茶研末外敷、和醋服饮、研末调服等多种形式，从单方迅速向复方发展，使茶疗的应用更为广泛。这在宋代官方编纂出版的《太平圣惠方》、《圣济总录》中都有大量的记载。如由王怀隐主编的《太平圣惠方》中就有茶疗方10多则，其中包括用茶叶配伍荆芥、薄荷、山栀、豆豉等，用来"治伤寒头痛壮热"的葱豉茶；用茶叶配伍生姜、石膏、麻黄、薄荷等，用来"治伤寒鼻塞头痛烦躁"的薄荷茶；用茶叶配伍硫磺、诃子皮等，用来

"治伤寒头痛烦躁"的石膏茶等等。在《圣济总录》中所载的茶疗方也不少，如用茶叶配伍炮干姜，用来"治霍乱后烦躁卧不安"的姜茶；用茶叶配伍海金沙，用生姜、甘草汤调服，用来"治小便不通，脐下满闷"的海金沙茶等。总之，宋时由于茶疗方法的不断改进，促使茶疗的应用范围逐渐扩大，疗效也更加明显，从而使茶疗得到了进一步的发展。

有效的茶疗方剂，不仅为历代广大群众所接受，用作防病治病的良药，而且在宫廷王室也颇受青睐。对此，人们不仅可从宋代官方编纂出版茶疗方一事中得到印证，而且还可以从元代宫廷饮膳太医忽思慧著的《饮膳正要》中找到佐证，其中有关含茶的药茶配方很多，如用"玉磨末茶三匙头，面、酥油同搅成膏，沸汤点之"而成的膏茶；用"铁锅烧赤，以马思哥油、牛奶子茶芽同炒成"的炒茶；用"金子末茶两匙头，入酥油同搅，沸汤点之"而成的酥签等。此外，还记载有玉磨茶、枸杞茶、金字茶、范殿帅茶、紫笋雀舌茶、清茶、建汤、香茶等等10多则茶疗方剂的应用方法。书中还明确指出："凡诸茶，味甘苦，微寒无毒，去痰热，止渴，利小便，消食下气，清神少睡。"元代王好古的《汤液本草》亦载有茶能"清头目，兼治中风昏愦，多睡不醒。"元代纱图穆苏撰的《瑞竹堂经验方》中，还详细地记载了两则治痰喘病的茶疗方，至今仍在民间流传应用。

明代，茶疗方的运用更为广泛。在明代吴瑞的《日用本草》中就有许多关于茶疗的记载，其中谈到：茶"炒煎饮，治热毒赤白痢，同芎䓖、葱白煎饮，止头痛"。明代朱橚撰的《普济方》中专列"药茶"一节，收载茶疗方8则，并详细地介绍了适应症与饮用方法。明代韩懋的《韩氏医通》中，还记载有抗衰老的"八仙茶"方。明代著名药学家李时珍在《本草纲目》中，在论述茶性的同时，也附录了茶疗方10余则。此外，如明代李中立撰的《本草原始》、汪颖撰的《食物本草》、鲍山撰的《野菜博录》、缪希雍撰的《本草经疏》、赵南星撰的《上医本草》、李士材撰的《本草图解》、张时彻撰的《摄生众妙方》、俞朝言撰的《医方集论》、钱椿年撰的《茶谱》、许次纾撰的《茶疏》、程用宾撰的《茶录》，等等，都有关于茶性、茶疗的记载。

清代，茶疗更为盛行，所以，有茶疗方记载的著作就更多了。在清代的茶疗方中，最著名的首推沈金鳌在《沈氏尊生书》里记载的"天中茶"，这是沈氏根据温病学家叶天士茶疗方改订而成的，迄今一直为临床所应用。此外，刘长源撰的《茶史》、张路撰的《本经逢原》、陆廷灿撰的《续茶经》、汪昂撰的《本草备要》、王孟英撰的《随息居饮食谱》、黄宫绣撰的《本草求真》、费伯雄撰的《食鉴本草》、赵学敏撰的《本草纲目拾遗》、沈李龙撰的《食物本草会纂》、韦进德撰的《医药指南》、钱守和撰的《慈惠小编》，等等，书中都有关于民间茶疗方的记述。不仅如此，清代宫廷中也十分重视茶疗。如用于降脂、化浊、补肝益肾的清宫仙药茶，就是由乌龙茶、六安茶、中药泽泻等组成的。再如在《慈禧光绪医方选议》中，仅清热茶疗方就有清热理气茶、清热化湿茶、清热养阴茶、清热止咳茶，等等。可见，在清代，上至皇室仕大夫阶层，下至平民百姓，茶疗已成为养生保健、防病治病的重要手段。

至于近代，特别是现代，茶疗的应用几乎随处可见。在陈存仁主编的《中国药学大辞典》、谢利恒主编的《中国医学大辞典》、南京药学院编的《药材学》、江苏新医学院编的《中药大辞典》等书中，都搜录了在群众中广为流行的大量茶疗方。在临床实践中，除茶叶单方外，还应用许多由茶与其他中草药配伍制成的复方成品茶，如天中茶、午时茶、减肥茶、甘露茶等。著名老中医耿鉴庭撰的《瀚海颐生十二茶》中的茶疗方，就是运用茶疗防治疾病的经验总结，如今在群众中广为应用。近年来，许多茶学界和医学界著名专家，还对茶疗进行了深入的发掘和研究，如在《家用中成药》、《食物疗法精萃》、《养生寿老集》、《中国药膳学》、《中国药茶》等众多著作中，都有不少茶疗方搜录其中，它们都具有取材容易，制法简单，应用方便，价廉有效等特点，因而备受人们的欢迎。而且，不少茶药已打入国际市场，特别是有一批保健茶药在日本、东南亚以及欧美等国盛行，为世界人民的卫生保健事业做出了贡献。

2. 茶疗的特点

茶疗，不仅适用于内科、外科、儿科、妇科等多种疾病，应用范围很广，而且能防病健身以及抗衰老，养生延年。这也是茶疗之所以能延续数千年而不衰的原因所在。

茶不论作为单方，还是与其他草药配伍组成复方，用来防治疾病，特别是对于病情不过重，病程长，一时难以痊愈的慢性病患者来说，不但乐于接受，而且只有坚持长期服用，慢慢调理，必将收到良好的效果。就是对一些急性病患者来说，茶疗也不失为一种良好的辅助疗法。如宋代《太平圣惠方》中的葱豉茶就是治疗"伤寒头痛壮热"病症的茶方；近代用午时茶治疗感冒等，这些都是公认的有效茶疗方。另外，《韩氏医通》中提到的抗人体衰老的八仙茶，以及近代根据茶能降血脂、降胆固醇，防治糖尿病、高血压的特性，研制而成的各种抗衰老保健茶，使茶的应用范围进一步得到扩大。

古人对茶的保健功能的认识

自古以来，茶与中医药有着十分紧密的关系，它们都是中华民族文化宝库中的瑰宝。中医向有"药食同源"之说，而"药食同源"的实质，就是说医药是从饮食中发源的。茶既是饮料，又可用来防病、治病、健身，药、食一体，两种功效兼备。

我国古籍中有许多关于茶与中医药联系的记载，说明古人对茶的保健功能早有认识，如唐代陆羽的《茶经》中曾引用《神农食经》称："茶茗久服，令人有力，悦志。"三国华佗的《食论》有"苦茶，久食益意思"之说。晋代张华《博物志》称："饮真茶，令人少眠。"唐代时，人们对茶的药用价值的认识已经较为普遍，著名药学家陈藏器称"茶为万病之药"。此说虽嫌夸张，但茶的药理成分之多和药效作用之广却是事实。自唐至清，可以搜集到的有关论述茶效的古籍，不下近百种。在这众多的古籍中，有的从茶的效用来分析，有的从茶的主治病症去论述，如果将其整理一下，可知古人对茶保健功效的认识主要有：

1. 安神除烦

唐代陆羽撰的《茶经》中称茶能"涤烦"；《神农食经》（托名，佚，引自《茶经》）称茶能"悦志"；五代蜀毛文锡撰的《茶谱》中称茶能"益思"；宋代苏轼撰的《东坡杂记》中称茶能"除烦"；元代忽思慧撰的《饮膳正要》中称茶能"清神"；明代李时珍撰的《本草纲目》称茶能"使人神思阊爽"；清代王孟英撰的《随息居饮食谱》称茶能"清心神"。此外，还有称茶能"破孤闷""疗小儿无故惊厥"等的。

2. 清头明目

宋代虞载撰的《古今合璧事类外集》称茶能"理头痛"；宋代周去非撰的《岭外代答》称茶能"愈头风"；明代吴瑞撰的《日用本草》称茶能"止头痛"；清代王好古撰的《汤液本草》称茶能"清头目"；清代黄宫绣撰的《本草求真》称茶能治"头目不清"。此外，还有称茶能治"脑痛"、"治头痛"的。古籍中专门讲茶能明目的很多，如唐代陆羽撰的《茶经》称茶能治"目涩"，陈藏器撰的《本草拾遗》称茶能"明目"；清代沈李龙撰的《食物本草会纂》称茶"清于目"，黄宫绣撰的《本草求真》称茶能治"火伤目疾"等，都谈到茶与明目有关。

3. 提神醒睡

如晋代张华撰的《博物志》、唐代苏敬撰的《新修本草》、清代张路撰的《本经逢源》，以及《桐君录》（托名，佚，引自《太平御览》），分别称茶能"令人少睡"、"令人少眠"、"令人少寐"和"令人不眠"；唐代陈藏器撰的《本草拾遗》、五代蜀毛文锡撰的《茶谱》、清代曹慈山撰的《老老恒言》，分别称茶能"少睡"、"睡少"和"不睡"；明代李士材撰的《本草图解》称茶能"醒睡眠"；清代王孟英撰的《随息居饮食谱》称茶能"醒睡"。此外，还有说茶能"除好睡"、"破睡"等的。

4. 下气消食

唐代孟诜撰的《食疗本草》称茶能"下气";唐代孟诜撰的《食疗本草》、宋代虞载撰的《古今合璧事类外集》、明代缪希雍撰的《本草经疏》和王圻撰的《三才图会》分别称茶能"消食"、"消宿食"、"消饮食"和"消积食";清代黄宫绣撰的《本草求真》称茶能治"食积不化"。此外,还有称茶能"解除食积"、"去胀满者"、"去滞而化"、"养脾,食饱最宜"的。

5. 醒酒解酒

三国魏张揖撰的《广雅》称茶能"醒酒";宋代杨士瀛撰的《仁斋直指方》称茶能"解酒食之毒";明代李士材撰的《本草图解》称茶能治"酒毒";清代沈李龙撰的《食物本草会纂》称茶是"醉饱后饮数杯最宜"。

6. 利水通便

唐代陈藏器撰的《本草拾遗》、孙思邈撰的《千金翼方》分别称茶能"利水"和"利小便";唐代孟诜撰的《食疗本草》称茶能"利大肠";清代赵学敏撰的《本草纲目拾遗》称茶能"刮肠通泄"。此外,还有茶能治"二便不利"、"利大小肠"之说。

7. 祛风解表

五代蜀毛文锡撰的《茶谱》称茶能"疗风";明代李时珍的《本草纲目》称茶能"轻汗发而肌骨清";清代屈大均撰的《广东新语》称茶能"祛风湿",刘靖撰的《片刻余闲集》称茶能治"小儿痘疹不出"。此外,还有称茶能"发轻汗",治"四肢烦,百节不舒"等的。

8. 生津止渴

《神农食经》称茶能"止渴";唐代李肇撰的《唐国史补》称茶能"疗渴",孙思邈撰的《千金翼方》称茶能治"热渴";清代王孟英撰的《随息居饮食谱》称茶能"解渴",赵学敏撰的《本草纲目拾遗》称茶能"清胃生津",黄宫绣撰的《本草求真》称茶能治"消渴不止",沈李龙撰的《食物本草会纂》称茶能"止渴生津液"。此外,还有茶能"润喉",治"烦渴"、"作渴"之说。

9. 清肺去痰

唐代孟诜撰的《食疗本草》称茶能"解痰",苏敬撰的《新修本草》称茶能

"去痰"；元代忽思慧撰的《饮膳正要》称茶能"去痰热"；明代李时珍撰的《本草纲目》称茶能"吐风热痰涎"；清代赵学敏撰的《本草纲目拾遗》称茶能"涤痰清沛"，黄宫绣撰的《本草求真》称茶能"入肺清痰"，张璐撰的《本经逢源》称茶能"消痰"。此外，还有称茶能"除痰"、"解痰"、"逐痰"、"化痰"，以及茶能治"痰热昏睡"、"痰涎不清"等的。

10. 去腻减肥

唐代陈藏器撰的《本草拾遗》称茶能"去人脂"；宋代苏轼撰的《东坡杂记》称茶能"去腻"；明代李士材撰的《本草图解》称茶能"解炙煿毒"；清代曹慈山撰的《老老恒言》称茶能"解肥浓"，赵学敏撰的《本草纲目拾遗》称茶能"解油腻、牛羊毒"。此外，还有称茶能"久食令人瘦"等的。

11. 清热解毒

唐代孟诜撰的《食疗本草》、清代张璐撰的《本经逢源》分别称茶能"去热"和"降火"；唐代陈藏器撰的《本草拾遗》称茶能"破热气，除瘴气"；宋代宋士瀛的《仁斋直指方》、陈承撰的《本草别说》称茶能"消暑"；清代黄宫绣撰的《本草求真》称茶能"清热解毒"；刘献庭撰的《广阳杂记》称茶能"除胃热之病"。此外，还有茶能"清热降火"、"涤热"、"泻热"、"疗热症"、"治伤暑"之说。

12. 疗疮治瘘

《枕中方》（佚，引自《茶经》）称茶能"疗积年瘘"；明代缪希雍撰的《本草经疏》称茶能治"瘘疮"，李中立撰的《本草原始》称茶能"搽小儿诸疮"等。

13. 疗痢止泄

宋代陈承撰的《本草别说》称茶能"治痢"；明代吴瑞撰的《日用本草》称茶能"治热毒赤白痢"；清代黄宫绣撰的《本草求真》称茶能治"血痢"，张璐撰的《本经逢源》称茶能"止痢"等。

14. 涤齿坚齿

宋代苏轼的《东坡杂记》称茶能使牙齿"坚密"；元代李治的《敬斋古今注》称茶能使牙齿"固利"；明代钱椿年的《茶谱》称茶能"坚齿"；清代张英的《饭有十二合说》称茶能"涤齿颊"等。

15. 疗饥生精

唐代孙思邈的《千金要方》称茶能使人"有力";宋代苏颂的《本草图经》称茶能"固肌换骨";明代朱橚的《救荒本草》称茶能"救饥",鲍山的《野菜博录》称茶能"调食";清代屈大钧的《广东新语》称茶能"疗饥"。此外,还有茶能"轻身换骨"、"治疲劳性精神衰弱症"、"羽化"之说。

16. 养生益寿

宋代苏颂的《本草图经》称茶能"祛宿疾,当眼前无疾";明代程用宾的《茶录》称茶能"抖擞精神,病魔敛迹";清代俞洵庆的《荷廊笔记》称茶能"养生益"。此外,还有茶"久服,能令升举"之说。

17. 其他功效

古人对茶叶功效的认识,除上面提到的以外,还提到茶叶其他一些营养与药理功效,如宋代苏轼的《格物粗谈》称茶"烧烟可辟蚊";明代李时珍的《本草纲目》称"浓茶能令人吐";清代赵学敏的《本草纲目拾遗》称茶能"消膨胀",张璐的《本草逢原》称茶能"开郁利气"等。

（二） 茶 的 保 健 成 分

天然、营养、保健、治病,是茶作为饮料的最大特点。因此,人们称茶为"当代健康饮料"。近代科学研究的结果表明,茶的保健功能,以及茶在食品、医药等方面的广泛利用,是茶的内含成分所决定的。迄今为止,茶叶中的化学成分已经鉴定的就有300多种,其中有的是与人体健康有关的营养成分,有的则是与防病治病有关的药效成分,而更多的是两者兼而有之的保健成分。在这众多的成分中,对促进人体健康,有的是单一作用的结果,有的是几种成分协同作用的结果。

维 生 素 类 物 质

茶叶中的维生素,包括水溶性维生素和脂溶性维生素两大类。茶叶中的水溶性维生素的含量很丰富,主要有维生素 C 和 B 族维生素,因为它们能溶解于茶汤,容易被人体吸收,因此,与人们的关系也最密切。茶叶中的脂溶性维生素,对人体生长发育也很重要，只是因为不溶于茶汤，故通过饮茶无法为人体所利用，如采用茶食的形式，这一问题就可迎刃而解了。

维生素 C，又称抗坏血酸，在茶叶所含的众多维生素类物质中，含量最高。一般说来，每 100 克茶叶中，含有维生素 C 为 100~500 毫克，尤其是优质绿茶，含量大多在 200 毫克以上，比等量的苹果、橘子、菠萝所含还多。从营养角度而言，喝绿茶比喝红茶好，这是因为绿茶的维生素 C 含量通常比红茶高。近代医学理论和临床实践表明，维生素 C 能防治坏血病，促使脂肪氧化，排出胆固醇，从而增加微血管的致密性，减少其渗透性和脆性，能防治由血压升高而引起的动脉硬化。维生素 C 还参与人体内物质的氧化还原反应，促进解毒作用，提高人体对工业化学毒物（如重金属）及放射性伤害的抵御能力，从而增强机体对感染的抵抗力。所以说茶能解毒、防辐射，是"电视饮料"，道理就在于此。维生素 C 还有抑制最终致癌物的形成和抗拒癌细胞增殖的作用，经常饮茶还能促进创口愈合，防治出血症等。医学界认为，成人每天的维生素 C 需要量为 60 毫克左右，这样，一个人在正常的饮食情况下，每天饮三至四杯茶，就可以基本满足人体对维生素 C 的需求了。

茶叶中含有的 B 族维生素的种类较多，现将茶叶中主要 B 族维生素的一般含量，以及人体对该种维生素的需要量，归纳如表 7-1。

表 7-1

名称	茶中含量(微克/100 克茶)	每杯茶中含量(微克)	人体需要量(微克/日)	每 5 杯茶占人体日需要量%
维生素 B_1(硫胺素)	150~600	4.5~1.8	1700	1.3~5.3
维生素 B_2(核黄素)	1300~1700	39~51	1800	10~14
维生素 B_3(泛酸)	1000~2000	30~60	10000	1.5~3.0
维生素 B_5(烟酸)	5000~7500	150~225	20000	3.8~5.6
维生素 B_{11}(叶酸)	50~75	1.5~2.3	400	1.9~2.9
维生素 H(生物素)	50~80	1.5~2.4	300	2.5~4.0

此外，茶中还含有肌醇、维生素 B_6、维生素 B_{12} 等。

茶叶中维生素 B_1 的功效是维持人体神经、心脏和消化系统的正常机能，促进糖代谢，有助于防治脚气病、多发性神经炎和胃功能障碍等。维生素 B_2 被认为在一般膳食中最为缺乏，而茶叶中的含量却相当高，它比大米高 20 倍，比大豆高 5 倍，比瓜果高 20 倍，因此，经常饮茶，可以补充维生素 B_2 的不足。维生素 B_2 参与人体内的氧化还原反应，对维持眼的正常功能具有重要作用，还能用来治疗结膜炎、角膜炎、舌炎、口炎、脂溶性皮炎等。维生素 B_3 是一种复杂的有机酸，具有抗脂肪肝的功能，可预防动脉粥样硬化，防治因维生素 B_3 缺乏而引起的毛发脱落、皮肤炎、肾上腺病变等。维生素 B_5 在茶叶中的含量较多，它对防治癞皮病有较好的功效。此外，茶叶中的维生素 B_{11} 能预防缺铁性贫血；维生素 B_{12} 有利于改善人体造血功能；肌醇对治疗肝炎、肝硬化、胆固醇高等有重要作用。

茶叶中还含有不少脂溶性维生素，如维生素 A、维生素 D、维生素 K、维生素 E 等，它们对人体健康都很重要，只是通过饮茶方式难以为人体吸收利用罢了。例如，对人体抗衰老有重要作用的维生素 E，每 100 克茶叶中含量达 50～70 毫克。又如维生素 K 有很好的止血作用；茶叶中的维生素 A 原（即胡萝卜素）的含量比胡萝卜还高，对此，人们可以通过以茶掺食，制成茶食品、茶菜肴等方法，由饮茶改为吃茶，使其得到充分的利用。

茶叶中各种维生素的含量，一般说来，绿茶多于乌龙茶，乌龙茶多于红茶。对同类茶叶而言，高级茶多于低级茶；就不同季节的茶叶而论，则春茶多于夏、秋茶。

氨基酸类物质

据测定，茶叶中的氨基酸含量通常为 2～5%，虽然含量不算高，但种类很多，仅游离氨基酸就有 25 种之多。其中茶氨酸含量最高，而且这种氨基酸是茶叶所特有的。其次是人体所必需的赖氨酸、谷氨酸、苯丙氨酸、苏氨酸、蛋氨酸、异亮氨酸、亮氨酸、色氨酸、缬氨酸。此外，还有半胱氨酸、天门冬氨酸、胱氨酸、甘氨酸、组氨酸、精氨酸、丝氨酸等。所有这些氨基酸，对人体生理功能都有重要的作用。如苏氨酸、组氨酸和赖氨酸，能促进人体对钙、铁的吸收，起到防治骨质疏松、佝偻病和贫血的作用。胱氨酸和半胱氨酸有解毒和抗辐射的作用，其中胱氨酸还能促进毛发生长和防止早衰；斗胱氨酸则可促进人体对铁的吸收。茶氨酸有扩张血管、松弛支气管和平滑肌，以及强心利尿的作用。亮氨酸和组氨酸有促进人体细胞再生、加速伤口愈合的功能。谷氨酸和精氨酸能降低血氨，治疗肝昏迷。蛋氨酸能调整脂肪代谢，防治动脉粥样硬化。色氨酸对人体大脑的神经传递有重要作用。

总之，茶叶中的多种氨基酸，大多是人体代谢机能不可缺少的，有的还是人体无法合成的，需要通过包括茶在内的饮食提供。

茶叶中氨基酸含量的多少，与茶类有关。按氨基酸总量而言，绿茶多于红茶和白茶，乌龙茶和黄茶居中，黑茶含量相对较低。对同种茶而言，高级茶含量高于低级茶。但具体到某种氨基酸而论，情况就较复杂了。如茶氨酸以白茶为最多，其次是绿茶和红茶；精氨酸以绿茶为最多，其次是红茶；谷氨酸以绿茶为最多，其次是乌龙茶和红茶。可见，各种氨基酸的多少，因茶而异。

嘌呤碱类物质

茶叶中的嘌呤碱类物质，一般称之为生物碱。这是一类重要的生理活性物质，在医学临床中，广泛地用作为健补药。

茶叶中的生物碱，主要的有咖啡碱、茶碱和可可碱三种。由于三者都属于甲基嘌呤类化合物，因此，它们的药理功能亦非常相近，只是作用的强弱大小不同。茶叶中的咖啡碱含量为 2～5%，它的主要功能是：兴奋神经中枢，消除疲劳，有较强的强心作用；能增加肾脏的血流量，提高肾血小球过滤率，有利尿功效；对平滑肌有弛缓作用，能消除支气管和胆管的痉挛。此外，咖啡碱还有帮助消化，解毒和消除人体内有害物质的作用等。值得说明的是，由于茶叶中咖啡碱的存在，从而使得饮茶不但能提高人体大脑的思维活动能力，消除睡意，清醒头脑，提高工作效率，而且这种兴奋作用，不像酒精、烟碱、吗啡之类伴有继发性抑制或对人体产生毒害作用。这是因为茶叶中的咖啡碱对大脑皮质的兴奋作用，是一个加强兴奋的过程，而其他兴奋药往往是通过削弱抑制过程引起的兴奋作用，两者有着本质的不同。所以，确切地说，咖啡碱引起的兴奋，是一种接近正常生理的兴奋。

茶叶中茶碱的含量一般为 0.05%，它的主要功能与咖啡碱相似，但兴奋神经中枢的作用较咖啡碱弱，而强化血管和强心利尿作用，弛缓平滑肌等作用比咖啡碱强。

茶叶中可可碱的含量一般为 0.002%，它的主要功能与咖啡碱、茶碱相近，兴奋神经中枢的作用比上述两者都弱，但强心、松弛平滑肌等作用，强于咖啡碱而弱于茶碱；其利尿作用，虽比咖啡碱和茶碱都弱，但持久性强。

现将茶叶中咖啡碱、茶碱、可可碱三者的主要药理功能，以及它们对人体组织器官作用的差异，归纳如表 7-2。

表 7-2

名称	茶叶中含量(%)	兴奋中枢	强心作用	松弛平滑肌	利尿
咖啡碱	2～5	＋＋＋	＋	＋	＋＋
茶碱	0.05	＋＋	＋＋＋	＋＋＋	＋＋＋
可可碱	0.002	＋	＋＋	＋＋	＋

由于茶叶生物碱的主要成分是咖啡碱，而茶碱与可可碱的作用与咖啡碱又非常相似，因此，人们在谈及茶叶生物碱时，往往将茶碱和可可碱忽略不计，而仅指咖啡碱。

在茶叶冲泡时，大约有80%左右的咖啡碱可被水溶解，为人们吸收利用。如果成年人每天饮 3~4 杯茶，则从茶汤中摄取的咖啡碱约为 0.2 克。咖啡碱作为药用时，成人允许的给药量为 0.65 克，从茶中摄取的约占三分之一。同时，咖啡碱又易与茶叶中的茶多酚类化合物相遇形成复合物，这种复合物在人体内不能积累，很快会被排出体外，因此，即使长期饮茶，咖啡碱也无蓄积作用。这一点已引起药学界的注意。

多酚类化合物

茶叶中的多酚类化合物，通常含量达 20~30%。在这类化合物中，以各种儿茶素最为重要。所以，人们通常说的茶多酚，其实指的就是以儿茶素为主体的多酚类化合物。近年来，医学界与茶学界围绕着茶叶中的这一药效成分，展开了多方面的研究。结果表明，茶多酚类化合物能对有机体的脂肪代谢起重要的作用，可明显地抑制血浆和肝脏中胆固醇含量的上升，并促进脂类化合物从粪便中排出，因此，对防治动脉粥样硬化和减肥具有重要作用。其次，试验表明，茶多酚对人体增强微血管的作用，要比维生素 C 的作用强得多。如单独应用维生素 C，毛细管的增强能提高 1 倍，那么同时服用茶多酚，在相同时间内可以提高 4 倍。可见，茶多酚对增强人体微血管壁的韧性，以及防止内出血等方面的功能是不可低估的。为此，茶多酚已被广泛地用作防治因微血管破裂而引起的中风等疾病。茶多酚特别是儿茶素还能降低血糖，因此用来防治糖尿病等亦已付诸实践。第三，鉴于茶叶中茶多酚，特别是儿茶素类化合物具有明显的抗氧化活性，包括我国在内的不少国家，已将茶叶中儿茶素的抗氧化活性应用于食品工业，即应用这类抗氧化剂生产防止和延缓脂质变质的食品。由于这类食品对人体也有一定的抗氧化、防衰老作用，因此，又称之为保健食品。据称，茶叶中的茶多酚，其抗氧化的作用比维生素 E 还强。以往，人们常用维生素 E 和维生素 C 等抗氧化活性物质来增强人体抵抗力，以延缓衰老。可以预见，在不久的将来，利用茶叶中的茶多酚或儿茶素类化合物配制成的抗衰老药物，将为人类的健康带来福音。此外，茶叶中的茶多酚还有明显的抗辐射作用，对因辐射引起的白血球降低的回升，具有良好的效果。尽管迄今为止人们对茶多酚抗辐射的机制仍不大清楚，但一般认为这与茶多酚参与体内的氧化还原反应、保护血相、修复生理机能、抑制内出血等众多作用有关。另外，对于茶多酚的杀菌消炎和减轻重金属对人体毒害的作用，自古以来，就已为人们所认识并在临床中应用，且取得了较好的效果。特别值得提出的是，近代对茶多酚抗癌、抗突变的研究，已引起世人的关注。到目前为止，包括中国在内的许多国家，证明茶叶中的茶多酚类化合物，特别是儿茶素衍生物具有抑制癌细胞增生、抗癌、抗突变的功能。综合各地研究的结果，茶多酚之所以具有这一功能，其机制大致可以归纳为如下几个方面：①抑制致癌物质的最终形成；②可直接与亲电子的致癌代谢物作用；③能清除游离基；④调整致癌引发物质的代谢过程；⑤抑制致癌基因与 DNA 共价结合。

茶叶中茶多酚的含量，大致说来，绿茶多于乌龙茶与红茶；夏、秋茶多于春茶。

矿物质

迄今为止，已发现茶叶中的矿物质元素有 40 余种。其中包括人体生命活动必需的常量元素钾、钙、钠、镁、磷、氯、硫和微量元素氟、硒、锌、铝、硅、铬、铁、锰、钒、钴、铜、砷、钼等。此外，还有对人体生理代谢有着重要作用的锶、溴、铷等。特别是茶叶中的有些矿质元素，对人体的健康有着举足轻重的作用。成年人每天饮上 5 杯茶，那么从茶汤中摄取的锰、钾、硒和锌，一般就可分别满足人体需要量的 45%、25%、25% 和 10% 左右。

在茶叶所含众多的矿质元素中，钾的含量最高，达 1.5 ~ 2.5%，这与海产中的海带、紫菜的含量大致相当。钾对人体细胞新陈代谢、维持渗透压和血液平衡有着重要作用。茶叶中的硒是其他食物中少见和不可多得的，它能刺激免疫蛋白及抗体的产生，增强人体对疾病的抗拒力，并对治疗克山病和抑制癌细胞的发生有重要作用。据测定，我国陕西紫阳和湖北恩施的绿茶，含硒量高达 1.5 ~ 3.5ppm，被称为富硒茶。各地茶叶中的锌含量差异不大，通常在 35 ~ 50mg/g 之间。以茶而论，绿茶稍高些，红茶次之，乌龙茶低些，但都比较接近。锌能直接影响人体内蛋白质和核酸的合成，缺锌会使青少年生长发育受阻，还会影响垂体分泌，使性腺机能减退。因此，锌对人体健壮有着重要的作用。茶叶中氟的含量较高，一般达 200 ~ 300ppm，高的可达 500ppm 左右。茶叶中氟的含量不但与茶类有关，还与茶叶老嫩关系密切。一般说来，就茶类而言，黑茶含量最多，绿茶最少，乌龙茶和红茶介于两者之间。以茶叶老嫩而论，则低级的粗老茶含量多于高级的细嫩茶。茶叶中的钙、镁、铁、锰等矿质元素，既是人体的必需营养，又与人体的健康有关。这些矿质元素在茶叶中的含量，一般来说，红茶稍高于绿茶。

脂多糖

茶叶中的脂多糖是脂类与多糖结合在一起的大分子复合物，在茶叶中的含量大致为 3% 左右。茶叶中的脂多糖组成成分中，脂类占 36 ~ 58%，糖类占 26 ~ 47%，蛋白质占 3 ~ 6%，氮素占 0.5 ~ 1%，磷素占 0.7 ~ 1.2%。

脂多糖能增强机体的特异性免疫能力，而且无副作用。所以，脂多糖具有明显的抗辐射功能。另外，脂多糖还具有改善造血功能，保护血相的作用。

糖类、蛋白质和脂肪

糖类、蛋白质和脂肪，被认为是人体三大主要营养物质。

据测定，茶叶中的糖类含量为 10 ~ 13%，其中，有葡萄糖、果糖等单糖；也有蔗糖、麦芽糖等双糖；还有淀粉、纤维素等多糖。不过这些糖类大多不溶解于茶汤，能溶于茶汤的仅占 4 ~ 5%。为此，人们按照茶叶的这一特性，把茶叶列入低热量饮料，可供糖尿病和忌糖患者饮用。

茶叶中的蛋白质含量高达 20% 以上。但茶叶中的蛋白质基本不溶于茶汤。据测定，溶于茶汤中的蛋白质只占茶叶蛋白质总量的 1 ~ 2%。

至于茶叶中的脂肪，含量很少，对人体影响很小。

（三） 家庭药茶方剂

固涩剂

1. 二地麦稻敛汗茶

〔组成〕生地 5 克，地骨皮 5 克，浮小麦 5 克，糯稻根须 5 克。

〔功效〕滋阴敛汗。

〔主治〕阴虚热扰，迫津外泄的盗汗。症见夜寐出汗，醒则汗止，骨蒸潮热。

〔服用方法〕将生地和地骨皮切成小碎块，与浮小麦和糯稻根须一起置入茶杯内，倒入刚沸的开水，盖严杯盖，约隔 15 至 20 分钟即可服用。徐徐饮用，边饮边加开水。每日上午和下午各泡服一剂。

〔注意事项〕本药茶宜凉饮。实热之汗症忌用本药茶。

2. 二骨术粟久泻茶

〔组成〕骨碎补 5 克，补骨脂 5 克，白术 5 克，罂粟壳 3 克。

〔功效〕固肾涩肠。

〔主治〕肾气不固，久泻滑利的慢性肠炎。症见久泻不止，大便清溏，日行数次，完谷不化，四肢厥冷，腹中隐痛。

〔服用方法〕将补骨脂砸碎，将骨碎补和白术切成小碎块，与罂粟壳一起置入茶杯内，倒入刚沸的开水，盖严杯盖，约隔15至20分钟即可服用。徐徐饮用，边饮边加开水。每日上午和下午各泡服一剂。

〔注意事项〕本药茶宜热饮。饮用期间，忌吃生冷油腻的食物。

本药茶不适于治疗大肠湿热的泻泄，用之有闭门留寇之患。

3. 三黄盗汗茶

〔**组成**〕生地黄5克，黄连2克，麻黄根10克。

〔**功效**〕滋阴清热，养营敛汗。

〔**主治**〕阴虚内热，迫汗液外泄所致的盗汗。症见五心潮热，夜寐盗汗，醒则汗止，口干喜饮。

〔**服用方法**〕将以上药物切成小碎块，并置入茶杯内，倒入刚沸的开水，盖严杯盖，约隔15至20分钟即可服用。徐徐饮用，边饮边加开水。每日上午和晚上各泡服一剂。

〔**注意事项**〕本药茶宜凉饮。实热之汗症忌用本药茶。

4. 小茴温肾固脬茶

〔**组成**〕小茴香3克，桑螵蛸3克，益智仁5克。

〔**功效**〕温肾固脬。

〔**主治**〕肾气不足，脬气不固的小儿遗尿症。症见夜尿次数多，甚者遗尿，面色㿠白，神疲易倦。

〔**服用方法**〕将桑螵蛸扯成小碎块，将益智仁砸碎，与小茴香一起置入茶杯内，倒入刚沸的开水，盖严杯盖，约隔15至20分钟即可服用。徐徐饮用，一剂泡一次。每日上午和下午各泡服一剂。

〔**注意事项**〕饮茶期间，每日给患儿吃猪肾一个，以辅助其药效。

5. 山萸五味固精茶

〔**组成**〕山茱萸5克，五味子5克。

〔**功效**〕涩精止遗。

〔**主治**〕真阳亏损，肾失封藏的遗精，滑精，早泄，腰酸，神疲，盗汗。

〔**服用方法**〕将五味子砸碎，与山萸一起置入茶杯内，倒入刚沸的开水，盖严杯盖，约隔15至20分钟即可服用。徐徐饮用，边饮边加开水。每日上午和晚上各泡服一剂。

〔**注意事项**〕饮茶期间，应适当加强体育锻炼，避免过度脑力劳动。

6. 山萸来复止汗茶

〔组成〕山茱萸 5 克,党参 10 克,白芍 5 克。

〔功效〕益气固脱,敛营止汗。

〔主治〕久病,或误汗,或误下而致的汗出不止,四肢厥冷,脉微弱无力。

〔服用方法〕将党参和白术切碎,与山茱萸一起置入茶杯内,倒入刚沸的开水,盖严杯盖,约隔 15 至 20 分钟即可服用。徐徐饮用,边饮边加开水。每日上午和晚上各泡服一剂。

〔注意事项〕饮茶期间,应保证足够的休息,并加强营养。

7. 山萸益智遗尿茶

〔组成〕山茱萸 5 克,益智仁 5 克,黄芪 5 克,白术 5 克。

〔功效〕补肾益气固尿。

〔主治〕肾气不固的老人小便不节,或自遗不禁,面色㿠白,气短乏力。

〔服用方法〕将益智仁砸碎,将黄芪和白术切成小碎块,与山茱萸一起置入茶杯内,倒入刚沸的开水,盖严杯盖,约隔 15 至 20 分钟即可服用。徐徐饮用,边饮边加开水。每日上午和下午各泡服一剂。

〔注意事项〕饮茶期间,应加强营养,并适当增加体育锻炼。

8. 木瓜粟壳止痢茶

〔组成〕木瓜 5 克,粟壳 5 克,车前子 5 克。

〔功效〕收敛止痢。

〔主治〕肠虚不固的赤白痢。症见痢疾日久,滑脱不禁,便中赤白,神疲力短,面白乏力,舌白,脉沉弱。

〔服用方法〕将木瓜切成小碎块,与其他药一起置入茶杯内,倒入刚沸的开水,盖严杯盖,约隔 10 至 15 分钟即可服用。徐徐饮用,边饮边加开水。每日上午和下午各泡服一剂。

〔注意事项〕饮茶期间,忌吃生冷和不易消化的食物。

本药茶为收敛之品,只适宜治肠虚不固的久痢,不可用于大肠湿热的新痢。

9. 五味金樱止遗茶

〔组成〕五味子 5 克,金樱子 5 克。

〔功效〕涩精止遗。

〔主治〕肾虚不固的遗精,滑精,早泄,盗汗,腰酸,神疲。

〔服用方法〕将以上药物砸碎，并置入茶杯内，倒入刚沸的开水，盖严杯盖，约隔15至20分钟即可服用。徐徐饮用，边饮边加开水。每日上午和下午各泡服一剂。

〔注意事项〕饮茶期间，应适当加强体育锻炼并避免过度的脑力劳动。

10. 五味益气敛汗茶

〔组成〕五味子5克，白术5克，麻黄根3克，柏子仁5克。

〔功效〕益气固脱止汗。

〔主治〕久病、重病、大失血后元气受伤，气虚欲脱的气短懒言，汗出不止，口渴不思饮。

〔服用方法〕将五味子砸碎，将白术和麻黄根切成小碎块，与柏仁一直置入茶杯内，倒入刚沸的开水，盖严杯盖，约隔15至20分钟即可服用。徐徐饮用，边饮边加开水。每日上午和下午各泡服一剂。

〔注意事项〕本药茶为收敛之剂，如有外感者忌用本药茶。

11. 五味益气敛肺茶

〔组成〕五味子3克，罂粟壳1克，款冬花5克，党参5克。

〔功效〕益气敛肺止咳。

〔主治〕肺气耗散，肺失宣降的慢性支气管炎。症见久咳不已，气少懒言，痰少清稀，头晕神疲。

〔服用方法〕将五味子砸碎，将党参切成小碎块，与其他药一起置入茶杯内，倒入刚沸的开水，盖严杯盖，约隔15至20分钟即可服用。徐徐饮用，边饮边加开水。每日上午和下午各泡服一剂。

〔注意事项〕饮用时，可将口鼻对着杯口深呼吸，让药液的蒸汽进入肺内，以润养肺组织。

本药茶为酸涩收敛之性，如有外感者，忌用本药茶，否则有闭门留寇之患。

12. 乌粟胶草敛肺茶

〔组成〕乌梅5克，罂粟壳2克，阿胶5克，甘草3克。

〔功效〕滋阴补肺，敛肺止咳。

〔主治〕气阴亏损，肺气不敛，宣降失常的慢性支气管炎。症见久咳不已，痰少易咯，神疲气短，汗多易感冒。

〔服用方法〕将乌梅砸碎，与其他药一起置入茶杯内，倒入刚沸的开水，盖严杯盖，约隔20分钟左右即可服用。饮用时，先用汤匙搅拌药液，使阿胶完全溶化后再徐徐饮用。一剂泡一次,每日上午和下午各泡服一剂。

〔注意事项〕饮用时,将口鼻对着杯口深呼吸,让药液的蒸汽进入肺中,则能更有效地发挥药效。

凡外感实证之咳嗽,忌用本草茶。

13. 水陆二仙固关茶

〔组成〕金樱子5克,芡实5克。

〔功效〕固精缩尿止带。

〔主治〕肾气不足,下元不固的遗精,滑精,遗尿,小便失禁,白带,崩漏,腰膝酸软,神疲乏力。

〔服用方法〕将以上药物砸碎,并置入茶杯内,倒入刚沸的开水,盖严杯盖,约隔15至20分钟即可服用。徐徐饮用,边饮边加开水。每日上午和晚上各泡服一剂。

〔注意事项〕饮茶期间,宜多吃动物肾脏。

如兼有外感者,忌用本药茶。

14. 玉屏固表茶

〔组成〕黄芪5克,白术5克,防风5克,茉莉花茶1克。

〔功效〕益气固表。

〔主治〕卫表不足,腠理疏松的自汗不止,容易感冒者。

〔服用方法〕将黄芪、白术和防风切成小碎块,与茉莉花茶一起置入茶杯内,倒入刚沸的开水,盖严杯盖,约隔15至20分钟即可服用。徐徐饮用,边饮边加开水。每日上午和下午各泡服一剂。

〔注意事项〕本药茶宜凉饮。饮用期间,应注意防寒保暖,避免受凉感冒。

15. 芍芪止汗茶

〔组成〕白芍5克,黄芪5克。

〔功效〕益气固表,敛阴止汗。

〔主治〕卫气不固,营阴外泄的自汗或盗汗症。症见日夜出汗,心悸头晕,神疲乏力。

〔服用方法〕将以上药物切成小碎块,并置入茶杯内,倒入刚沸的开水,盖严杯盖,约隔15至20分钟即可服用。徐徐饮用,边饮边加开水。每日上午和下午各泡服一剂。

〔注意事项〕本药茶宜凉饮。饮用期间,应注意休息,避免过度疲劳,注意保暖，避免受凉感冒。

16. 当归二黄固汗茶

〔**组成**〕当归 5 克，黄芪 5 克，麻黄根 10 克。

〔**功效**〕益气养血，固表止汗。

〔**主治**〕气血不足，卫表不固，营阴外泄所致的虚汗不止。症见大失血后或重病久病后，气短无力，心悸神疲，汗出不止，脉微弱。

〔**服用方法**〕将以上药物切成小碎块，并置入茶杯内，倒入刚沸的开水，盖严杯盖，约隔 15 至 20 分钟即可服用。徐徐饮用，边饮边加开水。每日上午和下午各泡服一剂。

〔**注意事项**〕本药茶不宜饮得太烫。

饮用期间，应注意加强营养，并适当加强体育锻炼。

实热之汗出忌用本药茶。

17. 芡实萆仙固带茶

〔**组成**〕芡实 5 克，金樱子 5 克，菟丝子 5 克，川续断 5 克。

〔**功效**〕补肾涩带。

〔**主治**〕下元亏虚，肾气不固的带下病。症见白带精稀如水，量多如注，腰脊酸软，四肢清冷。

〔**服用方法**〕将芡实和金樱子砸碎，将川续断切成小碎块，与菟丝子一起置入茶杯内，倒入刚沸的开水，盖严杯盖，约隔 15 至 20 分钟即可服用。徐徐饮用，边饮边加开水。每日上午和下午各泡服一剂。

〔**注意事项**〕本药剂宜热饮。

本药茶只适用于虚寒性白带病，凡实热性白带病忌用本药茶。

18. 连归榴皮久痢茶

〔**组成**〕黄连 3 克，当归 5 克，石榴皮 3 克，沱茶 2 克。

〔**功效**〕清热燥湿，涩肠养脏。

〔**主治**〕湿热之毒留滞大肠的慢性痢疾。症见痢久失治，下痢粘滞，如胶如冻，日行数次，肚腹隐痛。

〔**服用方法**〕将当归和石榴皮切成小碎块，与其他药一起置入茶杯内，倒入刚沸的开水，盖严杯盖，约隔 15 至 20 分钟即可服用。徐徐饮用，边饮边加开水。每日上午和下午各泡服一剂。

〔**注意事项**〕饮茶期间，应注意饮食卫生，忌吃辛辣和油腻的食物。

凡痢疾初起，邪毒较甚者，不宜用本药茶。

19. 诃子香连止痢茶

〔组成〕诃子 3 克，木香 5 克，黄连 2 克，甘草 3 克。

〔功效〕清热行滞，固肠止泻。

〔主治〕脾虚气滞的慢性肠炎或慢性痢疾。症见久泻不止，日行数次，或大便如胶如冻，腹中隐痛。

〔服用方法〕将诃子砸碎，将木香和甘草切成小碎块，与黄连一起置入茶杯内，倒入刚沸的开水，盖严杯盖，约隔 10 至 15 分钟即可服用。徐徐饮用，边饮边加开水。每日上午和下午各泡服一剂。

〔注意事项〕饮茶期间，忌吃生、冷、硬和油腻等不易消化的食物。

20. 诃子姜橘脱肛茶

〔组成〕诃子 3 克，干姜 3 克，橘皮 5 克。

〔功效〕温中固肠。

〔主治〕脾胃虚寒，中气下陷的脱肛。症见肛门脱出，日久不还，腹中冷痛，肢冷畏寒，气短乏力。

〔服用方法〕将诃子砸碎，将其他的药切成小碎块，同时置入茶杯内，倒入刚沸的开水，盖严杯盖，约隔 15 至 20 分钟即可服用。徐徐饮用，边饮边加开水。每日上午和下午各泡服一剂。

〔注意事项〕饮茶期间，宜多卧床休息，避免久行久站，多做仰卧起坐以加强腹肌的肌力，并注意加强营养。

21. 诃乌参地清音茶

〔组成〕诃子 3 克，乌梅 5 克，党参 5 克，生地 5 克。

〔功效〕滋阴润燥，补肺亮音。

〔主治〕气阴两虚，肺失所养，金破不鸣的失音。症见声音嘶哑，不能言语，气短汗出，咽干嗓痛。

〔服用方法〕将诃子和乌梅砸碎，将党参和生地切成小碎块，同时置入茶杯内，倒入刚沸的开水，盖严杯盖，约隔 15 至 20 分钟即可服用。徐徐饮用，边饮边加开水。每日上午和下午各泡服一剂。

〔注意事项〕本药茶宜凉饮。

饮用期间，尽量避免说话，让声带得到充分的休息，忌吃辛辣食物。

凡外感实证之失音，忌用本药茶。

22. 诃杏敛肺止咳茶

〔**组成**〕诃子 5 克，杏仁 5 克，甘草 3 克。

〔**功效**〕敛肺止咳。

〔**主治**〕肺气不足，肺气不敛，宣降失常的久咳不止，气短懒言，汗多乏力，脉弱。

〔**服用方法**〕将诃子砸碎，与甘草一起置入茶杯内，倒入刚沸的开水，盖严杯盖，约隔 10 至 15 分钟即可服用。徐徐饮用，边饮边加开水。每日上午和下午各泡服一剂。

〔**注意事项**〕饮茶时，将口鼻对着杯口深呼吸，让药液的蒸汽进入肺内，则能更好地发挥药效。

凡外感咳嗽，热邪或寒邪所致之实咳，皆忌用本药茶。

23. 诃桔蒡草失音茶

〔**组成**〕诃子 3 克，桔梗 5 克，牛蒡 5 克，甘草 3 克。

〔**功效**〕敛肺开音。

〔**主治**〕肺气虚弱，金破不鸣的失音。症见初为声音嘶哑，咽嗓干痛，说话困难，逐渐发展为失音不语。

〔**服用方法**〕将诃子和牛蒡子砸碎，将其他药切成小碎块，同时置入茶杯内，倒入刚沸的开水，盖严杯盖，约隔 15 至 20 分钟即可服用。徐徐饮用，边饮边加开水。每日上午和下午各泡服一剂。

〔**注意事项**〕本药茶宜凉饮。饮用期间，尽量避免说话，让声带得到充分的休息，忌吃辛辣食物。

凡外感实证之失音，忌用本药茶。

24. 枣仁浮麦自汗茶

〔**组成**〕酸枣仁 5 克，浮小麦 5 克，黄芪 5 克，防风 3 克。

〔**功效**〕敛心营，固卫气。

〔**主治**〕心气不足，神明失守，腠理不固的自汗。症见白天不活动也出汗，神疲气短，面色无华，容易感冒。

〔**服用方法**〕将酸枣仁和浮小麦砸碎，将黄芪和防风切成小碎块，同时置入茶杯内，倒入刚沸的开水，盖严杯盖，约隔 15 至 20 分钟即可服用。徐徐饮用。边饮边加开水。每日上午和下午各泡服一剂。

〔**注意事项**〕饮茶期间，应适当加强体育锻炼，但勿过度疲劳。

25. 知地浮麦止汗茶

〔组成〕知母 3 克, 生地 5 克, 浮小麦 10 克。

〔功效〕滋阴清热, 固表止汗。

〔主治〕阴虚火扰, 迫津外泄所致的盗汗。症见五心烦热, 心悸盗汗, 脉细数。

〔服用方法〕将知母和生地切成小碎块, 与浮小麦一起置入茶杯内, 倒入刚沸的开水, 盖严杯盖, 约隔 15 至 20 分钟即可服用。徐徐饮用, 边饮边加开水。每日上午和晚上各泡服一剂。

〔注意事项〕本药茶宜凉饮。实热之汗证忌用本药茶。

26. 金樱党参固脱茶

〔组成〕金樱子 5 克, 党参 5 克。

〔功效〕健脾益气, 涩肠固脱。

〔主治〕脾虚不摄, 气虚下陷所致的脱肛或子宫脱垂。症见少气懒言, 面色萎黄, 神疲乏力。

〔服用方法〕将金樱子砸碎, 将党参切成小碎块, 同时置入茶杯内, 倒入刚沸的开水, 盖严杯盖, 约隔 15 至 20 分钟即可服用。徐徐饮用, 边饮边加开水。每日上午和下午各泡服一剂。

〔注意事项〕饮茶期间, 宜多卧床休息, 多做仰卧起坐以加强腹肌肌力, 避免久行久站和过度劳累, 并注意加强营养。

27. 狗脊白蔹固带茶

〔组成〕狗脊 5 克, 白蔹 5 克, 艾叶 5 克, 食醋适量。

〔功效〕补肾固带。

〔主治〕冲任虚寒, 肾气不固的带下。症见带下浊白, 经久不止, 无臭无气, 头晕, 腰酸, 乏力, 神疲。

〔服用方法〕将狗脊和白蔹切成小碎块, 与艾叶一起置入茶杯内, 倒入刚沸的开水, 盖严杯盖, 约隔 15 至 20 分钟即可服用。饮用时, 先将食醋溶入药液中, 搅拌均匀, 徐徐饮用, 一剂泡一次, 每日上午和下午各泡服一剂。

〔注意事项〕饮茶期间, 应注意外阴部的清洁卫生。每次房事后夫妻双方都要用温开水将外部洗涤干净。

本药茶不适用于湿热带下。

28. 柏仁止汗茶

〔组成〕柏子仁 3 克, 五味子 3 克, 麻黄根 3 克, 党参 3 克, 白术 5 克。

〔功效〕益气养阴止汗。

〔主治〕气阴不足，汗液不摄的自汗和盗汗。

〔服用方法〕将柏仁和五味子砸碎，将其他药物切成小碎块，同时置入茶杯内，倒入刚沸的开水，盖严杯盖，约隔 15 至 20 分钟即可服用。徐徐饮用，边饮边加开水。每日上午和晚上睡前各泡服一剂。

〔注意事项〕饮茶期间，应加强户外活动。

29. 香连粟姜久痢茶

〔组成〕木香 5 克，黄连 2 克，粟壳 2 克，生姜 3 克，沱茶 1 克。

〔功效〕清热解毒，涩肠止痢。

〔主治〕痢疾初起，壅滞不甚者。症见腹部疼痛，里急后重，大便日行数次。

〔服用方法〕将木香和生姜切成小碎块，与其他药一起置入茶杯内，倒入刚沸的开水，盖严杯盖，约隔 15 至 20 分钟即可服用。徐徐饮用，边饮边加开水。每日上午和下午各泡服一剂。

〔注意事项〕饮茶期间，忌吃生冷、辛辣和油腻的食物。

30. 益诃固脬茶

〔组成〕益智仁 5 克，诃子 5 克。

〔功效〕补肾摄尿。

〔主治〕肾气不足，气虚不摄的老年小便失禁。症见小便数频，溺后余沥，甚者小便自行遗出。

〔服用方法〕将以上药物砸碎，将置入茶杯内，倒入刚沸的开水，盖严杯盖，约隔 15 至 20 分钟即可服用。徐徐饮用，边饮边加开水。每日上午和晚上各泡服一剂。

〔注意事项〕饮茶期间，宜多吃动物肾脏，羊肉、狗肉等。

31. 浮麦二黄止汗茶

〔组成〕浮小麦 5 克，麻黄根 5 克，黄芪 5 克。

〔功效〕益气固表止汗。

〔主治〕卫虚不固，营阴外越而致的自汗盗汗，心悸易惊，容易感冒。

〔服用方法〕将黄芪切成小碎块，与其他药一起置入茶杯内，倒入刚沸的开水，盖严杯盖，约隔 15 至 20 分钟即可服用。徐徐饮用，边饮边加开水。每日上午和下午各泡服一剂。

〔注意事项〕本药茶宜凉饮。饮用期间，注意防寒保暖，避免受凉感冒。

32. 菟丝覆盆摄尿茶

〔组成〕菟丝子 5 克，覆盆子 5 克。

〔功效〕温肾摄尿。

〔主治〕肾阳虚衰，固摄无力的遗尿，或小便失禁。症见小便清长而数频，肢冷畏寒，腰漆酸软。

〔服用方法〕将以上药物置入茶杯内，倒入刚沸的开水，盖严杯盖，约隔 15 至 20 分钟即可服用。徐徐饮用，边饮边加开水。每日上午和下午各泡服一剂。

〔注意事项〕饮茶期间，宜多吃动物内脏，特别是动物肾脏。

33. 梅蔻参姜泻痢茶

〔组成〕乌梅 5 克，肉豆蔻 3 克，党参 5 克，炮姜 3 克。

〔功效〕温中健脾，固肠止泻。

〔主治〕泻痢日久，正气虚衰，肠滑不禁的慢性肠炎。症见久泻不已，日泻数次，气短神疲，面色无华，肢冷畏寒。

〔服用方法〕将乌梅和肉豆蔻砸碎，将党参和炮姜切成小碎块，同时置入茶杯内，倒入刚沸的开水，盖严杯盖，约隔 15 至 20 分钟即可服用。徐徐饮用，边饮边加开水。每日上午和下午各泡服一剂。

〔注意事项〕本药茶宜热饮。饮用期间，忌吃生冷、油腻食物。

凡温热下注所致的泄泻，忌用本药茶。

34. 粟壳枣肉止泻茶

〔组成〕罂粟壳 5 克，大枣 5 枚，沱茶 2 克。

〔功效〕健脾益气，涩肠止泻。

〔主治〕脾胃气虚，肠滑不禁的慢性肠炎。症见久泻不止，日行数次，气短神疲。

〔服用方法〕将大枣切碎去核，与其他药一起置入茶杯内，倒入刚沸的开水，盖严杯盖，约隔 15 至 20 分钟即可服用。徐徐饮用，边饮边加开水。每日上午和下午各泡服一剂。

〔注意事项〕饮茶期间，忌吃生冷和油腻的食物。

凡实热之泄泻，忌用本药茶。

35. 粟壳黄芪脱肛茶

〔组成〕罂粟壳 3 克，黄芪 10 克。

〔功效〕益气固肠。

〔主治〕中气下陷或久泻滑脱所致的脱肛。症见肛门脱出，气短懒言，人体消瘦。

〔服用方法〕将以上药物切成小碎块，并置入茶杯内，倒入刚沸的开水，盖严杯盖，约隔15至20分钟即可服用。徐徐饮用，边饮边加开水。每日上午和晚上各泡服一剂。

〔注意事项〕饮茶期间，宜多卧床休息，避免久行久站，注意加强腹部肌肉的锻炼，并且加强营养。

36. 粟陈砂草止泻茶

〔组成〕罂粟壳3克，陈皮5克，砂仁克，甘草3克，沱茶2克。

〔功效〕调理脾胃，涩肠止泻。

〔主治〕脾胃不调，水湿不运的慢性胃肠炎。症见呕吐恶心，泄泻不止，日久不愈，不思饮食，食入反胀。

〔服用方法〕将砂仁砸碎，与其他药一起置入茶杯内，倒入刚沸的开水，盖严杯盖，约隔10至15分钟即可服用。徐徐饮用，边饮边加开水。每日上午和下午各泡服一剂。

〔注意事项〕本药茶宜热饮，饮用期间，忌吃生冷和油腻的食物。
实热之泄泻，忌用本药茶。

37. 粟桂散寒养脏茶

〔组成〕粟壳3克，肉桂2克，肉豆蔻3克，白术5克。

〔功效〕温中散寒，养脏止泻。

〔主治〕脾肾虚寒的慢性肠炎或慢性痢疾。症见久泻久痢，长期不愈，腹中坠胀。

〔服用方法〕将肉豆蔻砸碎，将肉桂和白术切成小碎块，与粟壳一起置入茶杯内，倒入刚沸的开水，盖严杯盖，约隔15至20分钟即可服用。徐徐饮用，边饮边加开水。每日上午和下午各泡服一剂。

〔注意事项〕饮茶期间，忌吃生冷和油腻的食物。
凡实热之泄泻，忌用本药茶。

38. 粟梅百劳止咳茶

〔组成〕罂粟壳3克，乌梅5克。

〔功效〕敛肺止咳。

〔主治〕肺气耗损，肺气不敛的久咳不已，气短神疲，痰少咽干，汗多易感冒。

〔服用方法〕将乌梅砸碎，与罂粟壳一起置入茶杯内，倒入刚沸的开水，盖严杯盖，约隔 10 至 15 分钟即可服用。徐徐饮用，边饮边加开水。每日上午和下午各泡服一剂。

〔注意事项〕饮茶时，可将口鼻对着杯口深呼吸，让药液的蒸汽进入肺中，则能更有效地发挥药效。

凡有外感表证的咳嗽，忌用本药条。

39. 稻根黄芪自汗茶

〔组成〕糯稻根须 10 克，黄芪 5 克。

〔功效〕益气固表，收敛止汗。

〔主治〕表虚卫阳不固的自汗。症见白天汗出不止，心悸怔忡，容易感冒。

〔服用方法〕将黄芪切成小碎块，与糯稻根须一起置入茶杯内，倒入刚沸的开水，盖严杯盖，约隔 10 至 15 分钟即可服用。徐徐饮用，边饮边加开水。每日上午和下午各泡服一剂。

〔注意事项〕本药茶不宜太烫时饮用。

实热之汗证不宜用本药茶。

40. 覆盆山萸涩精茶

〔组成〕覆盆子 5 克，山茱萸 3 克，沙菀子 5 克。

〔功效〕涩精固肾。

〔主治〕肾气不固，精液失摄的遗精，滑精，早泄，腰膝酸软，头晕乏力。

〔服用方法〕将以上药物置入茶杯内，倒入刚沸的开水，盖严杯盖，约隔 15 至 20 分钟即可服用。徐徐饮用，边饮边加开水。每日上午和下午各泡服一剂。

〔注意事项〕饮茶期间，宜适当加强体育锻炼，避免过度的脑力劳动。

41. 覆盆益智固尿茶

〔组成〕覆盆子 5 克，益智仁 5 克。

〔功效〕补肾固尿。

〔主治〕肾气虚弱，固摄无力的小儿遗尿或老年小便失禁。

〔服用方法〕将益智仁砸碎，与覆盆子一起置入茶杯内，倒入刚沸的开水，盖严杯盖，约隔 15 至 20 分钟即可服用。徐徐饮用，边饮边加开水。每日上午和晚上各泡服一剂。

〔注意事项〕饮茶期间，宜多吃动物肾脏。

痈疡剂

1. 二子止痒茶

〔**组成**〕地肤子 5 克，蛇床子 5 克。

〔**功效**〕祛湿止痒。

〔**主治**〕风湿热毒凝结肌肤所致的各种皮肤病，如湿疹，风疹，疥癣和瘙痒症等。

〔**服用方法**〕将以上药物置入茶杯内，倒入刚沸的开水，盖严杯盖，约隔 10 至 15 分钟即可服用。徐徐饮用，边饮边加开水。每日上午和下午各泡服一剂。

〔**注意事项**〕饮茶期间，忌吃辛辣燥火的食物。

2. 三仁苇茎肺痈茶

〔**组成**〕冬瓜仁 5 克，桃仁 3 克，薏苡仁 5 克，苇茎 5 克。

〔**功效**〕清肺消痈。

〔**主治**〕热伤肺络，化腐成脓的肺痈。症见咳唾腥臭腕痰，口甜口腻，口臭难闻，胸痛不适。

〔**服用方法**〕将冬瓜仁、桃仁和薏苡仁砸碎，与苇茎一起置入茶杯内，倒入刚沸的开水，盖严杯盖，约隔 15 至 20 分钟即可服用。徐徐饮用，边饮边加开水。每日上午和下午各泡服一剂。

〔**注意事项**〕本药茶宜凉饮。饮用时，可将口鼻对着杯口深呼吸，让药液的蒸汽进入肺中，则能更有效地发挥药效。

饮茶期间，忌抽烟及吃辛辣燥火食物。

3. 大黄丹皮消痈茶

〔**组成**〕熟大黄 2 克，牡丹皮 5 克，败酱草 5 克。

〔**功效**〕清热解毒，活血消痈。

〔**主治**〕热毒内结于肠道的慢性阑尾炎。症见右下腹隐隐作痛，大便干结如羊屎，口干，舌红，脉实。

〔**服用方法**〕将大黄和丹皮切成小碎块，与败酱草一起置入茶杯内，倒入刚沸的开水，盖严杯盖，约隔 15 至 20 分钟即可服用。徐徐饮用，边饮边加开水，直至药味清淡。每日上午和下午各饮一剂。

〔**注意事项**〕饮茶期间，忌吃各种辛辣油炸燥火的食物。

4. 大蓟银花肠痈茶

〔组成〕大蓟5克，金银花5克，地榆5克，牛膝5克，黄酒5毫升。

〔功效〕清热解毒，消散痈肿。

〔主治〕热毒内蕴的慢性阑尾炎。症见右下腹隐痛，大便干结，按之则甚。

〔服用方法〕将牛膝切成小碎块，与银花、地榆和大蓟一起置入茶杯内，倒入刚沸的开水，盖严杯盖，约隔15左右即可服用。饮用时，将黄酒倒入药液中，搅拌均匀后，再徐徐饮用，一剂泡一次，每日上午和下午各泡服一剂。

〔注意事项〕饮茶期间，忌吃辛辣食物，并保持大便通畅。

5. 王不留行乳痈茶

〔组成〕王不留行5克，蒲公英5克，瓜蒌仁5克。

〔功效〕清热解毒，通络消痈。

〔主治〕热毒壅结的乳痈初起。症见乳房肿胀疼痛，全身恶寒发热。

〔服用方法〕将以上药物置入茶杯内，倒入刚沸的开水，盖严杯盖，约隔10至15分钟即可服用。徐徐饮用，边饮边加开水。每日上午和下午各泡饮一剂。

〔注意事项〕如饮用本药茶二天后仍不能控制乳痈，应及时上医院就诊。
孕妇忌用本药茶。

6. 五味消毒茶

〔组成〕金银花3克，蒲公英5克，野菊花3克，柴地丁3克，紫天葵3克。

〔功效〕清热解毒，消肿止痛。

〔主治〕火毒蕴结的疔疮痈者，症见各种疔、疖、疮、痈红肿疼痛。

〔服用方法〕将以上红物置入茶杯内，倒入刚沸的开水，盖严杯盖，约隔15至20分钟即可服用。徐徐饮用，边饮边加开水，直至药味清淡。每日上午和下午各泡服一剂。

〔注意事项〕饮茶期间，忌吃各种辛辣油腻厚味食物。如在夏末入秋之际，每日饮用一剂本药茶，可防止生各种毒疮。

7. 升麻葛根透疹茶

〔组成〕升麻3克，葛根3克，白芍3克，甘草1克。

〔功效〕解肌散邪，透发癍疹。

〔主治〕邪毒郁闭所致的麻疹初起症。症见壮热，口渴，癍疹已发（或未发），舌红，苔厚。

〔服用方法〕将以上药物切成小碎块，并置入茶杯内，倒入刚沸的开水，盖严杯盖，约隔20分钟即可服用。一剂泡一次，徐徐饮之。小儿可酌加白糖以调药味。每日上午、下午和晚上睡前各饮一剂。

〔注意事项〕饮茶期间，应注意保暖，以防感冒而加重病情。

8. 公英消散乳痈茶

〔组成〕蒲公英10克，忍冬藤5克。

〔功效〕清热解毒，消痈通络。

〔主治〕热毒内盛的乳痈初起。症见乳房红肿疼痛，乳汁不通，发热恶寒，舌红，苔薄。

〔服用方法〕将以上药物置入茶杯内，倒入刚沸的开水，盖严杯盖，约隔15分钟左右即可服用。徐徐饮用，边饮边加开水。每日上午、下午和晚上睡前各饮一剂。

〔注意事项〕本药茶只适用于乳痈初起阶段，或可作为其辅助药物。如乳痈严重时，应及时到医院治疗。

9. 归藤养血止痒茶

〔组成〕当归5克，夜交藤5克。

〔功效〕养血止痒。

〔主治〕血虚生风的瘙痒症。症见皮肤干燥，瘙痒难忍，无丘疹红癜。

〔服用方法〕将以上药物切成小碎块，置入茶杯内，倒入刚沸的开水，盖严杯盖，约隔15至20分钟即可服用。徐徐饮用，边饮边加开水。每日上午和下午各泡服一剂。

〔注意事项〕本药茶只适用于血虚生风的瘙痒，对湿热或皮火所致的瘙痒无效。

10. 四妙勇安脱痈茶

〔组成〕玄参5克，金银花5克，当归5克，甘草3克。

〔功效〕活血通瘀，清热解毒。

〔主治〕气滞血瘀的阻塞性脉管炎。症见四肢指端末节冷厥疼痛，甚至坏死脱落。

〔服用方法〕将玄参、当归和甘草切成小碎块，并置入茶杯内，倒入刚沸的开水，盖严杯盖，约隔15至20分钟即可服用。徐徐饮用，边饮边加开水。每日上午和晚上各泡服一剂。

〔注意事项〕本药茶宜热饮。饮用期间，注意患肢的保暖，尽量避免接触冷水。

11. 瓜络清热乳痈茶

〔组成〕丝瓜络 5 克，蒲公英 5 克，瓜蒌 5 克，浙贝母 2 克。

〔功效〕清热散结消痈。

〔主治〕肝胃热结内攻乳房，化腐成痈的乳痈。症见乳房发热，红肿，疼痛，全身发热恶寒而不适。

〔服用方法〕将浙贝母砸碎，与其他药一起置入茶杯内，倒入刚沸的开水，盖严杯盖，约隔 10 至 15 分钟即可服用。徐徐饮用，边饮边加开水。每日上午和下午各泡服一剂。

〔注意事项〕本药茶只适用于乳痈初起或作为治疗乳痈的辅助药物。

12. 老鹳地柏止痒茶

〔组成〕老鹳草 5 克，地肤子 5 克，黄柏 5 克。

〔功效〕清热燥湿，解毒止痒。

〔主治〕湿热浸淫腠理的皮肤搔痒症，湿疹等。

〔服用方法〕将黄柏切成小碎块，与其他药一起置入茶杯内，倒入刚沸的开水，盖严杯盖，约隔 10 至 15 分钟即可服用。徐徐饮用，边饮边加开水。每日上午和下午各泡服一剂。

〔注意事项〕饮茶期间，忌吃辛辣燥火的食物。

13. 地丁肠痈茶

〔组成〕紫花地丁 5 克，红藤 5 克，熟大黄 1 克，白花蛇舌草 5 克。

〔功效〕清热解毒，消壅导滞。

〔主治〕湿热蕴结大肠，传导受阻的慢性阑尾炎。症见右下腹疼痛，大便干结如羊屎，口渴喜饮，舌红。

〔服用方法〕将以上药物置入茶杯内，倒入刚沸的开水，盖严杯盖，约隔 20 分钟左在即可服用。徐徐饮用，边饮边加开水，直至药味清淡。每日上午和下午各饮一剂。

〔注意事项〕本药茶只适于治疗慢性阑尾炎或急性阑尾炎的初起阶段，也可作为急性阑尾炎手术后的辅助药物。对阑尾炎急性发作期必须及时到医院治疗，以免耽误病情。

14. 地丁蚤休乳核茶

〔组成〕紫花地丁 10 克，蚤休 3 克。

〔功效〕清热解毒，散结消核。

〔主治〕毒壅、热蕴、痰凝、气滞于乳房的乳腺病。症见乳腺增生有结块，光滑滑动，乳房胀痛。

〔服用方法〕将蚤休切碎，与紫花地丁一起置入茶杯内，倒入刚沸的开水，盖严杯盖，约隔15至20分钟即可服用。徐徐饮用，边饮边加开水。每泡服一剂。

〔注意事项〕饮茶期间，应注意保持情绪的稳定，避免生气动怒。

15. 防风生地止痒茶

〔组成〕防风5克，生地5克。

〔功效〕祛风、凉血、止痒。

〔主治〕血分生热，风邪客于肌肤的各种瘙痒性皮肤病，如风疹、瘾疹、痦瘰、疥癣等。

〔服用方法〕将以上药物切成小碎块，并置入茶杯内，倒入刚沸的开水，盖严杯盖，约隔15至20分钟即可服用。徐徐饮用，边饮边加开水。每日上午和晚上各泡服一剂。

〔注意事项〕饮茶期间，忌吃辛辣食物及饮酒。

16. 芦根清肺消痈茶

〔组成〕芦根5克，冬瓜仁5克，银花5克，蒲公英5克。

〔功效〕清肺解毒，涤痰消痈。

〔主治〕热毒壅肺，郁结成痈的肺痈症。症见咳吐腥臭脓痰，胸痛，口干渴，舌红。

〔服用方法〕将以上药物置入茶杯内，倒入刚沸的开水，盖严杯盖，约隔10至15分钟即可服用。徐徐饮用，边饮边加开水。每日上午和下午各泡服一剂。

〔注意事项〕本药茶适用于肺痈初起或后期恢复时；如肺痈严重者，仅靠本药茶疗效不佳。

17. 鱼腥解毒消痈炎

〔组成〕鱼腥草10克，天花粉5克。

〔功效〕清肺解毒，化脓消痈。

〔主治〕痰热壅盛，化腐成脓的肺痈。症见胸痛，咳吐腥臭脓痰，发热，口渴口臭。

〔服用方法〕将以上药物置入茶杯内，倒入刚沸的开水，盖严杯盖，约隔15分钟左右即可服用。徐徐饮用，边饮边加开水，直至药味消淡。每日上午和下午各饮一剂。

〔注意事项〕饮茶期间，忌食各种辛辣燥火的食物。

18. 荆防参草消风茶

〔组成〕荆芥5克，防风5克，苦参1克，甘草3克。

〔功效〕祛风除湿止痒。

〔主治〕风邪湿毒郁遇肌肤而致的湿疹，风疹和皮肤瘙痒症等。

〔服用方法〕将防风、苦参和甘草切成小碎块，与荆芥一起置入茶杯内，倒入刚沸的开水，盖严杯盖，约隔15至20分钟即可服用。徐徐饮用，边饮边加开水。每日上午和下午各泡服一剂。

〔注意事项〕本药茶味道极苦，不宜久服，久服有伤胃之弊。

19. 荆蝉止痒茶

〔组成〕荆芥5克，蝉退5克，银花3克，丹皮3克，土茯苓3克。

〔功效〕祛风止痒，清热除湿。

〔主治〕风热之邪客于皮肤所致的风疹。症见全身突发风疹块，疹块发红，高出皮肤，瘙痒难忍，舌红，苔薄，脉浮。

〔服用方法〕将以上药物撕为小碎块，置于茶杯内，倒入刚沸的开水，盖严杯盖，约隔15至20分钟即可服用。徐徐饮用，边饮边加开水，直至药味清淡。每日上午和下午各泡饮剂。

〔注意事项〕对风寒之邪客于皮肤所致的风疹，饮用本药茶无效。

20. 茵陈荷叶止痒茶

〔组成〕茵陈5克，荷叶5克。

〔功效〕陈湿止痒。

〔主治〕风湿之邪凝聚肌肤所致的皮肤肿痒，如风疹，瘾疹，搔痒症。

〔服用方法〕将以上药物置入茶杯内，倒入刚沸的开水，盖严杯盖，约隔10至15分钟即可服用。徐徐饮用，边饮边加开水。每日上午和下午各泡服一剂。

〔注意事项〕饮茶期间，忌吃鱼、虾等水产品及辛辣燥火的食物。

21. 萍蒡薄芩止痒茶

〔组成〕浮萍5克，牛蒡子5克，薄荷5克，黄芩5克。

〔功效〕疏风清热。

〔主治〕血燥受风或风热之邪侵袭肤表的搔痒性皮肤病。如风疹，湿疹，汗瘰，瘾疹等。

〔服用方法〕将牛蒡子砸碎，将黄芩切成小碎块，与其他药一起置入茶杯内，倒入刚沸的开水，盖严杯盖，约隔 10 至 15 分钟即可服用。徐徐饮用，边饮边加开水。每日上午和下午各泡服一剂。

〔注意事项〕饮茶期间，忌吃辛辣、油腻的食物。

22. 银红桔蒌肺痈茶

〔组成〕银花 5 克，红藤 5 克，桔梗 5 克，瓜蒌 5 克。

〔功效〕清肺解毒，排脓消痈。

〔主治〕痰热互结于肺，化腐为脓的肺痈。症见咳嗽腥臭脓痰，胸痛不适，甚者痰中带血，口渴口臭，舌红，苔黄腻。

〔服用方法〕将红藤、桔梗切为小碎块，与其他药一起置入茶杯内，倒入刚沸的开水，盖严杯盖，约隔 15 至 20 分钟即可服用。徐徐饮用，边饮边加开水。每日上午和下午各饮一剂。

〔注意事项〕饮茶时，可将口鼻对着杯口深呼吸，让药液的蒸汽进入肺中，其疗效更佳。饮茶期间，忌食各种辛辣燥热食物。

23. 续断公英乳痈茶

〔组成〕续断 5 克，蒲公英 10 克。

〔功效〕扶正消痈。

〔主治〕正气不足，火毒内攻的乳痈初起或乳痈经久不愈。症见乳房胀痛，红肿不甚，乳汁不通，发热，神疲。

〔服用方法〕将续断切成小碎块，与蒲公英一起置入茶杯内，倒入刚沸的开水，盖严杯盖，约隔 10 至 15 分钟即可服用。徐徐饮用，边饮边加开水。每日上午、下午和晚上各泡服一剂。

〔注意事项〕饮茶期间，应注意保持乳房的清洁卫生，常用温开水清洗浮头。如饮用 3 天后仍无效，应及时到医院就诊，以免耽误病情。

24. 续断皂刺茶

〔组成〕续断 5 克，皂角刺 5 克。

〔功效〕调血脉，通乳络。

〔主治〕产后血虚，乳络阻滞所致的乳汁不下，乳房胀痛。

〔服用方法〕将续断切成小碎块，与皂角刺一起置入茶杯内，倒入刚沸的开水，盖严杯盖，约隔 15 至 20 分钟即可服用。徐徐饮用，边饮边加开水。每日上午和下午各泡服一剂。

〔注意事项〕饮茶期间，应注意加强营养，多吃猪蹄和海鲜类食物。

25. 豨菊银蒲疮痈茶

〔组成〕豨莶草5克，野菊花5克，蒲公英5克，金银花5克。

〔功效〕清热解毒，祛疮消痈。

〔主治〕火毒串溢肌腠的各种疔毒恶疮，痈疽肿毒，小儿痱子等。

〔服用方法〕将以上药物置入茶杯内，倒入刚沸的开水，盖严杯盖，约隔10至15分钟即可服用。徐徐饮用，边饮边加开水。每日上午和下午各泡服一剂。

〔注意事项〕饮茶期间，忌吃辛辣燥火和油腻食物。

26. 豨莶白藓止痒茶

〔组成〕豨莶草5克，白藓皮5克，荆芥5克。

〔功效〕祛风除湿止痒。

〔主治〕风湿之邪溢肌肤的风疹和湿疹等皮肤搔痒症。

〔服用方法〕将白藓皮切碎，与其他药一起置入茶杯内，倒入刚沸的开水，盖严杯盖，约隔15至20分钟即可服用。徐徐饮用，边饮边加开水。每日上午和下午各泡服一剂。

〔注意事项〕饮茶期间，忌吃辛辣燥火和油腻的食物。

清热剂

1. **大板丹地痄腮茶**

〔组成〕大青叶5克，板兰根5克，牡丹皮3克，生地3克。

〔功效〕清热解毒，消肿止痛。

〔主治〕火郁热毒壅结腮下的腮腺炎。症见腮下肿大焮热酸痛，发热，口渴，脉数。

〔服用方法〕将丹皮和生地切碎，与其他药一起置于药杯内，倒入刚沸的开水，盖严杯盖，约隔15至20分钟即可服用。徐徐饮用，边饮边加开水，每日上午、下午和晚上各泡服一剂。

〔注意事项〕饮茶期间，应保证足够的休息避免过度疲劳，注意保暖，避免感冒。

2. 大板茵陈利肝茶

〔组成〕大青叶 10 克，板兰根 10 克，茵陈 5 克。

〔功效〕清热解毒，利肝退黄。

〔主治〕湿热蕴结肝胆的黄疸性肝炎。症见全身皮肤发黄，眼黄，尿黄，口腻，胁痛，脘胀，不思饮食。

〔服用方法〕将以上药物置入茶杯内，倒入刚沸的开水，盖严杯盖，约隔 15 至 20 分钟即可服用。徐徐饮用，边饮边加开水。每日上午、晚上睡前各饮一剂。

〔注意事项〕饮用期间，应保证足够的休息，避免过度疲劳，并忌吃辛辣油腻的食物。

3. 山豆根利咽喉茶

〔组成〕山豆根 5 克，玄参 5 克，桔梗 5 克，荆芥 5 克。

〔功效〕清热解毒，利咽消肿。

〔主治〕火毒上攻咽喉所致的扁桃腺炎。症见扁桃体肿大疼痛，说话吞咽皆痛，发热恶寒，舌红，脉浮数。

〔服用方法〕将山豆根、玄参和桔梗切成小碎块，与荆芥一起置入茶杯内，倒入刚沸的开水，盖严杯盖，约隔 10 至 15 分钟即可服用。徐徐饮用，边饮边加开水，直到药味清淡。每日上午、下午、睡前各泡饮一剂。

〔注意事项〕饮用茶时，可将药液含在口中含漱，让药液充分与患部接触，然后慢慢咽下，疗效更好。

4. 马齿清热止痢茶

〔组成〕马齿苋 10 克，红茶 2 克，冰糖适量。

〔功效〕清热利湿止痢。

〔主治〕湿热内蕴于大肠的痢疾。症见下痢赤白，如涕如冻，里急后重，腹痛肠鸣。

〔服用方法〕将以上药物置入茶杯内，倒入刚沸的开水，盖严杯盖，约隔 10 至 15 分钟即可服用。徐徐饮用，边饮边加开水，直到药味清淡。每日上午和下午各饮一剂。

〔注意事项〕如为鲜马齿苋需要用 30 克。饮茶期间，忌食油腻厚味食品。

5. 马勃清肺利咽茶

〔组成〕马勃 5 克，玄参 5 克，板兰根 5 克，牛蒡子 5 克。

〔功效〕清金开窍，解毒消肿。

〔主治〕火郁热毒所致的急、慢性咽炎和扁桃体炎。症见咽喉肿痛，咽痒干咳无痰，声音嘶哑，口渴喜饮，舌红，苔薄苔。

〔服用方法〕将马勃、玄参和板兰根切成小碎块，将牛蒡子砸碎，同时置入茶杯内，倒入刚沸的开水，盖严杯盖，约隔10至15分钟即可服用。徐徐饮用，边饮边加开水，直至药味清淡。每日上午和下午各泡服一剂。

〔注意事项〕饮茶期间，忌食各种辛辣燥火食物，同时注意保暖以防感冒而加重病情。

6. 牛蒡生地热痹茶

〔组成〕牛蒡子5克，生地黄5克，羌活5克，黄芪5克。

〔功效〕疏风清热，通络除痹。

〔主治〕风湿热邪阻滞经络的热痹。症见全身肢体各关节红肿疼痛，屈伸不利。

〔服用方法〕将牛蒡子砸碎，将其他药物切成小碎块，同时置入茶杯内，倒入刚沸的开水，盖严杯盖，约隔15至20分钟即可服用。徐徐饮用，边饮边加开水。每日上午和下午各泡服一剂。

〔注意事项〕凡寒湿之痹证，不宜用本药茶。

7. 牛蒡清热含咽茶

〔组成〕牛蒡子5克，银花3克，板兰根5克，甘草2克。

〔功效〕清热解毒，利咽消肿。

〔主治〕风热犯肺，结于咽喉所致的咽喉肿痛证。症见咽喉红肿疼痛，吞咽困难，甚者微有发热，舌红，苔黄，脉数。

〔服用方法〕将牛蒡子砸碎，与其他一起置入茶杯内，倒入刚沸的开水，盖严杯盖，约隔10至15分钟即可服用。徐徐饮用，边饮边加开水，直到药味清淡。每日上午、下午和晚上睡前各饮一剂。

〔注意事项〕饮药茶时，将药液含于口中慢慢咽下，尽量让药液多润泽咽喉。饮茶期间，忌食各种辛辣燥热食品。

8. 升麻利咽解毒茶

〔组成〕升麻3克，玄参5克，甘草3克。

〔功效〕利咽解毒。

〔主治〕风热上攻咽喉的咽炎。症见咽喉红肿疼痛，吞咽说话不适。

〔服用方法〕将以上药物切成小碎块，并置入茶杯内，倒入刚沸的开水，盖严杯盖，约隔 15 至 20 分钟即可服用。饮用时，先含一口在口中再慢慢咽下，边饮边加开水。每日上午和下午各泡服一剂。

〔注意事项〕饮茶期间，忌抽烟和吃辛辣食物，并应适当多加衣被，以防感冒。

9. 火府通淋茶

〔组成〕木通 5 克，栀子 3 枚，萹蓄 5 克，生地 5 克。

〔功效〕清热利尿，凉血通淋。

〔主治〕湿热蕴结膀胱，伤损阴络的尿路感染。症见小便短赤涩痛，频频有尿意，但淋漓余沥，甚者尿中带血。

〔服用方法〕将栀子砸破，将其他药切成小碎块，并置入茶杯内，倒入刚沸的开水，盖严杯盖，约隔 15 至 20 分钟即可服用。徐徐饮用，边饮边加开水，直至药味清淡。每日上午、下午和晚上睡前各饮服一剂。

〔注意事项〕饮茶期间，忌房事并忌吃辛辣食物。

10. 甘草豆根咽痛茶

〔组成〕甘草 3 克，山豆根 5 克。

〔功效〕清热利咽。

〔主治〕热毒上攻咽喉的急性咽炎。症见咽喉疼痛，吞咽困难，影响说话。

〔服用方法〕将以上药物切成小碎块，并置入茶杯内，倒入刚沸的开水，盖严杯盖，约隔 15 至 20 分钟即可服用。含一口药液在口中慢慢咽下，边饮边加开水。每日上午和下午各泡服一剂。

〔注意事项〕饮用时，可将口张开对着杯口做呼吸，让药液的蒸汽熏蒸咽部，从而更有效地发挥药效。

饮用期间，忌抽烟、饮酒及吃辛辣食物并尽量避免高声喊叫。

11. 龙胆泻肝茶

〔组成〕龙胆草 5 克，柴胡 5 克，车前草 5 克，甘草 2 克。

〔功效〕清肝除湿。

〔主治〕肝经湿热证，症见胁痛，口苦，耳聋，阴肿，带下黄稠，苔黄腻。

〔服用方法〕将以上药物置入茶缸内，倒入刚沸的开水，盖严杯盖，约隔 15 至 20 分钟即可服用。徐徐饮用，边饮边加开水。每日上午和下午各饮一剂。

〔注意事项〕饮茶期间，忌食油腻食品。

12. 归芍芩连痢疾茶

〔组成〕当归 5 克，白芍 5 克，黄芩 3 克，黄连 1 克。

〔功效〕清热解毒，活血止痢。

〔主治〕湿热之毒壅滞大肠所致的痢疾。症见下痢赤白，如胶如冻，日行数次，腹痛肠鸣，里急后重。

〔服用方法〕将以上药物切成小碎块，并置入茶杯内，倒入刚沸的开水，盖严杯盖，约隔15至20分钟即可服用。徐徐饮用，边饮边加开水。每日上午、下午和晚上各泡服一剂。

〔注意事项〕饮茶期间，注意饮食卫生，忌吃生冷、辛辣和油腻的食物。

本药茶极苦，中病即止，不宜久服。

13. 白头秦皮止痢茶

〔组成〕白头翁5克，秦皮5克，黄柏3克。

〔功效〕清热燥湿止痢。

〔主治〕湿热蕴结大肠的各种痢疾。如湿热痢，休息痢和赤白痢等。

〔服用方法〕将以上药物切成小碎块，同时置入茶杯内，倒入刚沸的开水，盖严杯盖，约隔20分钟左右即可服用。一剂泡一次，一次饮完，每日上午和下午各饮一剂。

〔注意事项〕本药茶大苦大寒，不宜长饮久服，久服有伤阴败胃之弊。

14. 白前桑皮咳血茶

〔组成〕白前5克，桑白皮5克，桔梗5克，甘草2克。

〔功效〕清肺止咳。

〔主治〕久咳伤络的支气管扩张。症见久咳不止，咯血或痰中带血，口中腥臭，舌红，脉数。

〔服用方法〕将桑皮和桔梗切成小碎块，与其他的药一起置入茶杯内，倒入刚沸的开水，盖严杯盖，约隔15至20分钟即可服用。徐徐饮用，边饮边加开水，直到药液清淡。每日上午和下午各泡服一剂。

〔注意事项〕饮茶时，可将口鼻对着茶杯口深呼吸，让药液的蒸汽吸入肺中，其疗效更佳。

15. 白薇竹茹止呕茶

〔组成〕白薇5克，竹茹5克，甘草3克。

〔功效〕清胃降逆，和胃止呕。

〔主治〕胃火内蕴，胃气上逆的胃炎。症见恶心呕吐，脘腹不适，不思饮食。

〔服用方法〕将白薇和甘草切成小碎块，与竹茹一起置入茶杯内，倒入刚沸的开水，盖严杯盖，约隔15至20分钟即可服用。徐徐饮用，边饮边加开水。每日上午和下午各泡服一剂。

〔注意事项〕本药茶应少量频频饮入，忌大口快饮，否则会加重胃的负担而致吐。

16. 玄麦甘桔利咽茶

〔组成〕玄参5克，麦冬5克，甘草2克，桔梗2克。

〔功效〕清热利咽。

〔主治〕火热上炎所致的急慢性咽炎。症见咽喉疼痛，吞咽不适，口干口渴，舌红。

〔服用方法〕将以上药物切成小碎块，并置入茶杯内，倒入刚沸的开水，盖严杯盖，约隔10至15分钟即可服用。饮用时，先含一口药液在口中含漱，再慢慢咽下，边饮边加开水。每日上午、下午和晚上各泡服一剂。

〔注意事项〕饮茶期间，忌吃辛辣燥火的食物并注意保暖，避免着凉感冒。

17. 玄参利咽解毒茶

〔组成〕玄参5克。桔梗5克，黄芩3克，荆芥3克。

〔功效〕清热解毒，利咽消肿。

〔主治〕热毒壅塞所致的咽喉肿痛症。症见咽喉肿痛，吞咽困难，口干思饮，干咳无痰。

〔服用方法〕将玄参，桔梗和黄芩切为小碎块，与荆芥一起置入茶杯内，倒入刚沸的开水，盖严杯盖，约隔15至20分钟即可服用。徐徐饮用，边饮边加开水，直到药味清淡。每日上午和下午各饮一剂。

〔注意事项〕饮茶时，宜将药液含在口中片刻后，再慢慢咽下，其疗效更佳。

18. 老鹳连苋止泻茶

〔组成〕老鹳草5克，黄连2克，马齿苋5克。

〔功效〕清热燥湿，和中止泻。

〔主治〕大肠湿热的急性肠炎。症见大便清溏，如水下注，腹痛肠鸣，不思饮食，小便短赤。

〔服用方法〕将以上药物置入茶杯内，倒入刚沸的开水，盖严杯盖，约隔10至15分钟即可服用。徐徐饮用，边饮边加开水。每日上午、下午和晚上各泡服一剂。

〔注意事项〕饮茶期间，忌吃生冷油腻的食物。

19. 竹叶清热除烦茶

〔组成〕淡竹叶 5 克，知母 3 克，麦冬 5 克。

〔功效〕清暑益气，养阴除烦。

〔主治〕暑热内陷所致的烦渴症。症见高热心烦，口渴思饮，舌红，脉洪大。

〔服用方法〕将知母掰成小碎块，与其他药一起置入茶杯内，倒入刚沸的开水，盖严杯盖，约隔 15 至 20 分钟即可服用。徐徐饮用，边饮边加开水，直到药味清淡。每日上午、下午各饮一剂。

〔注意事项〕饮茶期间，忌食各种辛辣燥火之物。

20. 导赤口疮茶

〔组成〕木通 5 克，生地 5 克，竹叶 3 克，甘草 2 克。

〔功效〕泻心火，导湿热。

〔主治〕心火上炎所致的口腔炎。症见口舌生疮，溃汤糜烂，心烦口渴，小便短赤。

〔服用方法〕将木通、生地和甘草切成小碎块，与竹叶一起置入茶杯内，倒入刚沸的开水，盖严杯盖，约隔 15 至 20 分钟即可饮用。徐徐饮用，边饮边加开水。每日上午和下午各泡服一剂。

〔注意事项〕本药茶宜热饮。饮用时，可噙一口药液在口中含漱，再慢慢咽下，让药液充分与患部接触，则能更好地发挥药效。次用期间，忌吃辛辣食品。

21. 防翘消毒茶

〔组成〕防风 5 克，连翘 5 克，甘草 3 克，绿茶 2 克。

〔功效〕祛风清热。

〔主治〕外感风热的感冒。症见头痛身疼，发热恶风，咽痛咳嗽。

〔服用方法〕将防风切成小碎块，与其他药一起置入茶杯内，倒入刚沸的开水，盖严杯盖，约隔 15 至 20 分钟即可服用。徐徐饮用，边饮边加开水。每日上午和下午各泡服一剂。

〔注意事项〕本药茶宜热饮，饮用后应适当加衣被，使身体出微汗为佳。

饮用期间，应保证足够的休息，避免过度疲劳。

22. 赤芍黄柏止痢茶

〔组成〕赤芍 5 克，黄柏 5 克。

〔功效〕清热燥湿，活血止痢。

〔主治〕湿热之毒壅滞大肠，灼伤血络的痢疾。症见下痢赤白，日行数次，久久不愈，里急后重，腹中隐痛。

〔服用方法〕将以上药物切成小碎块，并置入茶杯内，倒入刚沸的开水，盖严杯盖，约隔15至20分钟即可服用。徐徐饮用，边饮边加开水。每日上午和下午各泡服一剂。

〔注意事项〕饮用期间，注意饮食卫生，忌吃辛辣、生冷和油腻的食物。

23. 芷翘还睛退赤茶

〔组成〕白芷5克，黄芩3克，栀子5克，连翘5克。

〔功效〕清热疏风，除湿散结。

〔主治〕风热湿邪上攻眼目的眼病，如目赤肿痛，胬肉攀睛，翳膜遮睛等。

〔服用方法〕将栀子砸碎，将白芷和黄芩切成小碎块，与连翘一起置入茶杯内，倒入刚沸的开水，盖严杯盖，约隔15至20分钟即可服用。徐徐饮用，边饮边加开水。每日上午和下午各泡服一剂。

〔注意事项〕饮茶时，可将患眼置于杯口上，让药液的蒸汽熏蒸患眼，则能促进其康复。

饮用期间，注意眼部的卫生，忌抽烟、饮酒和吃辛辣食物。

24. 芪连止泻茶

〔组成〕黄芪5克，黄连2克。

〔功效〕益气固肠，清热燥湿。

〔主治〕中气下陷，湿热下注的肠炎。症见大便日行数次，清稀如水，腹隐痛，气短懒言，神疲倦怠。

〔服用方法〕将黄芪和黄连切成小碎块，并置入茶杯内，倒入刚沸的开水，盖严杯盖，约隔15至20分钟即可服用。徐徐饮用，边饮边加开水。每日上午、下午和晚上各泡服一剂。

〔注意事项〕饮茶期间，忌吃生冷、油腻、辛辣和不易消化的食物。

25. 芩术清热安胎茶

〔组成〕黄芩5克，白术5克。

〔功效〕清热安胎。

〔主治〕热扰胞宫所致的胎动不安。症见心烦口苦，胎动加强，甚者引起母体不适，舌红。

〔服用方法〕将以上药物劈成小碎块，并置入茶杯内，倒入刚沸的开水，盖严杯盖，约隔 20 分钟左右即可服用。一剂泡一次，一次饮完。每日上午饮一剂。

〔注意事项〕本药茶仅适于热扰胞宫的胎动不安，对血虚有寒的胎动无效。

26. 芩翘杏桔清肺茶

〔组成〕黄芩 5 克，连翘 5 克，杏仁 5 克，桔梗 5 克。

〔功效〕清肺化痰，宣肺止咳。

〔主治〕肺热壅盛，痰热内蕴，肺失宣降的支气管炎。症见咳嗽喘促，痰多稠黄，胸闷气急，舌红，苔黄。

〔服用方法〕将杏仁捣烂，将黄芩和桔梗切成小碎块，与连翘一起置入茶杯内，倒入刚沸的开水，盖严杯盖，约隔 15 至 20 分钟即可服用。徐徐饮用，边饮边加开水。每日上午和下午各泡服一剂。

〔注意事项〕饮用时，可将口鼻对着杯口深呼吸，让药液的蒸汽进入肺内，则有利于痰液的稀释排出。

27. 苏连止呕茶

〔组成〕苏叶 5 克，黄连 2 克，甘草 2 克，生姜 2 克。

〔功效〕散寒清里，和胃降逆。

〔主治〕

(1) 胃气不和而感寒的呕吐证。证见恶寒，恶心呕吐，脘腹胀满，不思饮食，苔薄。

(2) 妊娠胎气上犯的呕吐证。

〔服用方法〕将药物置入茶杯内，倒入刚沸的开水，盖严杯盖，约隔 15 至 20 分钟，待药茶温温而不烫嘴时徐徐咽下。一剂泡一次。上午和下午各饮一剂。

〔注意事项〕

(1) 饮用本药茶不能过烫或过凉，否则不易被胃接受，达不到疗效。

(2) 用本药茶治疗妊娠呕吐，不宜长饮久服，应中病即止。

28. 芦根竹菇止呕茶

〔组成〕芦根 10 克，竹菇 5 克，生姜 3 克。

〔功效〕清热和中，降逆止呕。

〔主治〕湿热阻滞中焦，升降失职的慢性胃炎。症见恶心呕吐，或干哕反胃，不思饮食，甚者食入即吐。

〔服用方法〕将生姜切成小碎块，与其他药一起置入茶杯内，倒入刚沸的开水，盖严杯盖，约隔 15 至 20 分钟即可服用。徐徐饮用，边饮边加开水。每日上午和下午各泡服一剂。

〔注意事项〕本药茶应少量频频饮入，忌大口大量咽下，否则会加重胃的负担而致吐。

29. 连归炮姜洞痢茶

〔组成〕黄连 3 克，当归 5 克，炮姜 3 克，沱茶 2 克。

〔功效〕清热燥湿，温中养脏。

〔主治〕湿热之毒留滞大肠，中阳不足的慢性痢疾。症见下痢赤白，日久不愈，腹中冷痛，喜温喜按，肢冷畏寒。

〔服用方法〕将当归和炮姜切成小碎块，与其他药一起置入茶杯内，倒入刚沸的开水，盖严杯盖，约隔 15 至 20 分钟即可服用。徐徐饮用，边饮边加开水。每日上午和下午各泡服一剂。

〔注意事项〕饮用期间，注意饮食卫生忌吃辛辣和油腻的食物。

凡痢疾初起，邪毒壅盛者，忌用本药茶。

30. 连地养阴清热茶

〔组成〕黄连 2 克，生地 5 克，苦丁茶 2 克。

〔功效〕清热养阴。

〔主治〕暑热耗伤肺胃阴津所致的口干口渴，心中烦躁，舌红少津。

〔服用方法〕将生地切碎，与其他药一起置入茶杯内，倒入刚沸的开水，盖严杯盖，约隔 15 至 20 分钟即可服用。徐徐饮用，边饮边加开水。每日上午和下午各泡服一剂。

〔注意事项〕本药茶宜凉饮。

31. 连菇恶阻茶

〔组成〕黄连 2 克，竹菇 5 克。

〔功效〕安胎止呕。

〔主治〕胎气上逆的恶阻症。症见妊娠期间恶心欲吐，甚者呕吐频作，饮食不下。

〔服用方法〕将以上药物置入茶杯内，倒入刚沸的开水，盖严杯盖，约隔 10 至 15 分钟可服用。徐徐饮用，边饮边加开水。每日上午和下午各饮一剂。

〔注意事项〕饮茶期间，饮食可根据孕妇的爱好而作适当调节。

32. 连菊草决目赤茶

〔组成〕黄连 3 克，菊花 5 克，草决明 5 克。

〔功效〕肝火上炎，上攻眼窍的眼结膜炎和眼泪囊炎。症见目赤肿痛，或眼睑缘发红，眼眵增多，泪水外溢。

〔服用方法〕将以上药物置入茶杯内，倒入刚沸的开水，盖严杯盖，约隔10至15分钟即可服用。徐徐饮用，边饮边加开水。每日上午和下午各泡服一剂。

〔注意事项〕饮用时，可将患眼置于杯口上，让药液的蒸汽熏蒸患眼，则有利于患眼的康复。

33. 连翘公英消毒茶

〔组成〕连翘5克，蒲公英5克，皂角刺3克，玄参5克。

〔功效〕清热解毒，消肿祛脓。

〔主治〕火热之毒蕴结肌腠的疮肿。症见疮，疖，痈毒，红肿热痛，壮热烦渴，腹胀便结。

〔服用方法〕将玄参切成小碎块，与其他药一起置入茶杯内，倒入刚沸的开水，盖严杯盖，约隔15至20分钟即可服用。徐徐饮用，边饮边加开水。每日上午和下午各泡服一剂。

〔注意事项〕饮茶期间，忌吃辛辣油腻厚味的食物。

34. 连梅便痢茶

〔组成〕黄连3克，乌梅5克。

〔功效〕燥湿解毒。

〔主治〕热毒下注大肠，灼伤血络的慢性痢疾。症见便痢脓血，日久不愈，日行数次，腹中隐痛。

〔服用方法〕将乌梅砸碎，与黄连一起置入茶杯内，倒入刚沸的开水，盖严杯盖，约隔15至20分钟即可服用。徐徐饮用，边饮边加开水。每日上午和下午各泡服一剂。

〔注意事项〕饮茶期间，忌吃生冷、油腻及坚硬等食物。

35. 青叶升地利咽茶

〔组成〕大青叶10克，升麻3克，生地5克，甘草3克。

〔功效〕清热解毒，利咽消肿。

〔主治〕火毒上攻咽喉的扁桃腺炎。症见咽喉肿痛，吞咽困难，发热，口渴，脉数。

〔服用方法〕将升麻和生地切成小碎块，与其他药一起置入茶杯内，倒入刚沸的开水，盖严杯盖，约隔15至20分钟即可服用。饮用时先含一口药液在口中片刻，再慢慢咽下，边饮边加开水。每日上午和下午各泡服一剂。

〔注意事项〕饮茶期间，忌吃辛辣燥火的食物并注意保暖避免着凉而加重病情。

36. 苓柏肉蔻止泻茶

〔组成〕猪苓 5 克，黄柏 3 克，肉豆蔻 3 克，甘草 2 克。

〔功效〕清热渗湿，固涩止泻。

〔主治〕脾不运湿，湿热下注的慢性肠炎。症见大便溏泄，一日数次，肚腹隐痛，小便短赤。

〔服用方法〕将肉豆蔻砸碎，将其他药切成小碎块，并置入茶杯内，倒入刚沸的开水，盖严杯盖，约隔 10 至 15 分钟即可服用。徐徐饮用，边饮边加开水。每日上午和下午各泡服一剂。

〔注意事项〕饮茶期间，忌吃生冷，辛辣和不易消化的食物。

37. 茅根消热蜜茶

〔组成〕鲜白茅根 50 克，蜂蜜适量。

〔功效〕清热利尿，凉血止血。

〔主治〕

（1）血热妄行的各种出血，如吐血、衄血、咳血、尿血等。

（2）湿热下注膀胱的热淋证。症见尿频尿急，尿时涩痛。

〔服用方法〕将白茅根置入茶杯内，倒入刚沸的开水，盖严杯盖，约隔 20 分钟左右即可服用。饮用时，先将蜂蜜溶于药液中，搅拌均匀后，再徐徐饮用，一剂泡一次，每日上午、下午和晚上各泡服一剂。

〔注意事项〕饮茶期间，应保证足够的休息，避免过度疲劳，并忌饮酒和吃辛辣食品。

38. 刺蒺藜明目茶

〔组成〕刺蒺藜 5 克，草决明 5 克，菊花 5 克。

〔功效〕清肝明目。

〔主治〕风热或肝火上扰所致的多种眼病。如目赤肿痛，羞明多泪，或目生翳膜。

〔服用方法〕将刺蒺藜砸碎，与其它药一起置入茶杯内，倒入刚沸的开水，盖严杯盖，约隔 10 至 15 分钟即可饮用。徐徐饮用，边饮边加开水。每日上午和下午各泡服一剂。

〔注意事项〕饮茶时，可将患眼置于茶杯口上，让药液的蒸汽熏蒸患眼，则更有利于疾病的恢复。

39. 杷叶泻肺衄血茶

〔组成〕枇杷叶5克，生地5克，白茅根5克。

〔功效〕清热泻肺，凉血止血。

〔主治〕肺热上扰的鼻衄血或牙衄血。症见经常出鼻血或经常牙出血，血色鲜红，时出时止。

〔服用方法〕将以上药物扯成小碎块，置入茶杯内，倒入刚沸的开水，盖严杯盖，约隔10至15分钟即可服用。徐徐饮用，边饮边加开水。每日上午和下午各饮一剂。

〔注意事项〕本药茶适于冷饮。在饮用本药茶期间，忌食各种辛辣燥火的食品。

40. 把叶清胃止呕茶

〔组成〕枇杷叶5克，竹茹5克，黄边2克，陈皮5克。

〔功效〕清胃降逆上呕。

〔主治〕胃热上冲所致的急、慢性畏炎。症见恶心呕吐，食入即吐，吐出物酸臭难闻，口渴，舌红，脉滑数。

〔服用方法〕将以上药物置入茶杯内，倒入刚沸的开水，盖严杯盖，约隔10至15分钟即可服用。徐徐饮用，边饮边加开水，直到药味清淡。每日上午和下午各泡一剂。

〔注意事项〕饮用本药茶不可一次饮量过多，否则会加重胃的负担，达不到治病的目的，如胃寒呕吐，则忌用本药茶。

41. 败酱止痢茶

〔组成〕败酱草10克，冰糖适量。

〔功效〕清热消滞。

〔主治〕湿热壅滞所致的痢疾。症见下痢赤白，如涕如冻，里急后重，腹痛肠鸣，腹胀纳差。

〔服用方法〕将以上药物置入茶杯内，倒入刚沸的开水，盖严杯盖，约隔10至15分钟即可服用。徐徐饮用，边饮边加开水，直到药味清淡。每日上午和下午各饮一剂。

〔注意事项〕饮茶期间，忌食各种油腻的食物。

42. 知柏降火止遗茶

〔组成〕知母3克，黄柏3克，山萸肉5克，五味子3克。

〔功效〕滋阴降火止遗。

〔主治〕肾阴亏损，相火妄动所致的梦遗证。症见梦多纷纭，遗精频作，腰膝酸软，头晕乏力。

〔服用方法〕将知母和黄柏掰成小碎块将五味子砸碎，并与山萸一起置入茶杯内，倒入刚沸的开水，盖严杯盖，约隔15至20分钟即可服用。徐徐饮用。每日晚上睡前饮一剂。

〔注意事项〕本药茶对肾气虚弱，固摄无力所致的遗精疗效不理想。

44. 金黄四花洗肝茶

〔组成〕金银花5克，黄菊花5克，密蒙花5克，茉莉花茶2克。

〔功效〕清肝明目。

〔主治〕肝火上攻眼窍的眼结膜炎。症见目赤焮肿，疼痛多泪，羞明畏光。

〔服用方法〕将以上药物置入茶杯内，倒入刚沸的开水，盖严杯盖，约隔15至20分钟即可服用。徐徐饮用，边饮边加开水。每日上午和下午各泡服一剂。

〔注意事项〕饮用时，可将患眼置于杯口上，让药液的蒸汽熏蒸患眼，则有利于患眼的康复。

45. 前仁菊花明目茶

〔组成〕车前子5克，菊花5克，草决明5克，龙胆草3克。

〔功效〕清肝明目。

〔主治〕肝火上犯眼窍所致的结膜炎。症见目赤肿痛，羞明流泪。

〔服用方法〕将以上药物置入茶杯内，倒入刚沸的开水，盖严杯盖，约隔10至15分钟即可服用。徐徐饮用，边饮边加开水。每日上午和下午各泡服一剂。

〔注意事项〕饮茶时，可将患眼置于杯口上，让药液的蒸汽熏蒸患眼，更有利于发挥药效。

饮用期间，注意眼部的清洁卫生，忌用手揉患眼。

46. 参竹麦知清热茶

〔组成〕党参5克，竹叶3克，麦冬5克，知母5克。

〔功效〕清热养阴，益气生津。

〔主治〕热伤气阴的多种急性感染性疾病。症见发热，口干口渴，喜冷饮，气短神疲，舌红少苔，脉细数。

〔服用方法〕将党参、麦冬和知母切成小碎块，与竹叶一起置入茶杯内，倒入刚沸的开水，盖严杯盖，约隔10至15分钟即可服用。徐徐饮用，边饮边加开水。

每日上午、下午和晚上各泡服一剂。

〔注意事项〕本药茶宜凉饮。饮用期间，忌吃辛辣燥火的食物。

47. 栀子大黄退黄茶

〔组成〕栀子5克，熟大黄3克。

〔功效〕清热利胆退黄。

〔主治〕湿热蕴结，不得透泄的急性黄疸性肝性。症见白睛发黄，全身皮肤发黄，小便发黄，舌红，苔黄腻，脉滑数。

〔服用方法〕将栀子砸碎，将熟大黄切成小碎块，同时置入茶杯内，倒入刚沸的开水，盖严杯盖，约隔10至15分钟即可服用。徐徐饮用，边饮边加开水。每日上午和下午各饮一剂。

〔注意事项〕饮茶后，小便的颜色更黄，大便稀溏日行数次，为正常现象。

48. 栀子柏皮退黄茶

〔组成〕栀子5克，黄柏5克。

〔功效〕清热退黄。

〔主治〕湿热熏蒸，胆汁外溢所致的黄疸证。症见白睛、小便和全身皮肤发黄，口苦口腻，苔黄腻。

〔服用方法〕将栀子砸碎，将黄柏掰成小块，同时置入茶杯内，倒入刚沸的开水，盖严杯盖，约隔20分钟左右即可服用。徐徐饮用，边饮边加开水。直到药味清淡。每日上午和下午各饮一剂。

〔注意事项〕饮茶期间，忌食油腻厚味食品，并且应保证足够的休息。

49. 栀子香豉除烦茶

〔组成〕黄栀子5克，淡豆豉5克。

〔功效〕清热，和中，除烦。

〔主治〕热扰心胃所致的心烦不眠证。症见心中懊恼，烦躁不安，失眠或梦多纷纭，舌红，苔腻，脉滑数。

〔服用方法〕将栀子和豆豉砸烂，置入茶杯内，倒入刚沸的开水，盖严杯盖，约隔20分钟左右即可服用。一剂泡一次，一次饮完。每日上午、下午和晚上睡前各饮一剂。

〔注意事项〕饮用茶期间，忌吃辛辣燥火的食品，并保持乐观的情绪。

50. 栀子菊花清肝茶

〔组成〕栀子5克，菊花5克，茉莉花茶2克，银花5克。

〔功效〕清肝泻火。

〔主治〕肝经火热上攻眼目的眼结膜炎。症见目赤肿痛，痒涩多泪，羞明畏光。

〔服用方法〕将栀子砸碎，与其它药一起置入茶杯内，倒入刚沸的开水，盖严杯盖，约隔10至15分钟即可服用。徐徐饮用，边饮边加开水，每日上午和下午各泡服一剂。

〔注意事项〕饮茶时，可将患眼置于杯口上，让药液的蒸汽熏蒸患眼，则有利于患眼的康复。

51. 钩藤清热头痛茶

〔组成〕钩藤5克，栀子3枚，竹叶5克，生地5克。

〔功效〕清肝泻火，祛风止痛。

〔主治〕肝火上扰清窍的头痛。症见头暴痛，疼痛如裂，眼胀痛，口苦咽干，鼻衄。

〔服用方法〕将栀子砸碎，将生地切成小碎块，与其它药一起置入茶杯内，倒入刚沸的开水，盖严杯盖，约隔10至15分钟即可服用。徐徐饮用，边饮边加开水。每日上午和下午各泡服一剂。

〔注意事项〕饮茶期间，避免生气激动并忌吃辛辣燥热的食物。

52. 香连止痢茶

〔组成〕木香5克，黄连5克。

〔功效〕清热燥湿，理气止痛。

〔主治〕湿热下注大肠的痢疾。症见下痢赤白，里急后重，腹痛肠鸣，口渴思饮。

〔服用方法〕将木香切成小碎块，与黄连一起置入茶杯内，倒入刚沸的开水，盖严杯盖，约隔10至15分钟即可服用。徐徐饮用，边饮边加开水。每日上午和下午各饮一剂。

〔注意事项〕饮茶期间，忌吃油腻辛辣食物。

53. 莲子清心通淋茶

〔组成〕莲子5克，麦冬5克，黄芩5克，车前子5克。

〔功效〕清心热，交心肾，通淋浊。

〔主治〕心火上炎，湿热下注的尿路感染症。症见小便淋涩疼痛，尿急尿频，心中烦躁，口干口渴。

〔服用方法〕将莲子，黄芩和麦冬切成小碎块，倒入刚沸的开水，盖严杯盖，约隔 15 至 20 分钟即可服用。徐徐饮用,边饮边加开水。每日上午、下午和晚上各泡服一剂。

〔注意事项〕本药茶宜凉饮,在饮用期间,忌吃辛辣食品。

54. 柴胡清肝明目茶

〔组成〕柴胡 5 克,栀子 5 克,草决明 5 克,茉莉花茶 1 克。

〔功效〕疏肝清热明目。

〔主治〕肝经风热,上攻眼窍的眼病。症见眼睛红肿疼痛,痒涩泪多,羞明畏光。

〔服用方法〕将栀子砸碎,与其它药一起置入茶杯内,倒入刚沸的开水,盖严杯盖,约隔 15 至 20 分钟即可服用。徐徐饮用,边饮边加开水。每日上午和下午各泡服一剂。

〔注意事项〕饮用时,可将患眼置于杯口上,让药液的蒸汽熏蒸患眼,则有利患眼的康复。

55. 射干豆根利咽茶

〔组成〕射干 5 克,山豆根 5 克,薄荷 5 克。

〔功效〕清热解毒,利咽消肿。

〔主治〕风热上攻咽喉的扁桃腺炎。症见扁桃体肿大,吞咽疼痛,发热恶寒,头痛不适,苔薄,脉浮数。

〔服用方法〕将射干和山豆根切成小碎块,与薄荷一起置入茶杯内,倒入刚沸的开水,盖严杯盖,约隔 15 至 20 分钟即可饮用。徐徐饮用,边饮边加开水,直至药液清淡。每日上午、下午和晚上睡前各饮一剂。

〔注意事项〕饮茶时,可将药液在口中含漱,让药液充分与患部接触,然后慢慢咽下,则其疗效更理想。

56. 桑骨二皮泻白茶

〔组成〕桑白皮 5 克,地骨皮 5 克,甘草 3 克。

〔功效〕清热泻肺,止咳平喘。

〔主治〕肺热壅盛,肺失宣降的支气管炎。症见咳嗽喘仲,痰多稠黄,胸闷气紧。

〔服用方法〕将以上药物切成小碎块,并置入茶杯内,倒入刚沸的开水,盖严杯盖,约隔 10 至 15 分钟即可服用。徐徐饮用,边饮边加开水。每日上午和下午各泡服一剂。

〔注意事项〕饮用时，可将口鼻对着杯口做深呼吸，让药液的蒸汽进入肺中，以润泽肺组织。

57. 黄芩豆豉明目茶

〔组成〕黄芩5克，淡豆豉5克。

〔功效〕清肝泻火。

〔主治〕肝火上炎的眼结膜炎。症见目赤肿痛，痒涩多泪，羞明畏光。

〔服用方法〕将黄芩切成小碎块，与淡豆豉一起置入茶杯内，倒入刚沸的开水，盖严杯盖，约隔15至20分钟即可服一剂。

〔注意事项〕饮用时，可将患眼置于杯口上，让药液的蒸汽熏蒸患眼，则有利于患眼康复。

在饮用期间，宜多吃动物肝脏。

58. 黄芩茅根衄血茶

〔组成〕黄芩3克，白茅根5克。

〔功效〕清热止血。

〔主治〕肺热上攻，灼伤血络的鼻衄。症见鼻中常常出血，血色鲜红。

〔服用方法〕将黄芩切碎，与白茅根一起置入茶杯内，倒入刚沸的开水，盖严杯盖，约隔10至15分钟即可服用。徐徐饮用，边饮边加开水。每日泡服一剂。

〔注意事项〕本药茶宜凉饮。在饮用期间，忌吃辛辣燥火的食物。

59. 黄连止呕茶

〔组成〕黄连3克，法半夏3克，干姜3克。

〔功效〕清热降逆，和中止呕。

〔主治〕热积胃中的呕吐证。症见呕吐如喷，吐出物臭秽难闻，舌红，脉滑。

〔服用方法〕将半夏砸碎，将干姜切成小碎块，与黄连一起置入茶杯内，倒入刚沸的开水，盖严杯盖，约隔20至25分钟即可服用。徐徐饮用。每日上午和下午各泡一剂。

〔注意事项〕本药茶宜凉饮，不宜饮得太烫。

60. 黄连戊己止痢茶

〔组成〕黄连3克，吴茱萸3克，白芍5克，沱茶2克。

〔功效〕清热燥湿，缓急止痛。

〔主治〕湿热之毒内壅大肠的痢疾。症见下痢赤白，日行数次，里急后重。

〔服用方法〕将吴茱萸砸碎，将白芍切成小碎块，与其它药一起置入茶杯内，倒入刚沸的开水，盖严杯盖，约隔 15 至 20 分钟即可服用。徐徐饮用，边饮边加开水。每日上午和下午各泡服一剂。

〔注意事项〕饮用期间，注意饮食卫生，忌吃辛辣和油腻的食物。

61. 黄连阿胶血痢茶

〔组成〕黄连 2 克，阿胶 5 克。

〔功效〕清热燥湿，养服止血。

〔主治〕湿热下注，灼伤血络的血痢。症见下痢不止，痢中带血，日行数次。

〔服用方法〕将以上药物置入茶杯内，倒入刚沸的开水，盖严杯盖，约隔 15 分钟左右即可服用。饮用时，先用汤匙搅拌药液，使阿胶完全溶化后再徐徐饮用。一剂泡一次，每日上午和下午各泡服一剂。

〔注意事项〕饮茶期间，忌吃生冷、油腻、辛辣和坚硬的食物，注意饮食卫生。

62. 黄连姜草止呕茶

〔组成〕黄连 2 克，生姜 5 克，甘草 5 克。

〔功效〕清胃止呕。

〔主治〕热邪扰胃，胃失和降的胃炎。症见恶心欲吐，甚者呕吐频作，胃中隐痛。

〔服用方法〕将生姜和甘草切碎，与黄连一起置入茶杯内，倒入刚沸的开水，盖严杯盖，约隔 15 至 20 分钟即可服用。徐徐饮用，边饮边加开水。每次欲吐时泡服一剂。

〔注意事项〕饮用时，应少量频频咽下，切忌大口大量饮用，否则会加重胃的负担，而致吐。

63. 黄连清胃牙痛茶

〔组成〕黄连 3 克，升麻 3 克，丹皮 5 克，生地 5 克。

〔功效〕清胃泻火，消肿止痛。

〔主治〕胃中积热，上攻牙龈的牙周炎。症见牙龈红肿疼痛，口臭，舌红，脉洪数。

〔服用方法〕将丹皮，生地和升麻切成小碎块，与黄连一起置入茶杯内，倒入刚沸的开水，盖严杯盖，约隔 15 至 20 分钟即可服用。徐徐饮用，边饮边加开水。每日上午和下午各泡服一剂。

〔注意事项〕本药茶宜凉饮。饮用时，可含一口药液在口中浸泡患部片刻后再咽下。

饮用期间，忌吃辛辣食物。

64. 菊花二草清肝茶

〔组成〕菊花5克，龙胆草5克，草决明5克。

〔功效〕清肝明目。

〔主治〕肝火上炎，上犯目窍的眼结膜炎。症见眼目红痛，羞明畏光，流泪眵多。

〔服用方法〕将以上药物置入茶杯内，倒入刚沸的开水，盖严杯盖，约隔10至15分钟即可服用。徐徐饮用，边饮边加开水。每日上午和下午各泡服一剂。

〔注意事项〕饮茶时，可将患眼置于杯口上，让药液的蒸汽熏蒸患眼，则有利于患眼的康复。

65. 菊莲解毒茶

〔组成〕野菊花10克，半枝莲10克。

〔功效〕清热解毒。

〔主治〕火热毒邪，蕴结肌肤所致疮疖疔痈等感染性皮肤病。症见红肿焮痛，发热恶寒，心烦口干。

〔服用方法〕将以上药物置入茶杯内，倒入刚沸的开水，盖严杯盖，约隔15至20分钟即可服用。徐徐饮用，边饮边加开水。每日上午和下午各泡服一剂。

〔注意事项〕饮茶期间，忌吃辛辣燥火和油腻厚味的食物。

66. 豉蒜黄连泻痢茶

〔组成〕豆豉5克，大蒜5瓣，黄连3克，沱茶1克。

〔功效〕清热厚肠，化湿和中。

〔主治〕湿热中阻大肠的痢疾或肠炎。症见泄泻无度，或下痢赤白，腹痛肠鸣，小便不利。

〔服用方法〕将大蒜捣烂，与其它药物一起置入茶杯内，倒入刚沸的开水，盖严杯盖，约隔20至30分钟即可服用。徐徐饮用，边饮边加开水。每日上午和下午各泡服一剂。

〔注意事项〕饮用期间，应注意饮食卫生，忌吃生冷和油腻的食物。

67. 野菊公英喉咽茶

〔组成〕野菊花5克，蒲公英5克，连翘5克，石斛5克。

〔功效〕清热解毒，利咽消肿。

〔主治〕火热之毒上熏咽喉所致的扁桃体炎。症见咽喉红肿疼痛，吞咽困难，口干口渴，舌红，苔薄，脉数。

〔服用方法〕将以上药物置入茶杯内，倒入刚沸的开水，盖严杯盖，约隔 15 至 20 分钟即可服用。徐徐饮用，边饮边加开水。每日上午和下午各泡服一剂。

〔注意事项〕饮茶期间，忌抽烟、饮酒及吃辛辣油腻食物。

68. 银柴清肝消疳茶

〔组成〕银柴胡 5 克，党参 3 克，甘草 2 克，地骨皮 3 克。

〔功效〕清热益气，消疳实脾。

〔主治〕小儿脾虚肝旺的疳积证。症见患儿发热，汗多，消瘦，烦躁，性急，口渴，舌红，苔少。

〔服用方法〕将骨皮和党参切成小碎块，与其它药一起置入茶杯内，倒入刚沸的开水，盖严杯盖，约隔 20 分钟左右即可服用。每日上午和下午各饮一剂。

〔注意事项〕可放适量的冰糖在本药茶中以调其味。

69. 银黄芍药泻痢糖茶

〔组成〕金银花 5 克，黄芩 5 克，白芍 5 克，红糖适量，沱茶 2 克。

〔功效〕清热解毒，导滞止痢。

〔主治〕热毒下注大肠，灼伤血络的痢疾。症见下痢赤白，日行数次，里急后重，腹痛肠鸣。

〔服用方法〕将黄芩和白芍切成小碎块，与其它药一起置入茶杯内，倒入刚沸的开水，盖严杯盖，约隔 15 至 20 分钟即可服用。徐徐饮用，边饮边加开水。每日上午和晚上各泡服一剂。

〔注意事项〕饮用期间，注意饮食卫生，忌吃生冷、辛辣和油腻的食物。

70. 银翘杏桔止咳茶

〔组成〕金银花 5 克，连翘 5 克，杏仁 5 克，桔梗 5 克。

〔功效〕清热解毒，宣肺止咳。

〔主治〕风热风犯的上呼吸道感染。症见流涕，喷嚏，咽痛，咽痒，干咳无痰，口干渴，苔薄黄。

〔服用方法〕将杏仁砸烂，将桔梗切为小碎块，与其它药一起置入茶杯内，倒入刚沸的开水，盖严杯盖，约隔 10 至 15 分钟即可服用。徐徐饮用，边饮边加开水。每日上午、下午和晚上睡前各饮一剂。

〔注意事项〕饮茶时,可将口鼻对着杯口呼吸,让药液的蒸汽通过口鼻,直接在上呼吸道发挥作用,则其疗效更理想。

71. 兜铃桑皮清肺茶

〔组成〕马兜铃 5 克,桑白皮 5 克。

〔功效〕清肺降气,化痰止咳。

〔主治〕痰热滞肺所致的支气管炎。症见久咳不已,痰多黄稠,胸闷气急,舌红,苔黄腻。

〔服用方法〕将以上药物切成碎块,置入茶杯内,倒入刚沸的开水,盖严杯盖,约隔 10 至 15 分钟即可服用。徐徐饮用,边饮边加开水。每日上午和下午各饮一剂。

〔注意事项〕饮茶时,可将口鼻对着杯口深呼吸,让药液的蒸汽充分进入肺中,则更有利于宿痰的排出。

72. 清肝明目茶

〔组成〕草决明 5 克,青葙子 5 克,密蒙花 5 克。

〔功效〕清肝明目,疏散风热。

〔主治〕风热外侵,肝热上扰的眼结膜炎。症见目赤肿痛,羞明流泪,痒痛交作。

〔服用方法〕将以上药物置入茶杯内,倒入刚沸的开水,盖严杯盖,约隔 10 至 15 分钟即可服用。徐徐饮用,边饮边加开水,直到药味清淡。每日上午和下午各饮一剂。

〔注意事项〕饮茶时,可将患眼置于茶杯口上,让药液的蒸汽来熏蒸患眼,则其疗效更佳。

73. 清金化痰茶

〔组成〕黄芩 5 克,栀子 3 克,浙贝母 3 克,茯苓 5 克。

〔功效〕清肺化痰止咳。

〔主治〕痰浊蕴结化热的支气管炎。症见咳痰稠黄,不易咯出,咳嗽频作,苔黄腻。

〔服用方法〕将栀子和浙贝砸碎,将黄芩和茯苓掰成小碎块,同时置入茶杯内,倒入刚沸的开水,盖严杯盖,约隔 20 至 30 分钟即可服用。徐徐饮用,边饮边加开水。每日上午和下午各饮一剂。

〔注意事项〕饮茶时,可将口鼻对着杯口深呼吸,让药液的蒸汽充分进入肺中,则能更好地发挥疗效。

74. 清肺化痰止咳茶

〔组成〕黄芩 5 克，桑白皮 5 克，知母 3 克，瓜蒌 3 克。

〔功效〕清肺化痰止咳。

〔主治〕痰热壅肺的咳嗽证。症见咳嗽痰多而稠黄，咳痰有力，口干渴，舌红。

〔服用方法〕将以上各位药切成小碎块，并置入茶杯内，倒入刚沸的开水，盖严杯盖，约隔 10 至 15 分钟即可服用。徐徐饮用，边饮边加开水，直到药味清淡。每日上午和下午各饮一剂。

〔注意事项〕饮茶期间，忌食各种辛辣油腻食品。

75. 清热导赤茶

〔组成〕淡竹叶 5 克，生地 5 克，木通 5 克，甘草 2 克。

〔功效〕清热利尿，引热下行。

〔主治〕湿热内蕴，气机失调所致的口舌生疮证。症见口腔糜烂，疼痛难忍，小便黄赤，舌红。

〔服用方法〕将生地和木通切成小碎块，与其它药一起置入茶杯内，倒入刚沸的开水，约隔 15 至 20 分钟即可服用。徐徐饮用，边饮边加开水，直到药味清淡。每日上午和下午各饮一剂。

〔注意事项〕饮茶时，可将药液含在口中，让药液与患处直接接触，然后再慢慢咽下，则其疗效将更好。

76. 清消胃火牙痛茶

〔组成〕升麻 3 克，黄连 2 克，丹皮 3 克，生地 3 克。

〔功效〕清胃解毒，消肿止痛。

〔主治〕胃火上攻所致的牙龈肿痛。症见牙龈红肿疼痛，甚则溃腐成脓，口臭，口渴，舌红，苔腻，脉数。

〔服用方法〕将以上各种药物掰成小碎块，并置入茶杯内，倒入刚沸的开水，盖严杯盖，约隔 20 分钟左右即可服用。徐徐饮用，边饮边加开水，直到药味清淡。每日上午和下午各饮一剂。

〔注意事项〕饮茶期间，忌食辛辣燥火之物。饮茶时，宜先将药液在口中含漱，然后慢慢咽下，这样能增加药液与患部相接触的时间，有利于药性的发挥。

77. 清解流感茶

〔组成〕大青叶 5 克，板蓝根 5 克，金银花 3 克，柴胡 5 克。

〔功效〕清热解毒，疏风解表。

〔主治〕各种流行性感冒。症见喷嚏，流清涕，咽喉疼痛，鼻塞，头晕，全身乏力，苔白，脉浮。

〔服用方法〕将以上药物置入茶杯内，倒入刚沸的开水，盖严杯盖，约隔10至15分钟即可服用。徐徐饮用，边饮边加开水，直到药味清淡。每日上午和下午各饮一剂。

〔注意事项〕如在流感流行期间提前饮用本药茶，可起预防流感的作用。

78. 散风清热止痛茶

〔组成〕荆芥5克，黄芩3克，连翘3克。

〔功效〕散风清热。

〔主治〕风热上攻的风热头痛症。症见头胀痛，目眩，耳鸣，头晕，口干苦，舌红，苔薄黄，脉浮弦。

〔服用方法〕将以上药物置入茶杯中，倒入刚沸的开水，盖严杯盖，约隔15至20分钟即可饮用。一济泡一次，一次饮完，每日上午9点左右和下午14点左右各饮一剂。

〔注意事项〕在春、夏、秋季待本药茶稍凉时饮用，则效果较好；冬季不宜凉，以防伤胃。

79. 葛连止痢茶

〔组成〕葛根5克，黄连3克。

〔功效〕升清散邪，清热止痢。

〔主治〕湿热困阻中道，清气不升所致的泻痢证。症见泻水样大便，一日数次，口干不思饮，腹痛肠鸣，饥饿不思食，苔白。

〔服用方法〕将以上药物切成小碎块，并置入茶杯内，倒入刚沸的开水，盖严杯盖，约隔15至20分钟即可服用。徐徐饮用，边饮边加开水，直到药味清淡。每日上午、下午和晚上睡前各饮一剂。

〔注意事项〕饮茶期间，忌食各种辛辣油腻等有刺激性食品和各种生冷食物。

80. 葶苈二母泻肺茶

〔组成〕葶苈子3克，知母5克，浙贝母3克。

〔功效〕泻肺涤痰。

〔主治〕痰热壅盛的肺气肿。症见久咳久喘，痰多黄稠，胸满气急，舌红，苔黄腻。

〔服用方法〕将葶苈子和浙贝母捣碎，将知母切成小碎块，同时置入茶杯内，倒入刚沸的开水，盖严杯盖，约隔 10 至 15 分钟即可服用，徐徐饮用，边饮边加开水。每日上午和下午各饮一剂。

〔注意事项〕饮茶时，可将口鼻对着杯口深呼吸，让药液的蒸汽充分进入肺中，有利于肺中宿痰的排出。

如为寒痰壅肺的咳喘证，不宜用本药茶。

81. 葶苈大枣泻肺茶

〔组成〕葶苈子 5 克，大枣 5 枚。

〔功效〕清热泻肺，散结消痈。

〔主治〕热毒壅肺的肺痈。症见咳唾腥臭脓痰，胸痛胸闷，口渴喜饮，舌红，苔黄腻。

〔服用方法〕将葶苈子捣烂，将大枣切成小碎块，置入茶杯内，倒入刚拂的开水，盖严杯盖，约隔 10 至 15 分钟即可服用。徐徐饮用，边饮边加开水。每日上午和下午各饮一剂。

〔注意事项〕饮茶时，可将口鼻对着杯口深呼吸，让药液的蒸汽充分进入肺中，则有利于肺内宿痰的排除。

饮茶期间，忌抽烟并少吃辛辣燥热的食品。

82. 蒜连痢疾茶

〔组成〕大蒜 5 瓣，黄连 5 克。

〔功效〕燥湿解毒。

〔主治〕湿热之毒壅滞大肠的急性痢疾。症见痢疾初起，下痢赤白，日行数次，里急后重。

〔服用方法〕将大蒜捣烂，与黄连一起置入茶杯内，倒入刚沸的开水，盖严杯盖，约隔 25 至 30 分钟即可服用，徐徐饮用，边饮边加开水。每日上午和下午各泡服一剂。

〔注意事项〕饮用期间，注意饮食卫生忌吃辛辣、油腻的食物。

本药茶大苦大寒，不宜久服，应中病即止。

83. 薄荷草决明目茶

〔组成〕薄荷 5 克，草决明 5 克。

〔功效〕疏风明目。

〔主治〕风热犯目的眼结膜炎。症见目赤红肿疼痛，烂弦风眼，痒涩多泪，怕亮畏光。

〔服用方法〕将以上药物置入茶杯内，倒入刚沸的开水，盖严杯盖，约隔10至15分钟即可服用。徐徐饮用，边饮边加开水。每日上午和下午各泡服一剂。

〔注意事项〕饮用时，可将患眼置于杯口站，让药液的蒸汽熏蒸患眼，则能促进其康复。

饮用期间，忌吃辛辣燥火的食物。

84. 薄菊清利头目茶

〔组成〕薄荷5克，菊花5克，黄芩3克，茉莉花茶1克。

〔功效〕疏散风热，清利头目。

〔主治〕风热肝火上犯头目的眩晕证。症见头晕眼花，如坐舟船，耳鸣，口苦口干，舌红，苔黄，脉弦数。

〔服用方法〕将以上药物置入茶杯内，倒入刚沸的开水，盖严杯盖，约隔10至15分钟即可服用。徐徐饮用，边饮边加开水，直到药味清淡，每日上午和下午各饮一剂。

〔注意事项〕饮茶期间，忌食各种辛辣燥热之食品，应保持情绪稳定并保证足够的睡眠。

85. 薄菊蝉蜕明目茶

〔组成〕薄荷3克，菊花3，蝉蜕3克。

〔功效〕疏风清热明目。

〔主治〕风热之邪上犯双目证。症见目赤肿痛，烂弦风眼，痒涩多泪，畏光羞明，舌红，苔薄。

〔服用方法〕将以上药物置入茶杯内，倒入刚沸的开水，盖严杯盖，约隔10至15分钟即可服用。徐徐饮用，边饮边加开水，直到药味清淡。每日上午和下午各饮一剂。

〔注意事项〕饮茶时，可将患目置于杯口上，利用其蒸汽熏蒸患目。平时注意眼部的清洁卫生，切忌用手揉眼止痒。

86. 薄豉栀翘风温茶

〔组成〕薄荷5克，淡豆豉5克，栀子5克，连翘5克。

〔功效〕疏风散热，清热解毒。

〔主治〕风温初起，侵犯肺卫的流行性感冒。症见发热，微恶风，汗出，咽痛，咳嗽，舌红，苔薄，脉浮数。

〔服用方法〕将栀子砸破，与其它药一起置入茶杯内，倒入刚沸的开水，盖严杯盖，约隔 10 分钟左右即可服用。徐徐饮用，边饮边加开水。每日上午和下午各泡饮一剂。

〔注意事项〕饮茶期间，忌抽烟和饮酒并应保证足够的休息。

87. 瞿栀立效血淋茶

〔组成〕瞿麦 5 克，栀了 3 枚，甘草 2 克，葱头 2 个，生姜 3 克，水灯芯 3 克。

〔功效〕泻火凉血，利尿通淋。

〔主治〕下焦湿热，热灼血络的急性尿路感染。症见小便下血，淋沥涩痛，频频欲解，腰腹刺痛。

〔服用方法〕将栀子和葱头砸破，将生姜切成薄片，与其它药一起置入茶杯内，倒入刚沸的开水，盖严杯盖，约隔 15 至 20 分钟即可服用。徐徐饮用，边饮边加开水。每日上午、下午和晚上睡前各泡服一剂。

〔注意事项〕饮茶期间，应保证足够的休息，避免劳累、忌房事，并忌吃辛辣食物。

88. 藿连清热止呕茶

〔组成〕藿香 5 克，黄连 3 克，竹茹 5 克，陈皮 5 克。

〔功效〕清热化湿，降逆止呕。

〔主治〕热邪犯胃，胃气止逆的急性胃炎。症见恶心呕吐频作，食入即吐，吐酸苦水，舌红，脉弦。

〔服用方法〕将以上药物置入茶杯内，倒入刚沸的开水，盖严杯盖，约隔 10 至 15 分钟即可服用。徐徐饮用，边饮边加开水。每日上午和下午各泡服一剂。

〔注意事项〕饮用本药茶一定要频频少量饮入，否则会加重胃的负担而致吐。

理血剂

1. 二仁调经茶

〔组成〕火麻仁 5 克，桃仁 5 克。

〔功效〕养血化瘀。

〔主治〕血虚瘀阻的月经不调。症见月经每 3 至 5 个月行经一次，经血清少，但见瘀块，腹部隐痛。

〔服用方法〕将以上药物砸烂，并置入茶杯内，倒入刚沸的开水，盖严杯盖，约隔 15 至 20 分钟即可服用。徐徐饮用，边饮边加开水。每日上午和下午各泡服一剂。

〔注意事项〕每次行经前七天开始饮用本药茶，来潮后即可停药。饮用期间忌吃生冷食物。

2. 二叶干姜吐血茶

〔组成〕侧柏叶 5 克，艾叶 5 克，干姜 3 克。

〔功效〕温胃止血。

〔主治〕胃阳虚寒，统摄失权的胃溃疡吐血。症见恶心呕吐，呕出物带血，甚者呕血，血色紫暗，长期不愈，脉沉弱。

〔服用方法〕将干姜切成小碎块，与其它药一起置入茶杯内，倒入刚沸的开水，盖严杯盖，约隔 15 分钟左右即可服用。徐徐饮用，边饮边加开水。每日上午和下午各泡服一剂。

〔注意事项〕饮用本药茶应频频少量饮入，否则会加重胃的负担，使病情加重。饮用期间，忌饮酒及吃生冷坚硬食物。

如饮用本药茶后，呕血仍严重者，应及时到医院就诊，以免耽误病情。

3. 二白养胃止血茶

〔组成〕白及 5 克，白术 5 克。

〔功效〕养胃止血。

〔主治〕热伤胃络的胃溃疡呕血。症见胃脘疼痛，恶心呕吐，呕出物中带血，甚者吐鲜血，神疲气短。

〔服用方法〕将以上药物切碎，并置入茶杯内，倒入刚沸的开水，盖严杯盖，约隔 15 至 20 分钟即可服用。徐徐饮用，边饮边加开水。每日上午和下午各泡服一剂。

〔注意事项〕饮用本药茶应频频少量饮入，否则会加重胃的负担而致吐，加重病情。

饮用期间，忌饮酒及吃辛辣食物，应控制食量，甚至暂禁食，或以流汁为主。

如饮用本药茶后，呕血仍不止，应及时到医院就诊，以免耽误病情。

4. 二蓟二根止血茶

〔组成〕大蓟 5 克，小蓟 5 克，茜草根 5 克，白茅根 5 克。

〔功效〕凉血止血。

〔主治〕血热妄血的多种出血，如衄血、呕血、咯血、尿血等。

〔服用方法〕将以上药物置入茶杯内，倒入刚沸的开水，盖严杯盖，约隔10至15分钟即可服用。徐徐饮用，边饮边加开水。每日上午和下午各泡服一剂。

〔注意事项〕饮茶期间，忌抽烟、饮酒及吃辛辣食物，并注意保证足够的休息。

5. 大蓟止血蜜茶

〔组成〕新鲜大蓟20克，蜂蜜适量。

〔功效〕凉血止血。

〔主治〕血热妄行所致的各种出血，如衄血、咯血、呕血、尿血、崩漏等。

〔服用方法〕将大蓟置入茶杯内，倒入刚沸的开水，盖严杯盖，约隔15至20分钟即可服用。饮用时，将蜂蜜溶入药液中搅拌均匀后，再徐徐饮用。一剂泡一次，每日上午和下午各泡服一剂。

〔注意事项〕饮茶期间，忌抽烟、饮酒及吃辛辣食物并注意保证足够的休息，避免过度疲劳。

6. 小蓟术地崩漏茶

〔组成〕小蓟5克，白术5克，生地5克。

〔功效〕益气摄血，凉血止血。

〔主治〕肾阴亏损，冲任不固所致的崩漏。症见月经量多，延期不净，血色鲜红，腰腹酸软。

〔服用方法〕将白术和生地切成小碎块，与小蓟一起置入茶杯内，倒入刚沸的开水，盖严杯盖，约隔10至15分钟即可服用。徐徐饮用，边饮边加开水。每日上午和下午各泡服一剂。

〔注意事项〕饮用本药茶，一般从每次月经来潮时开始饮用，月经干净后即停用，连续饮用3至6个月。

7. 小蓟通草血淋茶

〔组成〕小蓟5克，通草5克，生地5克，蒲黄5克，淡竹叶3克。

〔功效〕清热利尿，凉血止血。

〔主治〕下焦热结，灼伤血络的急性尿路感染。症见尿急尿频，尿中带血，如洗肉水，尿时刺痛难忍。

〔服用方法〕将生地和蒲黄切成小碎块，与其它药一起置入茶杯内，倒入刚沸的开水，盖严杯盖，约隔15分钟左右即可饮用。徐徐饮用，边饮边加开水。每日上午、下午和晚上各泡服一剂。

〔注意事项〕饮茶期间，应注意外阴部清洁卫生，忌房事，并忌吃辛辣食物。

8. 小蓟益母胎漏茶

〔组成〕小蓟 10 克，益母草 10 克。

〔功效〕止血保胎。

〔主治〕冲任经血不养胎气所致的胎漏。症见妊娠 2 至 3 个月，阴道见红出血，胎动不安，腰腹坠胀酸痛。

〔服用方法〕将以上药物切成小碎块，并置入茶杯内，倒入刚沸的开水，盖严杯盖，约隔 10 至 15 分钟即可服用。徐徐饮用，边饮边加开水。每日上午和下午各泡服一剂。

〔注意事项〕饮茶期间，应保证足够的休息，避免过度疲劳，严禁从事重体力劳动。

9. 山楂产后化瘀茶

〔组成〕山楂 10 克，红砂糖适量。

〔功效〕化瘀行滞止痛。

〔主治〕产后气滞血瘀所致的腹痛。症见产后腹痛，恶露不净，并见瘀块。

〔服用方法〕将山楂切为小碎块，与砂糖一起置茶杯内，倒入刚沸的开水，盖严杯盖，约隔 10 至 15 分钟即可服用。徐徐饮用，一剂泡一次。每日上午、下午和晚上睡觉前各饮一剂。

〔注意事项〕饮茶期间，忌吃生冷食物并注意腹部保暖。

10. 王不留行下乳茶

〔组成〕王不留行 5 克，通草 5 克，柴胡 3 克，当归 5 克。

〔功效〕养血疏肝，通络下乳。

〔主治〕肝气郁结，乳络不通的乳汁缺乏，乳汁不出，乳房胀痛。

〔服用方法〕将当归切成小碎块，与其它药物一起置入茶杯内，倒入刚沸的开水，盖严杯盖，约隔 10 至 15 分钟即可饮用。徐徐饮用，边饮边加开水。每日上午和下午各泡服一剂。

〔注意事项〕饮茶期间，注意休息，避免生气动怒，多吃猪蹄和海鲜类食物。孕妇忌用本药茶。

11. 王不留行血淋茶

〔组成〕王不留行 5 克，石苇 5 克，车前子 5 克。

〔功效〕利水通淋。

〔主治〕虚热劳损，膀胱血瘀的急性尿路感染。症见小便涩痛不利，日行数十次，尿中带血，如洗肉水。

〔服用方法〕将石苇切成小碎块，与其它药一起置入茶杯内，倒入刚沸的开水，盖严杯盖，约隔10至15分钟即可服用。徐徐饮用，边饮边加开水。每日上午、下午和晚上各泡服一剂。

〔注意事项〕饮茶期间，应保证足够的休息，避免过度疲劳，忌房事并忌吃辛辣食物。

孕妇忌用本药茶。

12. 王不留行通经茶

〔组成〕王不留行5克，牛膝5克，桃仁5克，香附5克。

〔功效〕活血通经。

〔主治〕肝气郁结，冲任不调的闭经。症见月经数月不行，少腹疼痛，胸胁闷胀。

〔服用方法〕将王不留行和桃仁砸碎，将其它药切成小碎块，同时置入茶杯内，倒入刚沸的开水，盖严杯盖，约隔15至20分钟即可服用。徐徐饮用，边饮边加开水。每日上午和下午各泡服一剂。

〔注意事项〕每次在行经前七天开始饮用本药茶，来潮后即停药，连续饮用3至6个周期。

孕妇忌用本药茶。

13. 木玄归芍调经茶

〔组成〕木香5克，玄胡索3克，当归5克，白芍5克。

〔功效〕理气止痛，活血调经。

〔主治〕肝郁不疏，气滞血瘀的青春期痛经。症见行经前后腰腹疼痛难忍，心烦易怒，经血不畅。

〔服用方法〕将玄胡索砸碎，将其它的药切成小碎块，同时置入茶杯内，倒入刚沸的开水，盖严杯盖，约隔15至20分钟即可服用。徐徐饮用，边饮边加开水。每日上午和下午各饮一剂。

〔注意事项〕本药茶热饮则疗效更好。每次行经前3天开始饮用，来潮后痛经缓解即可停药。

14. 木通牛膝通经茶

〔组成〕木通5克，牛膝5克，生地5克，玄胡2克。

〔功效〕行滞破瘀通经。

〔主治〕气滞血瘀所致的闭经。症见月经数月不潮，或经行不畅，腹痛腰胀，舌紫暗。

〔服用方法〕将玄胡砸碎，将其它药切成小碎块，同时置入茶杯内，倒入刚沸的开水，盖严杯盖，约隔15至20分钟即可服用。徐徐饮用，边饮边加开水。每日上午和下午各泡服一剂。

〔注意事项〕每月行经前三天开始饮用本药茶，来潮后即可停药，连续饮用3至6个月。

饮用期间，忌吃生冷食物。

15. 木通通乳茶

〔组成〕木通5克，王不留行3克，天花粉5克，甘草2克。

〔功效〕行滞通乳。

〔主治〕产后气滞所致的乳汁不下。症见产后乳汁不通，或乳汁短少。

〔服用方法〕将王不留行砸碎，将其它药切成小碎块，同时置入茶杯内，倒入刚沸的开水，盖严杯盖，约隔15至20分钟即可服用。徐徐饮用，边饮边加开水。每日下午泡服一剂。

〔注意事项〕饮茶期间，注意加强营养，多吃猪蹄和海鲜等食物。

16. 贝母茅根咳血茶

〔组成〕川贝母3克，白茅根30克，茜草根5克。

〔功效〕润肺止咳，凉血止血。

〔主治〕肺热伤阴，迫血妄行的支气管扩张。症见久咳不已，干咳痰少，痰中带血，甚者大量咯血。

〔服用方法〕将川贝母砸碎，与其它药一起置入茶杯内，倒入刚沸的开水，盖严杯盖，约隔10至15分钟即可服用。徐徐饮用，边饮边加开水。每日上午和下午各饮一剂。

〔注意事项〕饮茶时，可将口鼻对着杯口深呼吸，让药物的蒸汽充分进入肺内，则能更有效地发挥疗效。饮用期间，忌抽烟、渴酒和吃辛辣食物。

17. 牛膝桃仁通经茶

〔组成〕牛膝5克，桃仁5克，红花5克，柴胡5克。

〔功效〕活血通经。

〔主治〕瘀血内停所致的闭经。症见月经数月不行，少腹疼痛拒按。

〔服用方法〕将桃仁砸碎，将牛膝切成小碎块，与其它药一起置入茶杯内，倒入刚沸的开水，盖严杯盖，约隔10至15分钟即可服用。徐徐饮用，边饮边加开水。每日上午和下午各泡服一剂。

〔注意事项〕每次在行经前七天开始饮用，行经后即可停药，连续饮用3至6个周期。

孕妇忌用本药茶。

18. 月季茺蔚调经茶

〔组成〕月季花5克，茺蔚子5克。

〔功效〕和血调经。

〔主治〕冲任不和的月经不调。症见月经或先或后，经量或多或少，经血或清或稠，小腹胀痛。

〔服用方法〕将以上药物置入茶杯内，倒入刚沸的开水，盖严杯盖，约隔10至15分钟即可服用。徐徐饮用，边饮边加开水。每日上午和下午各泡服一剂。

〔注意事项〕每次月经前三天开始饮用，行经后第二天即可停药，连续饮用3至6个周期。

19. 丹皮蒲黄衄血茶

〔组成〕牡丹皮5克，蒲黄5克，黄芩3克，侧柏叶5克。

〔功效〕清热凉血。

〔主治〕肺热炽盛，上迫鼻窍，灼伤血络的衄血。症见鼻中常常出血，血色鲜红。

〔服用方法〕将牡丹皮和黄芩切碎，与其它药一起置入茶杯内，倒入刚沸的开水，盖严杯盖，约隔15至20分钟即可服用。徐徐饮用，边饮边加开水。每次衄血时泡服一剂。

〔注意事项〕本药茶宜凉饮，饮用期间，忌吃辛辣燥火的食物。

20. 丹参山楂冠心茶

〔组成〕丹参5克，山楂5克。

〔功效〕活血化瘀。

〔主治〕血瘀气滞，心脉瘀阻的冠状动脉粥样硬化性心脏病。症见心胸刺痛，胸痞短气，心烦不安，夜卧不宁，舌紫暗。

〔服用方法〕将以上药物切成碎块，并置入茶杯内，倒入刚沸的开水，盖严杯盖，约隔15至20分钟即可服用。徐徐饮用，边饮边加开水。每日上午和晚上各泡服一剂。

〔**注意事项**〕饮茶期间，应保证足够的休息，保持情绪稳定，避免激动生气，并少吃油腻食物。

21. 丹参益母调经茶

〔**组成**〕丹参 5 克，益母草 5 克。

〔**功效**〕化瘀养血调经。

〔**主治**〕气血不和的月经不调。症见月经或先或后，经量或多或少，时而痛经，时而闭经。

〔**服用方法**〕将丹参切成小碎块，与益母草一起置入茶杯内，倒入刚沸的开水，盖严杯盖，约隔 15 至 20 分钟即可服用。徐徐饮用，边饮边加开水。每日上午和下午各泡服一剂。

〔**注意事项**〕饮茶期间，应保持情绪稳定，避免生气发怒。

22. 双荷吐血蜜茶

〔**组成**〕荷梗 10 克，藕节 10 克，蜂蜜适量。

〔**功效**〕涩络止血。

〔**主治**〕胃中湿热阻滞，气机失调，迫血上逆所致的呕血。症见呕出物中带血，甚者呕鲜血，胃脘隐痛。

〔**服用方法**〕将藕节切成小碎块，与荷梗一起置入茶杯内，倒入刚沸的开水，盖严杯盖，约隔 10 至 15 分钟即可服用。饮用时，将蜂蜜溶入药液中，搅拌均匀，徐徐饮用，一剂泡一次，每日上午和下午各泡一剂。

〔**注意事项**〕饮用本药茶应频频少量饮入，否则会加重胃的负担而致吐，使出血更严重。

饮用期间，忌饮酒及吃辛辣食物，应控制食量并以流汁为主。

如饮用后，呕血仍不止，应及时到医院就诊，以免耽误病情。

23. 石苇蒲黄血尿茶

〔**组成**〕石苇 5 克，蒲黄 5 克。

〔**功效**〕利尿止血。

〔**主治**〕湿热蕴结膀胱，灼伤血络的尿血证。症见尿中带血，淋沥涩痛，频频欲解，少腹拘急。

〔**服用方法**〕将以上药物置入茶杯内，倒入刚沸的开水，盖严杯盖，约隔 15 至 20 分钟即可服用。徐徐饮用，边饮边加开水。每日上午、下午和晚上各泡服一剂。

〔注意事项〕饮茶期间，应保证足够的休息，避免过度劳累并忌房事及吃辛辣食物。

24. 归地调经止血茶

〔组成〕当归 5 克，生地 5 克，侧柏叶 5 克，艾叶 3 克。

〔功效〕调和冲任，摄经止血。

〔主治〕冲任气虚，不能统摄经血所致的月经绵绵不止证。症见月经过多，绵绵不止，经血色淡，舌淡白，脉弱。

〔服用方法〕将当归和生地切为小碎块，与其它药一起置入茶杯内，倒入刚沸的开水，盖严杯盖，约隔 20 分钟即可服用，一剂泡一次，一次饮完。每日上午、下午和晚上睡觉前各饮一剂。

〔注意事项〕本药茶适于每次行经后第二天开始饮用，经血止后即可停用。

25. 归芪桃红中风茶

〔组成〕当归 5 克，黄芪 5 克，桃仁 5 克，红花 3 克。

〔功效〕益气化瘀，和营通络。

〔主治〕营血不通，经络瘀阻的脑血管意外后遗症。症见半身不遂，口眼歪斜，语言蹇涩者。

〔服用方法〕将当归和黄芪切成小碎块，将桃仁砸碎，与红花一起置入茶杯内，倒入刚沸的开水，盖严杯盖，约隔 15 至 20 分钟即可服用。徐徐饮用，边饮边加开水。每日上午和下午各泡服一剂。

〔注意事项〕饮茶期间，宜配合针灸，推拿治疗。

26. 四生止血茶

〔组成〕生地黄 5 克，生荷叶 3 克，生侧柏叶 5 克，生艾叶 3 克。

〔功效〕清热凉血止血。

〔主治〕肺胃炽热，迫血妄行所致的吐衄证。症见呕血，或咯血，或衄血，血色鲜红，舌红，脉数。

〔服用方法〕将生地掰为小碎块与其它药物一起置入茶杯内，倒入刚沸的开水，盖严杯盖，约隔 15 分钟即可服用。徐徐饮用。每日上午和下午各饮一剂。

〔注意事项〕本药茶只适用于血热妄行的出血证，对气虚统摄无力的出血证疗效较差。

27. 生化恶露茶

〔组成〕川芎 5 克，桃仁 5 克，炮姜 3 克，当归 5 克，甘草 2 克。

〔功效〕温经行瘀。

〔主治〕产后瘀血阻滞的恶露不行，少腹疼痛。

〔服用方法〕将桃仁砸碎，将其它药切成小碎块，同时置入茶杯内，倒入刚沸的开水，盖严杯盖，约隔15至20分钟即可服用。徐徐饮用，边饮边加开水。每日上午和下午各泡服一剂。

〔注意事项〕本药茶宜热饮。饮用期间，应注意小腹保暖，并忌吃生冷食物。

28. 仙鹤二母咯血糖茶

〔组成〕仙鹤草5克，知母5克，川贝母3克，白及5克，冰糖适量。

〔功效〕清肺止咳，润燥敛血。

〔主治〕肺肾阴亏的肺结核咯血。症见潮热，咳嗽，痰中带血，胸痛。

〔服用方法〕将川贝母砸碎，将知母和白及切成小碎块，与仙鹤草一起置入茶杯内，倒入刚沸的开水，盖严杯盖，约隔15至20分钟即可服用。饮用时，将冰糖溶入药液内，搅拌均匀后，徐徐饮用。一剂泡一次，每日上午和下午各泡服一剂。

〔注意事项〕饮茶期间，忌抽烟、饮酒及吃辛辣食物。

饮用时，可将口鼻对着杯口深呼吸，让药液的蒸汽充分进入肺内，则能更好地发挥药效。

本药茶只能作为抗结核治疗的辅助药物。

29. 仙鹤茅根衄血茶

〔组成〕仙鹤草5克，白茅根5克，蒲黄5克，大蓟5克。

〔功效〕凉血止血。

〔主治〕肺有蕴热，肺阴被耗，血热妄行所致的鼻衄。症见鼻腔出血，血色鲜红，长流不止。

〔服用方法〕将以上药物置入茶杯内，倒入刚沸的开水，盖严杯盖，约隔10至15分钟即可服用。徐徐饮用，边饮边加开水。每日上午和下午各泡服一剂。

〔注意事项〕饮茶时，宜将鼻孔对着杯口深呼吸，让药液的蒸汽湿润鼻腔，则能更充分地发挥药效。

饮用期间，忌抽烟、饮酒及吃辛辣食物。

如饮用本药茶后鼻衄仍不止，应及时到医院就诊。

30. 仙鹤草吐血茶

〔组成〕仙鹤草5克，侧柏叶5克，藕节5克，黄连1克。

〔功效〕清胃泻火，凉血敛血。

〔主治〕胃中积热，脉络损伤所致的呕血。症见呕血如涌，血色鲜红，气粗脉洪。

〔服用方法〕将藕节切成小碎块，与其它药一起置入茶杯内，倒入刚沸的开水，盖严杯盖，约隔10至15分钟即可服用。徐徐饮用，一剂泡一次。每日上午、下午和晚上各泡服一剂。

〔注意事项〕饮茶时，应少量频频饮入，否则会加重胃的负担而致吐，致使病情恶化。在出血期间，应禁食。

31. 仙蒲益母崩漏茶

〔组成〕仙鹤草5克，蒲黄5克，益母草5克。

〔功效〕调经止崩。

〔主治〕冲任不固，血热妄行的崩漏。症见每次月经量多，绵绵不止，血色鲜红。

〔服用方法〕将以上药物置入茶杯内，倒入刚沸的开水，盖严杯盖，约隔10至15分钟即可服用。徐徐饮用，边饮边加开水。每日上午和下午各泡服一剂。

〔注意事项〕在每次行经时开始饮用本药茶，经停后即停药。连续饮用3至6个月。

32. 白及枇杷咯血茶

〔组成〕白及5克，枇杷叶5克，阿胶5克，生地5克。

〔功效〕清热涩血，敛肺补虚。

〔主治〕阴虚内热，灼伤血格的肺结核咯血。症见痰中带血，人体消瘦，潮热，胸痛，五心烦热。

〔服用方法〕将白及和生地切成小碎块，与其它药一起置入茶杯内，倒入刚沸的开水，盖严杯盖，约隔20分钟左右即可饮用。饮用时，先用汤匙搅拌药液，使阿胶完全溶入药液中后再饮用。一剂泡一次，每日上午和下午各泡服一剂。

〔注意事项〕饮茶期间，忌抽烟、饮酒及吃辛辣食物并应保证足够的休息，避免过度劳累。

33. 地槐枳芥便血茶

〔组成〕地榆5克，槐花3克，荆芥穗3克，枳壳5克。

〔功效〕清热行滞，凉血止血。

〔主治〕湿热蕴结下焦，灼伤阴络所致的痔疮下血。症见大便结燥，便中带血，或先血后便，或先便后血，血色鲜红。

〔服用方法〕将地榆和枳壳切成小碎块，与其它药一起置入茶杯中，倒入刚沸的开水，盖严杯盖，约隔15分钟左右即可饮用。徐徐饮用，边饮边加开水。每日上午和下午各泡服一剂。

〔注意事项〕饮茶期间，忌抽烟、饮酒及吃辛辣食物，避免久坐久站，应适当增加体育锻炼，但勿过度疲劳并注意保持大便通畅。

34. 地榆砂草便血茶

〔组成〕地榆5克，砂仁5克，甘草5克。

〔功效〕理气和中，凉血止血。

〔主治〕湿热蕴结大肠，灼伤血络，气机失常所致的痔疮便血。症见大便下血，或先血后便，血色鲜红。

〔服用方法〕将砂仁砸碎，将地榆和甘草切成小碎块，同时置入茶杯内，倒入刚沸的开水，盖严杯盖，约隔10至15分钟即可服用。徐徐饮用，边饮边加开水。每日上午和下午各泡服一剂。

〔注意事项〕饮茶期间，忌抽烟、饮酒及吃辛辣食物，避免久坐久站，并应适当增加体育锻炼，但勿过度疲劳。

35. 地榆崩漏醋茶

〔组成〕地榆5克，食醋适量。

〔功效〕敛涩固血。

〔主治〕阴虚血热所致的崩漏。症见月经量多，久久不净，腹部坠胀隐痛。

〔服用方法〕将地榆切成小碎块，置入茶杯内，倒入刚沸的开水，盖严杯盖，约隔15分钟左右即可饮用。饮用时，将食醋倒入药液内，搅拌均匀后，再徐徐饮用。一剂泡一次，每日上午和下午各泡服一剂。

〔注意事项〕在每次月经来潮时即开始饮用，月经干净后即可停药。连续饮用3至6个月。

36. 地榆楂梅赤痢糖茶

〔组成〕地榆5克，乌梅3枚，山楂5克，红糖适量。

〔功效〕酸涩止痢，凉血止血。

〔主治〕湿热疫毒，内阻肠道，与血相搏所致的慢性痢疾。症见久痢不止，下痢赤白，日行数次，肚腹隐痛，神疲气短。

〔服用方法〕将乌梅砸碎，将地榆和山楂切成小碎块，同时置入茶杯内，倒入刚沸的开水，盖严杯盖，约隔15至20分钟即可服用。饮用时，先将红糖溶入药液内，用汤匙搅拌溶化后，再徐徐饮用。一剂泡一次，每日上午和下午各泡服一剂。

〔注意事项〕饮茶期间，忌吃辛辣、油腻和不易消化的食物。

37. 芎归益母调经茶

〔组成〕川芎5克，当归5克，益母草5克，桃仁3克。

〔功效〕活血调经。

〔主治〕气血不和的月经不调。症见月经或提前，或延后，或多，或少，经血或清或浓。

〔服用方法〕将桃仁砸碎，将川芎和当归切成小碎块，与益母草一起置入茶杯内，倒入刚沸的开水，盖严杯盖，约隔15至20分钟即可服用。徐徐饮用，边饮边加开水。每日上午和下午各泡服一剂。

〔注意事项〕饮茶期间，应保持精神乐观，避免情绪波动。

38. 芎膝桃红经闭茶

〔组成〕川芎5克，牛膝5克，桃仁5克，红花3克。

〔功效〕化瘀通经。

〔主治〕瘀血阻塞的经闭不行。症见月经三个月不至。肌肤甲错，人体憔悴，舌紫暗，脉细涩。

〔服用方法〕将川芎、牛膝切成小碎块，将桃仁砸碎，与红花一起置入茶杯内，倒入刚沸的开水，盖严杯盖，约隔15至20分钟即可服用。徐徐饮用，边饮边加开水。每日上午和下午各泡服一剂。

〔注意事项〕每次行经前七天开始饮用本药茶，经行后即可停药。连续饮用3至6个月。

39. 竹茹齿衄茶

〔组成〕竹茹5克，食醋适量。

〔功效〕清胃凉血。

〔主治〕胃热上冲所致的齿衄。症见牙齿出血，时隐时作，长时不愈。

〔服用方法〕将竹茹置入茶杯内，倒入刚沸的开水，盖严杯盖，约隔10至15分钟即可服用。饮用时，将食醋倒入，搅拌均匀，徐徐饮用，每日上午和下午各饮一剂。

〔注意事项〕饮茶时，可将药液含噙在口中片刻，让药液更充分地与患部接触，则其疗效更佳。

40. 血藤当归调经茶

〔**组成**〕鸡血藤 5 克，当归 5 克，香附 5 克。

〔**功效**〕养血理气调经。

〔**主治**〕血虚瘀滞的月经不调。症见经行或先或后，经量或多或少，经血或清或稠。

〔**服用方法**〕将香附砸碎，将鸡血藤和当归切成小碎块，并置入茶杯内，倒入刚沸的开水，盖严杯盖，约隔 15 至 20 分钟即可服用。徐徐饮用，边饮边加开水。每日上午和下午各泡服一剂。

〔**注意事项**〕每次在行经前七天开始饮用，经行后即可停用，连续饮用 3 至 6 个周期。

饮用期间，忌吃生冷食物。

41. 延胡丹参心痛茶

〔**组成**〕延胡索 2 克，丹参 5 克，檀香 3 克，薤白 5 个。

〔**功效**〕通心脉，止心痛。

〔**主治**〕心脉气滞血瘀，胸阳不振的心绞痛。症见心前区憋闷、疼痛向后背放射，呼吸急促，唇舌紫暗。

〔**服用方法**〕将延胡索和薤白砸碎，将丹参和檀香切成小碎块，同时置入茶杯内，倒入刚沸的开水，盖严杯盖，约隔 15 至 20 分钟即可服用。徐徐饮用，边饮边加开水。每日上午泡服一剂。

〔**注意事项**〕长期饮用本药茶，可预防心绞痛的发作。

饮用期间，注意休息，避免过度疲劳、情绪激动，忌吃生冷及油腻食物，每晚睡觉前饮半匙食醋。

42. 延桂逐瘀通经茶

〔**组成**〕延胡索 3 克，肉桂 2 克，蒲黄 5 克，当归 5 克。

〔**功效**〕化瘀通经。

〔**主治**〕寒凝血瘀，冲任受阻的闭经。症见月经数月不行，小腹冷痛，肢冷畏寒。

〔**服用方法**〕将延胡索砸碎，将肉桂和当归切成小碎块，与蒲黄一起置入茶杯内，倒入刚沸的开水，盖严杯盖，约隔 15 至 20 分钟即可服用。徐徐饮用，边饮边加开水。每日上午和下午各泡服一剂。

〔**注意事项**〕每次在行经前三天开始饮用，来潮后即可停药，连续饮用 3 至 6

个周期。

43. 产后腹痛黑神茶

〔组成〕蒲黄5克，当归尾5克，炮姜2克，桂心3克，赤芍5克。

〔功效〕温经散血，行滞化瘀。

〔主治〕寒滞冲任，气滞血瘀的产后恶露不尽，小腹隐痛，得温则减，遇寒则剧。

〔服用方法〕将当归、炮姜、桂心和赤芍切成小碎块，与蒲黄一起置入茶杯内，倒入刚沸的开水，盖严杯盖，约隔15至20分钟即可服用。徐徐饮用，边饮边加开水。每日上午和下午各泡服一剂。

〔注意事项〕本药茶宜热饮。饮用期间，忌吃生冷食物并尽量避免接触冷水。

44. 红花二香胃痛茶

〔组成〕红花3克，丁香3克，木香5克。

〔功效〕活血，理气，止痛。

〔主治〕寒冷气滞血瘀所致的胃痛。症见胃脘疼痛，痛有定处，遇寒则甚，行暖则减。

〔服用方法〕将丁香砸碎，将木香切成小碎块，与红花一起置入茶杯内，倒入刚沸的开水，盖严杯盖，约隔10至15分钟即可服用。徐徐饮用，边饮边加开水。每日上午和下午各泡服一剂。

〔注意事项〕本药茶宜热饮。饮用期间，忌吃生、冷、硬的食物。
孕妇忌用本药茶。

45. 红花丹参冠心茶

〔组成〕红花3克，丹参5克，瓜蒌5克，薤白5个。

〔功效〕通心脉，止胸痛。

〔主治〕血瘀气滞，心脉受阻的冠状动脉硬化性心脏病。症见心前区痞满疼痛，胸闷不适，夜卧不宁。

〔服用方法〕将薤白砸烂，将丹参和瓜蒌切成小碎块，与红花一起置入茶杯内，倒入刚沸的开水，盖严杯盖，约隔15至20分钟即可服用。徐徐饮用，边饮边加开水。每日上午和晚上各泡服一剂。

〔注意事项〕饮茶期间，应保证足够的休息，避免过度疲劳，保持情绪稳定，避免动怒生气，忌吃油腻食物。
孕妇忌用本药茶。

46. 红花闭经茶

〔组成〕红花 3 克，牛膝 5 克，香附 5 克。

〔功效〕理气，化瘀，通经。

〔主治〕气滞血瘀内阻冲任所致的闭经。症见月经数月不行，少腹疼痛拒按，胸胁胀痛。

〔服用方法〕将香附砸碎，将牛膝切成小碎块，与红花一起置入茶杯内，倒入刚沸的开水，盖严杯盖，约隔 15 至 20 分钟即可服用。徐徐饮用，边饮边加开水。每日上午和下午各泡服一剂。

〔注意事项〕每次在行经前七天开始饮用，来潮后即可停药，连续饮用 3 至 6 个周期。

孕妇忌用本药茶。

47. 红藤益母通经茶

〔组成〕红藤 5 克，益母草 5 克，当归 5 克，香附 5 克。

〔功效〕祛瘀行滞，养血通经。

〔主治〕血虚经闭。症见身体瘦弱，肌肤干燥，月经三个月不潮，面色无华，舌淡白，脉细。

〔服用方法〕将香附砸碎，将当归切成小节，与其他药一起，置入茶杯内，倒入刚沸的开水，盖严杯盖，约隔 25 分钟左右即可饮用。一剂泡一次，一次饮完。每日上午和下午各饮一剂。

〔注意事项〕在每次行经前七天左右开始饮用本药茶，来潮后即可停药。

48. 赤芍香附止崩茶

〔组成〕赤芍 5 克，香附 5 克。

〔功效〕行气活血。

〔主治〕冲任虚损，血热扰经的崩漏。症见月经量多，过期不止，绵绵不绝，少腹隐痛。

〔服用方法〕将香附砸碎，将赤芍切成小碎块，同时置入茶杯内，倒入刚沸的开水，盖严杯盖，约隔 15 至 20 分钟即可服用。徐徐饮用，边饮边加开水。每日上午和下午各饮一剂。

〔注意事项〕每次月经来潮时开始饮用，经止后停药，宜连续饮用 3 至 6 个周期。

49. 赤芍槟榔血淋茶

〔组成〕赤芍5克，槟榔5克。

〔功效〕利尿止血。

〔主治〕湿热下注膀胱，热伤血络的血淋证。症见尿频尿急，尿中带血如洗肉水。

〔服用方法〕将以上药物切成小碎块，并置入茶杯内，倒入刚沸的开水，盖严杯盖，约隔15至20分钟即可服用。徐徐饮用，边饮边加开水。每日上午和下午各泡服一剂。

〔注意事项〕饮茶期间，应保证足够的休息，忌房事并忌吃辛辣食物。

50. 苍术地榆痔疮茶

〔组成〕苍术5克，地榆炭5克。

〔功效〕燥湿除秽，清热凉血。

〔主治〕湿热下注大肠，迫血妄行的痔疮。症见痔疮肿大，便时下血，血色鲜红，甚者如注。

〔服用方法〕将苍术切成小碎块，与地榆一起置入茶杯内，倒入刚沸的开水，盖严杯盖，约隔15至20分钟即可服用。徐徐饮用，边饮边加开水。每日上午和晚上睡前各泡服一剂。

〔注意事项〕饮茶期间，忌饮酒、抽烟并少吃辛辣燥热食品，避免久站久坐和久蹲，并应保持大便通畅。

51. 苏木通经茶

〔组成〕苏木5克，刘寄奴5克，凌霄花5克，桂心3克。

〔功效〕活血化瘀通经。

〔主治〕瘀血内积，冲任不通的闭经。症见月经数月不行，少腹结胀疼痛。

〔服用方法〕将苏木和桂心劈成小碎块，与其它药一起置入茶杯内，倒入刚沸的开水，盖严杯盖，约隔15至20分钟即可服用。徐徐饮用，边饮边加开水。每日上午和下午各泡服一剂。

〔注意事项〕每次在行经前七天开始饮用，来潮后即停药，连续饮用3至6个周期。

孕妇忌用本药茶。

52. 旱莲藕节吐血茶

〔组成〕旱莲草5克（鲜品15克），藕节5克，（鲜品15克）

〔功效〕凉血敛损。

〔主治〕胃中积热，热伤血络的胃溃疡呕血。症见胃脘疼痛，恶心呕吐，呕出物中带血，甚者呕吐鲜血，血色鲜红。

〔服用方法〕将藕节切成小碎块，与旱莲草一起置入茶杯内，倒入刚沸的开水，盖严杯盖，约隔 10 至 15 分钟即可服用。徐徐饮用，边饮边加开水。每日上午和下午各泡服一剂。

〔注意事项〕饮用本药茶应少量频频饮入，否则会加重胃的负担，使病情恶化。
饮用期间，忌吃生冷、油腻及辛辣食物，并宜进流汁或禁食。
如饮用本药茶后仍呕血不止，应及时到医院就诊，以免耽误病情。

53. 皂黄榆槐痔疮茶

〔组成〕皂刺 5 克，熟大黄 3 克，地榆 5 克，槐花 5 克。

〔功效〕消热解毒，凉血止血。

〔主治〕热毒瘀滞的内外痔疮，或痔疮下血如注。

〔服用方法〕将熟大黄和地榆切成小碎块，与其它药一起置入茶杯内，倒入刚沸的开水，盖严杯盖，约隔 10 至 15 分钟即可服用。徐徐饮用，边饮边加开水。每日上午和下午各饮一剂。

〔注意事项〕饮茶期间，忌吃辛辣燥火的食物，避免久坐久站。饮用后若大便次数增加，小便变黄属正常现象。

54. 灵仙肠风便血茶

〔组成〕威灵仙 5 克，鸡冠花 5 克，知母 5 克，浙贝母 2 克。

〔功效〕清热解毒，凉血止血。

〔主治〕大肠湿热壅滞，灼伤血络的肠风、痔疮、脏毒等各种便血。

〔服用方法〕将浙贝母砸碎，将威灵仙和知母切成小碎块，与鸡冠花一起置入茶杯内，倒入刚沸的开水，盖严杯盖，约隔 15 至 20 分钟即可服用。徐徐饮用，边饮边加开水。每日上午和下午各泡服一剂。

〔注意事项〕饮茶期间，忌抽烟、饮酒及吃辛辣食物。

55. 阿胶小蓟尿血茶

〔组成〕阿胶 5 克，小蓟 5 克，栀子 3 枚，生地 5 克。

〔功效〕清热利尿，养血止血。

〔主治〕湿热下注，损伤阴络的尿血证。症见尿频尿急，尿中带血，尿时刺痛难忍。

〔服用方法〕将栀子砸破，将生地切成小碎块，与其它药一起置入茶杯内，倒入刚沸的开水，盖严杯盖，约隔 20 分钟左右即可服用。饮用时，用汤匙搅拌药液，使阿胶完全溶化后再徐徐饮用。一剂泡一次，每日上午、下午和晚上各泡服一剂。

〔注意事项〕饮茶期间，应保证足够的休息，避免过度劳累，忌房事并忌吃辛辣食物。

56. 青附棱术消癥茶

〔组成〕青皮 5 克，香附 5 克，三棱 5 克，莪术 5 克。

〔功效〕破气活血消癥。

〔主治〕气滞血瘀的子宫肌瘤。症见腹部有大小不一的包块，月经紊乱，或多或少，包块不硬，触之不痛。

〔服用方法〕将香附砸碎，将其它药切成小碎块，置于茶杯内，倒入刚沸的开水，盖严杯盖，约隔 20 至 25 分钟即可服用。徐徐饮用，边饮边加开水。每日上午和下午各泡服一剂。

〔注意事项〕本药茶疗效较慢，一般需饮服 3 至 6 个月方可见效。月经期间，需停饮本药茶。

57. 刺蒺当归痛经茶

〔组成〕枣蒺藜 5 克，当归 5 克。

〔功效〕养血消瘀，行气止痛。

〔主治〕血虚气滞所致的痛经。症见月经不调，先后无定期，行经腹痛，腰腹酸胀。

〔服用方法〕将刺蒺藜砸碎，将当归切成小碎块，同时置入茶杯内，倒入刚沸的开水，盖严杯盖，约隔 15 至 20 分钟即可服用。徐徐饮用，边饮边加开水。每日上午和下午各泡服一剂。

〔注意事项〕每月行经前三天开始饮用本药茶，经行痛止后即可停药。

58. 虎杖活血化瘀茶

〔组成〕虎杖 5 克，土瓜根 5 克，牛膝 5 克，凌霄花 5 克。

〔功效〕活血化瘀，破积散结。

〔主治〕

(1) 气滞血瘀的经闭。症见月经数月不行，或经少不畅，腰腹疼痛。

(2) 血瘀痰结所致的症瘕积聚。症见腹部有包块，包块坚硬滑动，或时有时无，腰腹胀痛，月经量多。

〔服用方法〕将虎杖、土瓜根和牛膝切成小碎块，与凌霄花一块置入茶杯内，倒入刚沸的开水，盖严杯盖，约隔 15 至 20 分钟即可服用。徐徐饮用，边饮边加开水。每日上午和下午各泡服一剂。

〔注意事项〕行经前三天开始饮用本药茶，经行后即可停药。连续饮用 3 至 6 个月。

症瘕者，平时每日饮用，经行后暂停饮用。

59. 金红痛经茶

〔组成〕郁金 5 克，红花 3 克，香附 5 克，当归 5 克。

〔功效〕行气解郁，和血止痛。

〔主治〕肝气郁滞，冲任不调所致的痛经。症见行经前后少腹疼痛，行经困难，经血紫暗有瘀块。

〔服用方法〕将香附砸碎，将郁金和当归切成小碎块，与红花一起置入茶杯内，倒入刚沸的开水，盖严杯盖，约隔 15 至 20 分钟即可服用。徐徐饮用，边饮边加开水。每日上午和下午各泡服一剂。

〔注意事项〕每次行经前三天开始饮用，待经行痛缓后即可停药，连续饮用 3 至 6 个周期。

在饮用期间，忌吃生冷食物。

孕妇忌用本药茶。

60. 泽兰产后腹痛茶

〔组成〕泽兰 5 克，桂心 5 克，赤芍 5 克，甘草 3 克。

〔功效〕温经活血。

〔主治〕产后气血瘀阻的恶露不行，小腹胀痛。

〔服用方法〕将桂心、赤芍和甘草切成小碎块，与泽兰一起置入茶杯内，倒入刚沸的开水，盖严杯盖，约隔 15 至 20 分钟即可服用。徐徐饮用，边饮边加开水。每日上午和晚上各泡服一剂。

〔注意事项〕本药茶宜热饮。饮用期间，忌吃生冷食物。

孕妇忌用本药茶。

61. 泽兰养血通经茶

〔组成〕泽兰 5 克，当归 5 克，白芍 5 克，甘草 3 克。

〔功效〕调气血，通经血。

〔主治〕冲任不调，气血瘀阻的经闭。症见月经微少，渐之不通，日渐羸瘦，脉细涩。

〔服用方法〕将当归、白芍和甘草切成小碎块，与泽兰一起置入茶杯内，倒入刚沸的开水。盖严杯盖，约隔15至20分钟即可服用。徐徐饮用，边饮边加开水。每日上午和下午各泡服一剂。

〔注意事项〕每次在行经前七天开始饮用本药茶，来潮后两天即可停药。连续饮用3至6个周期。

孕妇忌用来药茶。

62. 泽兰活血腰痛茶

〔组成〕泽兰5克，牛膝5克，鸡血藤5克，灵仙5克，续断5克。

〔功效〕活血通络，强筋壮骨。

〔主治〕气滞血瘀，经络不通的腰肌劳损。症见腰部疼痛，痛有定处，俯仰困难，屈伸不利。

〔服用方法〕将牛膝、鸡血藤、灵仙和续断切成小碎块，与泽兰一起置入茶杯内，倒入刚沸的开水，盖严杯盖，约隔15至20分钟即可服用。徐徐饮用，边饮边加开水。每日上午和下午各泡服一剂。

〔注意事项〕饮用期间，注意休息，避免过度用力，让腰部得到充分的休息。

孕妇忌用本药茶。

63. 泽兰益母调经茶

〔组成〕泽兰5克，益母草5克，香附5克。

〔功效〕活血，疏肝，调经。

〔主治〕肝火条达，气滞血瘀的月经不调。症见月经或先或后，经量或多或少，经血或清或稠，少腹疼痛。

〔服用方法〕将香附砸碎，与其它药一起置入茶杯内，倒入刚沸的开水，盖严杯盖，约隔10至15分钟即可服用。徐徐饮用，边饮边加开水。每日上午和下午各泡服一剂。

〔注意事项〕每次在行经前三天开始饮用，经行后第二天即可停药，连续饮用3至6个周期。

孕妇忌用本药茶。

64. 荆槐止血茶

〔组成〕荆芥5克，炒槐花5克，黄连1克，地榆3克。

〔功效〕疏风，清热，止血。

〔主治〕由湿热下注所致的各种出血证。如肠风下血，便血，尿血，崩漏下血，痔疮下血等。

〔服用方法〕将以上药物置入茶杯内，倒入刚沸的开水，盖严杯盖，约隔15分钟左右即可服用。徐徐饮用，边饮边加开水，直至药味清淡。每日上午和下午各饮一剂。

〔注意事项〕饮茶期间，忌喝酒和吃辛辣厚味的食物，避免久蹲、久坐、久站。

65. 茜根行滞痛经茶

〔组成〕茜草根5克，蒲黄5克，香附5克，枳壳5克。

〔功效〕行血导滞，调经止痛。

〔主治〕气滞血瘀所致的痛经。症见行经前后腹部疼痛，经行不畅。

〔服用方法〕将茜草根和枳壳切成小碎块，将香附砸碎，与蒲黄一起置入茶杯内，倒入刚沸的开水，盖严杯盖，约隔15至20分钟即可服用。徐徐饮用，边饮边加开水。每日上午和下午各泡服一剂。

〔注意事项〕每次在行经前三天开始饮用本药茶，月经来潮后即可停药。一般需连续饮用3至6个月。

66. 茜根固冲茶

〔组成〕茜草根5克，黄芪5克，白术5克，白芍5克。

〔功效〕益气摄血。

〔主治〕冲任不固，气虚不摄的崩漏。症见月经量多，过期不止，血色清淡。

〔服用方法〕将以上药物切成小碎块，倒入刚沸的开水，盖严杯盖，约隔15至20分钟即可服用。徐徐饮用，边饮边加开水。每日上午和下午各泡服一剂。

〔注意事项〕每次月经来潮时开始饮用，经血干净后即停药，连续饮用3至6个月。

67. 茜根柏叶吐血茶

〔组成〕茜草根5克，侧柏叶5克，生地黄5克，黄芩3克。

〔功效〕清热止血。

〔主治〕胃热炽盛，逼血上行的呕血。症见胃脘隐痛，恶心呕吐，呕出物中带血，甚者呕吐鲜血。

〔服用方法〕将茜草根、生地和黄芩切成小碎块，与侧柏叶一起置入茶杯内，倒入刚沸的开水，盖严杯盖，约隔15至20分钟即可服用。徐徐饮用，边饮边加开水。每日上午和下午各泡服一剂。

〔注意事项〕饮用本药茶，应少量频频饮入，否则会加重胃的负担而致吐，使病情加重。

饮用期间，应适当控制食量，宜少吃多餐。

68. 茜梅鼻衄蜜茶

〔组成〕茜草根5克，乌梅3枚，艾叶5克，蜂蜜适量。

〔功效〕收敛止血。

〔主治〕风热犯肺，热伤阴络所致的鼻衄。症见鼻腔经常出血，血色鲜红，时止时作，鼻腔干燥。

〔服用方法〕将乌梅砸碎，将茜草根切成小碎块，与艾叶一起置入茶杯内，倒入刚沸的开水，盖严杯盖，约隔20分钟即可饮用。饮用时，先将蜂蜜溶入药液中，搅拌均匀，再徐徐饮用。一剂泡一次，每日上午和下午各泡服一剂。

〔注意事项〕饮茶时，可将口鼻对着杯口深呼吸，让药液的蒸汽润泽鼻腔，则更好地发挥药效。

饮用期间，忌抽烟、饮酒及吃辛辣食物。

69. 茜榆芩连血痢茶

〔组成〕茜草根5克，地榆5克，黄芩3克，黄连1克。

〔功效〕清热行滞。

〔主治〕湿热蕴结大肠，传化受阻所致的血痢。症见下痢赤白，腹痛肠鸣，里急后重。

〔服用方法〕将以上药物切成小碎块，并置入茶杯内，倒入刚沸的开水，盖严杯盖，约隔15至20分钟即可服用。徐徐饮用，边饮边加开水。每日上午和下午各泡服一剂。

〔注意事项〕饮茶期间，忌吃生冷、油腻和不易消化的食物。

70. 荜茇蒲黄温经茶

〔组成〕荜茇2克，蒲黄5克。

〔功效〕温经止痛。

〔主治〕寒凝血滞冲任之脉的痛经。症见月经不调，先后无定期，经期腹痛，腰腹酸胀，漏下无时，肢冷畏寒。

〔服用方法〕将以上药物置入茶杯内，倒入刚沸的开水，盖严杯盖，约隔15分钟左右即可服用。徐徐饮用，边饮边加开水。每日上午和下午各泡服一剂。

〔注意事项〕本药茶热饮更能发挥其药效。每次行经前三天开始饮用，行经后三天即可停药。

在饮用本药茶期间，忌吃生冷食物。

71. 柏叶黄连尿血茶

〔组成〕侧柏叶 5 克，黄连 2 克。

〔功效〕清热止血。

〔主治〕湿热蕴结膀胱，热扰血分的急性尿路感染。症见尿频尿急，尿中带血，如洗肉水，刺痛难忍。

〔服用方法〕将以上药物置入茶杯内，倒入刚沸的开水，盖严杯盖，约隔 10 至 15 分钟即可服用。徐徐饮用，边饮边加开水。每日上午和下午各泡服一剂。

〔注意事项〕饮茶期间，应保证足够的休息，避免过度疲劳并忌吃辛辣食物。

72. 柏叶榴花鼻衄茶

〔组成〕侧柏叶 5 克，石榴花 5 克。

〔功效〕凉血止血。

〔主治〕肺热上壅清道所致的鼻衄。症见鼻腔经常出血，血色鲜红，鼻腔干燥。

〔服用方法〕将以上药物置入茶杯内，倒入刚沸的开水，盖严杯盖，约隔 15 分钟左右即可服用。徐徐饮用，边饮边加开水。每日上午和下午各泡服一剂。

〔注意事项〕饮茶期间，可将鼻孔对着杯口深呼吸，让药液的蒸汽进入鼻腔，直接发挥药效。

饮用期间，忌抽烟、饮酒及吃辛辣食物。

73. 柏槐便血蜜茶

〔组成〕侧柏叶 5 克，槐花 5 克，蜂蜜适量。

〔功效〕泻火凉血。

〔主治〕湿热蕴结肠道，灼伤血络的痔疮下血。症见大便干结，便中带血，或先血后便，或先便后血。

〔服用方法〕将侧柏叶和槐花置入茶杯内，倒入刚沸的开水，盖严杯盖，约隔 10 至 15 分钟即可服用。饮用时，先将蜂蜜溶入药液中，搅拌均匀后，再徐徐饮用。一剂泡一次，每日上午和下午各泡服一剂。

〔注意事项〕饮茶期间，忌抽烟、饮酒及吃辛辣食物，避免久坐久站并应适当增加体育锻炼。

74. 香附四物调经茶

〔组成〕香附 5 克，当归 5 克，白芍 5 克，川芎 5 克，熟地 5 克。

〔功效〕理气补血调经。

〔主治〕肝血不足，肝气郁滞的月经延期。症见月经延后，经血量少而清淡，少腹隐隐作痛。

〔服用方法〕将香附砸碎，将其余的药切成小碎块，并置入茶杯内，倒入刚沸的开水，盖严杯盖，约隔 15 至 20 分钟即可服用。徐徐饮用，边饮边加开水。每日上午和下午各饮一剂。

〔注意事项〕每月行经前三天开始饮用，月经来潮两天后可停药。

75. 香附桃红通经茶

〔组成〕香附 5 克，桃仁 5 克，红花 5 克，川芎 5 克。

〔功效〕理气活血，化瘀通经。

〔主治〕气滞血瘀的闭经。症见月经数月不潮，人体消瘦，少腹隐痛，腰部酸胀，舌紫暗有瘀斑，脉细涩。

〔服用方法〕将香附和桃仁砸碎，将川芎切成小碎块，与红花一起置入茶杯内，倒入刚沸的开水，盖严杯盖，约隔 15 至 20 分钟即可服用。徐徐饮用，边饮边加开水。每日上午和下午各泡服一剂。

〔注意事项〕每月行经前七天开始饮用，来潮后即可停药，需连续服用 3 至 6 个月。

76. 独味三七止血茶

〔组成〕三七 0.5 克。

〔功效〕化瘀止血。

〔主治〕瘀血阴滞，血不归经的各种出血，如衄血、咯血、呕血、便血、崩漏等。

〔服用方法〕将三七切成小碎块，置入茶杯内，倒入刚沸的开水，盖严杯盖，约隔 20 分钟即可服用。一剂泡一次，一次饮完。饮用时，可将药渣嚼烂，用药液送服。每日上午和下午各泡服一剂。

〔注意事项〕饮茶期间，应保证足够的休息，避免过度疲劳，忌吃辛辣食物。

77. 独味蒲黄止血茶

〔组成〕蒲黄 5 克。

〔功效〕行瘀止血。

〔主治〕瘀血不行，血不归经的各种出血，如衄血、咯血、呕血、尿血、便血、崩漏等。

〔服用方法〕将蒲黄置入茶杯内，倒入刚沸的开水，盖严杯盖，约隔 15 分钟左右即可饮用。徐徐饮用，边饮边加开水。每日上午和下午各泡服一剂。

〔注意事项〕饮茶期间，应保证足够的休息，避免过度疲劳，忌吃辛辣食物。

78. 姜红冠心茶

〔组成〕姜黄 5 克，红花 3 克，当归 5 克，木香 5 克。

〔功效〕通心脉，止心痛。

〔主治〕气滞血瘀的冠状动脉硬化性心脏病。症见心前区刺痛，胸中痞满不适，舌紫暗，脉涩。

〔服用方法〕将姜黄、当归和木香切成小碎块，与红花一起置入茶杯内，倒入刚沸的开水，盖严杯盖，约隔 15 至 20 分钟即可服用。徐徐饮用，边饮边加开水。每日上午和晚上各泡服一剂。

〔注意事项〕饮茶期间，应保证足够的休息，避免过度疲劳、情绪激动，并忌吃油腻食物。

孕妇忌用本药茶。

79. 姜草二叶摄血茶

〔组成〕炮姜 3 克，艾叶 5 克，侧柏叶 5 克，甘草 3 克。

〔功效〕温经摄血。

〔主治〕中气虚寒不能摄血的各种内出血，如呕血、衄血、便血、尿血、崩漏下血等。

〔服用方法〕将炮姜和甘草切成小碎块，与其他药一起置入茶杯内，倒入刚沸的开水，盖严杯盖，约隔 15 至 20 分钟即可服用。徐徐饮用，边饮边加开水。每日上午和下午各服一剂。

〔注意事项〕本药茶热饮更能发挥其药效。

本药茶适用于虚寒性各种出血，忌用于血热妄行性各种出血。

80. 姜黄当归调经茶

〔组成〕姜黄 5 克，当归 5 克，赤芍 5 克，香附 5 克。

〔功效〕活血调经。

〔主治〕气血瘀滞，冲任不和的月经不调。症见月经或先或后，经量或多或少，经血或清或稠，少腹疼痛。

〔服用方法〕将香附砸碎，将其他药切成小碎块，同时置入茶杯内，倒入刚沸的开水，盖严杯盖，约隔 15 至 20 分钟即可服用。徐徐饮用，边饮边加开水。每日上午和下午各泡服一剂。

〔注意事项〕每次行经前三天开始饮用，经行痛止后即可停药，连续饮用3至6个周期。

孕妇忌用本药茶。

81. 炮姜二炭止崩茶

〔组成〕炮姜3克，棕榈炭5克，乌梅炭5克。

〔功效〕温经止血。

〔主治〕虚寒性崩漏。症见妇女崩漏下血不止，血色淡而清稀，淋漓不止，少腹空痛，喜温喜按。

〔服用方法〕将炮姜切成小碎块，与其他药一起置入茶杯内，倒入刚沸的开水，盖严杯盖，约隔15至20分钟即可服用。徐徐饮用，边饮边加开水。每日上午和下午各饮一剂。

本药茶适用于虚寒性血崩，忌用于血热妄行性血崩。

〔注意事项〕本药茶热饮更能发挥其药效。

82. 炮姜吐血断红茶

〔组成〕炮姜3克，蒲黄5克，侧柏叶5克，阿胶5克。

〔功效〕温中祛寒，益脾摄血。

〔主治〕中焦虚寒，脾不摄血，浊气冲逆所致的吐血。症见胃脘隐痛，恶心呕吐，吐出物中带血，甚者吐血，血色紫暗。

〔服用方法〕将炮姜切成小碎块，与其他药一起置入茶杯内，倒入刚沸的开水，盖严杯盖，约隔20分钟左右即可服用。饮用时，用汤匙搅拌药液，使阿胶完全溶化后再徐徐饮用。一剂泡一次，每日上午和晚上各泡服一剂。

〔注意事项〕饮用本药茶应少量频频饮入，否则会加重胃的负担而致吐，使病情恶化。

在饮用期间，宜少吃多餐，忌饮酒及吃辛辣、生冷、坚硬食物。

83. 炮姜陈米血痢茶

〔组成〕炮姜3克，炒陈仓米10克。

〔功效〕温中健脾。

〔主治〕寒湿损伤胃肠，传化受阻所致的慢性痢疾。症见下痢赤白，久久不愈，腹中隐痛，喜温喜按。

〔服用方法〕将炮姜切成小碎块，将陈仓米炒焦，同时置入茶杯内，倒入刚沸的开水，盖严杯盖，约隔 15 至 20 分钟即可服用。徐徐饮用，边饮边加开水。每日上午和下午各泡服一剂。

〔注意事项〕饮茶期间，注意对腹部保暖，忌吃生冷、油腻和不易消化的食物。本药茶只适用于寒湿性久痢，忌用于热毒性新痢。

84. 炮姜梅棕崩漏茶

〔组成〕炮姜 3 克，乌梅 5 枚，棕榈皮 5 克。

〔功效〕温经摄血。

〔主治〕脾肾虚寒，冲任不固的崩漏。症见月经最多，过期仍点滴不止，血色晦暗，腹中冷痛，得温则减。

〔服用方法〕将乌梅和棕榈皮在火上烧成焦黄并捣碎，将炮姜切成小碎块，同时置入茶杯内，倒入刚沸的开水，盖严杯盖，约隔 15 分钟左右即可服用。徐徐饮用，边饮边加开水。每日上午和下午各泡服一剂。

〔注意事项〕每次月经来潮时开始饮用，月经干净后即停药，连续饮用 3 至 6 个月。

在饮用期间，忌吃生冷食物。

85. 秦艽白术便血茶

〔组成〕秦艽 5 克，白术 5 克，地榆 5 克，归尾 5 克，皂角仁 3 枚。

〔功效〕泻火疏风，止血止痛。

〔主治〕风客大肠，损伤血络的痔疮下血。症见肛门坠胀，痔疮努胀，大便秘结，鲜血如注。

〔服用方法〕将皂角仁砸破，将其他药切成小碎块，同时置入杯内，倒入刚沸的开水，盖严杯盖，约隔 15 至 20 分钟即可服用。徐徐饮用，边饮边加开水。每日上午和下午各泡服一剂。

〔注意事项〕饮茶期间，应适当增加体育锻炼，避免久坐久站并忌吃辛辣燥火的食物。

86. 桃红归芍痛经茶

〔组成〕桃仁 5 克，红花 3 克，当归 5 克，白芍 5 克。

〔功效〕化瘀止痛。

〔主治〕瘀血内停，气血不畅所致的痛经。症见经行前少腹疼痛，拒按不适，行经困难，经量稀少，紫暗有血块。

〔服用方法〕将桃仁砸碎，将当归和白芍切成小碎块，与红花一起置入茶杯内，倒入刚沸的开水，盖严杯盖，约隔 15 至 20 分钟即可服用。徐徐饮用，边饮边加开水。每日上午和下午各泡服一剂。

〔注意事项〕每次月经来潮前三天开始饮用，经行痛减后即可停药，连续饮用 3 至 6 个周期。

饮用期间，忌吃生冷食物，避免动怒生气。

孕妇忌用本药茶。

87. 桃红青附通经茶

〔组成〕桃仁 5 克，红花 3 克，青皮 5 克，香附 5 克。

〔功效〕化瘀破气通经。

〔主治〕血瘀气血滞，胞宫受阻所致的闭经。症见月经数月不行，少腹疼痛拒按。

〔服用方法〕将青皮、香附和桃仁砸碎，与红花一起置入茶杯内，倒入刚沸的开水，盖严杯盖，约隔 15 至 20 分钟即可服用。徐徐饮用，边饮边加开水。每日上午和下午各泡服一剂。

〔注意事项〕每次在月经来潮期前七天开始饮用，来潮后即可停药，连续饮用 3 至 6 个周期。

孕妇忌用本药茶。

88. 益母产后腹痛茶

〔组成〕益母草 5 克，当归 5 克，艾叶 5 克，丹参 5 克。

〔功效〕温经活血。

〔主治〕瘀血阻滞的产后腹痛，恶露不行，全身不适。

〔服用方法〕将当归和丹参切成小碎块，与其他药一起置入茶杯内，倒入刚沸的开水，盖严杯盖，约隔 10 至 15 分钟即可服用。徐徐饮用，边饮边加开水。每日上午和下午各泡服一剂。

〔注意事项〕本药茶宜热饮，在饮用期间，避免过度疲劳，并忌吃生冷食物。

孕妇忌用本药茶。

89. 益母前仁消肿茶

〔组成〕益母草 5 克，车前子 5 克，茯苓皮 5 克，泽泻 5 克。

〔功效〕利水消肿。

〔主治〕气血瘀阻，水湿内停所致的面目肢体浮肿，尿少不利。

〔服用方法〕将茯苓和泽泻切成小碎块，与其他药一起置入茶杯内，倒入刚沸的开水，盖严杯盖，约隔10至15分钟即可服用。徐徐饮用，边饮边加开水。每一上午和下午各泡服一剂。

〔注意事项〕饮茶期间，应保证足够的休息，避免过度劳累。

孕妇忌用本药茶。

90. 益母调经茶

〔组成〕益母草5克，当归5克，香附5克，白芍5克。

〔功效〕活血调经。

〔主治〕气滞血瘀所致的月经不调。症见月经或先或后，经量或多或少，经血或清或稠，少腹疼痛。

〔服用方法〕将香附砸碎，将当归和白芍切成小碎块，与益母草一起置入茶杯内，倒入刚沸的开水，盖严杯盖，约隔15至20分钟即可服用。徐徐饮用，边饮边加开水。每日上午和下午各泡服一剂。

〔注意事项〕每次行经前3天开始饮用，来潮后两天即可停药。一般需连续饮用3至6个周期。

孕妇忌用本药茶。

91. 益母崩漏茶

〔组成〕益母草5克，生地5克，丹皮5克，当归5克。

〔功效〕化瘀活血，凉血止血。

〔主治〕气血瘀阻，血不归经的崩漏。症见月经量多，过期不止，点滴不净。

〔服用方法〕将生地、丹皮和当归切成小碎块，与益母草一起置入茶杯内，倒入刚沸的开水，盖严杯盖，约隔15至20分钟即可服用。徐徐饮用，边饮边加开水。每日上午和晚上各泡服一剂。

〔注意事项〕每次月经来潮时开始饮用，干净后停药，连续饮用3至6个周期。

饮用期间，应注意休息，避免过度劳累，并忌吃生冷食物。

孕妇忌用本药草。

92. 海芥榆槐化痔茶

〔组成〕胖大海2枚，地榆炭5克，炒槐花5克，荆芥炭3克，冰糖适量。

〔功效〕清热通便，凉血止血。

〔主治〕瘀热蕴结于大肠的内外痔疮。症见痔疮肿大，下血不止，大便秘结。

〔服用方法〕将以上药物置入茶杯内，倒入刚沸的开水，盖严杯盖，约隔15至20分钟即可服用。徐徐饮用，边饮边加开水。每日上午和下午各饮一剂。

〔注意事项〕饮茶期间，忌抽烟、饮酒及吃各种辛辣燥火的食物。

93. 续断寄奴崩漏茶

〔组成〕续断5克，刘寄奴5克，藕节5克，大蓟5克，小蓟5克。

〔功效〕固冲止崩。

〔主治〕冲任不固所致的崩漏。症见月经量多，过期不止，绵绵不绝，腰腹酸软。

〔服用方法〕将续断、刘寄奴和藕节切成小碎块，与其他药一起置入茶杯内，倒入刚沸的开水，盖严杯盖，约隔15至20分钟即可服用。徐徐饮用，边饮边加开水。每日上午和晚上各泡服一剂。

〔注意事项〕饮茶期间，应保持情绪稳定并保证足够的休息，避免过度疲劳。

94. 紫菀润肺敛血茶

〔组成〕紫菀5克，茜草根5克，蜂蜜适量。

〔功效〕润肺敛血。

〔主治〕热伤肺络的支气管扩张。症见干咳少痰，咯血或痰中带血，血色鲜红。

〔服用方法〕将紫菀切成小碎块，与其他药一起置入茶杯内，倒入刚沸的开水，盖严杯盖，约隔10至15分钟即可服用。徐徐饮用，边饮边加开水。每日上午和下午各饮一剂。

〔注意事项〕饮茶时，可将口鼻对着杯口深呼吸，让药液的蒸汽充分进入肺中，这样能更有效地发挥药效。

饮用本药茶期间，忌抽烟、饮酒及吃辛辣食物。

95. 智砂二仁崩漏茶

〔组成〕益智仁5克，缩砂仁3克。

〔功效〕敛涩肾气，固冲止血。

〔主治〕肾气不摄，冲任不固所致的崩漏。症见月经过多，过期不止，绵绵不绝，经血清淡，腰脊酸软。

〔服用方法〕将以上药物砸碎，并置入茶杯内，倒入刚沸的开水，盖严杯盖，约隔10至15分钟即可服用。徐徐饮用，边饮边加开水。每日上午和下午各泡服一剂。

〔注意事项〕每次月经来潮时开始饮用本药茶，经止后停药，连续饮用3至6个周期。

凡血热之崩漏，忌用本药茶。

96. 槐花郁金血淋茶

〔组成〕槐花5克，郁金5克。

〔功效〕凉血泄热。

〔主治〕热蓄膀胱，损伤血络的血淋。症见小便短赤带血，如洗肉水，尿频，尿急，尿痛，腰痛。

〔服用方法〕将郁金切成小碎块，与槐花一起置入茶杯内，倒入刚沸的开水，盖严杯盖，约隔15分钟左右即可饮用。徐徐饮用，边饮边加开水。每日上午、下午和晚上各服一剂。

〔注意事项〕饮茶期间，应保证足够的休息，避免过度疲劳，忌房事并忌吃辛辣燥热的食物。

97. 榆槐二黄约营茶

〔组成〕地榆5克，槐花5克，生地黄5克，黄芩5克，乌梅3枚。

〔功效〕清热凉血，除湿化痔。

〔主治〕湿热下注大肠，热伤血络的内外痔疮。症见痔疮坠出，大便出血，血色鲜红如注。

〔服用方法〕将乌梅砸碎，将生地、黄芩和地榆切成小碎块，与槐花一起置入茶杯内，倒入刚沸的开水，盖严杯盖，约隔15至20分钟即可服用。徐徐饮用，边饮边加开水。每日上午和晚上各泡服一剂。

〔注意事项〕饮用期间，忌吃辛辣食物及饮酒，避免久坐久站，并保持大便溏软。

98. 薤白丹参山楂茶

〔组成〕薤白5克，丹参5克，山楂5克。

〔功效〕活血化瘀，通阳开窍。

〔主治〕气血不活，胸阳不振的冠心病。症见胸前闷满，或心痛彻背，舌紫暗。

〔服用方法〕将薤白捣烂，将丹参和山楂切成小碎块，同时置入茶杯内，倒入刚沸的开水，盖严杯盖，约隔15至20分钟即可服用。徐徐饮用，边饮边加开水。每日上午和下午各饮一剂。

〔注意事项〕饮茶期间，应少吃油腻食物，避免过度疲劳并保证足够的睡眠。

99. 藕参便血蜜茶

〔组成〕藕节10克，党参10克，蜂蜜适量。

〔**功效**〕益气统血。

〔**主治**〕中气不足，气不统血的痔疮下血。症见便时出血，血色紫暗，面色无华，神疲气短，舌淡，苔白，脉弱。

〔**服用方法**〕将藕节和党参切成小碎块，并置入茶杯内，倒入刚沸的开水，盖严杯盖，约隔 15 至 20 分钟即可服用。饮用时，将蜂蜜溶入药液中，搅拌均匀后，徐徐饮用。一剂泡一次，每日上午和下午各泡服一剂。

〔**注意事项**〕饮茶期间，忌吃辛辣燥火的食物并避免久坐久站。

泻下剂

1. 大海蜂蜜润肠茶

〔**组成**〕胖大海 2 枚，蜂蜜适量。

〔**功效**〕润肠通便。

〔**主治**〕燥热伤津所致的便秘。症见大便几日不解，燥结不通，甚者如羊屎。

〔**服用方法**〕将以上药物置入茶杯内，倒入刚沸的开水，盖严杯盖，约隔 20 分钟左右即可服用。徐徐饮用，边饮边加开水。每日泡一剂饮服。

〔**注意事项**〕饮茶期间，忌喝酒，少吃辛辣燥热食品。

2. 大黄调营臌胀茶

〔**组成**〕熟大黄 3 克，三棱 5 克，莪术 5 克，当归 5 克，川芎 5 克。

〔**功效**〕活血化瘀，通下消肿。

〔**主治**〕肝脾血瘀的早期肝硬化。症见胁下隐痛，肚腹臌胀，腹大青筋怒张。

〔**服用方法**〕将以上药物切成小碎块，同时置入茶杯内，倒入刚沸的开水，盖严杯盖，约隔 15 至 20 分钟即可服用。徐徐饮用，边饮边加开水。每日上午和下午各饮一剂。

〔**注意事项**〕饮茶期间，忌饮酒及吃辛辣燥热的食物。

饮茶后，大便次数增加，小便颜色变黄皆为正常现象。

3. 归苁枳壳济川茶

〔**组成**〕当归 5 克，苁蓉 5 克，枳壳 5 克。

〔**功效**〕补肾润肠，行气通便。

〔**主治**〕肾气虚弱，血不濡肠的老年习惯性便秘。症见大便干结，努挣吃力，数日不解，疲乏气短。

〔服用方法〕将以上药物切成小碎块，并置入茶杯内，倒入刚沸的开水，盖严杯盖，约隔 15 至 10 分钟即可服用。徐徐饮用，边饮边加开水。每日晚上睡前泡服一剂。

〔注意事项〕饮茶期间应适当加强体育锻炼并忌吃辛辣燥火的食物。

4. 四仁润肠茶

〔组成〕郁李仁 5 克，火麻仁 5 克，杏仁 5 克，柏子仁 5 克。

〔功效〕润肠通便。

〔主治〕血虚津枯肠燥的便秘。症见大便秘结，数日不解，长期不愈，甚者如羊屎，面色无华。

〔服用方法〕将以上药物砸碎，并置入茶杯内，倒入刚沸的开水，盖严杯盖，约隔 15 至 20 分钟即可服用。徐徐饮用，边饮边加开水。每日晚上睡前泡服一剂。

〔注意事项〕饮茶期间，忌吃各种辛辣燥火的食物。

5. 苁蓉麻沉润肠茶

〔组成〕苁蓉 5 克，火麻仁 5 克，沉香 2 克。

〔功效〕补益精血，润肠通便。

〔主治〕精血不足，不濡大肠的习惯性便秘。症见大便干结，数日一解，努挣吃力，神疲乏力。

〔服用方法〕将火麻仁砸碎，将其他的药切成小碎块，同时置入茶杯内，倒入刚沸的开水，盖严杯盖，约隔 15 至 20 分钟即可服用。徐徐饮用，边饮边加开水。每晚睡觉前泡服一剂。

〔注意事项〕饮用期间应适当增强腹部肌肉的锻炼，如做仰卧起坐，避免久坐久卧，多吃富含植物油和纤维素的食物。

6. 苏子麻仁润便茶

〔组成〕紫苏子 5 克，火麻仁 5 克。

〔功效〕润燥行滞通便。

〔主治〕肠燥气滞的习惯性便秘。症见长期便秘，几日不大便，甚者大便如羊屎。

〔服用方法〕将以上药物捣烂置入茶杯内，倒入刚沸的开水，盖严杯盖，约隔 10 至 15 分钟即可服用。徐徐饮用，边饮边加开水。每日泡饮一剂。

〔注意事项〕饮茶期间，忌吃辛辣燥火的食物及饮酒，并宜多吃蔬菜和植物油。

7. 杏麻归枳润肠茶

〔组成〕杏仁 5 克，火麻仁 5 克，当归 5 克，枳壳 5 克。

〔功效〕养血润燥，行气通便。

〔主治〕血虚津枯的便秘。症见大便干结，几日不解，甚者如羊屎，腹部胀满，解便无力。

〔服用方法〕将麻仁和杏仁砸烂，将当归和枳壳切成碎块，同时置入茶杯中，倒入刚沸的开水，盖严杯盖，约隔 15 至 20 分钟即可服用。徐徐饮用，边饮边加开水。每日泡服一剂。

〔注意事项〕饮茶期间，忌饮酒并少吃辛辣燥热之食品。

8. 扶正黄龙茶

〔组成〕熟大黄 3 克，党参 5 克，当归 5 克，苁蓉 5 克。

〔功效〕扶正通便。

〔主治〕气血不足，腑气不通的老年性习惯性便秘。症见大便秘结，数日不解，干结如羊屎，神疲气短，腰膝酸软，舌胖嫩。

〔服用方法〕将以上药物切成小碎块，并置入茶杯内，倒入刚沸的开水，盖严杯盖，约隔 10 至 15 分钟即可服用。徐徐饮用，边饮边加开水，每日晚上睡觉前泡服一剂。

〔注意事项〕饮茶期间，忌吃各种辛辣燥火食物。

9. 阿胶枳壳通便蜜茶

〔组成〕阿胶 5 克，枳壳 5 克，蜂蜜适量。

〔功效〕养血理气，润肠通便。

〔主治〕血虚津枯的老年习惯性便秘。症见大便数日不解，干结如羊屎，努挣吃力。

〔服用方法〕将枳壳切成小碎块，与阿胶一起置入茶杯内，倒入刚沸的开水，盖严杯盖，约隔 15 分钟左右即可服用。饮用时，将蜂蜜放入药液中，用汤匙搅拌，使蜂蜜和阿胶完全溶化后再徐徐饮用。一剂泡一次，每晚睡觉前泡服一剂。

〔注意事项〕饮茶期间，应适当加强体育锻炼，忌吃辛辣食物。

10. 草决麻仁润肠茶

〔组成〕草决明 5 克，麻仁 5 克。

〔功效〕润肠通便。

〔主治〕肠道阴血不足，失却濡润的便秘。症见大便干结，甚者如羊屎，数日一次。

〔服用方法〕将麻仁砸碎，与草决明一起置入茶杯内，倒入刚沸的开水，盖严杯盖，约隔 20 分钟左右即可服用。徐徐饮用，边饮边加开水。每晚睡前饮一剂。

〔注意事项〕饮茶期间，忌食各种辛辣食品。

11. 胡桃润肠蜜茶

〔组成〕核桃仁 10 克，蜂蜜适量。

〔功效〕润肠通便。

〔主治〕精血不足，无以润肠的老人或虚弱者的习惯性便秘。

〔服用方法〕将核桃仁砸碎并置入茶杯中，倒入刚沸的开水，盖严杯盖，约隔 10 分钟左右即可服用。饮用时，先将蜂蜜溶入药液中，搅拌均匀后再徐徐饮用，最后将核桃仁嚼烂用药茶送服。一剂泡一次，每晚睡前饮服一剂。

〔注意事项〕饮茶期间，应适当加强腹肌锻炼，避免久坐久卧，忌吃辛辣食物并多吃富含植物油和纤维素的食物。

12. 枳实大黄承气汤

〔组成〕枳实 5 克，熟大黄 3 克。

〔功效〕行滞通便。

〔主治〕热结大肠的便秘证。症见大便秘结，数日不解，甚者如羊屎，脘腹胀满，不思饮食，心中烦躁。

〔服用方法〕将枳实砸碎，与熟大黄一起置入茶杯内，倒入刚沸的开水，盖严杯盖，约隔 10 至 15 分钟即可服用。徐徐饮用，边饮边加开水。每日晚上睡觉前泡服一剂。

〔注意事项〕饮茶期间，忌吃辛辣燥火的食物。

本药茶破气力强，能伤人真气，故不宜长期饮服，中病即止。而且体虚者和孕妇慎用。

13. 枳黄参姜通腑茶

〔组成〕枳实 5 克，熟大黄 3 克，党参 5 克，干姜 5 克。

〔功效〕温阳通腑。

〔主治〕阴寒内盛，脾阳不运的老年性习惯性便秘。症见大便秘结，数日不解，干结如羊屎，肢冷畏寒，腹胀不思饮食，喜热饮食，神疲乏力，舌白，脉沉弱。

〔服用方法〕将枳实砸碎，将其他药物切成小碎块，同时置入茶杯内，倒入刚沸的开水，盖严杯盖，约隔 10 至 15 分钟即可服用。徐徐饮用，边饮边加开水。每日晚上睡觉前泡服一剂。

〔注意事项〕本药茶宜热饮。本药茶适宜于寒结的便秘，忌用于热结便结。

14. 柏麻润肠茶

〔组成〕柏子仁 3 克，火麻仁 5 克。

〔功效〕润肠通便。

〔主治〕阴虚血亏肠燥津枯的习惯性便秘。症见大便秘结，数日不解，甚者燥如羊屎。

〔服用方法〕将以上药物砸碎，置入茶杯内，倒入刚沸的开水，盖严杯盖，约隔 10 至 15 分钟即可服用。徐徐饮用，边饮边加开水。每日上午和晚上睡觉前各泡服一剂。

〔注意事项〕饮茶期间，忌吃辛辣燥火之食物。

15. 厚朴三物通便茶

〔组成〕厚朴 5 克，枳实 5 克，熟大黄 5 克。

〔功效〕行气导滞通便。

〔主治〕气滞热结的便秘。症见大便秘结，数日不解，甚者如羊屎，肚腹胀满，心中烦躁。

〔服用方法〕将以上药物切成小碎块，并置入茶杯内。倒入刚沸的开水，盖严杯盖，约隔 10 至 15 分钟即可服用。徐徐饮用，边饮边加开水。每日晚上睡觉前泡服一剂。

〔注意事项〕饮茶期间，忌吃辛辣燥热食物。

本药茶药性峻猛，不宜长期饮服，中病即止。

16. 独味泻叶泻便茶

〔组成〕潘泻叶 2 克。

〔功效〕泻热通便。

〔主治〕大肠热结的便秘。症见大便秘结，数日不解，干结如羊屎，肚腹胀满，心中烦躁，口干渴，舌红，脉实。

〔服用方法〕将本药置入茶杯内，倒入刚沸的开水，盖严杯盖，约隔 5 至 10 分钟即可服用。徐徐饮用，边饮边加开水。每日晚上睡觉前泡服一剂。

〔注意事项〕饮茶期间，不宜吃辛辣燥火的食物。

本药茶为苦寒之品，不宜久服，中病即止。

17. 宣降倒换通便茶

〔**组成**〕荆芥 5 克，熟大黄 3 克。

〔**功效**〕升清降浊，通调二便。

〔**主治**〕肺气壅闭，清气不升，浊气不降所致的便秘症。症见大便结燥，形如羊屎，腹部胀满不适，舌红，苔薄，脉浮实。

〔**服用方法**〕将以上药物置入茶杯内，倒入刚沸的开水，盖严杯盖，约隔 10 分钟即可饮用。每日早晚起床后和睡觉前各饮一剂，一剂泡一次，一次饮完。

〔**注意事项**〕大便通畅后需及时停药，不宜长期饮用。

18. 首乌通便蜜茶

〔**组成**〕生何首乌 10 克，蜂蜜适量。

〔**功效**〕养血润肠通便。

〔**主治**〕血虚津亏，大肠失润的习惯性便秘。症见大便数日不解，努挣吃力，大便干结。

〔**服用方法**〕将何首乌切成小碎块，并置入茶杯内，倒入刚沸的开水，盖严杯盖，约隔 20 分钟左右即可服用。饮用时，先将蜂蜜溶入药液内，搅拌均匀后再徐徐饮用。一剂泡一次，每日上午和晚上各泡服一剂。

〔**注意事项**〕饮茶期间，应适当加强体育锻炼并忌吃辛辣燥火的食物。

19. 桃杏养血润肠茶

〔**组成**〕桃仁 5 克，杏仁 5 克，首乌 5 克，当归 5 克。

〔**功效**〕养血通便。

〔**主治**〕血虚津亏，水枯舟停所致的老年习惯性便秘。症见大便干结难出，甚者如羊屎，肚腹胀满，不思饮食。

〔**服用方法**〕将桃仁和杏仁砸碎，将首乌和当归切成小碎块，同时置入茶杯内，倒入刚沸的开水，盖严杯盖，约隔 15 至 20 分钟即可服用。徐徐饮用，边饮边加开水。每晚睡前泡服一剂。

〔**注意事项**〕饮茶期间，多吃含纤维素较高的食物和植物油并忌吃辛辣食物。孕妇忌用本药茶。

20. 麻仁养血润肠茶

〔**组成**〕火麻仁 5 克，当归 5 克，何首乌 5 克，肉苁蓉 5 克。

〔**功效**〕养血润肠通便。

〔主治〕阴血不足无以润泽肠道的老年性习惯性便秘。症见大便干结，数日不解，努挣无力，神疲气短，面气无华，舌淡，脉细。

〔服用方法〕将火麻仁砸破，将其余的药切为小碎块，同时置入茶杯内，盖严杯盖，约隔 15 至 20 分钟即可服用。徐徐饮用，边饮边加开水。每日晚上睡觉前泡服一剂。

〔注意事项〕饮茶期间，忌吃辛辣燥热的食物。

21. 蒌葛润燥通腑茶

〔组成〕全瓜蒌 10 克，葛根 10 克。

〔功效〕润燥通便。

〔主治〕热伤肺阴的大便干结。症见大便结燥，几日不解，甚者如羊屎，口渴思冷饮，舌红。

〔服用方法〕将以上药物切成小碎块，置入茶杯内，倒入刚沸的开水，盖严杯盖，约隔 15 至 20 分钟即可服用，徐徐饮用，边饮边加开水，直到药味清淡。每日晚上睡前饮一剂。

〔注意事项〕饮茶期间，应坚持每日早晨解大便一次，切忌忍便不解。同时忌食辛辣燥热食品。

22. 锁阳通便蜜茶

〔组成〕锁阳 5 克，蜂蜜适量。

〔功效〕温通便秘。

〔主治〕肾阳不足，精血亏损，肠燥便结的老年习惯性便秘。症见大便干结，数日不解，努挣无力，气短懒言，四肢不温。

〔服用方法〕将锁阳切碎置入茶杯内，倒入刚沸的开水，盖严杯盖，约隔 20 分钟左右即可服用。饮用时，先将蜂蜜溶入药液内，搅拌均匀后再徐徐饮用。一剂泡一次，每日上午和晚上各泡服一剂。

〔注意事项〕饮茶期间应适当加强腹部肌肉的锻炼，避免久卧久坐。

消导剂

1. 匀气肉积茶

〔组成〕山楂 10 克，青皮 5 克，木香 5 克，甘草 2 克。

〔功效〕行气化积。

〔主治〕食肉过多，肉积不化的消化不良。症见嗳腐酸馊，大便臭秽，腹痛不适。

〔服用方法〕将以上药物切成小碎块，并置入茶杯内，倒入刚沸的开水，盖严杯盖，约隔15至20分钟即可服用。徐徐饮用，边饮边加开水。每日上午、下午和晚上睡前各泡服一剂。

〔注意事项〕饮茶期间，忌吃肉类食物，应食清淡易消化的食物。

2. 曲术健脾消积茶

〔组成〕神曲5克，白术5克，党参5克，砂仁5克。

〔功效〕健脾益气，消食导滞。

〔主治〕脾虚不运的消化不良。症见气短乏力，脘腹胀满，不思饮食，食后反胀，嗳腐吞酸，大便清溏。

〔服用方法〕将砂仁砸碎，将其他药切成小碎块，并置入茶杯内，倒入刚沸的开水，盖严杯盖，约隔10至15分钟即可服用。徐徐饮用，边饮边加开水。每日上午、下午和晚上睡前各饮一剂。

〔注意事项〕饮茶期间，应食清淡易消化的食物，忌吃生冷油腻的食物。

3. 麦梅消食止痢茶

〔组成〕麦芽5克，乌梅2枚，陈皮5克，党参5克，肉桂2克。

〔功效〕温中健脾，消食化积。

〔主治〕脾胃虚寒，饮食不化的消化不良症。症见嗳腐酸馊，泄泻臭秽，脘腹隐痛，喜温喜按，不思饮食。

〔服用方法〕将党参、陈皮和肉桂切成小碎块，并置入茶杯内，倒入刚沸的开水，盖严杯盖，约隔20至25分钟即可服用。徐徐饮用，边饮边加开水。每日上午和下午各饮一剂。

〔注意事项〕本药茶宜热饮。饮用期间，忌吃生冷及不易消化的食物，注意腹部保暖，避免着凉。

4. 麦楂青草化滞茶

〔组成〕麦芽5克，山楂5克，青皮5克，草果3克。

〔功效〕消食化滞。

〔主治〕饮食积滞的消化不良症。症见胸脘痞满，腹胀时痛，嗳腐吞酸，不思饮食。

〔服用方法〕将青皮、草果和山楂切成小碎块，与麦芽一起置入茶杯内，倒入刚沸的开水，盖严杯盖，约隔15至20分钟即可服用。徐徐饮用，边饮边加开水。每日上午和下午各饮一剂。

〔注意事项〕饮茶期间，应食清淡易消化的食物。

本药茶不宜长饮久服，中病即止，久服有耗气伤阴之弊。

5. 豆豉山楂开胃茶

〔组成〕淡豆豉5克，山楂10克。

〔功效〕开胃健脾。

〔主治〕脾虚食积的消化不良。症见不思饮食，嗳腐吞酸，脘腹胀满，大便溏泻。

〔服用方法〕将山楂切碎，与淡豆豉一起置入茶杯内，倒入刚沸的开水，盖严杯盖，约隔15至20分钟即可服用。徐徐饮用，边饮边加开水。每日上午和下午各泡服一剂。

〔注意事项〕饮茶期间，忌吃生冷和油腻食物，并注意饮食卫生。

6. 佛手行气消积茶

〔组成〕佛手5克，枳壳5克，陈皮5克，麦芽5克。

〔功效〕行气消积。

〔主治〕肝郁气滞，饮食积滞的消化不良。症见胃脘胀满，不思饮食，嗳腐吞酸。

〔服用方法〕将佛手、枳壳和陈皮切成小碎块，与麦芽一起置入茶杯内，倒入刚沸的开水，盖严杯盖，约隔10至15分钟即可服用。徐徐饮用，边饮边加开水。每日上午、下午和晚上睡前各泡服一剂。

〔注意事项〕饮茶期间，应食清淡易消化的食物。

本药茶行气之力较峻，宜中病即停药，不宜长期久服，久服有耗气之弊。

7. 谷神健脾开胃茶

〔组成〕谷芽5克，神曲5克，砂仁3克，白术5克，甘草3克。

〔功效〕开胃健脾，消食化积。

〔主治〕脾胃不足的消化不良。症见不思饮食，脘腹胀满，嗳腐吞酸，气短乏力，神疲倦怠。

〔服用方法〕将砂仁砸碎，将白术和甘草切成小碎块，与其他药一起置入茶杯内，倒入刚沸的开水，盖严杯盖，约隔10至15分钟即可服用。徐徐饮用，边饮边加开水。每日上午和下午各饮一剂。

〔**注意事项**〕饮茶期间，应食清淡易消化的食物。

8. 胡连健脾肥儿茶

〔**组成**〕胡黄连 3 克，党参 3 克，白术 3 克。

〔**功效**〕健脾益气，清热消疳。

〔**主治**〕湿滞中焦，脾土不运的小儿疳积。症见患儿不思饮食，毛发枯焦，面色萎黄。

〔**服用方法**〕将以上药物置入茶杯内，倒入刚沸的开水，盖严杯盖，约隔 15 至 20 分钟即可服用。徐徐饮用，边饮边加开水。每日泡服一剂。

〔**注意事项**〕饮用期间，应重视对患儿饮食营养的合理调配。

9. 枳术消积茶

〔**组成**〕枳实 5 克，白术 5 克。

〔**功效**〕健脾行气，消食化积。

〔**主治**〕脾虚气滞的食积证。症见心下痞满，饮食不消，不思饮食。

〔**服用方法**〕将枳实砸碎，将白术切成小碎块，同时置入茶杯内，倒入刚沸的开水，盖严杯盖，约隔 15 至 20 分钟即可服用。一剂泡一次，徐徐饮用。每日上午和下午各泡服一剂。

〔**注意事项**〕饮茶期间，忌吃生冷、油腻及坚硬和不易消化的食物。

10. 独味麦芽茶

〔**组成**〕麦牙 10 克。

〔**功效**〕消积和中，断乳回奶。

〔**主治**〕

（1）小儿乳食不节的乳积证。症见吐乳，不思乳食，泄泻乳块。

（2）妇女乳汁不收，乳汁不止，或无子食乳，乳房胀痛。

〔**服用方法**〕将麦芽置入茶杯内，倒入刚沸的开水，盖严杯盖，约隔 10 至 15 分钟即可服用。徐徐饮用，边饮边加开水。每日上午、下午和晚饭后各泡服一剂。

〔**注意事项**〕小儿饮用本药茶，可适量加点白糖以调其味。

11. 独味神曲回乳茶

〔**组成**〕神曲 10 克。

〔**功效**〕消食回乳。

〔**主治**〕妇女哺乳期断乳。

〔服用方法〕将神曲置于茶杯内，倒入刚沸的开水，盖严杯盖，约隔 10 分钟左右，用勺将药茶搅拌均匀，一次饮完。每日上午、下午和晚上睡前各饮一剂。

〔注意事项〕断乳期间，母亲应与婴儿分开，并注意保持乳头的清洁卫生。

12. 莱菔导滞止痢茶

〔组成〕莱菔子 5 克，白芍 5 克，木香 5 克，黄连 2 克。

〔功效〕清热燥湿，行气导滞。

〔主治〕湿热积滞的痢疾。症见下痢不止，里急后重，下痢赤白，腹痛肠鸣。

〔服用方法〕将白芍和木香切成小碎块，与其他药一起置入茶杯内，倒入刚沸的开水，盖严杯盖，约隔 15 至 20 分钟即可饮用。徐徐饮用，边饮边加开水。每日上午和下午各饮一剂。

〔注意事项〕饮茶期间，应食清淡易消化的食物，忌吃油腻食物。

本药茶不宜长饮久服，中病即止，久服有耗气之弊。

13. 楂曲白术消食茶

〔组成〕山楂 5 克，神曲 5 克，白术 5 克，甘草 3 克。

〔功效〕健脾消积导滞。

〔主治〕饮食不节的消化不良。症见脘腹胀满，嗳腐吞酸，不思饮食，腹痛拒按。

〔服用方法〕将山楂和白术切成小碎块，与其他药一起置入茶杯内，倒入刚沸的开水，盖严杯盖，约隔 15 至 20 分钟即可服用。徐徐饮用，边饮边加开水。每日上午、下午和晚上睡前各泡服一剂。

〔注意事项〕饮茶期间，注意控制食量，切忌暴饮暴食。此外，应注意保暖，避免着凉感冒。

14. 藿香消食止呕茶

〔组成〕藿香 5 克，神曲 5 克，麦芽 5 克，山楂 5 克，连翘 5 克。

〔功效〕宽中快气，消食导滞。

〔主治〕宿食积滞的呕吐。症见恶心呕吐，吐酸馊食物，臭秽难闻，苔黄腻。

〔服用方法〕将山楂切成小碎块，与其他药一起置入茶杯内，倒入刚沸的开水，盖严杯盖，约隔 10 至 15 分钟即可服用。徐徐饮用，边饮边加开水。每日上午和下午各饮一剂。

〔注意事项〕饮茶时，勿一次饮入过多，否则会加重胃的负担而致吐，饮用期间，忌食油腻食物。

补益剂

1. 二仁五味养心茶

〔组成〕柏子仁 3 克，酸枣仁 5 克，五味子 3 克，当归 5 克。

〔功效〕养心定智。

〔主治〕心血不足，血不养心的神经衰弱。症见惊悸、怔忡、虚烦不寐，梦多纷纭，容易惊醒。

〔服用方法〕将柏子仁、酸枣仁和五味子砸碎，将当归切成小碎块，同时置入茶杯内，倒入刚沸的开水，盖严杯盖，约隔 10 至 15 分钟即可服用。徐徐饮用，边饮边加开水。每晚睡觉前泡服一剂。

〔注意事项〕饮茶期间，忌抽烟、饮酒及吃辛辣食物。

2. 丁香巴苁温阳茶

〔组成〕丁香 1 克，小茴 3 克，巴戟天 5 克，肉苁蓉 5 克。

〔功效〕温肾助阳。

〔主治〕肾阳虚衰的性功能不全。症见腰膝酸软冷痛，肢冷畏寒，神疲乏力，男子阳萎早泄，女子阴冷情淡。

〔服用方法〕将丁香砸碎，将巴戟和苁蓉切成小碎块，与小茴一起置入茶杯内，倒入刚沸的开水，盖严杯盖，约隔 15 至 20 分钟即可服用。徐徐饮用，边饮边加开水。每日上午和晚上睡前各泡服一剂。

〔注意事项〕本药茶热饮更能发挥其药效。

饮用期间，应避免房事。

3. 人参麦味生脉茶

〔组成〕生晒参 2 克，麦冬 5 克，五味子 5 克。

〔功效〕益气敛阴固脱。

〔主治〕暑热之邪耗伤阴的气阴欲脱证。症见气短乏力，口干喜饮，汗出不止，舌红苔少，脉细数无力。

〔服用方法〕将生晒参切成小薄片，将五味子砸碎，与麦冬一起置入茶杯内，倒入刚沸的开水，盖严杯盖，约隔 15 至 20 分钟即可服用。徐徐饮用，边饮边加开水。每日上午和下午各泡服一剂。

〔注意事项〕饮茶期间，忌吃辛辣燥热的食物。

4. 人参养营茶

〔组成〕党参5克，白芍5克，远志5克，五味子5克，陈皮5克。

〔功效〕益气养血，宁神益智。

〔主治〕积劳虚损，气血两虚的惊悸健忘，气短乏力，面色无华，食少纳呆，失眠不寐，或梦多易醒。

〔服用方法〕将五味子砸碎，将其他药切成小碎块，同时置入茶杯内，倒入刚沸的开水，盖严杯盖，约隔15至20分钟即可服用。徐徐饮用，边饮边加开水。每日上午和晚上各泡服一剂。

〔注意事项〕饮茶期间，忌抽烟，应适当增加户外体育锻炼，避免过度的脑力劳动。

5. 人参胡桃养肺茶

〔组成〕党参5克，核桃仁5克。

〔功效〕益气养肺，纳气定喘。

〔主治〕肺肾两虚，肺气不降，肾气不纳的老年性支气管哮喘。症见哮喘多年，时好时发，喘促胸闷，面色萎黄，腰膝酸软。

〔服用方法〕将党参切成小碎块，将核桃仁砸碎，同时置入茶杯内，倒入刚沸的开水，盖严杯盖，约隔15至20分钟即可服用。一剂泡一次，徐徐饮用，最后将药渣嚼烂，同药茶送服。每日上午和晚上各泡服一剂。

〔注意事项〕饮用时，可将口鼻对着杯口深呼吸，让药液的蒸汽充分进入肺中，则能更好地发挥药效。

饮用期间，忌抽烟并应避免着凉感冒。

6. 人参熟地两仪茶

〔组成〕红参2克，熟地5克。

〔功效〕补气补血。

〔主治〕气血不足的各种虚劳证。症见气短乏力，神疲倦怠，头目昏花，面无血色，舌淡白，脉细弱。

〔服用方法〕将以上药物切成小碎块，并置入茶杯内，倒入刚沸的开水，盖严杯盖，约隔15至20分钟即可服用。一剂泡一次，徐徐饮用，最后可将药渣嚼烂，用药液送服。每日上午和下午各泡服一剂。

〔注意事项〕饮茶期间，宜多吃奶类、蛋类、豆制品类及瘦肉类和水产类等高蛋白食物。

7. 三子熟地驻景茶

〔组成〕菟丝子5克，枸杞子5克，车前子5克，熟地5克。

〔功效〕滋补肝肾，养睛明目。

〔主治〕肝肾不足，精血不养瞳仁的目昏目暗，视力减退，视物昏花。

〔服用方法〕将熟地切成小碎块，与其他药物一起置入茶杯内，倒入刚沸的开水，盖严杯盖，约隔15至20分钟即可服用。徐徐饮用，边饮边加开水。每日上午和下午各泡服一剂。

〔注意事项〕饮用期间，注意用眼卫生，不在昏暗光线下看书，少看电视，并宜多吃动物肝脏。

8. 大补元气独参茶

〔组成〕人参3克。

〔功效〕大补元气。

〔主治〕大病、久病、失血、误汗、误下等因素使元气虚极欲脱。症见气短乏力，神疲倦怠，动则出汗，汗出着凉，畏寒恶风，容易感冒，少言懒语，头晕目眩，面色㿠白，舌质淡嫩，脉弱。

〔服用方法〕将人参切成小薄片，置入茶杯内，倒入刚沸的开水，盖严杯盖，约隔15至20分钟即可服用。徐徐饮用，一剂泡一次，最后将药渣嚼烂，用药液送服。每日上午泡服一剂，严重者可下午加泡服一剂。

〔注意事项〕一般用生晒参，阳气偏弱者用红参，阴津偏亏者用西洋参。
如有凉寒感冒者，不宜用本药茶。

9. 大枣元肉养心茶

〔组成〕大枣3枚，桂元肉5克。

〔功效〕益气健脾，养血安神。

〔主治〕心血不足，心神失养的神经衰弱。症见失眠，健忘，心悸，怔忡，梦多，食少，头晕。

〔服用方法〕将大枣切碎去核，与桂元肉一起置入茶杯内，倒入刚沸的开水，盖严杯盖，约隔20分钟左右即可服用。一剂泡一次，徐徐饮用，最后将药渣嚼烂，用药茶送服。每日上午和晚上各泡服一剂。

〔注意事项〕饮茶期间，应适当增加体育锻炼，避免过度的脑力劳动，保持情绪稳定。

10. 小茴补肾暖腰茶

〔组成〕小茴香 3 克，巴戟 3 克，熟地 5 克，菟丝子 5 克，益智仁 3 克。

〔功效〕温阳散寒，补肾强腰。

〔主治〕肾虚寒滞的腰痛。症见腰膝酸软冷痛，转侧不便，得暖则减，阳萎不举，遗滑早泄，肢冷畏寒。

〔服用方法〕将巴戟和熟地切成小碎块，将益智仁砸碎，与其他药一起置入茶杯内，倒入刚沸的开水，盖严杯盖，约隔 15 至 20 分钟即可服用。徐徐饮用，边饮边加开水。每日上午和晚上睡前各泡服一剂。

〔注意事项〕本药茶热饮更能发挥其药效。

饮用期间忌房事。

11. 山药地萸滋肾茶

〔组成〕山药 5 克，熟地 5 克，山茱萸 5 克。

〔功效〕滋补肾阴。

〔主治〕肾阴亏虚所致的腰膝酸疼，萎软无力，耳鸣眼花，头晕，滑精遗精，或阳强易举，舌红，脉细。

〔服用方法〕将山药与熟地切成小碎块，与山茱萸一起置入茶杯内，倒入刚沸的开水，盖严杯盖，约隔 15 至 20 分钟即可服用。一剂泡一次，徐徐饮用，最后将药渣嚼烂，用药茶送服。每日上午和晚上各泡服一剂。

〔注意事项〕饮茶期间，应加强体育锻炼，避免过度劳累。

12. 山药健脾开胃茶

〔组成〕山药 5 克，白术 3 克，砂仁 3 克，木香 5 克。

〔功效〕健脾理胃。

〔主治〕脾胃虚弱，不运水谷的消化不良。症见脘腹胀满，饮食不香，大便溏薄，面色萎黄。

〔服用方法〕将砂仁砸碎，将其他药切成小碎块，同时置入茶杯内，倒入刚沸的开水，盖严杯盖，约隔 10 至 15 分钟即可服用。徐徐饮用，边饮边加开水。每日上午和下午各泡服一剂。

〔注意事项〕饮茶期间，忌吃生冷、油腻及坚硬不易消化的食物。

13. 山萸肉桂补肾茶

〔组成〕山茱萸 5 克，肉桂 3 克。

〔功效〕补肾温阳。

〔主治〕肾阳不足的阳痿。症见阴茎不举，或举而不坚，腰酸膝软，肢冷畏寒。

〔服用方法〕将肉桂切成小碎块，与山茱萸一起置入茶杯内，倒入刚沸的开水，盖严杯盖，约隔15至20分钟即可服用。徐徐饮用，边饮边加开水。每日上午和晚上各泡服一剂。

〔注意事项〕饮茶期间，应注意加强营养，宜多吃海鲜食物。

14. 山萸补益冲任茶

〔组成〕山茱萸5克，续断5克，熟地5克，当归5克。

〔功效〕补益冲任，固肾止崩。

〔主治〕肝肾不足，冲任虚损的崩漏证。症见月经过多，过期不止，绵绵不绝，腰腹酸痛，头晕神疲。

〔服用方法〕将续断、熟地和当归切成小碎块，与山茱萸一起置入茶杯内，倒入刚沸的开水，盖严杯盖，约隔15至20分钟即可服用。徐徐饮用，边饮边加开水。每日上午和下午各泡服一剂。

〔注意事项〕每次经行时开始饮用，经止后停饮，连续饮用3至6个周期。

15. 女贞沙菀明目茶

〔组成〕女贞子5克，沙菀蒺藜5克，菊花5克。

〔功效〕滋肾育肝，益精明目。

〔主治〕肝肾阴虚，眼目失养而致的视物昏花，模糊不清。

〔服用方法〕将女贞子砸碎，将沙菀蒺藜切碎，与菊花一起置入茶杯内，倒入刚沸的开水，盖严杯盖，约隔10至15分钟即可服用。徐徐饮用，边饮边加开水。每日上午和下午各泡服一剂。

〔注意事项〕饮茶期间，宜多吃动物肝脏。

16. 天地菊枳壳近视茶

〔组成〕天冬5克，生地5克，菊花5克，枳壳5克。

〔功效〕滋肝明目。

〔主治〕肝肾阴虚，血不养睛的近视眼。

〔服用方法〕将天冬、生地和枳壳切碎，与菊花一起置入茶杯内，倒入刚沸的开水，盖严杯盖，约隔10至15分钟即可服用。徐徐饮用，边饮边加开水。每日上午和晚上各泡服一剂。

〔注意事项〕饮茶期间，宜多吃动物肝脏。

17. 五子衍宗茶

〔组成〕枸杞子5克，菟丝子5克，覆盆子3克，五味子5克，车前子5克。

〔功效〕滋补肝肾。

〔主治〕肝肾阴虚的性功能失调症。症见遗精滑精，阳萎早泄，或举而不坚，头目昏花，腰酸乏力。

〔服用方法〕将覆盆子和五味子捣碎，与其他药一起置入茶杯内，倒入刚沸的开水，盖严杯盖，约隔15至20分钟即可服用。徐徐饮用，边饮边加开水。每晚睡觉前泡服一剂。

〔注意事项〕饮茶期间，注意节制房事。

18. 五加枸杞虚劳茶

〔组成〕五加皮5克，枸杞子5克。

〔功效〕益气添精，补虚扶劳。

〔主治〕脾肾不足的虚劳证。症见虚羸少气，倦怠懒言，精神不振，面色㿠白，食少神疲，舌淡白，脉细弱。

〔服用方法〕将五加皮切成小碎块，与枸杞子一起置入茶杯内，倒入刚沸的开水，盖严杯盖，约隔15至20分钟即可服用。徐徐饮用，边饮边加开水。每日上午和下午各泡服一剂。

〔注意事项〕饮茶期间，多吃高蛋白食物，如蛋类、奶类、瘦肉类和水产类食物。

19. 五加强筋起痿茶

〔组成〕五加皮5克，川牛膝5克，木瓜5克。

〔功效〕补肾添精，强筋起痿。

〔主治〕小儿肾阳不足，肾气不充所致的小儿行迟，到3至5岁仍不能行走。

〔服用方法〕将以上药物切成碎块，并置入茶杯内，倒入刚沸的开水，盖严杯盖，约隔15至20分钟即可服用。徐徐饮用，一剂泡一次。每日上午和下午各泡一剂。

〔注意事项〕饮茶期间，应注意患儿的饮食营养，多吃含高蛋白食物，如蛋类、奶类、瘦肉类、水产类和大豆制品等食物。

20. 五味枣仁补心茶

〔组成〕五味子5克，酸枣仁5克，丹参5克，生地5克。

〔**功效**〕补养心神。

〔**主治**〕阴亏血少，心神失养的神经衰弱。症见见悸，怔忡，失眠，健忘，梦多，易醒。

〔**服用方法**〕将五味子和酸枣仁砸碎，将其他的药切成小碎块，同时置入茶杯内，倒入刚沸的开水，盖严杯盖，约隔15至20分钟即可服用。徐徐饮用，边饮边加开水。每日上午和晚上各泡服一剂。

〔**注意事项**〕饮茶期间，应适当增加体育锻炼，避免过度的脑力劳动。

21. 五味熟地补肾茶

〔**组成**〕五味子5克，熟地黄5克，枸杞子5克。

〔**功效**〕补肾益精。

〔**主治**〕肾精不足的虚劳证。症见短气羸瘦，骨肉烦疼，腰背酸痛，遗精阳痿。

〔**服用方法**〕将五味子砸碎，将熟地黄切成小碎块，与枸杞子一起置入茶杯内，倒入刚沸的开水，盖严杯盖，约隔15至20分钟即可服用。徐徐饮用，边饮边加开水。每日上午和晚上各泡服一剂。

〔**注意事项**〕饮茶期间，多吃高蛋白含量的食物，如蛋类、奶类、瘦肉类和水产类等食物。

22. 牛膝归地起痿茶

〔**组成**〕牛膝5克，当归5克，熟地5克，黄柏3克。

〔**功效**〕补益肝肾，强筋起痿。

〔**主治**〕肝肾亏虚，精血不足，不养筋骨的痿证。症见两脚痿软无力，行走困难，腰脊酸软。

〔**服用方法**〕将以上药物切成小碎块，并置入茶杯内，倒入刚沸的开水，盖严杯盖，约隔15至20分钟即可服用。徐徐饮用，边饮边加开水。每日上午和晚上各泡服一剂。

〔**注意事项**〕饮茶期间，应加强营养，多吃奶类、蛋类、水产类等高蛋白食物。

23. 月华肺痨茶

〔**组成**〕百部5克，麦冬5克，山药5克，三七2克。

〔**功效**〕滋阴补肺止咳。

〔**主治**〕痨虫食肺的肺结核。症见咳嗽、胸痛、咯血、骨蒸潮热、消瘦、舌红、少苔、脉细。

〔**服用方法**〕将三七切为小碎末，将其他的药切为小碎块，同时置入茶杯内，倒入刚沸的开水，盖严杯盖，约隔15至20分钟即可服用。徐徐饮用，边饮边加开水。每日上午和下午各饮一剂。

〔注意事项〕饮茶时，可将口鼻对着杯口深呼吸，让药液的蒸汽充分地进入肺中，则能更有效地发挥药效。

本药茶治疗本病疗效慢，需长饮久服。

24. 丹枣补心茶

〔组成〕丹参5克，枣仁5克，生地5克，远志5克，麦冬5克。

〔功效〕养血补心，宁心安神。

〔主治〕阴虚生热，心神不安的神经衰弱。症见烦躁不安，心悸不眠，失眠多梦，神疲困倦。

〔服用方法〕将枣仁砸破，将其他药切成小碎块，同时置入茶杯内，倒入刚沸的开水，盖严杯盖，约隔10至15分钟即可服用。徐徐饮用，边饮边加开水。每日上午和晚上各泡服一剂。

〔注意事项〕饮茶期间，避免过度脑力劳动，适当增加体育锻炼，睡前不饮茶、咖啡等使人兴奋的食物。

25. 巴苁覆菟补肾茶

〔组成〕巴戟5克，苁蓉5克，覆盆子5克，菟丝子5克。

〔功效〕补肾助阳，固涩精液。

〔主治〕肾阳不足，精气不固的性功能不足。症见阳痿，早泄，遗精，滑精，女子阴冷不孕。

〔服用方法〕将巴戟和苁蓉切成小碎块，与其他药一起置入茶杯内，倒入刚沸的开水，盖严杯盖，约隔15至20分钟即可服用。徐徐饮用，边饮边加开水。每日上午和晚上各泡服一剂。

〔注意事项〕饮茶期间，忌吃生冷食物。

26. 巴仲金刚扶痿茶

〔组成〕巴戟天5克，杜仲5克，草　5克，肉苁蓉5克。

〔功效〕补肾益精，强筋壮骨。

〔主治〕肾阳不足，精血亏损，筋骨失养的痿证。症见双腿痿软无力，行步艰难，肌肉萎缩。

〔服用方法〕将以上药物切成小碎块，并置入茶杯内，倒入刚沸的开水，盖严杯盖，约隔15至20分钟即可服用。徐徐饮用，边饮边加开水。每日上午和下午各泡服一剂。

〔注意事项〕饮用期间，注意对下肢防寒保暖，避免受寒，同时宜多喝猪蹄汤。

27. 巴桂温肾摄尿茶

〔组成〕巴戟天5克，菟丝子5克，肉桂3克。

〔功效〕温肾摄尿。

〔主治〕下元虚寒的遗尿或尿频。症见小便清长频数，夜间遗尿，甚者失禁，腰膝酸软，肢冷畏寒。

〔服用方法〕将巴戟天和肉桂切成小碎片，与菟丝子一起置入茶杯内，倒入刚沸的开水，盖严杯盖，约隔15至20分钟即可服用。徐徐饮用，边饮边加开水。每日上午和晚上各泡服一剂。

〔注意事项〕饮茶期间，忌吃生冷食品，宜多吃动物肾脏。

28. 巴戟暖肾温宫茶

〔组成〕巴戟天5克，高良姜3克，肉桂3克，吴茱萸3克。

〔功效〕温肾阳，暖胞宫。

〔主治〕肾阳虚衰，胞宫寒盛的多种妇科病，如月经不调，带下，不孕，阴冷等。

〔服用方法〕对吴茱萸砸碎，将其他药切成小碎块，同时置入茶杯内，倒入刚沸的开水，盖严杯盖，约隔15至20分钟即可服用。徐徐饮用，边饮边加开水。每日上午和晚上各泡服一剂。

〔注意事项〕本药茶宜热饮。饮用期间，忌吃生冷食物，宜多吃羊肉、狗肉和动物肾脏等食物。

29. 甘麦大枣脏躁茶

〔组成〕甘草3克，小麦5克，大枣3枚。

〔功效〕补中缓急，养血安神。

〔主治〕心肝血虚，心神失养的神经官能症。症见喜怒不定，哭笑无常，惊悸怔种、失眠难寐。

〔服用方法〕将大枣切碎去核，与其他药一起并置入茶杯内，倒入刚沸的开水，盖严杯盖，约隔15至20分钟即可服用。徐徐饮用，边饮边加开水。每日上午和晚上各泡服一剂。

〔注意事项〕饮茶期间，应保证足够的休息，并适当增加体育锻炼，避免精神受到刺激。

30. 甘草沙参润肺蜜茶

〔组成〕甘草3克，沙参5克，蜂蜜适量。

〔功效〕润肺止咳。

〔主治〕燥邪伤肺，肺失宣降的咳嗽。症见干咳无痰，口干口渴，鼻唇干燥，舌红少苔。

〔服用方法〕将沙参和甘草切成小碎块，并置入茶杯内，倒入刚沸的开水，盖严杯盖，约隔20分钟左右即可服用。饮用时，先将蜂蜜溶入药液中，搅拌均匀后再徐徐咽下，一剂泡一次，每日上午和下午各泡服一剂。

〔注意事项〕饮茶期间，忌吃辛辣食物并注意保暖，避免着凉。

31. 术苓健脾开胃茶

〔组成〕白术5克，茯苓5克，山楂5克，砂仁3克。

〔功效〕健脾开胃。

〔主治〕脾胃虚弱的消化不良。症见脘腹胀满，不思饮食，食入反胀，大便溏泻。

〔服用方法〕将砂仁砸碎，将其他药切成小碎块，同时置入茶杯内，倒入刚沸的开水，盖严杯盖，约隔10至15分钟即可服用。徐徐饮用，边饮边加开水。每日上午和下午各泡服一剂。

〔注意事项〕饮茶期间，忌吃生、冷、硬及油腻等不易消化的食物。

32. 术楂姜枣温脾茶

〔组成〕白术5克，山楂5克，干姜3克，大枣3枚。

〔功效〕温中健脾，燥湿止泻。

〔主治〕脾胃虚寒，寒湿中阻的胃肠功能失调证。症见脘腹冷痛，饮食减少，长期便溏泻泄，面色萎黄。

〔服用方法〕将大枣切碎去核，将其他药切成小碎块，同时置入茶杯内，倒入刚沸的开水，盖严杯盖，约隔15至20分钟即可服用。徐徐饮用，边饮边加开水。每日上午和下午各泡服一剂。

〔注意事项〕饮茶期间，忌吃生、冷、硬及油腻等不易消化的食物。

33. 石斛川贝养肺茶

〔组成〕石斛5克，川贝母3克，沙参5克。

〔功效〕润肺止咳。

〔主治〕肺阴耗伤，肺气上逆的咳喘证。症见咳嗽喘逆，日久不愈，干咳无痰，舌光无苔，脉细。

〔服用方法〕将川贝母砸碎，将沙参切成小碎块，与石斛一起置入茶杯内，倒入刚沸的开水，盖严杯盖，约隔 15 至 20 分钟即可服用。徐徐饮用，边饮边加开水。每日上午和下午各泡服一剂。

〔注意事项〕饮用时，可将口鼻对着杯口深呼吸，让药液的蒸汽进入肺内以润泽肺组织，则能更有利于康复。

饮用期间，忌抽烟和吃辛辣食物。

34. 石斛明目茶

〔组成〕石斛 5 克，枸杞 5 克，生地 5 克，菊花 5 克。

〔功效〕滋肝明目。

〔主治〕肝肾阴虚，眼目失养所致视物昏花，目暗瞳散，头晕神疲。

〔服用方法〕将生地切成小碎块，与其他药一起置入茶杯内，倒入刚沸的开水，盖严杯盖，约隔 15 至 20 分钟即可服用。徐徐饮用，边饮边加开水。每日上午和下午各泡服一剂。

〔注意事项〕饮茶期间，宜多吃动物肝脏。

35. 石斛保津退热茶

〔组成〕石斛 5 克，麦冬 5 克，连翘 5 克，桑叶 3 克，茉莉花茶 1 克。

〔功效〕养阴生津，疏风退热。

〔主治〕热病后期，热邪伤阴，阴津耗伤，余热未清的口燥烦渴，低热不退，舌红少苔。

〔服用方法〕将以上药物置入茶杯内，倒入刚沸的开水，盖严杯盖，约隔 10 至 15 分钟即可服用。徐徐饮用，边饮边加开水。每日上午和下午各泡服一剂。

〔注意事项〕本药茶宜凉饮。饮用期间，忌吃辛辣燥火的食物。

36. 石斛清胃养阴茶

〔组成〕石斛 5 克，藿香 5 克，陈皮 5 克。

〔功效〕滋阴养胃，和胃止呕。

〔主治〕邪热壅胃，胃阳不足，胃气上逆的胃炎。症见恶心呕吐，或呕酸苦水，口干思饮。

〔服用方法〕将以上药物置入茶杯内，倒入刚沸的开水，盖严杯盖，约隔10至15分钟即可服用。徐徐饮用，边饮边加开水。每日上午和下午各泡服一剂。

〔注意事项〕饮茶时，应少量徐徐咽下，否则会加重胃的负担而致吐。

饮用期间，忌吃生、冷、硬、辛辣及油腻的食物。

37. 龙眼大枣养血茶

〔组成〕龙眼肉3克，大枣3枚。

〔功效〕健脾养心，化源生血。

〔主治〕脾虚不生血，心弱不主血的贫血病。症见面色㿠白，心悸怔忡，头晕眼花，神疲气短，失眠不寐，或梦多易醒。

〔服用方法〕将大枣切碎去核，与龙眼肉一起置入茶杯内，倒入刚沸的开水，盖严杯盖，约隔15至20分钟即可服用。一剂泡一次，徐徐饮用，最后将药渣嚼烂，用药茶送服。

〔注意事项〕饮茶期间，应加强营养，多吃高蛋白食物，注意休息并适当加强体育锻炼，但要避免过度劳累。

38. 龙眼洋参糖茶

〔组成〕龙眼肉3克，西洋参1克，冰糖适量。

〔功效〕补心益脾。

〔主治〕产后、大病之后、老年体衰使气血虚弱，心脾失养的心悸，气短，口干，乏力，神疲，易感冒等。

〔服用方法〕将西洋参切成小碎块，与其他药一起置入茶杯内，倒入刚沸的开水，盖严杯盖，约隔20分钟左右即可服用。饮用时，先用汤匙搅拌药液，使冰糖完全溶化后再徐徐饮用，最后将药渣嚼烂，用药茶送服。每日上午和晚上各泡服一剂。

〔注意事项〕饮茶期间，应保证足够的休息，并适当加强体育锻炼，但应避免过度疲劳。

39. 归地参药增经茶

〔组成〕当归5克，熟地5克，党参5克，山药5克。

〔功效〕益气滋肾，养血调经。

〔主治〕肾气不足，经血亏虚的经行量少。症见每次月经一来即净，经色清淡，腰腹酸软。

〔服用方法〕将以上药物切成小碎块，并置入茶杯内，倒入刚沸的开水，盖严杯盖，约隔 10 至 15 分钟即可服用。徐徐饮用，边饮边加开水。每日上午和下午各泡服一剂。

〔注意事项〕每次行经前三天开始饮用，经行第二天即可停药，连续饮用 3 至 6 个周期。

饮用期间，注意加强营养，多吃高蛋白食物。

40. 归芪血虚发热茶

〔组成〕当归 5 克，黄芪 5 克。

〔功效〕补气生血。

〔主治〕久病、产后或大失血后所致血亏气衰而产生的发热，汗出，气短，神疲，懒言，头晕，面白，脉虚弱。

〔服用方法〕将以上药物切成小碎块，并置入茶杯内，倒入刚沸的开水，盖严杯盖，约隔 15 至 20 分钟即可服用。徐徐饮用，边饮边加开水。每日上午和晚上各泡服一剂。

〔注意事项〕饮茶期间，注意加强营养，多吃奶类、蛋类、瘦肉类和水产类等高蛋白食物。

41. 归肾通经茶

〔组成〕当归 5 克，熟地 5 克，枸杞 5 克，杜仲 5 克。

〔功效〕补养冲任，滋肾通经。

〔主治〕肝肾不足，冲任空虚，无血行经的闭经。症见月经数月不行，头晕眼花，腰膝酸软。

〔服用方法〕将当归、熟地和杜仲切成小碎块，与枸杞一起置入茶杯内，倒入刚沸的开水，盖严杯盖，约隔 15 至 20 分钟即可服用。徐徐饮用，边饮边加开水。每日上午和下午各泡服一剂。

〔注意事项〕每次在行经前七天开始饮用本药茶，经行后即停药，连续饮用 3 至 6 个周期。

饮用期间，注意加强营养，多吃高蛋白食物。

42. 归续产后腹痛茶

〔组成〕当归 5 克，续断 5 克。

〔功效〕养血益宫。

〔主治〕产后失血，胞宫失养而致的产后腹痛。症见少腹空痛，喜温喜按，腰膝酸软，头晕眼花。

〔服用方法〕将以上药物切成小碎块，并置入茶杯内，倒入刚沸的开水，盖严杯盖，约隔15至20分钟即可服用。徐徐饮用，边饮边加开水。每日上午和下午各泡服一剂。

〔注意事项〕本药茶宜热饮。饮用期间，注意加强营养，避免着凉感冒。

43. 四君益气茶

〔组成〕党参5克，白术5克，茯苓5克，甘草2克。

〔功效〕补中益气。

〔主治〕脾胃气虚的虚劳证。症见倦怠乏力，面黄体瘦，不思饮食，气短脉微。

〔服用方法〕将以上药物切成小碎块，并置入茶杯内，倒入刚沸的开水，盖严杯盖，约隔15至20分钟即可服用。徐徐饮用，边饮边加开水。每日上午和下午各泡服一剂。

〔注意事项〕饮茶期间，应保证足够的休息，适当增加体育锻炼并忌吃生冷食物。

44. 四物补血茶

〔组成〕当归5克，熟地5克，白芍5克，川芎3克。

〔功效〕补血养血。

〔主治〕

（1）营血亏虚的贫血症。症见面色㿠白，唇爪无华，头昏眼花，神疲倦怠，舌白，脉细。

（2）肝血不足，不养冲任的月经不调。症见月经延后，经血清淡，经量稀少。

〔服用方法〕将以上药物切成小碎块，并置入茶杯内，然后倒入刚沸的开水，盖严杯盖，约隔15至20分钟即可服用。徐徐饮用，边饮边加开水。每日上午和下午各泡服一剂。

〔注意事项〕饮茶期间，应加强营养，多吃奶类、蛋类、大豆制品类、瘦肉类和水产类等高蛋白食物。

45. 四神五更泄泻茶

〔组成〕吴茱萸2克，肉豆蔻2克，补骨脂3克，五味子5克。

〔功效〕补肾暖肝，健脾止泻。

〔主治〕肝肾虚寒，脾虚不运的五更泻。症见每日清晨黎明时腹泻腹痛，泻后痛止。

〔服用方法〕将以上药物砸碎，同时置入茶杯内，倒入刚沸的开水，盖严杯盖，约隔 15 至 20 分钟即可服用。徐徐饮用，边饮边加开水。每日上午和晚上睡前各泡服一剂。

〔注意事项〕本药茶热饮更能发挥其药效。

饮用期间，忌吃生冷饮食。

46. 白芍甘草缓急茶

〔组成〕白芍 5 克，甘草 5 克。

〔功效〕缓急止痛。

〔主治〕肠胃气滞，筋脉不利的肠痉挛腹痛。症见腹痛突然发作，疼痛难忍，甚者肢冷汗出。

〔服用方法〕将以上药物切成小碎块，并置入茶杯内，倒入刚沸的开水，盖严杯盖，约隔 15 至 20 分钟即可服用。徐徐饮用，边饮边加开水。每次疼痛发作即可服用。

〔注意事项〕本药茶宜热饮。饮用时，可以热敷腹部。

47. 白薇参归虚热茶

〔组成〕白薇 5 克，党参 5 克，当归 5 克。

〔功效〕补气血，退虚热。

〔主治〕产后或大病大失血后的虚热证。症见低热不退，夜热早凉，心中烦乱。

〔服用方法〕将以上药物切成小碎块，并置入茶杯内，倒入刚沸的开水，盖严杯盖，约隔 15 至 20 分钟即可服用。徐徐饮用，边饮边加开水。每日上午和下午各泡服一剂。

〔注意事项〕饮茶期间，应注意加强营养，并注意保暖，避免着凉感冒。

48. 立安强筋健骨茶

〔组成〕草　5 克，川续断 5 克，牛膝 5 克，木瓜 5 克，杜仲 3 克。

〔功效〕强筋健骨，除湿通络。

〔主治〕肝肾不足，风寒湿邪侵袭经络的痹证。症见腰膝酸软疼痛，四肢关节屈伸不利，全身游走疼痛。

〔服用方法〕将以上药物切成小碎块，置入茶杯内，倒入刚沸的开水，盖严杯盖，约隔 20 至 25 分钟即可服用。徐徐饮用，边饮边加开水。每日上午和晚上各泡服一剂。

〔注意事项〕饮茶期间，应注意防寒保暖，尽量避免接触冷水。

49. 芍地滋肝小营茶

〔组成〕白芍5克，熟地5克，当归5克，枸杞5克。

〔功效〕滋肝养血。

〔主治〕心肝阴血不足的贫血和低血压。症见头昏眼花，神疲肢软，心悸怔忡，面色无华。

〔服用方法〕将白芍、熟地和当归切成小碎块，与枸杞一起置入茶杯内，倒入刚沸的开水，盖严杯盖，约隔15至20分钟即可服用。徐徐饮用，边饮边加开水。每日上午和下午各泡服一剂。

〔注意事项〕饮茶期间，应加强营养，多吃奶类、蛋类、瘦肉类和水产类等高蛋白食物，应保证足够的休息，适当加强体育锻炼。

50. 百合生金蜜茶

〔组成〕百合5克，生地5克，川贝母2克，桔梗5克，蜂蜜适量。

〔功效〕养阴固肺。

〔主治〕肺阴耗伤的肺结核。症见久咳不止，痰中带血或咯血，骨蒸潮热。

〔服用方法〕将川贝砸碎，将百合、生地和桔梗切成小碎块，同时置入茶杯内，倒入刚沸的开水，盖严杯盖，约隔20分钟左右即可服用。饮用时，先将蜂蜜溶入药液中，搅拌均匀后再徐徐饮用。一剂泡一次，每日上午和晚上各泡服一剂。

〔注意事项〕饮用时，可将口鼻对着杯口深呼吸，让药液的蒸汽进入肺中，以润泽肺组织。

饮用期间，忌抽烟、饮酒及吃辛辣食物。

51. 百合固金茶

〔组成〕百合5克，玄参5克，川贝3克，生地5克。

〔功效〕养阴润肺，化痰止咳。

〔主治〕阴虚肺燥所致的咳嗽证。症见干咳无痰，或痰少而粘，难以咯出，久咳不愈。

〔服用方法〕将川贝砸碎，将其余的药切为小碎块，同时置入茶杯内，倒入刚沸的开水，盖严杯盖，约隔20分钟左右即可服用。徐徐饮用，边饮边加开水，直至药味清淡。每日上午和下午各饮一剂。

〔**注意事项**〕饮茶期间，忌食辛辣燥火的食物。

52. 羊藿杞地补肾茶

〔**组成**〕淫羊藿 5 克，枸杞 5 克，熟地 5 克。

〔**功效**〕补肾壮阳，益精固冲。

〔**主治**〕

（1）男子肾阳虚衰的阳痿不举，举而不坚，精少不育。

（2）女子冲任虚损的宫冷不孕，性欲淡泊，神疲乏力。

〔**服用方法**〕将熟地切成小碎块，与其他药一起置入茶杯内，倒入刚沸的开水，盖严杯盖，约隔 15 至 20 分钟即可服用。徐徐饮用，边饮边加开水。每日上午和晚上各泡服一剂。

〔**注意事项**〕饮茶期间，宜多吃动物的内脏，特别是肾脏。

53. 麦地养阴糖茶

〔**组成**〕麦冬 5 克，生地 5 克，冰糖适量。

〔**功效**〕清热养阴。

〔**主治**〕暑热或热病耗伤胃阴所致的口干口渴，引饮无度。小便清长，心中烦热。

〔**服用方法**〕将麦冬和生地切成小碎块，与冰糖一起置入茶杯内，倒入刚沸的开水，盖严杯盖，约隔 15 至 20 分钟即可服用。饮用时，先用汤匙搅拌药液，使冰糖完全溶解后再徐徐饮用。一剂泡一次，每日上午和下午各泡服一剂。

〔**注意事项**〕本药茶宜凉饮。

54. 芪术健脾益气茶

〔**组成**〕黄芪 5 克，白术 5 克，绿茶 1 克。

〔**功效**〕益气健脾。

〔**主治**〕脾胃气虚，中州失运的虚劳证。症见面色萎黄，气短乏力，神疲懒言，大便清溏，背心恶寒，容易感冒。

〔**服用方法**〕将黄芪和白术切成小碎块，与绿茶一起置入茶杯内，倒入刚沸的开水，盖严杯盖，约隔 15 至 20 分钟即可服用。徐徐饮用，边饮边加开水。每日上午和下午各泡服一剂。

〔**注意事项**〕饮茶期间，应保证足够的休息，适当增加体育锻炼，避免过度的脑力劳动。

55. 苁蓉益精还少茶

〔组成〕肉苁蓉5克，枸杞子5克，五味子5克，巴戟5克。

〔功效〕滋肾壮阳，益精养血。

〔主治〕肾阳不足，精血亏损的阳痿，早泄，遗精，滑精，精败，白浊等。

〔服用方法〕将五味子砸碎，将肉苁蓉和巴戟切成小碎块，与枸杞子一起置入茶杯内，倒入刚沸的开水，盖严杯盖，约隔15至20分钟即可服用。徐徐饮用，边饮边加开水。每日上午和晚上各泡服一剂。

〔注意事项〕饮茶期间，宜多吃动物内脏，特别是动物肾脏。

56. 苍术芝麻目障茶

〔组成〕苍术5克，黑芝麻10克。

〔功效〕燥湿升清明目。

〔主治〕寒湿中阻，清阳不升的老年性白内障。症见视物模糊，老眼昏花，如雾遮盖。

〔服用方法〕将苍术切成小碎块，与芝麻一起置入茶杯内，倒入刚沸的开水，盖严杯盖，约隔15至20分钟即可服用。徐徐饮用，边饮边加开水。每日上午和下午各饮一剂。

〔注意事项〕饮茶期间，每天早晚洗脸时，用热水热敷眼部10分钟左右。本药茶疗效较慢，需长饮久服。

57. 芡实枣肉健脾茶

〔组成〕芡实5克，大枣5枚，党参5克，白术5克。

〔功效〕健脾益气。

〔主治〕脾气虚弱，运化失司的消化不良或贫血症。症见大便清溏，不思饮食，面色萎黄，神疲头晕，气短懒言，脉弱。

〔服用方法〕将芡实砸碎，将大枣切碎去核，将其他药切成小碎块，同时置入茶杯内，倒入刚沸的开水，盖严杯盖，约隔15至20分钟即可服用。徐徐饮用，边饮边加开水。每日上午和下午各泡服一剂。

〔注意事项〕饮茶期间，忌吃生冷和油腻食物。

58. 芡实固精茶

〔组成〕芡实5克，莲须3克，沙菀子5克。

〔**功效**〕涩精止遗。

〔**主治**〕肾气不足，不摄精液的遗精、滑精、早泄、腰膝酸软，神疲乏力。

〔**服用方法**〕将芡实和沙菀子捣烂，与莲须一起置入茶杯内，倒入刚沸的开水，盖严杯盖，约隔 15 至 20 分钟即可服用。徐徐饮用，边饮边加开水。每日上午和下午各泡服一剂。

〔**注意事项**〕饮茶期间，宜多吃动物肾脏。

59. 杜仲补肾强腰茶

〔**组成**〕杜仲 5 克，木香 5 克，八角茴香 5 克。

〔**功效**〕温肾阳，强腰脊。

〔**主治**〕肾阳亏损，寒湿凝滞所致的腰痛。症见腰脊酸痛，俯仰不能，腿软无力，屈伸艰难。

〔**服用方法**〕将八角茴香砸碎，将杜仲和木香切成小碎块，同时置入茶杯内，倒入刚沸的开水，盖严杯盖，约隔 15 至 20 分钟即可服用。徐徐饮用，边饮边加开水。每日上午和下午各泡服一剂。

〔**注意事项**〕饮茶期间，应注意保暖，避免着凉受寒。

60. 杜仲枣肉保胎茶

〔**组成**〕杜仲 5 克，大枣 5 枚。

〔**功效**〕补肾健脾，益气安胎。

〔**主治**〕脾肾不足，精气不养胞胎的胎动不安，动红见血，腰腹酸痛，食少乏力。

〔**服用方法**〕将大枣切碎去核，将杜仲切成小碎块，同时置入茶杯内，倒入刚沸的开水，盖严杯盖，约隔 15 至 20 分钟即可服用。徐徐饮用，边饮边加开水。每日上午和下午各泡服一剂。

〔**注意事项**〕饮茶期间，应保证足够的休息，避免过度劳累和从事体力劳动，并加强营养。

61. 杜仲益精茶

〔**组成**〕杜仲 5 克，山茱萸 5 克，五味子 5 克，枸杞子 5 克。

〔**功效**〕补肾益精。

〔**主治**〕肾阳不足，精血亏损而致的阳痿、早泄，遗精，滑精，小便频数。

〔**服用方法**〕将五味子砸碎，将杜仲切碎，与其他药一起置入茶杯内，倒入刚沸的开水，盖严杯盖，约隔15至20分钟即可服用。徐徐饮用，边饮边加开水。每日上午和下午各泡服一剂。

〔注意事项〕饮茶期间，宜多吃动物内脏，特别是动物肾脏。

62. 杞地四神云翳茶

〔组成〕枸杞5克，熟地5克，白术3克，茯苓5克。

〔功效〕滋肝明目，健脾益气。

〔主治〕脾气不足，肾阴亏虚，精气不养眼目的老年性白内障。

〔服用方法〕将熟地、白术和茯苓切成小碎块，与枸杞一起置入茶杯内，倒入刚沸的开水，盖严杯盖，约隔15至20分钟即可服用。徐徐饮用，边饮边加开水。每日上午和下午各泡服一剂。

〔注意事项〕饮茶期间，宜多吃动物肝脏，忌用冷水洗脸。
本药茶疗效较慢，宜长饮久服。

63. 杞菊明目茶

〔组成〕枸杞5克，杭菊花5克。

〔功效〕滋肝明目。

〔主治〕肝血不足，血不养睛的眼目昏花，视物模糊，头晕神疲，腰脊酸软。

〔服用方法〕将以上药物置入茶杯内，倒入刚沸的开水，盖严杯盖，约隔10至15分钟即可服用。徐徐饮用，边饮边加开水。每日上午和下午各泡服一剂。

〔注意事项〕饮茶期间，宜多吃动物肝脏。

64. 旱莲女贞乌发蜜茶

〔组成〕旱莲草5克，女贞子5克，蜂蜜适量。

〔功效〕滋补肝肾，乌须黑发。

〔主治〕肝肾阴亏，精血不足的虚劳证。症见腰酸耳鸣，头昏目眩，须发早白。

〔服用方法〕将女贞子砸碎，与旱莲草一起置入茶杯内，倒入刚沸的开水，盖严杯盖，约隔15分钟左右即可服用。饮用时，先将蜂蜜溶入药液内，搅拌均匀后，再饮用。一剂泡一次，一次饮完。每日上午和晚上各泡服一剂。

〔注意事项〕饮茶期间，宜多吃黑色食物，如黑豆、黑芝麻、黑木耳等。

65. 沙参天冬肺痨茶

〔组成〕沙参5克，天冬5克，百部5克，川贝母2克，阿胶5克。

〔功效〕滋阴润肺。

〔主治〕肺肾阴虚，灼伤血络的肺结核。症见久咳不止，痰中带血，五心潮热，人体消瘦，胸中作痛。

〔服用方法〕将川贝母砸碎，将沙参、天冬和百部切成小碎块，与阿胶一起置入茶杯内，倒入刚沸的开水，盖严杯盖，约隔15至20分钟即可服用。饮用时，先用汤匙搅拌药液，使阿胶完全溶化后再徐徐饮用。一剂泡一次，每日上午和晚上各泡服一剂。

〔注意事项〕饮茶时，可将口鼻对着杯口深呼吸，让药液的蒸汽充分进入肺内，则能更有效地发挥药效。

饮用期间，忌抽烟、饮酒及吃辛辣食物。

66. 补肺资生茶

〔组成〕山药5克，白术5克，玄参5克，牛蒡子5克。

〔功效〕补肺，化痰，止咳。

〔主治〕肺气不足，肺气不降的支气管炎。症见久咳不止，痰液稀少，气短气促。

〔服用方法〕将牛蒡子砸碎，将其他药切成小碎块，同时置入茶杯内，倒入刚沸的开水，盖严杯盖，约隔15至20分钟即可服用。徐徐饮用，边饮边加开水。每日上午和下午各泡服一剂。

〔注意事项〕饮茶时，可将口鼻对着杯口深呼吸，让药液的蒸汽充分进入肺中，则能更好地发挥药效。

67. 补骨助阳茶

〔组成〕补骨脂3克，菟丝子5克，核桃仁5克，小茴香3克。

〔功效〕补肾益精。

〔主治〕肾阳不足，下元虚损所致的阳痿，遗精，早泄、尿频，腰酸，肢冷。

〔服用方法〕将补骨脂、菟丝子和核桃仁捣烂，与小茴香一起置入茶杯内，倒入刚沸的开水，盖严杯盖，约隔15至20分钟即可服用。徐徐饮用，边饮边加开水。每日上午和晚上各泡服一剂。

〔注意事项〕饮茶期间，宜多吃动物内脏，特别是动物肾脏。

大便结燥者，不宜用本药茶。

68. 补骨青娥强腰茶

〔组成〕补骨脂3克，杜仲5克，核桃仁5克，大蒜2瓣。

〔功效〕温肾助阳。

〔主治〕肾阳不足，寒湿侵袭，气血瘀滞所致的腰痛如折，俯仰艰难，转侧不便。

〔服用方法〕将杜仲切成小碎块，将其他药捣烂，同时置入茶杯内，倒入刚沸的开水，盖严杯盖，约隔 15 至 20 分钟即可服用。徐徐饮用，边饮边加开水。每日上午和晚上各泡服一剂。

〔注意事项〕饮茶期间，应注意保暖，避免腰部受凉感冒。

大便结燥者，忌用本药茶。

69. 补骨姜枣止泻茶

〔组成〕补骨脂 3 克，生姜 5 克，大枣 5 枚。

〔功效〕补肾健脾。

〔主治〕肾阳不足，脾土失温的慢性肠炎。症见每日临晨泄泻，不思饮食，肢冷畏寒，肚腹隐痛。

〔服用方法〕将补骨脂和生姜捣烂，将大枣切碎去核，同时置入茶杯内，倒入刚沸的开水，盖严杯盖，约隔 15 至 20 分钟即可服用。徐徐饮用，边饮边加开水。每日上午和晚上各泡服一剂。

〔注意事项〕饮茶期间，忌吃生、冷、硬及油腻的食物。

大便干结者不宜用本药茶。

70. 枣仁养阴盗汗茶

〔组成〕酸枣仁 5 枚，五味子 5 克，山茱萸 5 克，糯稻根 5 克。

〔功效〕敛阴涩汗。

〔主治〕肝肾阴虚，阴液外泄所致的盗汗。症见夜晚睡熟后大汗淋漓，口干口渴，舌红少苔。脉细数。

〔服用方法〕将酸枣仁、五味子和山茱萸砸碎，与糯稻根一起置入茶杯内，倒入刚沸的开水，盖严杯盖，约隔 15 至 20 分钟即可服用。徐徐饮用，边饮边加开水。每日上午和晚上睡前各泡服一剂。

〔注意事项〕饮茶期间，应增加户外活动。

本药茶味酸涩，如有感冒，不可服用，否则有闭门留寇之患。

71. 知柏二地癃闭茶

〔组成〕知母 5 克，黄柏 3 克，熟地 5 克，生地 5 克。

〔功效〕滋阴泻火，开通肾窍。

〔主治〕肾水亏涸，下窍不通的前列腺肥大。症见小便点滴难下，甚者癃闭不通，下腹坠胀。

〔服用方法〕将以上药物切成小碎块，并置入茶杯内，倒入刚沸的开水，盖严杯盖，约隔15至20分钟即可饮用。徐徐饮用，边饮边加开水。每日上午和晚上各泡服一剂。

〔注意事项〕饮茶期间，宜多吃花粉制品和动物肾脏。

72. 知蒌参冬养肺茶

〔组成〕知母5克，瓜蒌5克，沙参5克，麦冬5克。

〔功效〕清热化痰，养阴补肺。

〔主治〕肺阴亏虚，燥热伤肺的咳嗽。症见咽痒而咳，干咳无痰，或痰少不利，口干唇燥。

〔服用方法〕将以上药物切成小碎块，并置入茶杯内，倒入刚沸的开水，盖严杯盖，约隔15至20分钟即可服用。徐徐饮用，边饮边加开水。每日上午和下午各泡服一剂。

〔注意事项〕饮用时，可将口鼻对着杯口深呼吸，让药液的蒸汽充分进入肺中，以润泽肺组织。

73. 狗脊补肾固气茶

〔组成〕狗脊5克，远志5克，当归5克，茯神5克。

〔功效〕补肾固气，养血安神。

〔主治〕肾气不固，心肾不交的遗精，滑精，遗尿，尿频，筋骨软弱。

〔服用方法〕将以上药物切成小碎块，并置入茶杯内，倒入刚沸的开水，盖严杯盖，约隔15至20分钟即可服用。徐徐饮用，边饮边加开水。每日上午和晚上各泡服一剂。

〔注意事项〕饮茶期间，应注意腰部的防寒保暖，忌房事。

74. 狗脊肾虚腰痛茶

〔组成〕狗脊5克，杜仲5克，独活5克，草　5克。

〔功效〕补肾强腰，除湿止痛。

〔主治〕肾气不足，寒湿侵犯腰府的腰痛。症见腰部酸软疼痛，遇冷则甚，得暖则舒，俯仰不利，步履不稳。

〔服用方法〕将以上药物切成小碎块，置入茶杯内，倒入刚沸的开水，盖严杯盖，约隔 15 至 20 分钟即可服用。徐徐饮用，边饮边加开水。每日上午和下午各泡服一剂。

〔注意事项〕饮茶期间，应注意腰部的防寒保暖，进行适当的体育锻炼，但应避免过度疲劳。

75. 前仁地黄退翳茶

〔组成〕车前子 5 克，熟地 5 克，菟丝子 5 克，石菖蒲 5 克。

〔功效〕补肾退翳。

〔主治〕肝肾不足，目失濡养的老年性白内障。症见眼目昏暗，视物模糊。

〔服用方法〕将熟地和石菖蒲切成小碎块，与其他药一起置入茶杯内，倒入刚沸的开水，盖严杯盖，约隔 15 至 20 分钟即可服用。徐徐饮用，边饮边加开水。每日上午和下午各泡服一剂。

〔注意事项〕饮茶时，可将患眼置于杯口上，让药液的蒸汽熏蒸患眼，这样有利于患眼的康复。

76. 参归双补茶

〔组成〕党参 5 克，当归 5 克。

〔功效〕补气补血。

〔主治〕气血不足的贫血或低血压病。症见气短懒言，神疲倦怠，头晕眼花，面色无华，容易感冒，脉细弱。

〔服用方法〕将以上药物切成小碎块，并置入茶杯内，倒入刚沸的开水，盖严杯盖，约隔 15 至 20 分钟即可服用。徐徐饮用，边饮边加开水。每日上午和下午各泡服一剂。

〔注意事项〕饮茶期间，应注意加强营养，多吃奶类、蛋类、大豆制品、瘦肉和水产等高蛋白食物。

77. 参芪补气茶

〔组成〕党参 5 克，黄芪 5 克，绿茶 1 克。

〔功效〕补气升阳。

〔主治〕中气不足，脾胃虚衰的虚劳证。症见气短乏力，神疲倦怠，食少纳呆，面色无华，头晕目眩，舌质淡白，脉弱。

〔服用方法〕将党参和黄芪切成小碎块，与绿茶一起置入茶杯内，倒入刚沸的开水，盖严杯盖，约隔 15 至 20 分钟即可服用。徐徐饮用，边饮边加开水。每日上午泡服一剂。

〔注意事项〕饮茶期间应保证足够的休息，适当增加体育锻炼并避免过度的脑力劳动。

78. 参芪固本止崩茶

〔组成〕党参 5 克，黄芪 5 克，炮姜 3 克，当归 5 克。

〔功效〕补气摄血。

〔主治〕气虚下陷，冲任不固的崩漏。症见月经量多，长期不净，少腹隐痛，血色清淡如水，气短神疲，脉弱无力。

〔服用方法〕将以上药物切成小碎块，并置入茶杯内，倒入刚沸的开水，盖严杯盖，约隔 15 至 20 分钟即可服用。徐徐饮用，边饮边加开水。每日上午和下午各泡服一剂。

〔注意事项〕每次行经后第二天开始饮用本药茶，干净后即停药，连续饮用 3 至 6 个周期。

本药茶宜热饮。饮用期间，忌吃生冷食物。

79. 参苓白术健脾茶

〔组成〕党参 5 克，茯苓 5 克，白术 5 克，陈皮 5 克。

〔功效〕健脾益气，运湿止泻。

〔主治〕脾气虚弱，不运水湿的胃肠功能紊乱症。症见大便清溏，面色萎黄，气短乏力，不思饮食。

〔服用方法〕将以上药物切成小碎块，并置入茶杯内，倒入刚沸的开水，盖严杯盖，约隔 15 至 20 分钟即可服用。徐徐饮用，边饮边加开水。每日上午和下午各泡服一剂。

〔注意事项〕饮茶期间，忌吃生冷和油腻的食物。

80. 参枣健脾茶

〔组成〕党参 5 克，大枣 3 枚，甘草 3 克。

〔功效〕健脾益气。

〔主治〕脾气虚弱的各种虚劳证。如贫血病，慢性肝炎，消化不良，低血压，小儿疳积等。

〔服用方法〕将大枣切碎去核，将其他药切成小碎块，同时置入茶杯内，倒入刚沸的开水，盖严杯盖，约隔20分钟即可服用。一剂泡一次，徐徐饮用，最后将药渣嚼烂，用药茶送服。每日上午和下午各泡服一剂。

〔注意事项〕饮茶期间，应加强营养，多吃奶类、蛋类、大豆制品、瘦肉等高蛋白食物。

81. 参胶杏蒡补肺茶

〔组成〕党参5克，阿胶5克，牛蒡子5克，杏仁5克。

〔功效〕补虚止咳。

〔主治〕肺气不足，肺阴耗伤的支气管扩张。症见久咳不止，时而咯血，面色无华，神疲气短。

〔服用方法〕将牛蒡子和杏仁砸碎，将党参切成小碎块，与阿胶一起置入茶杯内，倒入刚沸的开水，盖严杯盖，约隔20分钟左右即可服用。饮用时，先用汤匙搅拌药液，使阿胶完全溶化后再徐徐饮用。一剂泡一次，每日上午和晚上各泡服一剂。

〔注意事项〕饮用时，可将口鼻对着杯口深呼吸，让药液充分进入肺内，以润泽气管和肺。

饮用期间，忌抽烟、饮酒及吃辛辣食物。

82. 胡桃补骨纳气茶

〔组成〕核桃仁10克，补骨脂3克。

〔功效〕补肾纳气。

〔主治〕肾气不足，肾不纳气的老年性支气管哮喘。症见咳嗽喘促，胸闷气短，懒言乏力，腰酸神疲，脉弱。

〔服用方法〕将以上药物捣烂，并置入茶杯内，倒入刚沸的开水，盖严杯盖，约隔15至20分钟即可服用。徐徐饮用，边饮边加开水。每日上午和晚上各泡服一剂。

〔注意事项〕饮用时，可将口鼻对着杯口深呼吸，让药液的蒸汽进入肺内，以润养肺组织。

饮用期间，忌抽烟及吃生冷食物，并适当加强体育锻炼。

如有外感者，不宜饮本药茶。

83. 胡桃萆苓益肾茶

〔组成〕核桃仁5克，萆薢5克，白茯苓5克。

〔功效〕补肾除湿。

〔主治〕肾气不足，湿浊下注的前列腺炎或前列腺肥大。症见少腹坠胀，小便混浊如米泔，甚者点滴不通。

〔服用方法〕将以上药物切成小碎块，并置入茶杯内，倒入刚沸的开水，盖严杯盖，约隔 15 至 20 分钟即可服用。徐徐饮用，边饮边加开水。每日上午和晚上各泡服一剂。

〔注意事项〕饮茶期间，宜配合服各种花粉制品，忌吃辛辣食物。

84. 枸杞黄精滋补茶

〔组成〕枸杞子 5 克，黄精 5 克。

〔功效〕补肝肾，益精血。

〔主治〕虚劳精亏，筋骨失养而致的腰脊酸痛无力，须发早白，头晕眼花，遗精滑精。

〔服用方法〕将黄精切成小碎块，与枸杞子一起置入茶杯内，倒入刚沸的开水，盖严杯盖，约隔 15 至 20 分钟即可服用。徐徐饮用，边饮边加开水。每日上午和晚上各泡服一剂。

〔注意事项〕饮茶期间，应注意加强营养，多吃奶类、蛋类、瘦肉类和水产类高蛋白食物。

85. 骨碎牛膝纳火蜜茶

〔组成〕骨碎补 5 克，牛膝 5 克，蜂蜜适量。

〔功效〕温补下元，引火入胃。

〔主治〕肾阳不固，虚火上浮的耳鸣耳聋，牙齿浮动疼痛难忍，口腔糜烂，咽喉疼痛。

〔服用方法〕将骨碎补和牛膝切成小碎块，并置入茶杯内，倒入刚沸的开水，盖严杯盖，约隔 15 至 20 分钟即可服用。饮用时，先将蜂蜜溶入药液中，搅拌均匀，徐徐饮用。一剂泡一次，每日上午和下午各泡服一剂。

〔注意事项〕饮茶期间，应多吃蔬菜、水果和高蛋白食物，少吃辛辣、油腻的食物。

86. 骨碎补肾强腰茶

〔组成〕骨碎补 5 克，桂心 5 克，牛膝 5 克，补骨脂 5 克。

〔功效〕补肾强腰，祛风除湿。

〔主治〕肝肾虚亏，风湿痹着于腰府的腰痛。症见腰膝酸软疼痛，转侧不便，俯仰艰难，步履乏力。

〔服用方法〕将补骨脂砸碎，将其他药切成小碎块，同时置入茶杯内，倒入刚沸的开水，盖严杯盖，约隔15至20分钟即可服用。徐徐饮用，边饮边加开水。每日上午和下午各泡服一剂。

〔注意事项〕饮茶期间，应注意腰部的防寒保暖并适当增加体育锻炼，避免过度疲劳。

87. 首乌牛膝强筋茶

〔组成〕制何首乌5克，牛膝5克，豨莶草5克。

〔功效〕补肾通经，强筋壮骨。

〔主治〕肾气不足，筋骨失养的痿证。症见腰膝酸软疼痛，俯仰不能，屈伸不利，遍身瘙痒，皮肤干燥。

〔服用方法〕将首乌和牛膝切成小碎块，与豨莶草一起置入茶杯内，倒入刚沸的开水，盖严杯盖，约隔15至20分钟即可服用。徐徐饮用，边饮边加开水。每日上午和下午各泡服一剂。

〔注意事项〕饮茶期间，宜多吃炖猪蹄之类的食物。

88. 首乌美髯茶

〔组成〕制何首乌5克，补骨脂5克，枸杞子5克。

〔功效〕补肾虚精，乌发美髯。

〔主治〕肝肾不足，精血亏损，不养须发的须发早白，筋骨无力。

〔服用方法〕将何首乌切成小碎块，将补骨脂砸碎，与枸杞子一起置入茶杯内，倒入刚沸的开水，盖严杯盖，约隔15至20分钟即可服用。徐徐饮用，边饮边加开水。每日上午和晚上各泡服一剂。

〔注意事项〕饮茶期间，宜多吃黑色食品，如黑木耳、黑芝麻、黑大豆等。

89. 首苁杜菟益肾茶

〔组成〕制何首乌5克，肉苁蓉5克，杜仲5克，菟丝子5克。

〔功效〕补肾益精。

〔主治〕肾精亏损的性功能不足。症见阳痿不举，或举而不坚，早泄滑精，腰脊酸软，头晕乏力。

〔服用方法〕将菟丝子捣烂，将其他药切成小碎块，同时置入茶杯内，倒入刚沸的开水，盖严杯盖，约隔15至20分钟即可服用。徐徐饮用，边饮边加开水。每日上午和晚上各泡服一剂。

〔注意事项〕饮茶期间，宜多吃海鲜食品，如海参、牡蛎等。

90. 洋参生麦止渴茶

〔组成〕西洋参1克，生地5克，麦冬5克。

〔功效〕益气养阴，生津止渴。

〔主治〕气阴不足，津液耗损的糖尿病。症见气短神疲，口干饮，引饮无度，小便清长而多。

〔服用方法〕将以上药物切成小碎块，并置入茶杯内，倒入刚沸的开水，盖严杯盖，约隔15至20分钟即可服用。一剂泡一次，徐徐饮用，最后将药渣嚼烂，用药茶送服。每日上午和晚上各泡服一剂。

〔注意事项〕饮茶时，不宜饮量过大。饮用期间，最好不饮别的饮料，同时宜控制糖类食物的摄入。

91. 洋参莲花消渴茶

〔组成〕西洋参1克，莲须5克，花粉5克，五味子5克。

〔功效〕益气生津。

〔主治〕气阴亏损，津液不足的糖尿病。症见口干口渴，饮水无度，小便清长而多。

〔服用方法〕将五味子砸碎，将西洋参和花粉切成小碎块，与莲须一起置入茶杯内，倒入刚沸的开水，盖严杯盖，约隔15至20分钟即可服用。徐徐饮用，边饮边加开水。每日上午和晚上各泡服一剂。

〔注意事项〕饮茶时，不宜饮量过多。饮用期间，最好不饮别的饮料，同时宜控制糖类食物的摄入。

92. 泰山磐石保胎茶

〔组成〕白术5克，菟丝子5克，续断5克。

〔功效〕补肾健脾安胎。

〔主治〕脾肾不足，冲任不固的胎动不安或漏胎，即妊娠2至3个月出现的动红下血。

〔服用方法〕将以上药物切成小碎块，并置入茶杯内，倒入刚沸的开水，盖严杯盖，约隔15至20分钟即可服用。徐徐饮用，边饮边加开水。每日上午和下午各泡服一剂。

〔注意事项〕饮茶期间，应注意保证足够的休息，避免过度疲劳和从事重体力劳动。

93. 莲子益智分清茶

〔组成〕莲子5克，益智仁5克。

〔功效〕补心肾，分清浊。

〔主治〕心肾不足，湿浊下注的前列腺炎和前列腺肥大。症见下腹坠胀，小便湿浊如米泔水，甚者小便点滴不通。

〔服用方法〕将以上药物砸碎，并置入茶杯内，倒入刚沸的开水，盖严杯盖，约隔15至20分钟即可服用。徐徐饮用，边饮边加开水。每日上午和晚上各泡服一剂。

〔注意事项〕饮茶期间，忌吃辛辣燥火的食物，宜吃各种花粉制品。

94. 莲术健脾止泻茶

〔组成〕莲子5克，白术5克，大枣5枚。

〔功效〕健脾止泻。

〔主治〕脾气虚弱，运化失司和消化不良证。症见大便清溏，日行数次，日久不愈，面色萎黄，不思饮食，气短乏力。

〔服用方法〕将大枣切碎去核，将其他药切成小碎块，同时置入茶杯内，倒入刚沸的开水，盖严杯盖，约隔15至20分钟即可服用。徐徐饮用，边饮边加开水。每日上午和下午各泡服一剂。

〔注意事项〕饮茶期间，忌吃生冷和油腻食物。

凡实热之泄泻，不宜饮本药茶。

95. 莲连参草噤口痢茶

〔组成〕莲子5克，黄连2克，党参5克，甘草3克。

〔功效〕清热燥湿，健脾助运。

〔主治〕湿热蕴结肠道，肠胃津涸的噤口痢。症见下痢日久，不能饮食，人体消瘦。

〔服用方法〕将以上药物切成小碎块，并置入茶杯内，倒入刚沸的开水，盖严杯盖，约隔15至20分钟即可服用。徐徐饮用，边饮边加开水。每日上午、下午和晚上各泡服一剂。

〔注意事项〕饮用本药茶，应少量频频饮入，有利于药效的发挥。

饮用期间，忌吃生冷和油腻的食物。

96. 胶艾安胎茶

〔组成〕艾叶5克，阿胶5克，黄芪5克，白术5克。

〔功效〕益气固脾，养血安胎。

〔主治〕下焦虚寒，脾肾不足所致的胎动不安，或胎漏下血不止。

〔服用方法〕将黄芪和白术切成小碎块，与其他药一起置入茶杯内，倒入刚沸的开水，盖严杯盖，约隔20分钟左右即可服用。饮用时，先用汤匙搅拌药液，使阿胶完全溶化后再饮用。一剂泡一次，一次饮完。每日上午和晚上各泡服一剂。

〔注意事项〕饮茶期间，应注意保证足够的休息，避免过度疲劳及从事重体力劳动。

97. 秘元涩精茶

〔组成〕山药5克，芡实5克，五味子5克，金樱子3克。

〔功效〕补肾涩精止遗。

〔主治〕肾气虚弱，精关不固的遗精，滑精和早泄。

〔服用方法〕将山药切成小碎块，将其他药砸碎，同时置入茶杯内，倒入刚沸的开水，盖严杯盖，约隔15至20分钟即可服用。徐徐饮用，边饮边加开水。每日上午和下午各泡服一剂。

〔注意事项〕饮茶期间，应节制房事。

98. 益气升陷茶

〔组成〕柴胡3克，升麻2克，黄芪5克，白术3克。

〔功效〕补中益气，升清举陷。

〔主治〕中气不足，升举无力所致的各种脏器下垂证，如胃下垂、肾下垂、子宫下垂等。症见患者面色㿠白，气短无力，倦怠懒用，舌淡白，脉细弱。

〔服用方法〕将升麻、黄芪和白术切成小碎块，与柴胡一起置入茶杯内，倒入刚沸的开水，盖严杯盖，约隔25分钟左右即可服用。一剂泡一次，一次饮完。每日上午和下午各饮一剂。

〔注意事项〕饮茶期间，应注意多卧床休息，避免过度疲劳。

99. 桑枝补骨白癜茶

〔组成〕桑枝5克，补骨脂5克，紫草5克，何首乌5克。

〔功效〕祛风和血，补益肝肾。

〔主治〕风客皮腠，皮肤变白的白癜风。

〔服用方法〕将补骨脂砸碎，将桑枝和何首乌切成小碎块，与紫草一起置入茶杯内，倒入刚沸的开水，盖严杯盖，约隔 15 至 20 分钟即可服用。徐徐饮用，边饮边加开水。每日上午和下午各泡服一剂。

〔注意事项〕饮茶期间，宜多吃黑色食物，如黑芝麻、黑豆、黑木耳等，并多吃硬壳类食物，如核桃、花生、板栗、松子、瓜子等。

100. 桑参补肺止咳茶

〔组成〕桑白皮 5 克，党参 5 克，杏仁 5 克，罂粟壳 2 克。

〔功效〕补肺益气，泻肺止咳。

〔主治〕气阴两伤的支气管炎。症见久咳不已，痰少而粘，不易咯出，面色㿠白，气乏无力，舌淡白。

〔服用方法〕将杏仁砸碎，将桑白皮和党参切成小碎块，与罂粟壳一起置入茶杯内，倒入刚沸的开水，盖严杯盖，约隔 15 至 20 分钟即可服用。徐徐饮用，一剂泡一次。每日上午和下午各泡服一剂。

〔注意事项〕本药茶只适宜肺虚久咳之患者，如为新感咳嗽，则不宜用本药茶，用之有闭门留寇之患。

饮用时，可将口鼻对着杯口深呼吸，让药液的蒸汽充分进入肺中发挥药效。

101. 桑麻亮睛茶

〔组成〕桑叶 3 克，菊花 3 克，女贞子 5 克，黑芝麻 5 克。

〔功效〕养肝明目。

〔主治〕肝阴不足的两目昏花证。症见视物昏花，眼睑干涩，迎风流泪，头晕倦乏，舌淡白，脉细弱。

〔服用方法〕将女贞子和黑芝麻炒至微黄，并将其捣烂，与其他药一起置入茶杯内，倒入刚沸的开水，盖严杯盖，约隔 15 至 20 分钟即可服用。徐徐饮用，边饮边加开水，直至药味清淡。每日上午和下午各饮一剂。

〔注意事项〕饮用本药茶时，可将双目交替置于杯口上，让药液的蒸汽熏蒸双目，这样更有利于双目的康复。

102. 桑椹贞莲乌发茶

〔组成〕桑椹 5 克，女贞子 5 克，旱莲草 5 克，制何首乌 5 克。

〔功效〕滋补肝肾，乌发驻颜。

〔主治〕肝肾阴血不足的头发早白，头目眩晕，耳鸣失眠，腰脊酸软。

〔服用方法〕将何首乌切成小碎块，与其他药一起置入茶杯内，倒入刚沸的开水，盖严杯盖，约隔15至20分钟即可服用。徐徐饮用，边饮边加开水。每日上午和下午各泡服一剂。

〔注意事项〕饮茶期间，宜多吃黑色食物，如黑芝麻、黑大豆、黑木耳等。

103. 桑椹养阴茶

〔组成〕桑椹10克，绿茶1克。

〔功效〕滋补肾阴。

〔主治〕

(1) 肝肾阴虚，精血不足的贫血。症见头晕，神疲，心悸，腰酸。

(2) 血虚津亏的消渴证。症见口干口渴，引饮无度。

〔服用方法〕将以上药物切成小碎块，并置入茶杯内，倒入刚沸的开水，盖严杯盖，约隔15至20分钟即可服用。徐徐饮用，边饮边加开水。每日上午和下午各泡服一剂。

〔注意事项〕饮茶期间，应注意加强营养，忌吃辛辣食物。

104. 理中益气茶

〔组成〕干姜3克，党参5克，白术5克，甘草5克。

〔功效〕温中益气，健脾益胃。

〔主治〕脾胃气虚，中阳不足的慢性胃肠炎。症见恶心呕吐，口吐清涎，泻利清稀，日久不愈，腹痛喜温按，纳呆食少，神疲乏力，肢冷气短。

〔服用方法〕将以上各药物切成小碎块，并置入茶杯内，倒入刚沸的开水，盖严杯盖，约隔15至20分钟即可服用。徐徐饮用，边饮边加开水。每日上午和下午各泡服一剂。

〔注意事项〕本药茶热饮更能发挥其疗效。饮用期间，忌吃各种生冷食物，并注意腹部的保暖。

105. 黄芪建中糖茶

〔组成〕黄芪5克，桂枝5克，白芍5克，炙甘草2克，饴糖适量。

〔功效〕温中补虚，柔肝缓急。

〔主治〕中焦虚寒的胃肠功能紊乱症。症见里急腹痛，泛酸嘈杂，面黄食少。

〔服用方法〕将黄芪、桂枝、白芍和甘草切成小碎块，并置入茶杯内，倒入刚沸的开水，盖严杯盖，约隔20分钟左右即可服用。饮用时，先将饴糖溶入药液中，搅拌均匀后，再徐徐饮用。一剂泡一次，每日上午和下午各服一剂。

〔注意事项〕本药茶宜热饮。饮用期间，忌吃生、冷、硬和不易消化的食物。

106. 黄精米酒乌发茶

〔组成〕黄精10克，米酒20毫升。

〔功效〕补肾乌发。

〔主治〕肾精亏虚而致的须发早白，腰膝酸软，失眠健忘，头晕乏力。

〔服用方法〕将黄精切成小碎块，并置入茶杯内，倒入刚沸的开水，盖严杯盖，约隔20分钟左右即可服用。饮用时，先将米酒溶入药液后再徐徐饮用，最后可将药渣嚼烂用药茶送服。一剂泡一次，每日上午和晚上各泡服一剂。

〔注意事项〕饮茶期间，宜多食黑色食物，如黑木耳，黑芝麻和黑大豆等。

107. 黄精参药健脾茶

〔组成〕黄精5克，党参5克，山药5克，红茶1克。

〔功效〕健脾益气。

〔主治〕脾胃气虚的虚劳证。症见气短乏力，神疲倦怠，食少纳差，大便清溏，面色无华。

〔服用方法〕将黄精、党参和山药切成小碎块，与茶叶一起置入茶杯内，倒入刚沸的开水，盖严杯盖，约隔15至20分钟即可服用。徐徐饮用，边饮边加开水。每日上午和下午各泡服一剂。

〔注意事项〕饮茶期间，忌吃生、冷、硬及油腻的食物。

108. 黄精养阴生津茶

〔组成〕黄精5克，麦冬5克，熟地5克，天花粉5克。

〔功效〕养阴生津。

〔主治〕胃热伤津，肾水不济的消渴证。症见口干口渴，引饮无度，头晕神疲，腰膝酸软。

〔服用方法〕将以上药物切成小碎块，并置入茶杯内，倒入刚沸的开水，盖严杯盖，约隔15~20分钟即可服用。徐徐饮用，边饮边加开水。每日上午和下午各泡服一剂。

〔注意事项〕本药茶宜凉饮。饮用期间，忌吃辛辣食物。

109. 萸桂牛腰腰痛茶

〔组成〕山茱萸 5 克，桂心 5 克，牛膝 5 克。

〔功效〕补肾温经止痛。

〔主治〕肾阴不足，下焦风冷所致的腰痛。症见腰膝冷痛，得暖则减，遇寒则甚，俯仰艰难。

〔服用方法〕将桂心和牛膝切成小碎块，与山茱萸一起置入茶杯内，倒入刚沸的开水，盖严杯盖，约隔 15 至 20 分钟即可服用。徐徐饮用，边饮边加开水。每日上午和下午各泡服一剂。

〔注意事项〕饮茶期间，应注意保暖，避免腰部受寒。

110. 萆薢固肾茶

〔组成〕萆薢 5 克，川续断 5 克，牛膝 5 克，川芎 3 克。

〔功效〕补肾固尿。

〔主治〕肾气不足，气化不固的尿频证。症见尿频数，小便清长，夜尿次数多，腰膝酸软。

〔服用方法〕将以上药物切成小碎块，并置入茶杯内，倒入刚沸的开水，盖严杯盖，约隔 15 至 20 分钟即可服用。徐徐饮用，边饮边加开水。每日上午和晚上各泡服一剂。

〔注意事项〕饮茶期间，宜多吃高蛋白食物。

111. 萆薢益肾膏淋茶

〔组成〕萆薢 5 克，菖蒲 5 克，益智仁 5 克，台乌 5 克，茯苓 5 克。

〔功效〕益肾利浊。

〔主治〕真元不足，下元虚寒，湿浊下注的老年性前列腺炎。症见小便白浊如米泔，漩面如油，隆闭不通，或点滴难下，腰腹酸软。

〔服用方法〕将益智仁砸碎，将其他药切成小碎块，同时置入茶杯内，倒入刚沸的开水，盖严杯盖，约隔 20 分钟左右即可服用。徐徐饮用，边饮边加开水。每日上午和晚上各泡服一剂。

〔注意事项〕本药茶只适于肾虚的膏淋，不能用于湿热下注的膏淋。

112. 菟丝阿胶寿胎茶

〔组成〕菟丝子 5 克，阿胶 5 克。

〔功效〕补肾益精，养血保胎。

〔主治〕肾气不足，精血亏虚，胞胎失养的胎动不安和习惯性流产。

〔服用方法〕将以上药物置入茶杯内，倒入刚沸的开水，盖严杯盖，约隔20分钟左右即可服用。饮用时，先用汤匙搅拌药液，使阿胶完全溶化后再徐徐饮用。一剂泡一次，每日上午和下午各泡服一剂。

〔注意事项〕饮茶期间，应保证足够的休息，避免过度劳累和从事重体力劳动，并注意加强营养。

113. 寄生阿胶胎漏茶

〔组成〕桑寄生5克，阿胶3克，艾叶5克，白术5克，党参5克。

〔功效〕益气养血，补肾安胎。

〔主治〕气血不足，肾虚不固的胎漏。症见妊娠期间，动红见血，胎动不安，腰腹隐痛。

〔服用方法〕将牛膝、白术和党参切成小碎块，与其他药一起置入茶杯内，倒入刚沸的开水，盖严杯盖，约隔15至20分钟即可服用。饮用时，先用汤匙搅拌药液，使阿胶彻底溶入药液中。一剂泡一次，一次饮完。每日上午和晚上各泡服一剂。

〔注意事项〕饮茶期间，应注意保证足够的休息，避免过度疲劳。

114. 寄生熟地起痿茶

〔组成〕桑寄生5克，熟地5克，知母3克。

〔功效〕滋补肝肾，强筋起痿。

〔主治〕肝肾亏损，精血不养筋骨的痿证。症见下肢痿软无力，甚者无法站立行走，软瘫在床上。

〔服用方法〕将以上药物切成小碎块，并置入茶杯内，倒入刚沸的开水，盖严杯盖，约隔15至20分钟即可服用。徐徐饮用，边饮边加开水。每日上午和下午各泡服一剂。

〔注意事项〕饮茶期间，可常食用猪蹄汤以辅助其疗效。

115. 续断寿胎茶

〔组成〕续断5克，菟丝子5克，桑寄生5克，大枣3枚，阿胶3克。

〔功效〕滋补肝肾，养血安胎。

〔主治〕肝肾不足，冲任亏虚，精血不养胎儿的滑胎、漏胎。症见妊娠二三月即见红出血，胎动不安，腹部隐痛。

〔服用方法〕将续断、桑寄生和大枣切成小碎块，与其他药一起置入茶杯内，倒入刚沸的开水，盖严杯盖，约隔 15 至 20 分钟即可服用。饮用时，先用汤匙搅拌药液，使阿胶完全溶入药液后，再徐徐饮用。一剂泡一次，每日上午和晚上各泡服一剂。

〔注意事项〕饮茶期间，应注意保证足够的休息，避免过度疲劳和从事重体力劳动。

116. 续断起痿茶

〔组成〕续断 5 克，杜仲 5 克，牛膝 5 克，木瓜 5 克，萆薢 5 克。

〔功效〕补肾强筋，除湿起痿。

〔主治〕肝肾不足，筋骨失养，寒湿阻滞的痿证。症见腰腿无力，两脚痿弱，甚者无法站立，难以步履。

〔服用方法〕将以上药物切成小碎块，并置入茶杯内，倒入刚沸的开水，盖严杯盖，约隔 15 至 20 分钟即可服用。徐徐饮用，边饮边加开水。每日上午和下午各泡服一剂。

〔注意事项〕饮茶期间，可常食猪蹄汤，以辅其疗效。

117. 锁阳补肾茶

〔组成〕锁阳 5 克，覆盆子 5 克，党参 5 克，山药 5 克。

〔功效〕补肾壮阳。

〔主治〕肾阳不足，精关不固的阳痿、遗精、滑精、早泄，女子宫冷阴淡。

〔服用方法〕将锁阳、党参和山药切成小碎块，与覆盆子一起置入茶杯内，倒入刚沸的开水，盖严杯盖，约隔 15 至 20 分钟即可服用。徐徐饮用，边饮边加开水。每日上午和晚上各泡服一剂。

〔注意事项〕饮茶期间，宜多吃海鲜食物。

118. 锁阳知地扶痿茶

〔组成〕锁阳 5 克，知母 5 克，熟地 5 克。

〔功效〕益精养血，滋阴清热。

〔主治〕肝肾不足，精血亏损，筋骨失养的痿证。症见双腿痿弱，步履无力，骨蒸劳热，舌红少苔。

〔服用方法〕将以上药物切成小碎块，并置入茶杯内，倒入刚沸的开水，盖严杯盖，约隔 15 至 20 分钟即可服用。徐徐饮用，边饮边加开水。每日上午和晚上各泡服一剂。

〔注意事项〕饮茶期间，宜多喝猪蹄汤，忌吃辛辣食物。

119. 温肾散寒缩泉茶

〔组成〕乌药5克，益智仁5克，山药5克。

〔功效〕温肾散寒，缩泉止遗。

〔主治〕肾气虚冷，膀胱不约的小便失禁，或遗尿。症见小便频数而清长，肢冷畏寒，腰膝酸软。

〔服用方法〕将益智仁砸碎，将其余的药切成小碎块，并置入茶杯内，倒入刚沸的开水，盖严杯盖，约隔15至20分钟即可服用。徐徐饮用，边饮边加开水。每日上午和下午各饮一剂。

〔注意事项〕饮茶期间，应多食高蛋白食物。

120. 滋生清阳眩晕茶

〔组成〕桑叶5克，菊花5克，天麻2克，白芍2克。

〔功效〕疏风清热，平肝潜阳。

〔主治〕肝阳虚，肝阳亢，风热上扰所致的高血压病。症见头晕目眩，头胀头痛，心烦易怒，面赤耳鸣。

〔服用方法〕将天麻和白芍切成小碎块，与桑叶一起置入茶杯内，倒入刚沸的开水，盖严杯盖，约隔10至15分钟即可服用。徐徐饮用，边饮边加开水。每日上午和下午各泡服一剂。

〔注意事项〕饮茶期间，应保持情绪稳定，保证足够的休息，避免过度的脑力劳动，忌抽烟、饮酒及吃辛辣食物。

121. 蔓荆参芪内障茶

〔组成〕蔓荆子5克，党参5克，黄芪5克，黄柏2克。

〔功效〕益气明目。

〔主治〕精气不足，不养瞳仁的老年性白内障。症见视物昏花模糊，瞳仁有白翳。

〔服用方法〕将蔓荆子砸碎，将其他药切成小碎块，同时置入茶杯内，倒入刚沸的开水，盖严杯盖，约隔15至20分钟即可服用。徐徐饮用，边饮边加开水。每日上午和下午各泡服一剂。

〔注意事项〕饮用本药茶时，可将患眼置于杯口上，让药液的蒸汽熏蒸患眼，有利于患眼的康复。

122. 熟地黄柏起痿茶

〔组成〕熟地5克,锁阳5克,知母5克,黄柏3克。

〔功效〕滋阴降火,补肾起痿。

〔主治〕精血不足,虚火内灼,筋骨失养所致的痿证。症见四肢痿软无力,不能站立行走,骨蒸劳热。

〔服用方法〕将以上药物切成小碎块,并置入茶杯内,倒入刚沸的开水,盖严杯盖,约隔15至20分钟即可服用。徐徐饮用,边饮边加开水。每日上午和下午各泡服一剂。

〔注意事项〕饮茶期间,宜多吃猪蹄汤。

123. 熟地滋水济火茶

〔组成〕熟地5克,当归5克,五味子5克,远志5克。

〔功效〕滋补肾阴,养心安神。

〔主治〕肾水不足,心火亢盛的神经衰弱症。症见惊悸,失眠,健忘,腰酸,腿软。

〔服用方法〕将五味子砸碎,将其他药切成小碎块,同时置入茶杯内,倒入刚沸的开水,盖严杯盖,约隔15至20分钟即可服用。徐徐饮用,边饮边加开水。每日上午和晚上各泡服一剂。

〔注意事项〕饮茶期间,宜适当加强体育锻炼,避免过度的脑力劳动。

124. 赞育壮阳茶

〔组成〕肉桂2克,山茱萸5克,熟地5克,肉苁蓉5克,枸杞5克。

〔功效〕补肾温阳。

〔主治〕肾阳虚衰所致的性功能不全。症见阳萎,滑精,早泄,畏寒肢冷,腰膝冷痛,头晕乏力。

〔服用方法〕将肉桂、熟地和肉苁蓉切成小碎块,与其他的药一起置入茶杯内,倒入刚沸的开水,盖严杯盖,约隔15至20分钟即可服用。徐徐饮用,边饮边加开水。每晚睡觉前泡服一剂。

〔注意事项〕饮茶期间,应节制房事,忌吃生冷食物。

解表剂

1. 二辛碧云鼻渊茶

〔组成〕细辛1克，辛荑花5克，川芎5克，鹅不食草5克。

〔功效〕散风寒，通鼻窍。

〔主治〕风寒犯肺，上攻鼻窍的鼻炎，鼻窦炎和副鼻窦炎等。症见鼻塞不通，浊涕黄稠，不闻香臭。

〔服用方法〕将川芎切成小碎块，将辛荑花砸烂与其他药一起置入茶杯内，倒入刚沸的开水，盖严杯盖，约隔10至15分钟即可服用。徐徐饮用，边饮边加开水。每日上午和下午各泡服一剂。

〔注意事项〕饮用期间，注意保持背心的温暖，忌吃辛辣食物。

2. 二活散寒解表茶

〔组成〕羌活3克，独活5克，柴胡5克，桔梗5克。

〔功效〕散寒解表。

〔主治〕外感风寒的感冒。症见发热恶寒，头痛身痛，咳嗽咽痒，流涕喷嚏，舌苔白薄，脉浮紧。

〔服用方法〕将羌活、独活和桔梗切成小碎块，与柴胡一起置入茶杯内，倒入刚沸的开水，盖严杯盖，约隔10至15分钟即可服用。一剂泡一次，一次饮完。每日上午、下午和晚上各泡服一剂。

〔注意事项〕本药茶宜热饮。饮用后适当加衣被，避免受寒，以全身出微汗为佳。

3. 小青龙茶

〔组成〕麻黄2克，细辛1克，干姜2克，桂枝2克，半夏2克，芍药2克，五味子1克，甘草1克。

〔功效〕解表散寒，温肺化饮。

〔主治〕风寒犯肺的外寒内饮证。症见发热恶寒，无汗，头痛身痛，咳嗽气喘，痰多而稀白，或有风泡，胸紧气息，口不渴或渴不多饮，苔白滑，脉浮紧。

〔服用方法〕先将五味子和半夏捣烂，再将白芍和干姜掰成小块，然后把全部药置于茶杯内，倒入刚沸的开水，盖严杯盖，约隔15至20分钟即可饮用。边饮边加开水，直到药味清淡为止。上午和下午各饮一剂。

〔注意事项〕

（1）凡见痰色稠黄，或痰中带血，咽干口燥等症的燥热咳喘者，忌用本药茶。

（2）凡有高血压的患者，忌用本药茶。

4. 川芎头痛茶

〔组成〕川芎5克，防风5克，白芷5克，荆芥5克，茉莉花茶2克。

〔功效〕祛风止痛，清利头目。

〔主治〕风寒侵袭，上犯巅顶所致的头痛。症见偏正头痛，疼连锁背，恶风恶寒，苔白薄，脉浮。

〔服用方法〕将川芎、防风和白芷切成小碎块，与其他药一起置入茶杯内。倒入刚沸的开水，盖严杯盖约隔10至15分钟即可服用。徐徐饮用，边饮边加开水。每日上午和下午各泡服一剂。

〔注意事项〕本药茶宜热饮，饮用后，适当多加衣被，使身体出微汗。但勿到当风处，避免着凉而加重病情。

5. 午时茶

〔组成〕藿香，防风，白芷，柴胡，羌活，前胡，陈皮，苍术，枳实，川芎，连翘，山楂，神曲，干姜，甘草，制厚朴，紫苏，桔梗，红茶。（剂量略。市上有成药售）。

〔功效〕发散风寒，和胃消食。

〔主治〕风寒犯表的感冒。症见发热恶寒，恶心呕吐，腹痛泄泻，不思饮食。

〔服用方法〕一次泡一块，一日服三次。

〔注意事项〕本药茶宜热饮，饮后，应多加衣被，使身体出微汗为佳。

6. 牛蒡菊花头痛茶

〔组成〕牛蒡子5克，菊花5克。

〔功效〕疏风止痛。

〔主治〕风热上攻清窍所致的头痛。症见头痛牵引眼睛，心烦，恶心。

〔服用方法〕将牛蒡子砸碎，与菊花一起置入茶杯内，倒入刚沸的开水，盖严杯盖，约隔10分钟左右即可服用。徐徐饮用，边饮边加开水。每次头痛时泡服一剂。

〔注意事项〕饮用期间，应保证足够的休息，避免过度的脑力劳动。

7. 牛蒡疏散风热茶

〔组成〕牛蒡子5克，薄荷5克，连翘5克，甘草3克。

〔功效〕疏散风热，解肌发汗。

〔主治〕风热之邪侵袭卫表的风热感冒。症见发热，无汗，微恶风，咽痛，身痛，口渴，舌红，苔薄，脉浮数。

〔服用方法〕将牛蒡子砸碎，与其他药一起置入茶杯内，倒入刚沸的开水，盖严杯盖，约隔10分钟左右即可服用。徐徐饮用，边饮边加开水。每日上午、下午和晚上各泡服一剂。

〔注意事项〕本药茶宜热饮，饮用后使身体出微汗为佳。

在饮用期间，忌吃辛辣燥火之品。

8. 玉竹薄荷感冒茶

〔组成〕玉竹5克，薄荷5克，葱白3个。

〔功效〕养阴解表。

〔主治〕阴虚体质，外邪侵袭所致的感冒，症见发热恶寒，头昏头疼，口干口渴，舌红少苔，脉细浮。

〔服用方法〕将葱白捣烂，将玉竹切成小碎块，与薄荷一起置入茶杯内，倒入刚沸的开水，盖严杯盖，约隔10至15分钟即可服用。徐徐饮用，边饮边加开水。每日上午和下午各泡服一剂。

〔注意事项〕饮用期间，避免受寒，做到随时加减衣被。

9. 白芷细辛止痛茶

〔组成〕白芷5克，细辛2克。

〔功效〕祛风止痛。

〔主治〕

(1) 风邪上攻所致的偏正头痛。

(2) 风邪客于阳明经所致的眉棱骨痛。

(3) 风寒上攻的牙痛。

〔服用方法〕将白芷切成小碎块，与细辛一起置入茶杯内，倒入刚沸的开水，盖严杯盖，约隔10至15分钟即可服用。徐徐饮用，边饮边加开水。每日上午和下午各泡服一剂。

〔注意事项〕本药茶宜热饮，饮用后，应注意保暖，使身体出微汗为佳。

10. 华盖宣肺平喘茶

〔组成〕桑白皮 5 克，麻黄 3 克，杏仁 5 克，陈皮 3 克。

〔功效〕解表宣肺，降逆平喘。

〔主治〕外感风寒，肺气上逆的支气管哮喘。症见发热恶寒，咳嗽喘急，胸中哮鸣有声，呼吸困难，舌淡，苔白。

〔服用方法〕将杏仁砸碎，将桑白皮和陈皮扯碎，与麻黄一起置入茶杯内，倒入刚沸的开水，盖严杯盖，约隔 15 至 20 分钟即可服用。徐徐饮用，边饮边加开水。每日上午和下午各饮一剂。

〔注意事项〕饮用时，可将口鼻对着杯口做深呼吸，让药液的蒸汽充分进入肺中发挥药效，其疗效更佳。

对患有高血压的患者，不宜使用本药茶。

11. 防葛解表茶

〔组成〕防风 5 克，葛根 5 克。

〔功效〕散寒解表，解肌止痛。

〔主治〕外感风寒的感冒。症见发热恶寒，头痛项强，全身疼痛，有汗或无汗，苔白薄，脉浮紧。

〔服用方法〕将以上药物切成小块，置入茶杯内，倒入刚沸的开水，盖严杯盖，约隔 10 至 15 分钟即可饮用。一剂泡一次，一次饮完。每日上午，下午和晚上睡前各饮一剂。

〔注意事项〕饮用后，忌受风寒，宜适当多加衣被，使身体略出微汗。并注意休息，避免过度疲劳。

12. 芷辛通窍茶

〔组成〕白芷 5 克，辛夷 3 克，黄芩 3 克，薄公英 5 克。

〔功效〕散寒通窍，清热解毒。

〔主治〕风寒犯肺上攻鼻窍，郁久化热的鼻渊证。症见头痛鼻塞，鼻流黄浊涕，不闻香臭，舌红，苔白，脉浮。

〔服用方法〕将以上药物置入茶杯内，倒入刚沸的开水，盖严杯盖，约隔 15 至 20 分钟即可服用。徐徐饮用，边饮边加开水，直至药味清淡。每日上午和下午各饮一剂。

〔注意事项〕饮用期间，宜适当多加点衣被防寒保暖，避免感冒而加重病情，同时忌吃辛辣味重的燥热的食物。

13. 芷姜感冒茶

〔组成〕白芷5克，生姜5克。

〔功效〕祛风散寒，解表开腠。

〔主治〕外感风寒的感冒证。症见发热恶寒，头痛身痛，无汗，恶心，纳差，苔白薄，脉浮紧。

〔服用方法〕将生姜切成薄片，与白芷一起置入茶杯内，倒入刚沸的开水，盖严杯盖，约隔10分钟左右即可服用。一剂泡一开，一次饮完，每日上午、下午和晚上睡前各饮一剂。

〔注意事项〕饮用后注意防寒保暖，使身体出微汗为佳。

14. 苍耳含嗽牙痛茶

〔组成〕苍耳子10克。

〔功效〕祛风止痛。

〔主治〕风寒或风热上攻导致的牙痛病。症见牙龈红肿，疼痛难忍。

〔服用方法〕将本药砸碎，并置入茶杯内，倒入刚沸的开水，盖严杯盖，约隔15分钟左右即可服用。服用时，先含一口药液在口中含漱片刻，再慢慢咽下。每日上午和下午各泡服一剂。

〔注意事项〕饮用期间，忌饮酒及吃辛辣食物。
本药茶不宜长饮久服，最多服用2至3天。

15. 苍辛治渊茶

〔组成〕苍耳子5克，辛荑5克，薄荷3克。

〔功效〕散寒通窍。

〔主治〕风寒犯肺上攻鼻窍所致的鼻渊证。症见鼻塞不通，不闻香臭，浊涕头痛，苔白薄，脉浮紧。

〔服用方法〕将苍耳子砸碎，将辛荑花扯烂，与薄荷一起放入茶杯内，倒入刚沸的开水，盖严杯盖，约隔10分钟左右即可服用。徐徐饮用，边饮边加开水，直到药味清淡。每日上午、下午和晚上睡前各饮一剂。

〔注意事项〕饮用期间，宜适当加些衣被，避免着凉感冒，并且忌吃辛辣燥热的食物及吸烟。

16. 苏叶解表和中茶

〔组成〕苏叶 6 克。

〔功效〕解表散寒，行气和中。

〔主治〕

（1）外感风寒证。症见头痛，全身酸痛，鼻塞流涕，恶心胸闷，苔薄白，脉浮。

（2）胎气上逆的子悬证。症见妊娠心腹胀腹疼痛，恶心呕吐，饮食不进。

（3）脾胃不和的胀满证。症见脘腹胀满疼痛，恶心呕吐，胸闷不思饮食，大便泻泄。

〔服用方法〕将苏叶置入茶杯内，倒入刚沸的开水，盖严杯盖，约置 15 至 20 分钟即可饮用，边饮边加开水，直至药茶中的药味清淡为止。上午和下午各饮一剂。

〔注意事项〕本药茶有耗气伤阴之弊，一般只宜连续饮用 2 至 3 天，不可久服。如需久服，则需配伍其他药物以制其弊。

17. 苏陈理气解表茶

〔组成〕苏叶 5 克，陈皮 5 克，甘草 2 克。

〔功效〕温散风寒，理气和中。

〔主治〕内有气滞外感风寒的表寒气滞证。症见恶寒发热，头痛无汗，胸脘痞闷，不思饮食，苔薄白，脉浮。

〔服用方法〕将药物全部置入茶杯内，倒入刚沸的开水，盖严杯盖，约隔 15 至 20 分钟即可饮用。一剂泡一次，一次饮完。上午、下午和睡前各饮一剂。

〔注意事项〕

（1）本药茶不宜长饮久服，一般饮用 2 至 3 天即可。

（2）饮药过程中，不宜吃得太油腻，以免阻滞脾胃之气运行。

（3）本药茶以热饮为宜，饮后略加衣被以出微汗，效果更佳。

18. 辛荑取渊茶

〔组成〕辛荑 5 克，柴胡 5 克，栀子 5 克，玄参 5 克。

〔功效〕清热通窍。

〔主治〕风寒犯肺，寒邪化热，上攻鼻窍的鼻炎、鼻窦炎和副鼻窦炎等。症见鼻塞不闻香臭，鼻流脓涕。

〔服用方法〕将辛荑和栀子砸碎，将玄参切成小碎块，与柴胡一起置入茶杯内，倒入刚沸的开水，盖严杯盖，约隔10至15分钟即可服用。徐徐饮用，边饮边加开水。每日上午和下午各泡服一剂。

〔注意事项〕饮用期间，注意背部的保暖，避免背心着凉，并且忌吃辛辣食物。

19. 羌防细栀目赤茶

〔组成〕羌活5克，防风5克，细辛1克，栀子5克。

〔功效〕祛风散寒，清热消肿。

〔主治〕风寒外束，肝火上攻的眼结膜炎。症见目赤肿痛，眼眵清稀。

〔服用方法〕将栀了砸碎，将羌活和防风切成小碎块，与细辛一起置入茶杯内，倒入刚沸的开水，盖严杯盖，约隔10至15分钟即可服用。

〔注意事项〕饮用时，可将患眼置于杯口上，让药液的蒸汽熏蒸患眼，更能促进其康复。

饮用期间，注意眼部的清洁卫生，忌用手揉眼，并且忌吃辛辣食物。

20. 羌防黄芩选奇茶

〔组成〕羌活3克，防风5克，黄芩3克。

〔功效〕祛风止痛。

〔主治〕风热之邪客于阳明的眉棱骨痛。症见眉骨作痛，恶寒畏风。

〔服用方法〕将以上药物切成小碎块，并置入茶杯内，倒入刚沸的开水，盖严杯盖，约隔10至15分钟即可服用。徐徐饮用，边饮边加开水。每日上午、下午和晚上各泡服一剂。

〔注意事项〕本药茶宜热饮。饮用后，宜适当多加衣被，使身体出微汗为佳。

21. 羌活洗肝明目茶

〔组成〕羌活5克，龙胆草3克，黄连2克，赤芍5克。

〔功效〕清肝散风，凉血活血。

〔主治〕风热上攻的目赤肿痛，多眵多泪，目痒目涩等。

〔服用方法〕将以上药物切成小碎块，并置入茶杯内，倒入刚沸的开水，盖严杯盖，约隔15至20分钟即可服用。徐徐饮用，边饮边加开水。每日上午和下午各泡服一剂。

〔注意事项〕饮用时，可将患眼置于杯口上，让药液的蒸汽熏蒸患眼，而有利于康复。

本药茶中病即止，不宜久服。

22. 羌活解表除湿茶

〔组成〕羌活 5 克。

〔功效〕发汗解表，祛风胜湿。

〔主治〕

（1）风寒之邪客于肌表的外感证。症见发热恶寒，头痛无汗，全身酸痛，苔薄白，脉浮紧。

（2）风湿之邪侵袭经络的痹证。症见头痛身痛，全身关节疼痛，脉浮弦。

〔服用方法〕将羌活掰成小块置入茶杯内，倒入刚沸的开水，盖严杯盖，约隔 10 至 15 分钟即可饮用。一剂泡一次，一次饮完。上午、下午和睡前各饮一次。

〔注意事项〕

（1）本药气味浓烈，不宜长饮久用，久服易伤胃致吐。

（2）饮药后，应适当加衣被，使患者出微汗为佳。

（3）外感风热者不宜饮用本药茶。

23. 羌蒲解表清里茶

〔组成〕羌活 2 克，蒲荷 2 克，牛蒡子 3 克，蒲公英 3 克，板兰根 3 克。

〔功效〕解表散寒，清热解毒。

〔主治〕外寒里热的外感证。症见发热恶寒，头身疼痛，咽喉肿痛，口渴，舌红台薄，脉浮。

〔服用方法〕将羌活掰成小块，将牛蒡子敲碎，与其余的药一起置入茶杯内，倒入刚沸的开水，约隔 30 分钟左右，待药茶较凉时，慢慢咽下。一剂泡一开，一次饮完。上午、下午和睡前各饮一剂。

〔注意事项〕饮用时，茶液不宜太烫，饮用速度不宜太快，才可能取得最佳疗效。

24. 参苏扶正解表茶

〔组成〕党参 5 克，苏叶 5 克，甘草 2 克。

〔功效〕益气扶正，解表散寒。

〔主治〕气虚体弱外感风寒证。症风发热恶寒，汗出恶风，或弱不经风，遇风则着凉，舌质淡白，苔薄，脉浮弱。

〔服用方法〕将以上药物置入茶杯内，倒入刚沸的开水，盖严杯盖，约隔 15 至 20 分钟即可饮用。边饮边加开水，直至药茶的药味清淡为止。上午和下午各饮一剂。

〔注意事项〕本药茶由于配伍有党参和甘草等益气和胃的药，能制约苏叶耗气伤阴之弊，故能长饮久服。久服能增强人体的抵抗力。

25. 细辛漱口止痛茶

〔组成〕细辛 5 克，露蜂房 5 克。

〔功效〕散寒止痛。

〔主治〕由各种原因所致的牙齿疼痛症。

〔使用方法〕将以上药物置入茶杯内，倒入刚沸的开水，盖严杯盖，约隔 15 分钟左右即可使用。使用时，含一口药茶在口中，来回漱动。每一口药茶含漱半分钟左右，又继续含漱第二口，直至牙痛缓解为止。

〔注意事项〕本药茶有立即止痛的短期疗效，但不能根治牙痛病，因此，本药茶不宜长期使用。含漱过程中，口中会分泌大量唾液，患者可将其唾液与药茶一起吐出，牙痛停止，唾液自然止住。

26. 荆防羌活解表茶

〔组成〕荆芥 3 克，防风 3 克，羌活 3 克

〔功效〕发汗解表。

〔主治〕风寒之邪客于肌表的外感证。症见发热恶寒，头痛无汗，全身酸楚疼痛，口淡无味，口不渴，苔薄白，脉浮紧。

〔服用方法〕将羌活和防风掰成小块，与荆芥一起置入茶杯内，倒入刚沸的开水，约隔 15 至 20 分钟即可饮用。一剂泡一开，一次饮完。上午、下午和睡前各饮一次。

〔注意事项〕

(1) 饮药后，宜适当加衣被，使全身出微汗，并避免受凉加重感冒。

(2) 外感风热者不宜饮用本药茶。

27. 荆蒡利咽茶

〔组成〕荆芥 3 克，牛蒡子 3 克，银花 3 克，射干 3 克，桔梗 3 克。

〔功效〕宣散风热，利咽消肿。

〔主治〕风热之邪上壅于肺所致的咽喉肿痛证。症见咽喉肿痛，声音嘶哑，吞咽困难，舌红，苔薄黄，脉浮数。

〔服用方法〕将牛蒡子砸碎，与其他药一起置入茶杯内，倒入刚沸的开水，盖

严杯盖，约隔 10 至 15 分钟即可饮用。徐徐饮用，边饮边加开水，直到药味清淡。每日上午、下午、晚饭后各饮一剂。

〔注意事项〕饮茶期间，忌抽烟、喝酒和吃辛辣食物，同时避免高声叫喊以利咽喉和声带康复。

28. 荆薄银翘感冒茶

〔组成〕荆芥 3 克，薄荷 3 克，银花 3 克，连翘 3 克，绿茶 1 克。

〔功效〕疏散风热，辛凉解表。

〔主治〕外感风热所致的感冒症。症见发热恶寒，咽喉肿痛，喷嚏流涕，舌红，苔薄黄，脉浮数。

〔服用方法〕将以上药物置入茶杯内，倒入刚沸的开水，盖严杯盖，约隔 5 至 10 分钟即可服用。徐徐饮用，边饮边加开水，直至药味清淡。每日上午、下午和晚上睡前各饮一剂。

〔注意事项〕饮茶期间，忌食各种辛辣油腻厚味食品。

29. 厚朴麻黄平喘茶

〔组成〕厚朴 5 克，麻黄 2 克，杏仁 5 克，甘草 3 克。

〔功效〕止咳平喘，宣肺化痰。

〔主治〕饮邪湿痰犯肺，肺失宣降的急、慢性支气管炎。症见咳嗽喘促，胸满气紧，痰多呈风泡，容易咯出，舌淡白，苔薄。

〔服用方法〕将厚朴切成小碎块，将杏仁砸碎，与其他药一起置入茶杯内，倒入刚沸的开水，盖严杯盖，约隔 10 至 15 分钟即可服用。徐徐饮用，边饮边加开水。每日上午、下午和晚上睡觉前各泡服一剂。

〔注意事项〕饮茶时，可将口鼻对着杯口深呼吸，让药液的蒸汽充分进入肺内，使其有效地发挥药效。高血压患者，应慎服本药茶。

30. 独活川芎头痛茶

〔组成〕独活 5 克，川芎 5 克，防风 5 克，白芷 5 克。

〔功效〕祛风止痛。

〔主治〕风寒之邪客于头部的偏正头痛。头痛阵缓阵急，久发不止，甚者恶心欲吐。

〔服用方法〕将以上药物切成小碎块，并置入茶杯内，倒入刚沸的开水，盖严杯盖，约隔 15 至 20 分钟即可饮用。徐徐饮用，边饮边加开水。每日上午和下午各泡服一剂。

〔注意事项〕本药茶宜热饮，饮后应避免风寒。饮用期间应保证足够的休息，避免用脑过度，并适当增加户外活动。

31. 独活含漱牙痛茶

〔组成〕独活5克，生地5克，升麻3克。

〔功效〕散风止痛。

〔主治〕风火上炎所致的牙痛。症见牙龈红肿，齿根浮动，疼痛难忍。

〔服用方法〕将以上药物切成小碎块，并置入茶杯内倒入刚沸的开水，盖严杯盖，约隔15至20分钟即可服用。先含一口药液在口中片刻，再慢慢咽下。每日上午和下午各泡服一剂。

〔注意事项〕本药茶宜稍凉含漱，以口感舒适为度。

饮用期间，忌吃辛辣燥火食物。

32. 姜糖感冒茶

〔组成〕生姜5克，红糖5克，红茶1克。

〔功效〕散寒解表。

〔主治〕外感风寒的感冒初起证。症见全身不适，头微痛，口淡无味，苔薄白，脉浮。

〔服用方法〕将生姜切成薄片，与其他药一起置入茶杯内，倒入刚沸的开水，盖严杯盖，约隔10分钟左右即可服用。徐徐饮用，边饮边加开水，直至药味清淡。每日上午和下午各饮一剂。

〔注意事项〕本药茶只适用于风寒感冒初起时，如感冒重笃，则本药茶的药力则不达，需换别的方法。饮茶期间，应注意防寒保暖避免感冒加重。

33. 前胡麻黄降逆茶

〔组成〕前胡5克，麻黄2克。

〔功效〕宣肺降逆，化痰止咳。

〔主治〕痰壅气逆的支气管炎。症见咳嗽喘息，痰多而粘，不易咯出。

〔服用方法〕将以上药物置入茶杯内，倒入刚沸的开水，盖严杯盖，约隔10至15分钟即可服用。一剂泡一开，一次饮完。每日上午和下午各饮一剂。

〔注意事项〕凡有高血压病的患者不宜用本药茶。饮茶期间，应适当多穿一点衣服，饮用后以全身有微热，疗效较佳。本药茶中病即止，不宜长饮久服。

34. 桂枝白芍解肌茶

〔**组成**〕桂枝 3 克，白芍 3 克，生姜 3 克，大枣 1 个，甘草 2 克。

〔**功效**〕解肌发表，调和营卫。

〔**主治**〕风寒表虚证。症见发热头痛，汗出恶风，或鼻塞干呕，苔薄白，脉浮缓。

〔**服用方法**〕将生姜和大枣切成碎块，将白芍掰成小块，然后将全部药物置入茶杯内，倒入刚沸的开水，约隔 15 至 20 分钟即可饮用。一剂泡一开，一次饮完。上午、下午、睡前各饮一剂。

〔**注意事项**〕

(1) 饮药茶后身体略出微汗，应在室内避风处休息半小时左右。

(2) 有外感发热无汗的风寒表实证者忌用本药茶。

(3) 温病初起者，症见但发热不恶寒，有汗而渴，舌红苔黄，脉数，忌用本药茶。

35. 桂枝温阳解肌茶

〔**组成**〕桂枝 5 克。

〔**功效**〕解肌解表，温阳化气。

〔**主治**〕

(1) 风寒之邪侵袭肌表证。症见发热恶寒，头痛项强，全身疼痛，苔白薄，脉浮缓。

(2) 心阳虚弱证。症见心悸心慌，头晕目眩，四肢发冷，脉细弱。

〔**服用方法**〕将桂枝置入茶杯内，倒入刚沸的开水，盖严杯盖，约隔 10 至 15 分钟即可饮用。一剂泡一天，一次饮完。上午、下午、睡前各饮一剂。

〔**注意事项**〕

(1) 饮药茶后，应在室内避风处休息半小时左右，以免又遭风寒侵袭。

(2) 凡为风热感冒者，忌用本药茶。

(3) 凡见鼻衄咯血，舌质红绛者，忌用本药茶。

36. 柴葛解肌茶

〔**组成**〕紫胡 5 克，葛根 5 克，大青叶 3 克，黄芩 3 克。

〔**功效**〕疏泄外邪，清热解毒。

〔**主治**〕各种伤风、伤寒、温病和湿温等的外感发热证。症见发热恶寒，口干口苦，全身酸痛，咽喉疼痛，舌红，苔薄黄，脉浮数。

〔**服用方法**〕将葛根和黄芩切成小碎块，与其他药一起置入茶杯内，倒入刚沸的开水，盖严杯盖，约隔15至20分钟即可服用。徐徐饮用，边饮边加开水，直至药味清淡。每日上午、下午和晚上睡前各饮一剂。

〔**注意事项**〕本药茶如在流感流行之际饮用，可预防流感的发生。

37. 海蝉开音茶

〔**组成**〕胖大海5克，蝉蜕5克，生甘草2克。

〔**功效**〕清肺开音。

〔**主治**〕肺热阴伤的音哑。症见声音嘶哑，甚者失音不语，咽喉疼痛。

〔**服用方法**〕将以上药物置入茶杯内，倒入刚沸的开水，盖严杯盖，约隔15至20分钟即可服用。徐徐咽下，边饮边加开水。每日上午和下午各饮一剂。

〔**注意事项**〕饮茶期间，应少吃辛辣食品，忌抽烟，避免高声长时间说话。

38. 桑菊感冒茶

〔**组成**〕桑叶5克，菊花5克，连翘3克，大青叶5克。

〔**功效**〕疏风散热，清瘟解毒。

〔**主治**〕风湿之邪侵袭肺表所致的感冒初起证。症见发热，流涕，鼻塞，口干，咽痛，喷嚏，舌红，苔薄，脉浮数。

〔**服用方法**〕将以上药物置入茶杯内，倒入刚沸的开水，盖严杯盖，约隔5至10分钟即可服用。徐徐饮用，边饮边加开水，直至药味清淡。每日上午、下午和晚上睡前各饮一剂。

〔**注意事项**〕本药茶主要适用于风温感冒初起证，对风寒感冒或重症感冒疗效较差。饮茶期间，忌食各种辛辣油腻食品。

39. 菊花芎芷止痛茶

〔**组成**〕菊花5克，川芎3克，白芷3克，绿茶1克。

〔**功效**〕疏风止痛，清利头目。

〔**主治**〕外感风邪所致的各种偏正头痛。症见偏正头痛，甚者头痛欲裂，坐卧不安，恶心欲吐，苔薄，脉紧。

〔**服用方法**〕将川芎和白芷掰成小块，与其他药一起置入茶杯内，倒入刚沸的开水，盖严杯盖，约隔10至15分钟即可服用，徐徐饮用，边饮边加开水，直至药味清淡。每日上午和下午各饮一剂。

〔注意事项〕本药茶以热饮效果较佳。饮茶期间，应多在室外空气清新处活动，同时应保证足够的休息与睡眠。

40. 银菊青叶流感茶

〔组成〕金银花 5 克，菊花 5 克，大青叶 5 克，玄参 5 克。

〔功效〕清热解毒，疏风散热。

〔主治〕风湿之邪侵袭肺卫的流行性感冒。症见发热，微恶风寒，乏力不适，喷嚏流涕，咽痛咳嗽。

〔服用方法〕将玄参切成小碎块，与其他药物一起置入茶杯内，倒入刚沸的开水，盖严杯盖，约隔 10 至 15 分钟即可服用，徐徐饮用，边饮边加开水。每日上午和下午各泡服一剂。

〔注意事项〕饮用期间，保证足够的休息，避免过度疲劳。

41. 银翘疏风清热茶

〔组成〕金银花 5 克，连翘 5 克，竹叶 3 克，芦根 5 克。

〔功效〕疏风清热。

〔主治〕风温之邪侵扰肺卫的病毒性感冒。症见喷嚏，流涕，咽干咽痛，微发热，全身乏力，舌红，苔薄黄，脉浮数。

〔服用方法〕将以上药物置入茶杯内，倒入刚沸的开水，盖严杯盖，约隔 10 至 15 分钟即可服用。徐徐饮用，边饮边加开水。每日上午和下午各泡服一剂。

〔注意事项〕饮用期间，应保证足够的休息，避免过度疲劳，并注意保暖，避免当风受凉。

42. 麻杏止咳平喘茶

〔组成〕麻黄 2 克，杏仁 5 克，甘草 1 克。

〔功效〕宣肺，止咳，平喘。

〔主治〕寒邪袭肺的咳喘证。症见咳喘气急，痰少而稀白，或有风泡，口不渴，舌淡苔薄白，脉浮紧。

〔服用方法〕将杏仁捣烂，与其余的药一起置于茶杯内，倒入刚沸的开水，盖严杯盖，约隔 15 至 20 分钟即可饮用。边饮边加开水，直到药味清淡为止。上午、下午、睡前各饮一剂。

〔注意事项〕

（1）患者如属热邪犯肺的咳喘证，不宜饮本药茶。

（2）本方一般只须连续饮用三天，不宜长饮久服。如需要继续服用者，可休息一二天后再服用。

（3）凡有高血压，鼻衄咯血的患者忌用本药茶。

43. 麻桂解表茶

〔组成〕麻黄2克，桂枝2克，甘草1克。

〔功效〕辛温发汗解表。

〔主治〕外感风寒表实证。症见发热恶寒，头痛身痛，鼻塞无汗，口不渴，苔薄白，脉浮紧。

〔服用方法〕将药物置于茶杯内，倒入刚沸的开水，盖严杯盖，约隔10至15分钟即可饮用。一剂泡一天，一次饮完。上午、下午、睡前各饮一次。

〔注意事项〕

（1）患者属体虚外感，为有汗的表虚证，不宜饮用本药茶。

（2）饮药茶过程中，应稍加衣被，使饮药茶后身体出微汗为宜。

（3）本方不宜久服，一般最多只饮用两天。

（4）凡有高血压，鼻衄咯血的患者忌用本药茶。

44. 麻黄发表宣肺茶

〔组成〕麻黄1至3克。

〔功效〕发汗解表，宣肺平喘。

〔主治〕

（1）外感风寒表实证。症见发热恶寒，头痛身痛，鼻涕，鼻塞，无汗，脉浮紧。

（2）风寒束肺咳喘证。症见咳嗽，哮喘，痰多而稀白，或痰呈泡沫状，头痛，身痛，苔白，脉浮紧。

〔服用方法〕将药物置于茶杯内，倒入刚沸的开水，盖严茶杯盖，约隔10至15分钟即可饮用。一剂泡一次，一次饮完。上午、下午、睡前各饮一次。

〔注意事项〕

（1）饮药茶过程中，应稍加衣被，使饮药茶后身体出微汗为宜。

（2）本茶以热饮为宜。

（3）凡有高血压，汗出较多，鼻衄咯血，失眠心悸的患者忌用本药茶。

45. 麻黄冬花温肺茶

〔组成〕麻黄2克，款冬花5克，茯苓5克，干姜3克。

〔功效〕宣肺止咳，温肺化饮。

〔主治〕寒邪犯肺的上呼吸道感染，症见咽痒咳嗽，痰白清稀，背心作冷，口不渴，苔白薄。

〔服用方法〕将干姜和茯苓切成小碎块，与其他药一起置入茶杯内，倒入刚沸的开水，盖严杯盖，约隔 10 至 15 分钟即可服用。徐徐饮用，边饮边加开水。每日上午和下午各饮一剂。

〔注意事项〕饮茶时，可将口鼻对着杯口深呼吸，让药液的蒸汽充分进入肺中，则其疗效更佳。

如为燥热之邪所致的咳嗽，不宜用本药茶，用之有化燥伤之害。

46. 葛桂解肌解表茶

〔组成〕葛根 5 克，桂枝 5 克，生姜 2 克，甘草 1 克。

〔功效〕祛风散寒，解肌解表。

〔主治〕外感风寒之邪所致的感冒证。症见发热恶寒，项背强痛，全身酸痛，口淡无味，苔白薄，脉浮紧。

〔服用方法〕将葛根和桂枝劈成小碎块，将生姜切成小薄片，与其他药一起置入茶杯内，倒入刚沸的开水，盖严杯盖，约隔 15 至 20 分钟即可服用。一剂泡一次，一次饮完。每日上午、下午和晚上睡前各饮一剂。

〔注意事项〕饮茶期间，应注意保暖，避免风寒，使身体出微汗为佳。

47. 葱豉感冒茶

〔组成〕葱白头 3 个，淡豆豉 5 克。

〔功效〕疏风散寒，化湿和中。

〔主治〕外感风寒的感冒初起证。症见发热恶寒，头昏头痛，恶心欲呕，不思饮食，苔白微腻，脉浮。

〔服用方法〕将葱白头砸烂，将淡豆豉捣烂，两者同时置入茶杯内，倒入刚沸的开水，约隔 15 分钟左右即可服用。徐徐饮用，边饮边加开水，直至药味清淡。每日上午和下午各饮一剂。

〔注意事项〕本药茶适于于胃肠型感冒初起证，对上呼吸道型感冒效果较差。

48. 葱薄感冒茶

〔组成〕葱白头 3 个，薄荷 5 克，绿茶 1 克。

〔功效〕疏风散寒，清利头目。

〔主治〕外感风邪的各种感冒初起症。症见头昏头痛，全身不适，昏沉欲睡，苔白，脉浮。

〔服用方法〕将葱白头砸烂，与其他药一起置入茶杯内，倒入刚沸的开水，盖严杯盖，约隔10分钟左右即可服用。徐徐饮用，边饮边加开水，直至药味清淡。每日上午和下午各饮一剂。

〔注意事项〕本药茶只适用于感冒初起，对重症感冒效果较差。

49. 紫苏安胎茶

〔组成〕苏叶5克，当归5克，陈皮3克，白芍3克。

〔功效〕顺气安胎。

〔主治〕胎气上逆所致的心腹胀痛症。症见妊娠期间脘腹胀满，胁肋胀痛，心中悒郁，恶心欲吐，厌恶油腻，不思饮食，苔白薄。

〔服用方法〕将以上药物置入茶杯内，倒入刚沸的开水，盖严杯盖，约隔20分钟即可饮用。每日晚饭后饮用一剂，徐徐饮用，边饮边加开水，直到药味清淡。

〔注意事项〕饮用本药茶一周后宜休息3到5天再饮用，不宜长期饮服。

50. 蔓荆芎菊止痛茶

〔组成〕蔓荆子5克，川芎3克，菊花3克。

〔功效〕疏风止痛。

〔主治〕风邪犯脑所致的偏正头痛。症见偏正头痛，甚者心烦欲呕，恶风寒，苔白，脉紧。

〔服用方法〕将蔓荆子敲碎，将川芎掰成小碎块，与菊花一起置入茶杯内，倒入刚沸的开水，盖严杯盖，约隔10至15分钟即可服用。一剂泡一次，一次饮完。每日上午和下午各饮一剂。

〔注意事项〕饮茶期间，患者应适当增加户外活动。

51. 蝉蒡桔甘亮音茶

〔组成〕蝉蜕3克，牛蒡子5克，桔梗5克，甘草2克。

〔功效〕宣肺散邪，开窍亮音。

〔主治〕外邪郁闭肺窍所致的失音证。症见声音嘶哑，甚则失音不语，咽喉干痛，咽痒咳嗽，无痰，苔薄白。

〔服用方法〕将牛蒡子捣烂，将桔梗和甘草切成小碎块，与其他药一起置入茶杯内，倒入刚沸的开水，盖严杯盖，约隔10至15分钟即可服用。徐徐饮用，边饮边加开水，直至药味清淡。每日上午和下午各饮一剂。

〔注意事项〕饮茶期间，避免大声叫喊，注意保暖以防感冒。

52. 薄桔铁笛茶

〔组成〕薄荷5克，桔梗5克，连翘3克，胖大海1个。

〔功效〕疏风清热，祛痰利音。

〔主治〕风热闭肺或痰火壅肺所致的音哑证。症见声音突然嘶哑，甚至不能发音，咽喉干燥不适，口干，舌红。

〔服用方法〕将以上药物置入茶杯内，倒入刚沸的开水，盖严杯盖，约隔15至20分钟即可饮用。徐徐饮用，边饮边加开水，直至药味清淡。每日上午、下午和晚上睡前各饮一剂。

〔注意事项〕饮茶期间，尽量少讲话以保护嗓音，同时，应适当添加衣被避免感冒。

理气剂

1. 二香二仁调气茶

〔组成〕木香5克，藿香5克，砂仁3克，白蔻仁3克。

〔功效〕调气止痛。

〔主治〕脾胃不调，气机被阻的胃炎。症见胃脘胀满疼痛，呕逆泛恶，不思饮食，食入反胀，嗳气矢气，脉弦。

〔服用方法〕将砂仁和白蔻仁砸碎，将木香切成小碎块，与藿香一起置入茶杯内，倒入刚沸的开水，盖严杯盖，约隔10至15分钟即可服用。徐徐饮用，边饮边加开水。每日上午和下午各饮一剂。

〔注意事项〕饮用本药茶应频频少量饮入，否则会加重胃的负担而致吐。

2. 二香安胎止呕茶

〔组成〕藿香5克，香附5克，甘草3克。

〔功效〕化湿中和，安胎止呕。

〔主治〕气郁湿滞的妊娠恶阴。症见妊娠期间恶心欲吐，或呕吐酸水，不思饮食，甚者食入即吐。

〔服用方法〕将香附砸碎，与其他药一起置入茶杯内，倒入刚沸的开水，盖严杯盖，约隔15至20分钟即可服用。徐徐饮用，边饮边加开水。每日泡饮一剂。

〔注意事项〕饮用本药茶应慢慢少量饮入，不可一次饮量过多，否则会加重胃的负担而致吐。

3. 二核青茴疝气茶

〔组成〕桔核5克，荔枝核5克，青皮5克，小茴香5克。

〔功效〕散寒通络止痛。

〔主治〕寒湿气滞，血络瘀阻的疝气。症见阴核肿大，痛引少腹，或小腹疼痛，有如物坠下感。

〔服用方法〕将桔核和荔枝核砸碎，将青皮切成小碎块，与小茴香一起置入茶杯内，倒入刚沸的开水，盖严杯盖，约隔10至20分钟即可服用。边饮边加开水，徐徐饮用。每日上午和下午各饮一剂。

〔注意事项〕本药茶宜热饮。饮用本药茶期间，可用热水袋热敷少腹。

4. 丁香砂术健脾茶

〔组成〕丁香2克，砂仁3克，白术5克。

〔功效〕温胃健脾。

〔主治〕脾胃虚寒的慢性胃肠炎。症见恶心欲吐，或吐清口水，大便稀溏，一日数次，不思饮食，脘腹胀满。

〔服用方法〕将丁香和砂仁砸碎，将白术切成小碎块，同时置入茶杯内，倒入刚沸的开水，盖严杯盖，约隔15至20分钟即可服用。徐徐饮用，边饮边加开水。每日上午和下午各泡服一剂。

〔注意事项〕本药茶热饮则更能发挥其药效。饮用期间，忌吃生冷油腻食物。

5. 丁香柿蒂降逆茶

〔组成〕丁香2克，柿蒂3克，党参5克，生姜5克。

〔功效〕温中降逆，健脾益气。

〔主治〕脾胃虚寒，胃气上逆的呕吐和呃逆症。

〔服用方法〕将丁香砸碎，将生姜捣烂，将柿蒂和党参切成小碎块，同时置入茶杯内，倒入刚沸的开水，盖严杯盖，约隔10至15分钟即可服用。徐徐饮用，边饮边加开水。每日上午和下午各泡服一剂。

〔注意事项〕本药茶热饮则更能发挥其药效。饮用时，应频频少量饮入，否则容易加重胃的负担而致吐。

饮用期间忌吃生冷油腻食物。

6. 月委舒肝止痛茶

〔组成〕月季花5克，郁金5克，柴胡5克。

〔功效〕舒肝理气。

〔主治〕肝郁不舒的胁痛。症见胁肋胀痛，胸闷烦躁，脘腹胀满，不思饮食。

〔服用方法〕将郁金切成小碎块，与其他药物一起置入茶杯内，倒入刚沸的开水，盖严杯盖，约隔10至15分钟即可服用。徐徐饮用，边饮边加开水。每日上午和下午各泡服一剂。

〔注意事项〕饮茶期间，应保持情绪稳定，避免动怒生气。

7. 丹芍柴枳胁痛茶

〔组成〕丹参5克，白芍5克，柴胡5克，枳壳5克。

〔功效〕活血疏肝。

〔主治〕气滞血瘀，肝失疏泄条达所致的胁痛。症见胁肋刺痛，胸闷腹胀，不思饮食。

〔服用方法〕将丹参、白芍和枳壳切成小碎块，与柴胡一起置入茶杯内，倒入刚沸的开水，盖严杯盖，约隔15至20分钟即可服用，徐徐饮用，边饮边加开水。每日上午和下午各泡服一剂。

〔注意事项〕饮茶期间，应保持情绪稳定，避免动怒生气。

8. 乌药通经茶

〔组成〕乌药5克，三棱5克，莪术5克，当归5克。

〔功效〕活血破瘀。

〔主治〕气滞血瘀的闭经。症见月经数月不至，少腹疼痛，舌紫青有瘀斑，脉细涩。

〔服用方法〕将以上药物切成不碎块，并置入茶杯内，倒入刚沸的开水，盖严杯盖，约隔15至20分钟即可服用。一剂泡一次，一次饮完。每日上午、下午和晚上睡觉前各泡服一剂。

〔注意事项〕每次行经前七天开始饮用本药茶，来潮后即可停药。连续饮用3至6个月。

9. 乌附归艾痛经茶

〔组成〕乌药5克，香附5克，当归5克，艾叶5克，白芍5克。

〔功效〕疏肝理气，调经止痛。

〔主治〕肝郁血滞，气血不和的痛经。症见行经前后腰腹疼痛酸胀，乳房胀痛，心烦易怒。

〔服用方法〕将香附砸碎，将当归、白芍和乌药切成小碎块，与艾叶一起置入茶杯内，倒入刚沸的开水，盖严杯盖，约隔15至20分钟即可服用。徐徐饮用，边饮边加开水。每日上午和下午各饮一剂。

〔注意事项〕本药茶热饮则疗效更好。每月行经前三天开始饮用，月经来潮疼痛缓解即可停药。

10. 左金缓肝和胃茶

〔组成〕吴茱萸2克，黄连1克。

〔功效〕辛开苦降，止呕止痛。

〔主治〕肝热乘胃，胃气不降的胃炎。症见呕吐，泛酸，口苦，胁痛，舌红，脉弦。

〔服用方法〕将吴茱萸砸碎，与黄连一起置入茶杯内，倒入刚沸的开水，盖严杯盖，约隔10至15分钟即可服用。徐徐饮用，边饮边加开水。每日上午和下午各饮一剂。

〔注意事项〕本药茶凉饮，则更能发挥其药效。饮用时，应频频少量饮入，否则会加重胃的负担而致吐。

饮用期间，忌吃辛辣伤胃之物。

11. 归柴青附调经茶

〔组成〕当归5克，柴胡5克，青皮5克，香附5克。

〔功效〕理气调经。

〔主治〕肝气郁滞，疏泄失职的月经不调。症见经行不畅，胸胁腰腹胀痛，乳房胀痛，烦躁易怒，脉弦。

〔服用方法〕将当归和青皮切成小碎块，将香附砸碎，与柴胡一起置入茶杯内，倒入刚沸的开水，盖严杯盖，约隔15至20分钟即可服用。徐徐饮用，边饮边加开水。每日上午和下午各饮一剂。

〔注意事项〕本药茶宜热饮。每次行经前三天开始饮用，经行即止。

12. 四海舒郁茶

〔组成〕昆布5克，海藻5克，陈皮5克，木香5克。

〔功效〕理气消痰，舒肝解郁。

〔主治〕气滞痰凝的淋巴结核。症见颈部或腋下或腹股沟淋巴结肿大，坚硬如石，不红不痛。

〔服用方法〕将以上药物切成小碎块，置入茶杯内，倒入刚沸的开水，盖严杯盖，约隔 15 至 20 分钟即可服用。徐徐饮用，边饮边加开水。每日上午和下午各饮一剂。

〔注意事项〕用本药茶治疗此病，疗效较慢，需长期饮用。

13. 瓜络舒肝通络茶

〔组成〕丝瓜络 5 克，柴胡 5 克，白芍 5 克，郁金 3 克。

〔功效〕舒肝通络，理气止痛。

〔主治〕肝郁气滞的胁肋疼痛，两胁胀满，不思饮食，情绪波动则甚，情绪稳定则舒。

〔服用方法〕将白芍和郁金切成小碎块，与其他药一起置入茶杯内，倒入刚沸的开水，盖严杯盖，约隔 10 至 15 分钟即可服用。徐徐饮用，边饮边加开水。每日上午和下午各泡服一剂。

〔注意事项〕饮茶期间，应保证足够的休息，避免过度劳累，并保持情绪稳定，避免发怒生气。

14. 瓜蒌薤白胸痹茶

〔组成〕瓜蒌 5 克，薤白 5 克，枳实 5 克。

〔功效〕宣通胸阳，开胸除痹。

〔主治〕痰饮停聚，胸阳被遏的冠心病。症见胸闷不适，心痛彻背，苔白腻。

〔服用方法〕将枳实和薤白砸烂，与瓜蒌一起置入茶杯内，倒入刚沸的开水，盖严杯盖，约隔 15 至 20 分钟即可服用。徐徐饮用，边饮边加开水。每日上午和下午各饮一剂。

〔注意事项〕本药茶可作为治疗冠心病的辅助药物。饮茶期间，应少吃油腻食物。

15. 冬葵砂仁通乳茶

〔组成〕冬葵子 5 克，缩砂仁 3 克。

〔功效〕通经消滞。

〔主治〕产后血脉壅滞所致的乳汁不下，或浮汁量少，乳房胀痛。

〔服用方法〕将冬葵子炒香，将缩砂仁砸碎，同时置入茶杯内，倒入刚沸的开水，盖严杯盖，约隔15分钟左右即可服用。徐徐饮用，边饮边加开水。每日上午和下午各泡服一剂。

〔注意事项〕饮茶期间，应保持情绪稳定，避免发怒生气。同时应加强营养，多吃海鲜品或猪蹄之类的食物。

16. 半夏厚朴茶

〔组成〕半夏3克，厚朴5克，茯苓5克，生姜5克，苏叶5克。

〔功效〕行气消痰。

〔主治〕七情郁结，痰滞气阻的梅核气。症见咽中如有物阻，吐之不出，咽之不下，但不妨碍吞咽饮食。

〔服用方法〕将半夏砸碎，将厚朴和茯苓切成小碎块，将生姜切成薄片，与苏叶一起置入茶杯内，倒入刚沸的开水，盖严杯盖，约隔15至20分钟即服用。徐徐饮用，边饮边加开水。每日上午和下午各饮一剂。

〔注意事项〕本药茶宜热饮。饮用期间，应保持精神乐观，情绪稳定。

17. 芎归乌附痛经茶

〔组成〕川芎5克，当归5克，乌药5克，香附5克。

〔功效〕养血理气，调经止痛。

〔主治〕冲任不调，气郁不舒的痛经。症见每次行经前少腹疼痛，甚者头痛恶心，乳房胀痛。

〔服用方法〕将香附砸碎，将其他药切成小碎块，同时置入茶杯内，倒入刚沸的开水，盖严杯盖，约隔10至15分钟即可服用。徐徐饮用，边饮边加开水。每日上午和下午各泡服一剂。

〔注意事项〕本药茶宜热饮。每次行经前三天开始饮用，经行痛减后即可停药。一般需连续饮用3至6个月。

18. 朴术陈草平胃茶

〔组成〕苍术5克，厚朴5克，陈皮5克，甘草3克。

〔功效〕燥湿健脾，行气和中。

〔主治〕湿阻中焦，气机失调的胃肠功能紊乱症。症见脘腹胀满，恶习欲呕，便溏泄泻，不思饮食，苔白腻。

〔服用方法〕将以上药物切为碎块，置入茶杯内，倒入刚沸的开水，盖严杯盖，约隔 15 至 20 分钟即可饮用。徐徐饮用，边饮边加开水。每日上午和下午各饮一剂。

〔注意事项〕本药茶宜热饮。饮用期间，应注意饮食方面的调摄，少吃油腻食物。

19. 夺命消疝茶

〔组成〕吴茱萸 2 克，泽泻 5 克。

〔功效〕温肝行气，散结止痛。

〔主治〕肚肾寒凝气滞的疝气。症见少腹坠胀抽痛，痛引睾丸，或外肾硬肿，日渐滋长，胀痛不适。

〔服用方法〕将吴茱萸砸碎，将泽泻切成小碎块，同时置入茶杯内，倒入刚沸的开水，盖严杯盖，约隔 10 至 15 分钟即可饮用。徐徐饮用，边饮边加开水。每日上午和下午各泡服一剂。

〔注意事项〕本药茶治疗此病，疗效较慢，需长饮久服。

20. 当归疏肝调经茶

〔组成〕当归 5 克，柴胡 5 克，栀子三枚。

〔功效〕养血疏肝调经。

〔主治〕肝郁化火，热迫血行的月经先期。症见每次月经提前 7 至 10 天，经血鲜红，经血量多，舌红，脉细数。

〔服用方法〕将栀子砸碎，将当归切成小碎块，与柴胡一起置入茶内，倒入刚沸的开水，盖严杯盖，约隔 15 至 20 分钟即可服用。徐徐饮用，边饮边加开水。每日上午和下午各泡服一剂。

〔注意事项〕每次行经前十天开始饮用本药茶，经行干净后停药，连续饮用 3 至 6 个周期。

21. 肉蔻行气止痛茶

〔组成〕肉豆蔻 3 克，木香 5 克，大枣 5 枚。

〔功效〕温中行气止痛。

〔主治〕寒凝气滞中焦的胃肠神经官能症。症见脘腹胀痛，不思饮食，食入反胀。

〔服用方法〕将肉豆蔻砸碎，将木香切成小碎块，将大枣切碎去核，同时置入茶杯内，倒入刚沸的开水，盖严杯盖，约隔 10 至 15 分钟即可服用。徐徐饮用，边饮边加开水。每日上午和下午各泡服一剂。

〔**注意事项**〕本药茶宜热饮。

饮用期间，忌吃生、冷、坚硬的食物。

22. 延胡姜附胃痛茶

〔**组成**〕延胡索 2 克，炮姜 3 克，高良姜 3 克，香附 5 克。

〔**功效**〕温中，理气，止痛。

〔**主治**〕寒凝气滞中焦的胃痛。症见胃脘冷痛，遇寒则剧，得暖则减。

〔**服用方法**〕将延胡索和香附砸碎，将炮姜和高良姜切成小碎块，同时置入茶杯内，倒入刚沸的开水，盖严杯盖，约隔 15 至 20 分钟即可服用。徐徐饮用，边饮边加开水。每日上午和下午各泡服一剂。

〔**注意事项**〕本药茶宜热饮。饮用期间，忌吃生、冷、坚硬食物。

23. 延胡橘核疝痛茶

〔**组成**〕延胡 2 克，橘核 5 克，乌药 5 克，小茴 5 克。

〔**功效**〕行气活血，通络止痛。

〔**主治**〕寒湿之邪客于厥阴，气血凝结的疝气。症见睾丸肿胀疼痛，坚硬如石，痛引脐腹。

〔**服用方法**〕将延胡和橘核砸碎，将乌药切成小碎块，与小茴一起置入茶杯内，倒入刚沸的开水，盖严杯盖，约隔 10 至 15 分钟即可服用。徐徐饮用，边饮边加开水。每日上午和晚上各泡服一剂。

〔**注意事项**〕本药茶宜热饮。饮用期间，注意少腹部保暖，避免受凉。

24. 延香痛经茶

〔**组成**〕延胡索 3 克，木香 5 克，沉香 1 克，香附 5 克。

〔**功效**〕理气止痛。

〔**主治**〕肝气郁结，冲任失调的痛经。症见经行前少腹疼痛，胀痛拒按，经血紫暗有块。

〔**服用方法**〕将延胡索和香附砸碎，将木香和沉香切成小碎块，同时置入茶杯内，倒入刚沸的开水，盖严杯盖，约隔 10 至 15 分钟即可服用。徐徐饮用，边饮边加开水。每日上午和下午各泡服一剂。

〔**注意事项**〕每次行经前三天开始饮用本药茶，经行痛缓即可停药，连续饮用 3 至 6 个周期。

饮用期间，忌吃生冷食物。

25. 寻骨和中胃痛茶

〔组成〕寻骨风5克，砂仁2克，黄连1克，吴茱萸2克，木香5克。

〔功效〕行气和中止痛。

〔主治〕肝胃不调，或脾胃不和的胃痛症。症见胃脘胀满疼痛，胃脘痞塞胀痛，泛酸食少。

〔服用方法〕将砂仁和吴茱萸砸碎，将其他药切成小碎块，并置入茶杯内，倒入刚沸的开水，盖严杯盖，约隔15至20分钟即可服用。徐徐饮用，边饮边加开水。每日上午和下午各泡服一剂。

〔注意事项〕本药茶宜热饮。饮用期间，忌吃生、冷、坚硬的食物。

26. 寻骨疝痛茶

〔组成〕寻骨风5克，乌药5克，小茴香3克。

〔功效〕暖肝理气止痛。

〔主治〕肝脉瘀阻的疝气。症见少腹抽痛，痛引睾丸，或睾丸肿痛。

〔服用方法〕将寻骨风和乌药切成小碎块，与小茴香一起置入茶杯内，倒入刚沸的开水，盖严杯盖，约隔15至20分钟即可饮用。徐徐饮用，边饮边加开水。每日上午和下午各泡服一剂。

〔注意事项〕本药茶宜热饮。饮用期间，应注意少腹部的防寒保暖。

27. 防白痛泻茶

〔组成〕防风5克，白芍5克，白术3克，陈皮3克。

〔功效〕祛风胜湿，升清降浊。

〔主治〕风邪容于胃肠的泻泄证。症见脘腹疼痛，肠鸣泄泻，泻清水样粪便，苔白薄，脉浮弦。

〔服用方法〕将以上药物劈为小碎块，置入茶杯内，倒入刚沸的开水，约隔15至20分钟即可服用。徐徐饮用，边饮边加开水，直至药味清淡。每日上午和下午各饮一剂。

〔注意事项〕本药茶宜热饮。饮用期间忌食生冷和不易消化的食品。

28. 红花柴胡胁痛茶

〔组成〕红花3克，柴胡5克，山楂5克，白芍5克。

〔功效〕调肝血，止疼痛。

〔主治〕气滞血瘀，肝失条达所致的胁痛。症见胁肋疼痛，脘腹胀满，不思饮食。

〔服用方法〕将山楂和白芍切成小碎块，与其他药一起置入茶杯内，倒入刚沸的开水，盖严杯盖，约隔15至20分钟即可服用。徐徐饮用，边饮边加开水。每日上午和下午各泡服一剂。

〔注意事项〕饮茶期间，应保证足够的休息，避免过度疲劳并忌吃辛辣油腻食物。

孕妇忌用本药茶。

29. 苏木砂仁胃痛茶

〔组成〕苏木5克，蒲黄5克，砂仁3克，木香5克。

〔功效〕活血止痛。

〔主治〕瘀血阻滞中焦所致的胃痛。症见胃脘疼痛，痛有定处，刺痛拒按，舌紫暗。

〔服用方法〕将砂仁砸碎，将苏木和木香切成小碎块，与蒲黄一起置入茶杯内，倒入刚沸的开水，盖严杯盖，约隔10至15分钟即可服用。徐徐饮用，边饮边加开水。每日上午和下午各泡服一剂。

〔注意事项〕本药茶宜热饮。饮用期间，避免动怒生气并忌吃生、冷、坚硬的食物。

孕妇忌用本药茶。

30. 苏叶二皮顺气茶

〔组成〕苏叶5克，大腹皮3克，陈皮3克。

〔功效〕行气和中，消胀除满。

〔主治〕脾胃不和，气滞不舒的胀满症。症见脘腹胀满疼痛，不思饮食，全身强痛，恶心欲吐，苔白，脉浮紧。

〔服用方法〕将药物置入茶杯内，倒入刚沸的开水，盖严杯盖，约隔10至15分钟即可饮用。一次饮完，一剂泡一次，早中晚各饮一剂。

〔注意事项〕本药茶对脾胃湿热所致腹胀不适宜，应慎用。

31. 佛手理气止呕茶

〔组成〕佛手5克，陈皮5克，藿香5克，黄连2克，吴茱萸3克。

〔功效〕疏肝理气，降逆止呕。

〔主治〕肝气犯胃，胃气止逆的急、慢性胃炎。症见肋胁胃脘作痛，恶心呕吐，甚者吐酸苦水。

〔服用方法〕将佛手和陈皮切成小碎块，将吴茱萸砸碎，与其他药一起置入茶杯内，倒入刚沸的开水，盖严杯盖，约隔 10 至 15 分钟即可服用。徐徐饮用，边饮边加开水。每日上午和下午各饮一剂。

〔注意事项〕饮用本药茶应频频少量饮入，以免加重胃的负担而致吐。

32. 良附理气止痛茶

〔组成〕高良姜 5 克，香附 5 克，乌药 5 克，甘草 3 克。

〔功效〕理气止痛。

〔主治〕寒凝气滞，停痰宿食所致的一切脘腹诸痛，如胃脘痛，心腹刺痛，腹痛，小腹痛和疝痛等。

〔服用方法〕将香附砸碎，将其余的药切成小碎块，同时置入茶杯内，倒入刚沸的开水，盖严杯盖，约隔 20 至 25 分钟即可服用。徐徐饮用，边饮边加开水。每日上午和下午各饮一剂。

〔注意事项〕本药茶热饮疗效更佳。饮用本药茶期间，忌吃生冷食品，并注意腹部的保暖。

33. 灵仙砂仁骨鲠茶

〔组成〕威灵仙 5 克，缩砂仁 3 克，砂糖适量。

〔功效〕除鲠利咽。

〔主治〕鸡、鹅、鱼等骨刺鲠塞咽喉。

〔服用方法〕将威灵仙切成小碎块，将缩砂仁砸碎，同时置入茶杯内，倒入刚沸的开水，盖严杯盖，约隔 20 分钟左右即可服用。饮用时，将砂糖溶入药液中，搅拌均匀。一剂泡一次，徐徐咽下。

〔注意事项〕一般骨鲠饮用一、二剂即可见效。如鲠塞严重，饮用无效者，需及时到医院就医，以免耽误病情。

34. 灵仙噎膈蜜醋茶

〔组成〕威灵仙 10 克，蜂蜜适量，食醋适量。

〔功效〕消痰利气。

〔主治〕痰气壅结于食道的噎塞证。症见饮食噎塞不下，吞咽困难，身体日渐羸瘦。

〔服用方法〕将威灵仙切成小碎块，并置入茶杯内，倒入刚沸的开水，盖严杯盖，约隔15至20分钟即可服用。饮用时，将蜂蜜和食醋溶入药液中，搅拌均匀。一剂泡一次，徐徐咽下。每日上午和下午各泡服一剂。

〔注意事项〕饮茶期间，应保持情绪稳定，避免生气发怒。

35. 陈皮生姜止呕茶

〔组成〕陈皮5克，生姜5克。

〔功效〕温胃行气止呕。

〔主治〕寒饮阻胃，胃失和降的呕吐。症见恶心呕吐，头痛身痛，不思饮食，胃脘不适，喜温喜按。

〔服用方法〕将陈皮扯成小碎块，将生姜切成薄片，同时置入茶杯内，倒入刚沸的开水，盖严杯盖，约隔15分钟左右即可饮用。徐徐饮用，边饮边加开水。每日上午和下午各饮一剂。

〔注意事项〕本药茶宜热饮。饮用时应频频少量饮入，否则会加重胃的负担而致吐。

36. 青皮柴胡解郁茶

〔组成〕青皮5克，柴胡5克，香附5克，郁金3克。

〔功效〕舒肝解郁，行气止痛。

〔主治〕肝郁气滞的慢性肝炎。症见肝区胀痛，性情急躁易怒，不思饮食，食入反胀，矢气则舒。

〔服用方法〕将香附砸碎，将青皮和郁金切成小碎块，并置入茶杯内，倒入刚沸的开水，约隔15至20分钟即可服用。徐徐饮用，边饮边加开水。每日上午和下午各饮一剂。

〔注意事项〕本药茶宜热饮。饮用期间应保持精神乐观与情绪稳定。

37. 青皮调气理疝茶

〔组成〕青皮5克，乌药5克，吴茱萸3克，小茴香5克。

〔功效〕暖肝理气止痛。

〔主治〕塞凝肝脉的疝气。症见少腹疼痛，痛引睾丸，得温则减，得寒则甚。

〔服用方法〕将青皮和乌药切成小碎块，将吴茱萸砸碎，与小茴香一起置入茶杯内，倒入刚沸的开水，盖严杯盖，约隔20至25分钟即可服用。徐徐饮用，边饮边加开水。每日上午和下午各饮一剂。

〔注意事项〕本药茶宜热饮。饮用期间，忌吃生冷食品并注意腹部的保暖。

38. 刺蒺青皮乳胀茶

〔组成〕刺蒺藜5克，青皮5克。

〔功效〕疏肝理气。

〔主治〕肝气郁结的乳房胀痛，乳汁不行，或有包块。

〔服用方法〕将以上药物砸碎，同时置入茶杯内，倒入刚沸的开水，盖严杯盖，约隔15至20分钟即可服用。徐徐饮用，边饮边加开水。每日上午和下午各泡服一剂。

〔注意事项〕饮茶期间，应保持情绪稳定，避免生气动怒。

39. 郁金香附解郁茶

〔组成〕郁金5克，香附5克，柴胡5克，白芍5克，甘草3克。

〔功效〕行气解郁，舒肝止痛。

〔主治〕肝失条达，气郁不舒的胁痛。症见胁肋疼痛，胀痛拒按，胸腹胀满，不思饮食。

〔服用方法〕将郁金，香附，白芍和甘草切成小碎块，与柴胡一起置入茶杯内，倒入刚沸的开水，盖严杯盖，约隔15至20分钟即可服用。徐徐饮用，边饮边加开水。每日上午和下午各泡服一剂。

〔注意事项〕饮茶期间，避免动怒生气，注意休息并忌吃辛辣食物。

40. 虎杖柴芩胁痛茶

〔组成〕虎杖5克，柴胡5克，黄芩3克。

〔功效〕清肝解郁，除湿行滞。

〔主治〕湿热瘀滞胁肋的胁下疼痛，胸腹痞胀，不思饮食，食入反胀。

〔服用方法〕将虎杖和黄芩切成小碎块，与柴胡一起置入茶杯内，倒入刚沸的开水，盖严杯盖，约隔10至15分钟即可服用。徐徐饮用，边饮边加开水。每日上午和下午各泡服一剂。

〔注意事项〕饮茶期间，注意饮食方面的调摄，忌吃生冷和不易消化的食物。

41. 佩柴枳附解郁茶

〔组成〕佩兰5克，柴胡5克，枳壳5克，香附5克。

〔功效〕疏肝解郁，运脾化湿。

〔主治〕肝郁乘脾，脾失健运的胃肠神经官能症。症见胸脘胁胀满疼痛，纳呆食少，大便清溏，苔腻，脉濡。

〔服用方法〕将香附砸碎，将枳壳切成小碎块，与其他药一起置入茶杯内，倒入刚沸的开水，盖严杯盖，约隔15至20分钟即可服用。徐徐饮用，边饮边加开水。每日上午和下午各饮一剂。

〔注意事项〕饮茶期间，应保持精神乐观，忌饮酒与抽烟并少吃辛辣油腻食品。

42. 金木理气胃痛茶

〔组成〕郁金5克，木香5克，佛手5克，甘草3克。

〔功效〕行气解郁，顺气和胃。

〔主治〕肝气犯胃所致的胃痛。症见胃脘疼痛，胀满不适，嗳气噎膈，不思饮食。

〔服用方法〕将以上药物切成小碎块，并置入茶杯内，倒入刚沸的开水，盖严杯盖，约隔15至20分钟即可服用。徐徐饮用，边饮边加开水。每日上午和下午各泡服一剂。

〔注意事项〕饮茶期间，忌饮酒、忌吃生、冷、硬及辛辣的食物并避免动怒生气。

43. 胡椒二香胃痛茶

〔组成〕胡椒1克，丁香3克，木香5克。

〔功效〕温中散寒止痛。

〔主治〕中焦虚寒，阴寒内盛的腹痛。症见腹中冷痛，喜温喜按，得暖则减，口吐清水，肢冷畏寒。

〔服用方法〕将胡椒和丁香砸碎，将木香切成小碎块，同时置入茶杯中，倒入刚沸的开水，盖严杯盖，约隔10至15分钟即可服用。徐徐饮用，一剂泡一次。

〔注意事项〕本药茶热饮更能发挥其药效。疼痛时饮用本药茶，疼痛即可缓解；否则应立即上医院治疗。

44. 枳术消满茶

〔组成〕枳实5克，白术5克。

〔功效〕健脾行气。

〔主治〕脾虚气滞的胃肠神经官能症。症见脘腹胀满，不思饮食，食入反胀，大便溏泄，神疲气短。

〔服用方法〕将枳实砸碎，将白术切成碎块，并置入茶杯，倒入刚沸的开水，盖严杯盖，约隔15至20分钟即可服用。徐徐饮用，边饮边加开水。每日上午和下午各饮一剂。

〔注意事项〕本药茶宜热饮。饮用期间，饮食应以清淡易消化者为主。

45. 枳实芍药止痛茶

〔组成〕枳实5克，白芍5克，甘草3克。

〔功效〕行滞缓急止痛。

〔主治〕

（1）产后血气凝滞所致的少腹作痛。

（2）气滞肝郁的青春期痛经。

〔服用方法〕将枳实砸碎，将白芍和甘草切成小碎块，同时置入茶杯内，倒入刚沸的开水，盖严杯盖，约隔15至20分钟即可服用。徐徐饮用，边饮边加开水。每日上午和下午各饮一剂。

〔注意事项〕本药茶宜热饮。如为痛经，需在行经前三天开始饮用，月经来潮后第二天即可停药。

饮茶期间，注意腹部保暖，忌吃生冷食物。

46. 枳薤桂枝茶

〔组成〕瓜蒌5克，薤白3克，枳实3克，桂枝3克。

〔功效〕通阳散结，行气消满。

〔主治〕心阳不足，阳气郁阻的胸痹证。症见胸部闷痛，甚则胸痛彻背，喘息咳嗽，短气，舌苔白腻，脉沉弦。

〔服用方法〕将薤白和枳实捣烂，将瓜蒌撕成小碎块，然后将全部药物置入茶杯内，倒入刚沸的开水，盖严杯盖，约隔15至20分钟即可饮用。一边饮一边加入开水，直至药味饮淡为止。上午和下午各饮一剂。

〔注意事项〕

（1）本药茶宜长期服用，连续服用20天为一疗程，一般需服用2至3个疗程。

（2）服用本药茶期间，忌食油腻食物。

附：古代的胸痹证与现代医学中的冠心病有相同之处，故本药茶可用于冠心病患者。

47. 砂仁白术安胎茶

〔组成〕缩砂仁5克，白术5克。

〔功效〕顺气和中。

〔主治〕

（1）脾胃气虚，胎气上逆的恶阻。症见脘腹闷胀，恶心欲吐，厌恶油腻，不思饮食，甚者食入即吐。

（2）肝胃不和的胎动不安。

〔服用方法〕将砂仁砸碎，将白术切成小碎块，同时置入茶杯内，倒入刚沸的开水，盖严杯盖，约隔10至15分钟即可服用。徐徐饮用，边饮边加开水。每日泡服一剂。

〔注意事项〕饮茶时，应频频少量饮入，否则会加重胃的负担而致吐。

本药茶宜热饮。

48. 砂仁行气化滞茶

〔组成〕缩砂仁5克，枳壳5克，山楂5克，神曲5克，麦芽5克。

〔功效〕行气化滞。

〔主治〕宿食积滞的消化不良症。症见脘腹胀满，不思饮食，嗳腐酸馊，或腹泻臭秽。

〔服用方法〕将砂仁砸碎，将枳壳和山楂切成小碎块，同时置入茶杯内，倒入刚沸的开水，盖严杯盖，约隔10至15分钟即可服用。徐徐饮用，边饮边加开水。每日上午和下午各饮一剂。

〔注意事项〕饮茶期间，宜食清淡易消化的食物。

49. 砂苏姜陈止呕茶

〔组成〕砂仁5克，紫苏叶5克，生姜3克，陈皮5克。

〔功效〕温中散寒，降逆止呕。

〔主治〕中焦虚寒，升降失职的慢性胃炎。症见恶心呕吐，胃脘冷痛，喜温喜按，舌淡白，脉沉弱。

〔服用方法〕将砂仁砸碎，将生姜切成薄片，与其他药一起置入茶杯内，倒入刚沸的开水，盖严杯盖，约隔10至15分钟即可服用。徐徐饮用，边饮边加开水。每日上午和下午各饮一剂。

〔注意事项〕本药茶宜热饮。饮用时应频频少量饮入，勿一次饮量过大，以免加重胃的负担而致吐。饮用期间，忌吃生冷食物，并注意腹部保暖。

50. 砂姜暖脾止泻茶

〔组成〕砂仁5克，干姜5克，陈皮3克，茯苓5克。

〔功效〕暖脾散寒，升清止泻。

〔主治〕脾胃虚寒，清阳下陷的慢性肠炎。症见下利清谷，滑脱不禁，四肢不温，腹部冷痛，舌淡白，脉沉弱。

〔服用方法〕将砂仁砸碎，将干姜、陈皮和茯苓切成小碎块，同时置入茶杯内，倒入刚沸的开水，盖严杯盖，约隔 10 至 15 分钟即可服用。徐徐饮用。每日上午和下午各饮一剂。

〔注意事项〕本药茶宜热饮，饮用期间，忌吃生冷食物并注意腹部保暖。

51. 香砂健脾益胃茶

〔组成〕木香 5 克，砂仁 5 克，党参 5 克，白术 5 克，山楂 5 克。

〔功效〕益气健脾，理气开胃。

〔主治〕脾虚不运，饮食积滞的胃肠功能紊乱症。症见脘腹胀满，不思饮食，恶心欲呕，大便清溏，神疲气短，面色无华。

〔服用方法〕将砂仁砸碎，将其他的药切成小碎块，同时置入茶杯内，盖严杯盖，约隔 10 至 15 分钟即可服用。徐徐饮用，边饮边加开水。每日上午和下午各饮一剂。

〔注意事项〕饮茶期间，应食清淡易消化的食物，忌吃油腻厚味之物。

52. 香槟四味止痢茶

〔组成〕木香 5 克，槟榔 5 克，白芍 5 克，黄连 4 克。

〔功效〕清热燥湿，理气行滞。

〔主治〕湿热积滞，壅结大肠的痢疾。症见下痢赤白，里急后重，腹痛肠鸣。

〔服用方法〕将木香、槟榔和白芍切成小碎块，与黄连一起置入茶杯内，倒入刚沸的开水，盖严杯盖，约隔 15 至 20 分钟即可服用。徐徐饮用，边饮边加开水。每日上午、下午和晚上睡前各泡服一剂。

〔注意事项〕饮茶期间，忌吃辛辣油腻和不容易消化的食物。

本药茶下气破积之力较强，不宜长期久服，应中病即止，久用有伤气耗阴之弊。

53. 姜朴消胀茶

〔组成〕生姜 5 克，厚朴 5 克。

〔功效〕温中散寒，行气消满。

〔主治〕寒湿困脾或肝气乘脾所致的腹胀证。症见脘腹胀满、嗳气矢气，不思饮食，脉弦。

〔服用方法〕将生姜切成薄片，将厚朴切成小碎块，两者一起置入茶杯内，倒入刚沸的开水，盖严杯盖，约隔15分钟即可服用。徐徐饮用，边饮边加开水，直至药味清淡。每日上午和下午各饮一剂。

〔注意事项〕饮茶期间，应保持精神愉快，避免生气并忌食生冷食物。

54. 姜曲吴萸止痢茶

〔组成〕生姜5克，神曲5克，吴茱萸3克。

〔功效〕消食导滞，暖脾和中。

〔主治〕脾胃虚寒，饮食积滞的休息痢。症见下痢日久，日夜不止，腹内冷痛，喜温喜按。

〔服用方法〕将生姜切为薄片，将吴茱萸砸碎，与神曲一起置入茶杯内，倒入刚沸的开水，盖严杯盖，约隔10至15分钟即可服用。徐徐饮用，边饮边加开水。每日上午和下午各饮一剂。

〔注意事项〕饮茶期间，忌食生冷食物，并注意腹部保暖，避免着凉。

55. 姜黄行气胁痛茶

〔组成〕姜黄5克，枳壳5克，桂枝3克，甘草3克。

〔功效〕疏肝行气，活血止痛。

〔主治〕肝郁气滞所致的胁痛。症见胁肋疼痛，胀痛拒按，胸脘胀满，不思饮食。

〔服用方法〕将以上药物切成小碎块，并置入茶杯内，倒入刚沸的开水，盖严杯盖，约隔15至20分钟即可服用。徐徐饮用，边饮边加开水。每日上午和下午各泡服一剂。

〔注意事项〕饮茶期间，避免动怒生气，应保证足够的休息并忌吃辛辣食物。

56. 扁豆连朴和中茶

〔组成〕香薷3克，扁豆5克，黄连2克，厚朴5克。

〔功效〕祛暑辟秽，化湿和中。

〔主治〕暑湿内伤，脾胃不和的暑泻。症见恶心呕吐，腹痛肠鸣，泄泻不止。

〔服用方法〕将扁豆炒至焦黄并砸碎，将厚朴切成小碎块，与其他药一起置入茶杯内，倒入刚沸的开水，盖严杯盖，约隔15至20分钟即可服用。徐徐饮用，边饮边加开水。每日上午和下午各泡服一剂。

〔注意事项〕饮用本药茶应频频少量饮入，否则会加重胃的负担而致吐。

饮用期间，忌吃生冷、油腻和辛辣的食物。

57. 莱菔腹皮消胀茶

〔**组成**〕莱菔子 5 克，大腹皮 5 克，砂仁 3 克，甘草 3 克。

〔**功效**〕行气导滞消胀。

〔**主治**〕气壅水结的腹胀证。症见大腹作胀疼痛，不思饮食，小便短少。

〔**服用方法**〕将砂仁砸碎，将大腹皮撕成碎块，与其他药一起置入茶杯内，倒入刚沸的开水，盖严杯盖，约隔 10 至 15 分钟即可服用。徐徐饮用，边饮边加开水。每日上午和下午各饮一剂。

〔**注意事项**〕本药茶宜热饮，并不宜长饮久服，应中病即止。

58. 桔皮竹茹止呕茶

〔**组成**〕桔皮 5 克，竹茹 5 克，生姜 3 克，川连 2 克。

〔**功效**〕清热降逆，涤痰和胃。

〔**主治**〕痰热中阻的急、慢性胃炎。症见恶心呕吐，烦闷不宁，舌红，脉数。

〔**服用方法**〕将生姜切成薄片，与其他药一起置入茶杯内，倒入刚沸的开水，盖严杯盖，约隔 10 至 15 分钟即可服用。徐徐饮用，边饮边加开水。每日上午和下午各饮一剂。

〔**注意事项**〕本药茶适用于痰热中阻的呕吐，如为胃部受凉的虚寒性呕吐，则忌用本药茶。饮用期间，忌饮酒及忌食辛辣食物。

59. 桔核杜仲暖肾茶

〔**组成**〕桔核 5 克，杜仲 5 克。

〔**功效**〕暖肾散寒止痛。

〔**主治**〕肾气虚寒的腰痛，症见腰部空冷疼痛，得暖则舒，小便频数而清长，肢冷畏寒，神疲倦怠。

〔**服用方法**〕将桔核砸破，将杜仲切成小碎块，同时置入茶杯内，倒入刚沸的开水，盖严杯盖，约隔 15 至 20 分钟即可服用。徐徐饮用，边饮边加开水。每日上午和晚上睡觉前各泡服一剂。

〔**注意事项**〕饮用本药茶宜热饮。饮用期间忌食生冷食物。

60. 桔核消疝茶

〔**组成**〕桔核 5 克，吴茱萸 3 克，川芎 5 克，桃仁 5 克。

〔功效〕行气散寒止痛。

〔主治〕肝郁气结寒凝所致的小肠疝气，阴核肿痛，或引脐腹绞痛。

〔服用方法〕将结核、吴茱萸和桃仁砸碎，将川芎切成小碎块，同时置入茶杯内，倒入刚沸的开水，盖严杯盖，约隔15至20分钟即可服用。徐徐饮用，边饮边加开水。每日上午和下午各饮一剂。

〔注意事项〕本药茶宜热饮。饮用期间，忌吃生冷食物，并注意腹部保暖。

61. 桔蒲青蒌乳核茶

〔组成〕桔核5克，蒲公英5克，青皮5克，瓜蒌5克。

〔功效〕疏肝散结。

〔主治〕肝郁气滞，疏泄失调的乳腺增生病。症见乳房内有结块，不红不肿，隐隐作痛，易怒易烦。

〔服用方法〕将桔核砸破，将青皮和瓜蒌切成小碎块，与蒲公英一起置入茶杯内，倒入刚沸的开水，盖严杯盖，约隔15至20分钟即可服用。徐徐饮用，边饮边加开水。每日上午和下午各泡服一剂。

〔注意事项〕饮茶期间，应保持精神乐观，情绪稳定。

62. 柴胡疏肝茶

〔组成〕柴胡5克，枳实3克，白芍3克，白术3克。

〔功效〕舒肝解郁，行气止痛。

〔主治〕肝郁气滞所致的胸胁脘腹诸痛症。症见脘腹胀满，两胁疼痛，胸闷不适，矢气则舒，饮食不香，食后反胀，苔白，脉弦。

〔服用方法〕将枳实、白芍和白术劈成小碎块，与柴胡一起置入茶杯内，倒入刚沸的开水，盖严杯盖，约隔20分钟即可服用。徐徐饮用，边饮边加开水，直至药味清淡。每日上午和下午各饮一剂。

〔注意事项〕饮茶期间，应保持情绪乐观，避免生气发怒。

63. 柴胡疏肝利胆茶

〔组成〕柴胡5克，车前子3克，白茅根5克，甘草1克。

〔功效〕疏肝利胆。

〔主治〕肝胆郁热所致的黄疸证。症见两胁隐痛，略见全身黄疸，白睛和小便微黄，口苦，舌苔腻。

〔服用方法〕将车前子捣烂，与其他药一起置入茶杯内，倒入刚沸的开水，盖严杯盖，约隔15至20分钟即可饮用。徐徐饮用，边饮边加开水，直至药味清淡。每日上午和下午各饮一剂。

〔注意事项〕饮茶期间，忌食油腻厚味的食物，同时注意保暖以防感冒。

64. 益智青茴疝痛茶

〔组成〕益智仁3克，青皮5克，小茴香3克。

〔功效〕散寒止痛。

〔主治〕寒凝气滞所致的疝痛。症见少腹疼痛，痛引睾丸，得温则缓，遇寒则剧。

〔服用方法〕将益智仁和青皮砸烂，与小茴香一起置入茶杯内，倒入刚沸的开水，盖严杯盖，约隔15至20分钟即可服用。徐徐饮用，边饮边加开水。每日上午和晚上各泡服一剂。

〔注意事项〕本药茶宜热饮。饮用期间，注意腹部保暖并忌吃生冷食物。

65. 海风温肺止咳茶

〔组成〕海风藤5克，五味子5克，细辛1克，干姜3克。

〔功效〕温肺化饮，止咳平喘。

〔主治〕肺寒留饮，肺气不宣的老年性支气管炎。症见咳嗽，喘促，气急，胸闷，痰多稀白，一咯即出。

〔服用方法〕将五味子砸碎，将海风藤和干姜切成小碎块，与细辛一块置入茶杯内，倒入刚沸的开水，盖严杯盖，约隔10至15分钟即可服用。徐徐饮用，边饮边加开水。每日上午和下午各泡服一剂。

〔注意事项〕本药茶宜热饮。饮用时，可将口鼻对着杯口深呼吸，让药液的蒸汽充分进入肺内，能更好地发挥药效。

66. 调经逍遥茶

〔组成〕柴胡5克，当归5克，白芍3克，香附3克。

〔功效〕疏肝解郁，养血调经。

〔主治〕肝气郁滞所致的月经不调或痛经证。症见行经或提前或延后，来潮前腹部疼痛，腰骶酸胀，乳房胀痛，舌淡，脉弦。

〔服用方法〕将当归、白芍和香附切成小碎块，与柴胡一起置入茶杯内，倒入刚沸的开水，盖严杯盖，约隔20分钟左右即可服用。徐徐饮用，边饮边加开水，直至药味清淡。每日上午和下午各饮一剂。

〔注意事项〕本药茶应于每次行经前三天开始饮用，来潮三天后即可停药，饮用本药茶期间忌食生冷食物。

67. 越鞠开郁消痞茶

〔组成〕川芎5克，香附3克，苍术3克，神曲5克，栀子3枚。

〔功效〕舒肝理脾，开郁消痞。

〔主治〕气、血、火、湿、食郁结中焦的胃肠神经官能症。症见胸膈痞闷，脘腹胀满，吞酸呕吐，不思饮食，大便溏薄。

〔服用方法〕将香附和栀子砸碎，将川芎和苍术切成小碎块，与神曲一起置入茶杯内，倒入刚沸的开水，盖严杯盖，约隔15至20分钟即可服用。

〔注意事项〕饮茶期间，忌吃生冷、油腻和不易消化的食物，同时应保持精神乐观，情绪稳定。

68. 温肾调肝痛经茶

〔组成〕当归5克，阿胶5克，巴戟天5克，山药5克。

〔功效〕温肾调肝，养血止痛。

〔主治〕肝肾亏损，血海空虚，胞脉失养所致的痛经。症见每次经行前后少腹空痛，喜温喜按，腰膝酸软不适，经量少。

〔服用方法〕将当归、巴戟天和山药切成小碎块，与阿胶一起置入茶杯内，倒入刚沸的开水，盖严杯盖，约隔20分钟左右即可服用。饮用时，先用汤匙搅拌药液，使阿胶完全溶化后再徐徐饮用。一剂泡一次，每日上午和下午各泡服一剂。

〔注意事项〕本药茶宜热饮。每次行经前三天开始饮用，经痛减轻后即可停药，连续饮用3至6个周期。

69. 暖肝解郁茶

〔组成〕苏叶5克，陈皮3克，白芍3克，砂仁3克。

〔功效〕暖肝散寒，解郁理气。

〔主治〕肝气郁滞，木旺乘土的脘胁胀满症。症见两胁胀痛，脘腹胀满，恶心欲吐，不思饮食，苔白薄。

〔服用方法〕将砂仁砸烂，与其他的药一起放入茶杯内，倒入刚沸的开水，盖严杯盖，约隔15至20分钟后即可饮用。一剂泡一次，一次饮完，早中晚各饮一剂。

〔注意事项〕凡由阴虚所致胁肋疼痛者，不宜饮用本药茶。

70. 缩砂行气止痛茶

〔组成〕缩砂仁5克，香附5克，沉香2克，甘草2克。

〔功效〕行气止痛。

〔主治〕脾胃气滞的胃痛。症见脘腹疼痛，不思饮食，食入反胀，苔白薄，脉弦紧。

〔服用方法〕将砂仁砸碎，将香附、沉香和甘草切成小碎块，同时置入茶杯内，倒入刚沸的开水，盖严杯盖，约隔 10 至 15 分钟即可服用。徐徐饮用，边饮边加开水。每日上午和下午各饮一剂。

〔注意事项〕本药茶宜热饮。饮用期间，应保持腹部温暖，忌吃生冷食物。

71. 藿香益胃止呕茶

〔组成〕藿香 5 克，桔红 5 克，党参 5 克，生姜 3 克。

〔功效〕益气和胃，化湿止呕。

〔主治〕脾胃气虚，胃气上逆的慢性胃炎。症见长期恶心欲吐，偶尔吐清口水，食少纳呆，气虚乏力，气短无力。

〔服用方法〕将生姜切成薄片，将党参切成小碎块，与其他药一起置入茶杯内，倒入刚沸的开水，盖严杯盖，约隔 15 至 20 分钟即可服用。

〔注意事项〕饮茶期间，应吃易消化、无刺激性的食物，忌食辛辣厚味油腻食物。

72. 藿香醒脾解郁茶

〔组成〕藿香 5 克，木香 5 克，陈皮 5 克，泽泻 3 克。

〔功效〕醒脾解郁，行气化湿。

〔主治〕肝郁乘脾，脾失健运的胃肠神经官能症。症见脘腹胁肋胀满疼痛，饮食不香，矢气则舒，脉紧。

〔服用方法〕将木香和泽泻切成小碎块，置入茶杯内，倒入刚沸的开水，盖严杯盖，约隔 15 至 20 分钟即可服用。徐徐饮用，边饮边加开水。每日上午和下午各饮一剂。

〔注意事项〕饮茶期间，应保持精神乐观，少吃油腻食物。

73. 藻桔桂乌疝气茶

〔组成〕海藻 5 克，桔核 5 克，桂心 5 克，台乌 5 克。

〔功效〕疏肝理气，软坚散结。

〔主治〕气滞寒凝的疝气。症见阴囊肿硬疼痛，舌白，苔薄，肠脉。

〔服用方法〕将桔核砸碎，将桂心和台乌切成小碎块，与海藻一起置入茶杯内，倒入刚沸的开水，盖严杯盖，约隔 20 至 25 分钟即可服用。徐徐饮用，边饮边加开水。每日上午和下午各饮一剂。

〔注意事项〕本药茶宜热饮。

安神剂

1. 龙眼枣仁安神茶

〔组成〕龙眼肉 3 克，枣仁 5 克。

〔功效〕养心安神。

〔主治〕心神失养所致的神经衰弱。症见心悸，怔忡，健忘，失眠，梦多，易醒，汗多，神疲。

〔服用方法〕将枣仁砸碎，与龙眼肉一起置入茶杯内，倒入刚沸的开水，盖严杯盖，约隔15至20分钟即可服用。徐徐饮用，边饮边加开水。每日上午和晚上各泡服一剂。

〔注意事项〕饮茶期间，应保持情绪稳定，适当加强体育运动并避免过度的脑力劳动。

2. 百合枣仁安神茶

〔组成〕百合 5 克，枣仁 5 克，远志 5 克。

〔功效〕清心安神。

〔主治〕心阴亏损，心肾不交的神经衰弱。症见心烦，失眠，健忘，多梦，神疲，腰酸，乏力。

〔服用方法〕将枣仁砸碎，将其他药切成小碎块，同时置入茶杯内，倒入刚沸的开水，盖严杯盖，约隔15至20分钟即可服用。徐徐饮用，边饮边加开水。每日上午和晚上各泡服一剂。

〔注意事项〕饮茶期间，应适当加强体育锻炼，避免过度的脑力劳动。

3. 竹茹除烦安眠茶

〔组成〕竹茹 5 克，麦冬 5 克，小麦 5 克，大枣 5 克，甘草 2 克。

〔功效〕清热除烦，宁神安眠。

〔主治〕心阴虚而痰火内扰的失眠。症见心中烦躁不安，或梦多纷纭，或彻夜难眠。

〔服用方法〕将大枣切烂，与其他药一起置入茶杯内，倒入刚沸的开水，盖严杯盖，约隔15至20分钟即可服用。徐徐饮用，边饮边加开水。每日晚饭后饮一剂。

〔注意事项〕饮茶时，忌抽烟及喝咖啡、饮茶等兴奋型饮料。

4. 合欢清心安神茶

〔组成〕合欢花5克，黄连1克，郁金3克，夜交藤5克。

〔功效〕清心安神。

〔主治〕热扰心神，心神不定的神经衰弱。症见心中烦热，夜卧不安，失眠多梦，或容易惊醒。

〔服用方法〕将郁金和夜交藤切成小碎块，与其他药一起置入茶杯内，倒入刚沸的开水，盖严杯盖，约隔10至15分钟即可服用。徐徐饮用，边饮边加开水。每晚睡觉前泡服一剂。

〔注意事项〕饮茶期间，忌抽烟、饮酒及吃辛辣食物。

5. 交藤归脏失眠茶

〔组成〕夜交藤5克，合欢花5克，柏子仁3克，薄荷3克，大枣三枚。

〔功效〕养心安神。

〔主治〕心神不养的神经衰弱。症见入夜难寐，或梦多纷纭，容易惊醒，白昼精神萎靡，困倦乏力。

〔服用方法〕将大枣切碎，与其他药一起置入茶杯内，倒入刚沸的开水，盖严杯盖，约隔10至15分钟即可服用。徐徐饮用，边饮边加开水。每日上午和晚上睡前各泡服一剂。

〔注意事项〕饮茶期间，忌抽烟、饮酒及吃辛辣食物。

6. 远志安神定志茶

〔组成〕远志3克，茯神5克，菖蒲3克，五味子3克。

〔功效〕安神定志。

〔主治〕心气不足，心神不安的神经衰弱。症见惊悸，失眠，怔忡，甚者喜乐无常。

〔服用方法〕将五味子砸碎，将其他药切成小碎块，置入茶杯内，倒入刚沸的开水，盖严杯盖，约隔15至20分钟即可服用。徐徐饮用，边饮边加开水。每日上午和晚上睡前各泡服一剂。

〔注意事项〕饮茶期间，忌抽烟、饮酒及吃辛辣食物。

7. 杞圆滋阴养心茶

〔组成〕枸杞子5克，桂圆肉3克。

〔功效〕滋阴养血，补心安神。

〔主治〕阴血不足，不养心神的神经衰弱症。症见头晕眼花，心悸怔忡，失眠不寐，或梦多易醒。

〔服用方法〕将以上药物置入茶杯内，倒入刚沸的开水，盖严杯盖，约隔 20 分钟即可服用。一剂泡一次，徐徐饮用，最后将药渣嚼烂，用药茶送服。每日上午和晚上各泡服一剂。

〔注意事项〕饮茶期间，应适当加强体育锻炼，避免过度的脑力劳动。

8. 连桂交泰茶

〔组成〕黄连 3 克，肉桂 3 克。

〔功效〕交通心肾，调济水火。

〔主治〕心肾不交，水火不济所致的怔忡证。症见怔忡不安，失眠不寐，心烦口燥，腰膝酸软。

〔服用方法〕将肉桂掰成小碎块，与黄连一起置入茶杯内，倒入刚沸的开水，盖严杯盖，约隔 20 分钟左右即可服用。徐徐饮用。每日下午和晚上睡前各泡服一剂。

〔注意事项〕饮茶期间，应保持精神乐观并忌食各种辛辣燥火食物。

9. 枣仁竹叶除烦茶

〔组成〕酸枣仁 5 克，淡竹叶 5 克。

〔功效〕清心除烦。

〔主治〕心火炽盛的神经衰弱。症见心中烦躁辗转难眠，梦多纷纭，容易惊醒。

〔服用方法〕将酸枣仁砸碎，与淡竹叶一起置入茶杯内，倒入刚沸的开水，盖严杯盖，约隔 10 至 15 分钟即可服用。徐徐饮用，边饮边加开水。每晚睡觉前泡服一剂。

〔注意事项〕饮茶期间，忌吸烟及吃辛辣食物。

10. 枣仁养心安神茶

〔组成〕酸枣仁 5 克，知母 5 克，川芎 5 克，茯苓 5 克，甘草 2 克。

〔功效〕清热除烦，养心安神。

〔主治〕心神不足，心火炽盛的神经衰弱。症见惊悸，恐惧，虚烦不寐。

〔服用方法〕将酸枣仁砸碎，将其他药切成小碎块，同时置入茶杯内，倒入刚沸的开水，盖严杯盖，约隔 10 至 15 分钟即可服用。徐徐饮用，边饮边加开水。每晚睡觉前泡服一剂。

〔注意事项〕饮茶期间，忌吸烟及吃辛辣食物。

11. 炙草桂枝养心茶

〔组成〕炙甘草 3 克，桂枝 5 克，生地 5 克，阿胶 5 克。

〔功效〕益气温阳，生血养心。

〔主治〕心阳不通，心血不足的窦性传导阻沛。症见心悸，怔忡，自汗，脉结代。

〔服用方法〕将炙甘草、生地和桂枝切成小碎块，与阿胶一起置入茶杯内，倒入刚沸的开水，盖严杯盖，约隔 20 分钟左右即可服用。饮用时，先用汤匙搅拌药液，使阿胶完全溶化后再饮用。一剂泡一次，徐徐饮用。每日上午和晚上各泡服一剂。

〔注意事项〕饮茶期间，应保证足够的休息，避免到嘈杂喧哗之处并适当增加体育锻炼，但勿过度疲劳。

12. 炙草麻仁养心茶

〔组成〕炙甘草 5 克，火麻仁 5 克，党参 5 克，生地 5 克，桂枝 3 克。

〔功效〕益气养血，补心通阳。

〔主治〕心血不足，心阳不振的房室传导阻滞。症见心悸怔忡，恶梦纷纭，脉结代。

〔服用方法〕将火麻仁砸破，将其他药切小碎块，同时置入茶杯内，倒入刚沸的开水，盖严杯盖，约隔 15 至 20 分钟即可服用。徐徐饮用，边饮边加开水。每日上午和晚上睡前各泡服一剂。

〔注意事项〕饮茶期间，应保证足够的休息，避免过度疲劳。

13. 参龙二仁养心茶

〔组成〕党参 5 克，龙眼肉 5 克，枣仁 5 克，柏子仁 5 克。

〔功效〕益气养心，宁神益智。

〔主治〕心脾两伤，心血不足，血不养心的神经衰弱。症见怔忡心悸，失眠多梦，面色无华，神疲气短。

〔服用方法〕将枣仁砸碎，将党参切成小碎块，与其他药一起置入茶杯内，倒入刚沸的开水，盖严杯盖，约隔 15 至 20 分钟即可服用。徐徐饮用，边饮边加开水。每晚睡觉前泡服一剂。

〔注意事项〕饮茶期间，应适当增加体育锻炼，避免过度脑力劳动。

14. 茯神宁心安神茶

〔组成〕茯神木 5 克，远志 5 克，党参 5 克，陈皮 3 克，甘草 2 克。

〔功效〕益气补心，宁心安神。

〔主治〕心气不足，心神不宁的窦性心律不齐。症见心悸心慌，怔忡不安，失眠多梦，恶梦纷纭。

〔服用方法〕将以上药物切成小碎块，并置入茶杯内，倒入刚沸的开水，盖严杯盖，约隔15至20分钟即可服用。徐徐饮用，边饮边加开水。每日上午和晚上睡前各泡服一剂。

〔注意事项〕饮茶期间，忌抽烟、饮酒并少吃辛辣食物。

15. 柏仁养心安神茶

〔组成〕柏子仁3克，石菖蒲5克，熟地5克，当归5克。

〔功效〕补血养心，安神定志。

〔主治〕心血亏损，血不养心的神经衰弱。症见精神恍惚，失眠多梦，健忘虚烦，面色㿠白，舌淡白，脉细弱。

〔服用方法〕将柏子仁捣烂，将其他药切成小碎块，同时置入杯内，倒入刚沸的开水，盖严杯盖，约隔15至20分钟即可服用。徐徐饮用，边饮边加开水。每日上午和晚上睡觉前各泡服一剂。

〔注意事项〕饮茶期间，忌抽烟、饮酒及吃辛辣食物。

16. 莲茯养心益肾茶

〔组成〕莲子5克，茯神5克，酸枣仁5克，生地5克。

〔功效〕交心肾，固精气。

〔主治〕心肾不交，精气不固的遗精。症见心悸，失眠，梦遗失精。

〔服用方法〕将酸枣仁砸碎，将其他药切成小碎块，同时置入茶杯内，倒入刚沸的开水，盖严杯盖，约隔15至20分钟即可服用。徐徐饮用，边饮边加开水。每日上午和晚上各泡服一剂。

〔注意事项〕饮茶期间，应适当加强体育锻炼，避免过度的脑力劳动。

17. 桂枝炙草补心茶

〔组成〕桂枝5克，炙甘草5克。

〔功效〕温补心阳。

〔主治〕心阳不足，搏动无力的窦性心动过缓。症见心跳过缓，心悸怔忡，头晕目眩，肢冷畏寒。

〔服用方法〕将以上药物置入茶杯内，倒入刚沸的开水，盖严杯盖，约隔15至20分钟即可服用。徐徐饮用，边饮边加开水。每日上午和下午各泡服一剂。

〔**注意事项**〕饮茶期间，应保证足够的休息，适当加强体育锻炼，但勿过度疲劳，并忌吃生冷食物。

18. 浮麦枣仁除烦茶

〔**组成**〕浮小麦 10 克，酸枣仁 5 克。

〔**功效**〕养心除烦。

〔**主治**〕心阴亏损，心火不潜的神经官能症。症见心悸惊惕，烦躁汗出，脉细数。

〔**服用方法**〕将酸枣仁捣碎，与浮小麦一起置入茶杯内，倒入刚沸的开水，盖严杯盖，约隔 10 至 15 分钟即可服用。徐徐饮用，边饮边加开水。每日上午和晚上各泡服一剂。

〔**注意事项**〕饮用期间应保证足够的休息，避免过度的脑力劳动并保持情绪稳定。

19. 菖金癫狂茶

〔**组成**〕菖蒲 5 克，郁金 5 克，竹茹 5 克，枳壳 5 克。

〔**功效**〕清心化瘀解郁。

〔**主治**〕痰热郁结，蒙蔽心窍，心神失宁所致的癫痫惊狂。症见神志痴呆，喜怒无常，或狂躁不宁，及抽搐吐涎。

〔**服用方法**〕将郁金、菖蒲和枳壳切成小碎块，与竹茹一起置入茶杯内，倒入刚沸的开水，盖严杯盖，约隔 15 至 20 分钟即可服用。徐徐饮用，边饮边加开水。每日上午和晚上泡服一剂。

〔**注意事项**〕饮茶期间，忌抽烟、饮酒及吃辛辣食物。

20. 菖蒲开窍中风茶

〔**组成**〕石菖蒲 5 克，天麻 5 克，全蝎 2 克，木香 5 克。

〔**功效**〕避秽涤痰，通利清阳。

〔**主治**〕风痰阻络的脑血管意外。症见语言蹇塞，舌喑不语，口眼㖞斜，口中流涎。

〔**服用方法**〕将石菖蒲、天麻和木香切成小碎块，与全蝎一起置入茶杯中，倒入刚沸的开水，盖严杯盖，约隔 15 至 20 分钟即可服用。徐徐饮用，边饮边加开水。每日上午和下午各服一剂。

〔**注意事项**〕饮用本药疗效较慢需长期服用，或只作为一种辅助药物。

21. 菖蒲安神定志茶

〔组成〕石菖蒲 5 克，茯苓 5 克，茯神 5 克，远志 5 克。

〔功效〕安神定志。

〔主治〕痰火扰心的神经衰弱。症见惊恐不卧。梦多纷纭，精神不振，悲伤不乐。

〔服用方法〕将以上药物切成小碎块，同时置入茶杯内，倒入刚沸的开水，盖严杯盖，约隔 15 至 20 分钟即可服用。徐徐饮用，边饮边加开水。每日上午和晚上睡觉前各泡服一剂。

〔注意事项〕饮茶期间，忌吃辛辣燥火的食物，并应保证足够的休息。

22. 菖蒲葱白耳聋茶

〔组成〕石菖蒲 5 克，葱白 2 个。

〔功效〕开窍聪耳。

〔主治〕肾虚不纳，气虚窍闭的老年性耳聋症。症见耳聋，耳鸣，重听、腰膝酸软，神疲乏力。

〔服用方法〕将石菖蒲切成小碎块，将葱白捣烂，同时置入茶杯内，倒入刚沸的开水，盖严杯盖，约隔 15 至 20 分钟即可服用，一剂泡一次，一次饮完。每日上午和下午各饮服一剂。

〔注意事项〕饮茶期间，可每日吃猪肾一个，以辅其疗效。

23. 菖蒲增智益脑茶

〔组成〕石菖蒲 5 克，远志 5 克，熟地 5 克，菟丝子 5 克。

〔功效〕开窍健脑，补肾益智。

〔主治〕心肾亏损的健忘证。症见记忆减退，失眠多梦，头晕脑胀，精力不足。

〔服用方法〕将石菖蒲、远志和熟地切成小碎块，将菟丝子砸破，同时置入茶杯内，倒入刚沸的开水，盖严杯盖，约隔 15 至 20 分钟即可服用。徐徐饮用，边饮边加开水。每日上午和晚上睡前各泡服一剂。

〔注意事项〕饮茶期间，应保证足够的休息睡眠。

温里剂

1. 二姜温中散寒茶

〔组成〕高良姜 5 克，干姜 3 克。

〔功效〕温中散寒。

〔主治〕脾胃虚寒的慢性胃肠炎。症见脘腹隐痛，喜温喜按，泻下日久，清稀无臭，肢冷畏寒。

〔服用方法〕将以上药物切成小碎块，并置入茶杯内，倒入刚沸的开水，盖严杯盖，约隔 10 至 15 分钟即可服用。徐徐饮用，边饮边加开水。每日上午和下午各泡服一剂。

〔注意事项〕本药茶热饮更能发挥其药效。饮用期间，忌吃生冷食物，并注意腹部的保暖。

2. 小茴生姜和胃茶

〔组成〕小茴香 3 克，生姜 5 克。

〔功效〕温中散寒，降逆止呕。

〔主治〕胃寒气逆的呕吐。症见脘腹冷痛，恶心呕吐，呃逆，食欲不振。

〔服用方法〕将生姜捣烂，与小茴香一起置入茶杯内，倒入刚沸的开水，盖严杯盖，约隔 10 至 15 分钟即可服用。徐徐饮用，边饮边加开水。每日上午和下午各泡服一剂。

〔注意事项〕本药茶热饮更能发挥其药效。饮用时，宜频频少量饮入，否则会伤胃而致吐。

饮茶期间，忌吃生冷油腻的食物。

3. 木瓜干姜止泻茶

〔组成〕木瓜 5 克，干姜 3 克，甘草 3 克。

〔功效〕温脾运湿止泻。

〔主治〕脾阳不足，不运水湿的慢性肠炎。症见久泻不止，一日数次，大便清溏，脘腹冷痛，得暖则舒。或久痢赤白。

〔服用方法〕将以上药物切成小碎块，置入茶杯内，倒入刚沸的开水，盖严杯盖，约隔 15 至 20 分钟即可服用。徐徐饮用，边饮边加开水。每日上午和下午各泡服一剂。

〔注意事项〕本药茶宜热饮。饮用期间，忌吃生冷和不易消化的食物。

本药茶为辛热之品，只适宜治脾阳虚的久泻，不可用于湿热盛的泄泻。

4. 甘草干姜温肺茶

〔组成〕甘草 5 克，干姜 3 克。

〔功效〕温肺化饮。

〔主治〕寒邪袭肺，肺失宣降，痰饮内停的咳嗽。症见久咳不止，痰多清稀，容易咳出，背心畏寒。

〔服用方法〕将以上药物切成小碎块，并置入茶杯内，倒入刚沸的开水，盖严杯盖，约隔 15 至 20 分钟即可服用。徐徐饮用，边饮边加开水。每日上午和晚上各泡服一剂。

〔注意事项〕饮茶时，可将口鼻对着杯口深呼吸，让药液的蒸汽充分进入肺中，则能更有效地发挥药效。

5. 艾叶温经崩漏茶

〔组成〕艾叶 5 克，炮姜 3 克，阿胶 5 克。

〔功效〕温经止血。

〔主治〕下元虚寒，冲任不固的崩漏。症见月经量多，过期不止，点滴不净，少腹冷痛，喜温喜按。

〔服用方法〕将炮姜切成小碎块，与其他药物一起置入茶杯内，倒入刚沸的开水，盖严杯盖，约隔 20 分钟左右即可服用。饮用时，先用汤匙搅拌药液，使阿胶完全溶化后再饮用。一剂药泡一次，一次饮完。每日上午和下午各泡服一剂。

〔注意事项〕每次行经时开始饮用，月经干净后停药，连续饮用 3 至 6 个月。

饮用期间，忌吃生冷食物，尽量避免接触冷水。

6. 艾附暖宫茶

〔组成〕艾叶 5 克，香附 5 克，肉桂 2 克，吴茱萸 3 克，当归 5 克。

〔功效〕暖宫散寒调经。

〔主治〕下元虚寒的宫冷不孕，月经延期，甚至闭经不至，带下清冷而如水注，腰腹冷痛，肢冷畏寒。

〔服用方法〕将香附和吴萸砸碎，将肉桂和当归切成小碎块，与艾叶一起置入茶杯内，倒入刚沸的开水，盖严杯盖，约隔 15 至 20 分钟即可服用。徐徐饮用，边饮边加开水。每日上午和下午各饮一剂。

〔注意事项〕饮茶期间，忌吃生冷食物。并注意腰腹部的保暖。

本药茶热饮疗效更佳。

7. 艾姜胃痛茶

〔组成〕艾叶 5 克，高良姜 5 克。

〔功效〕散寒止痛。

〔主治〕中焦虚寒所致的胃痛证。症见胃脘冷痛，喜温喜按，面色㿠白，肢冷畏寒。

〔服用方法〕将高良姜切成小碎块，与艾叶一起置入茶杯内，倒入刚沸的开水，盖严杯盖，约隔15至20分钟即可服用。徐徐饮用，边饮边加开水。每日上午和下午各泡服一剂。

〔注意事项〕本药茶宜热饮。饮用期间，忌吃生冷食物并注意腹部的防寒保暖，避免着凉。

8. 艾桂痛经茶

〔组成〕艾叶5克，肉桂2克，香附5克，吴茱萸3克，当归5克。

〔功效〕温经暖宫，理气止痛。

〔主治〕冲任虚寒，气机失调所致的痛经。症见每次行经前少腹疼痛，得暖则减，遇寒则剧。

〔服用方法〕将香附和吴茱萸砸碎，将肉桂和当归切成小碎块，与艾叶一起置入茶杯内，倒入刚沸的开水，盖严杯盖，约隔15至20分钟即可服用。徐徐饮用，边饮边加开水。每日上午和下午各泡服一剂。

〔注意事项〕每次行经前三天开始饮用，经行即可停药。本药茶宜热饮。
饮用期间，忌吃生冷食物，尽量避免接触冷水。

9. 白头干姜止痢茶

〔组成〕白头翁5克，干姜3克，石榴皮2克，红茶2克。

〔功效〕散寒解毒，涩肠止痢。

〔主治〕久泻久痢的虚寒痢。症见久痢不止，下痢清稀，有少许粘液，腹部隐痛，神疲乏力，白色无华。

〔服用方法〕将白头翁、干姜和榴皮切成小碎块，与茶叶一起置入茶杯内，倒入刚沸的开水，盖严杯盖，约隔20分钟左右即可服用。徐徐饮用，边饮边加开水。每日上午和下午各饮一剂。

〔注意事项〕痢疾的急性阶段，不可用本药茶，以免收涩过早，有闭门留寇之患。

10. 白蔻丁香温中茶

〔组成〕白蔻仁3克，丁香3克。

〔功效〕温中散寒，行气降逆。

〔主治〕

（1）寒凝气滞的胃痛。症见胃脘隐隐作痛，喜温喜按，食少纳差，大便清溏。

（2）寒阻中焦，气机失调的呃逆。症见呃逆不止，神疲气短，肢冷畏寒。

〔服用方法〕将以上药物砸碎，并置入茶杯内，倒入刚沸的开水，盖严杯盖，约隔10至15分钟即可服用。徐徐饮用，边饮边加开水。每日上午和下午各饮一剂。

〔注意事项〕本药茶宜热饮。饮用期间，忌食生冷食物，并注意腹部的保暖。

11. 白蔻温中止呕茶

〔组成〕白豆蔻3克，藿香5克，陈皮5克，生姜5克。

〔功效〕温中散寒，降逆止呕。

〔主治〕寒湿困脾，胃气上逆的急、慢性胃炎。症见恶心呕吐，脘腹冷痛，喜温喜按，肢冷畏寒，苔淡薄。

〔服用方法〕将白蔻砸碎，将生姜切成薄片，与其他药一起置入茶杯内，倒入刚沸的开水，盖严杯盖，约隔10至15分钟即可服用。徐徐饮用，边饮边加开水。每日上午和下午各泡服一剂。

〔注意事项〕本药茶宜热饮。饮用时宜频频少量饮入，否则会加重胃的负担而致吐。饮用期间，忌吃生冷食物并注意腹部的保暖。

12. 白蔻温中止泻茶

〔组成〕白豆蔻3克，肉桂2克，陈皮5克，诃子2克。

〔功效〕温中健脾止泻。

〔主治〕脾胃虚寒的慢性肠炎。症见大便清溏，一日数次，久久不愈，畏寒肢冷，腹部隐隐作痛。

〔服用方法〕将白豆蔻和诃子砸碎，将肉桂和陈皮切成小碎块，倒入刚沸的开水，盖严杯盖，约隔10至15分钟即可服用。徐徐饮用，边饮边加开水。每日上午和下午各饮一剂。

〔注意事项〕本药茶宜热饮。饮用期间，忌食生冷食物，并注意腹部的保暖。

13. 当归四逆解冻茶

〔组成〕当归3克，白芍5克，桂枝5克，细辛2克，木通3克，大枣1个，甘草2克。

〔功效〕温经散寒，养血通脉。

〔主治〕寒邪郁滞脉络的冻疮。症见四肢厥冷，发紫发乌，肢体酸痛，口不渴，苔淡苔白，脉沉细欲绝。

〔服用方法〕将大枣切成小碎块，将白芍和当归掰成小块，与其余的药一起全部置入茶杯内，倒入刚沸的开水，盖严杯盖，约隔15至20分钟即可服用。徐徐饮用，边饮边加开水，直至药味饮淡为止。上午和下午各饮一剂。

〔注意事项〕

（1）饮用过程中，注意手足的保暖。可边饮，边用手抚摸茶杯取暖，使四肢发热。

（2）冻疮后期，如见疮口溃烂，局部有灼热感等寒郁化热者，忌用本药茶。

14. 当归温阳调经茶

〔组成〕当归5克，肉桂2克，牛膝5克。

〔功效〕温暖胞宫，通经止血。

〔主治〕寒邪客于冲任，血行不畅的月经后期。症见每次月经延后7至10天，经血晦暗，经量稀少。

〔服用方法〕将以上药物切成小碎块，并置入茶杯内，倒入刚沸的开水，盖严杯盖，约隔15至20分钟即可服用。徐徐饮用，边饮边加开水。每日上午和下午各泡服一剂。

〔注意事项〕本药茶宜热饮。每次在经期开始饮用，经行后即可停药。连续饮用3至6个周期。

饮用期间，忌吃生冷食物。

15. 肉桂理阴痛经茶

〔组成〕肉桂2克，干姜3克，当归5克，熟地5克。

〔功效〕暖下元，温经脉，止痛经。

〔主治〕妇女冲任之脉虚寒的痛经。症见月经逾期不至，经行少腹冷痛，得暖痛减，肢冷畏寒。

〔服用方法〕将以上药物切成小碎块，并置入茶杯内，倒入刚沸的开水，盖严杯盖，约隔15至20分钟即可服用。徐徐饮用，边饮边加开水。每日上午和下午各泡服一剂。

〔注意事项〕本药茶热饮，更能发挥其药效。每月行经前三天开始饮用，月经来潮后两天即可停药。

饮用本药茶期间，忌吃各种生冷食物。

16. 肉桂暖腰止痛茶

〔组成〕肉桂2克，小茴香5克，威灵仙5克，当归5克。

〔功效〕温肾暖腰，散寒止痛。

〔主治〕寒邪直中肾府所致的腰痛。症见腰脊酸软强痛，活动不便，肢冷畏寒，腰部如冷水浇，喜温暖。

〔服用方法〕将肉桂、威灵仙和当归切成小碎块，与小茴香一起置入茶杯内，倒入刚沸的开水，盖严杯盖，约隔 15 至 20 分钟即可服用。徐徐饮用，边饮边加开水。每日上午和下午各泡服一剂。

〔注意事项〕本药茶热饮更能发挥其药效。饮用期间，注意避免着凉感冒，忌吃生冷食物。

17. 肉蔻姜陈止呕茶

〔组成〕肉豆蔻 5 克，生姜 5 克，陈皮 5 克。

〔功效〕温中和胃止呕。

〔主治〕寒邪中胃，胃气上逆的呕吐。症见呕吐频作，脘腹冷痛，喜温喜按。

〔服用方法〕将肉豆蔻砸碎，将生姜和陈皮切成小碎块，同时置入茶杯内，倒入刚沸的开水，盖严杯盖，约隔 10 至 15 分钟即可服用。徐徐饮用，边饮边加开水。每日上午和下午各泡服一剂。

〔注意事项〕本药茶宜频频少量饮入，否则会加重胃的负担而致吐。

18. 肉蔻温中固肠茶

〔组成〕肉豆蔻 3 克，白术 5 克，茯苓 5 克，甘草 2 克。

〔功效〕温中健脾，固肠止泻。

〔主治〕脾胃虚寒，水湿不运的慢性肠炎。症见久泻不止，日下数次，腹中隐痛，喜温喜按，不思饮食。

〔服用方法〕将肉豆蔻砸碎，将其他药切成小碎块，同时置入茶杯内，倒入刚沸的开水，盖严杯盖，约隔 15 至 20 分钟即可服用。徐徐饮用，边饮边加开水。每日上午和下午各泡服一剂。

〔注意事项〕本药茶宜热饮。饮用期间，忌吃生、冷、硬和油腻的食物。
湿热泄泻者不宜用本药茶。

19. 吴萸姜枣胃痛茶

〔组成〕吴株萸 2 克，党参 5 克，生姜 5 克，大枣 2 枚。

〔功效〕温胃散寒止痛。

〔主治〕寒邪犯胃的胃痛。症见胃脘隐痛，喜温喜按，得暖则减，口吐清水。

〔服用方法〕将吴茱萸砸碎，将生姜捣烂，将党参和大枣切成小碎块，共同置入茶杯内，倒入刚沸的开水，盖严杯盖，约隔 10 至 15 分钟即可服用。徐徐饮用，边饮边加开水。每日上午和下午各泡服一剂。

〔**注意事项**〕本药茶热饮更能发挥其药效。

饮用期间，忌吃各种生冷食物。

20. 吴萸温肝痛经茶

〔**组成**〕吴茱萸 2 克，桂枝 5 克，当归 5 克，白芍 5 克。

〔**功效**〕温肝养血止痛。

〔**主治**〕肝寒气滞，胞宫寒冷的痛经。症见月经先后无定期，经期腹部疼痛，喜温喜按，腰酸神疲。

〔**服用方法**〕将吴茱萸砸碎，将其他药切成小碎块，同时置入茶杯内，倒入刚沸的开水，盖严杯盖，约隔 15 至 20 分钟即可服用。徐徐饮用，边饮边加开水。每日上午和下午各泡服一剂。

〔**注意事项**〕每月行经前三天开始饮用本药茶，行经后即可停用。

饮茶期间，忌吃生冷食物。

21. 草蔻温中止痛茶

〔**组成**〕草豆蔻 3 克，厚朴 5 克，干姜 5 克，陈皮 5 克。

〔**功效**〕燥湿运脾，温中止痛。

〔**主治**〕寒湿困脾的胃脘痛。症见脘腹隐隐作痛，喜温喜按，肢冷畏寒，大便清溏。

〔**服用方法**〕将草蔻砸碎，将其他的药切成小碎块，并置入茶杯内，倒入刚沸的开水，盖严杯盖，约隔 15 至 20 分钟即可服用。徐徐饮用，边饮边加开水。每日上午和下午各饮一剂。

〔**注意事项**〕本药茶宜热饮。饮茶期间，忌吃生冷食物。

本药茶不宜长饮久服，中病即止，久服有伤肺损目之弊。

22. 草蔻温胃止呕茶

〔**组成**〕草豆蔻 3 克，肉桂 2 克，高良姜 3 克，陈皮 5 克。

〔**功效**〕温胃止呕。

〔**主治**〕寒湿内盛的呕吐证。症见恶心呕吐，胃脘隐隐作痛，喜温喜按，口不渴，四肢不温。

〔**服用方法**〕将草豆蔻砸碎，将肉桂、高良姜和陈皮切成小碎块，并置入茶杯内，倒入刚沸的开水，盖严杯盖，约隔 15 至 20 分钟即可服用。徐徐饮用，边饮边加开水。每日上午和下午各泡服一剂。

〔**注意事项**〕本药茶宜热饮。饮用时应频频少量饮入，否则会加重胃的负担而致吐。

饮茶期间，忌吃生冷食物，应注意腹部的保暖。

本药茶不宜长饮久服，中病即止，久服有伤肺损目之弊。

23. 草蔻温脾止泻茶

〔组成〕草豆蔻 3 克，党参 5 克，白术 5 克，诃子 3 克。

〔功效〕益气温脾，燥湿止泻。

〔主治〕寒湿困脾，脾失健动的慢性肠炎。症见久泻不止，下利清谷，日行数次，四肢不温，神疲畏寒，腹部冷痛。

〔服用方法〕将草蔻和诃子砸碎，将党参和白术切成小碎块，同时置入茶杯内，倒入刚沸的开水，盖严杯盖，约隔 15 至 20 分钟即可服用。徐徐饮用，边饮边加开水。每日上午和下午各泡服一剂。

〔注意事项〕本药茶宜热饮。饮用期间宜吃清淡易消化的食物，忌吃生冷食物。

本药茶不宜长饮久服，中病即止，久服有化燥伤阴之弊。

24. 茵陈四逆阴黄茶

〔组成〕茵陈 5 克，干姜 5 克，甘草 3 克。

〔功效〕温脾利黄。

〔主治〕寒湿郁遏的黄疸病。症见肤黄，目黄，尿黄，黄色晦暗如烟熏，腹胀纳呆，不思饮食，大便溏软。

〔服用方法〕将干姜和甘草切成小碎块，与茵陈一起置入茶杯内，倒入刚沸的开水，盖严杯盖，约隔 10 至 15 分钟即可服用。徐徐饮用，边饮边加开水。每日上午和下午各泡服一剂。

〔注意事项〕本药茶只适用于阴黄证，忌用于阳黄证。

饮用期间，应保证足够的休息，避免过度劳累。

25. 荜姜参术暖脾茶

〔组成〕荜茇 2 克，干姜 3 克，党参 5 克，白术 5 克。

〔功效〕温中散寒，健脾和胃。

〔主治〕脾胃虚寒的胃肠功能不全。症见脘腹冷痛，喜温喜按，恶心欲吐，不思饮食，食入不化，大便溏泄，神疲肢冷。

〔服用方法〕将以上药物切为小碎块，置入茶杯内，倒入刚沸的开水，盖严杯盖，约隔 15 至 20 分钟即可服用。徐徐饮用，边饮边加开水。每日上午和下午各泡服一剂。

〔**注意事项**〕本药茶热饮更能发挥其药效。

饮用期间，忌吃生冷油腻等食物。

26. 桂心散寒止痛茶

〔**组成**〕桂心3克，良姜5克，厚朴5克，党参5克。

〔**功效**〕散寒止痛。

〔**主治**〕脾胃虚寒或寒邪直中的肠道激惹综合症。症见突然腹痛，喜温喜按，甚者疼痛难忍。

〔**服用方法**〕将以上药物切成小碎块，并置入茶杯内，倒入刚沸的开水，盖严杯盖，约隔15至20分钟即可服用。徐徐饮用，边饮边加开水。每日上午和下午各泡服一剂。

〔**注意事项**〕本药茶热饮更能发挥其药效。痛时即饮，饮后即痛止。如饮后痛不止，必须及时到医院就诊，以免耽误病情。

27. 桂艾暖宫茶

〔**组成**〕肉桂2克，艾叶5克，续断5克，香附5克。

〔**功效**〕温肾暖宫。

〔**主治**〕肾阳不足，胞宫虚冷的妇女性功能不全。症见带下清稀无臭，性欲淡漠，月经不调，经行腹中冷痛，宫冷不孕。

〔**服用方法**〕将肉桂和续断切成小碎块，将香附砸碎，与艾叶一起置入茶杯内，倒入刚沸的开水，盖严杯盖，约隔15至20分钟即可服用。徐徐饮用，边饮边加开水。每日上午和晚上睡前各泡服一剂。

〔**注意事项**〕饮茶期间，忌吃生冷食物。

本药茶疗效较慢，至少得饮用3至6个月。

28. 益智良姜吐泻茶

〔**组成**〕益智仁3克，高良姜3克，党参5克，白术5克。

〔**功效**〕温中散寒，健脾和胃。

〔**主治**〕脾胃虚寒，脾气不运，胃气不降所致的慢性胃肠炎。症见恶心欲吐，大便泄泻，日行数次，腹中冷痛，喜温喜按，肢冷畏寒。

〔**服用方法**〕将益智仁砸碎，将其他药切成小碎块，同时置入茶杯内，倒入刚沸的开水，盖严杯盖，约隔15至20分钟即可服用。徐徐饮用，边饮边加开水。每日上午和下午各泡服一剂。

〔**注意事项**〕饮茶期间，忌吃生冷和油腻食物。

凡实热之泄泻，忌用本药茶。

29. 散寒痛经茶

〔组成〕当归5克，小茴香5克，干姜3克，肉桂2克。

〔功效〕散寒止痛，化瘀通经。

〔主治〕寒滞冲任，经行不畅的痛经。症见每次经行前少腹疼痛，得寒则剧，遇暖则舒。

〔服用方法〕将当归、干姜和肉桂切成小碎块，与小茴香一起置入茶杯内，倒入刚沸的开水，盖严杯盖，约隔15至20分钟即可服用。徐徐饮用，边饮边加开水。每日上午和下午各泡服一剂。

〔注意事项〕本药茶宜热饮。每次行经前三天开始饮用，经行痛缓后即可停药，连续饮用3至6个周期。

饮用期间，忌吃生冷食物。

30. 椒术止泻茶

〔组成〕花椒2克，白术5克。

〔功效〕温中运脾，除湿止泻。

〔主治〕脾不运湿所致的慢性肠炎。症见大便溏泻，一日数行，脘腹隐痛，不思饮食，口腻泛甜，苔白腻。

〔服用方法〕将白术切成小碎块，与花椒一起置入茶杯内，倒入刚沸的开水，盖严杯盖，约隔10至15分钟即可服用。徐徐饮用，边饮边加开水。每日上午和下午各饮一剂。

〔注意事项〕饮茶期间，忌吃生冷和不易消化的食物。

31. 椒豆木瓜吐泻茶

〔组成〕白胡椒1克，绿豆3克，木瓜5克。

〔功效〕温中散寒，降逆止泻。

〔主治〕中阳不振，寒湿中阻的胃肠炎。症见呕吐，反胃，泄泻，或呕吐清水，或霍乱吐泻。

〔服用方法〕将胡椒和绿豆砸碎，将木瓜切成小碎块，同时置入茶杯内，倒入刚沸的开水，盖严杯盖，约隔15至20分钟即可服用。徐徐饮用，边饮边加开水。每日上午和下午各泡服一剂。

〔注意事项〕本药茶热饮更能发挥其药效。

本药茶只适用于虚寒性吐泻，忌用于湿热性吐泻。

饮用期间，忌吃生冷和不易消化的食物。

32. 椒姜建中止痛茶

〔组成〕花椒1克，干姜3克，党参5克，饴糖适量。

〔功效〕温中散寒止痛。

〔主治〕中阳衰微，阴寒凝滞的腹痛。症见脘腹大寒痛，上下痛不可近，呕不能食。

〔服用方法〕将干姜和党参切成小碎块，与花椒一起置入茶杯内，倒入刚沸的开水，盖严杯盖，约隔15至20分钟即可服用。服用时，先将饴糖化入药液中，再徐徐饮用，一剂泡一次。

〔注意事项〕本药茶热饮更能发挥其药效。腹痛时即饮，饮后痛止。如饮后疼痛不减，应立即上医院治疗，以免耽误病情。

化痰剂

1. 二母宁嗽茶

〔组成〕知母5克，川贝母3克，桔梗5克，瓜蒌5克。

〔功效〕清热润肺，化痰止咳。

〔主治〕痰热壅肺所致的咳嗽证。症见咳嗽，痰多而稠黄，难以咯出，舌红，脉滑数。

〔服用方法〕将知母、桔梗和瓜蒌切成小碎块，将川贝母砸碎，同时置入茶杯内，倒入刚沸的开水，盖严杯盖，约隔15至20分钟即可服用。徐徐饮用，边饮边加开水，直到药味清淡。每日上午和下午各饮一剂。

〔注意事项〕饮茶时，可将口鼻对准杯口深呼吸，让药液的蒸汽吸入肺中而有利于痰液的稀释和排出。

2. 二陈化痰止咳茶

〔组成〕半夏3克，陈皮5克，茯苓5克，甘草5克。

〔功效〕化痰止咳。

〔主治〕痰湿阻肺的支气管炎。症见咳嗽痰多，容易咯出，痰液稀白呈风泡。

〔服用方法〕将半夏砸碎，将陈皮、茯苓和甘草切成碎块，同时置入茶杯内，倒入刚沸的开水，盖严杯盖，约隔15至20分钟即可服用。徐徐饮用，边饮边加开水。每日上午和下午各饮一剂。

〔注意事项〕饮茶时，可将口鼻对着杯口深呼吸，让药液的蒸汽充分进入肺中，则能更有效地发挥药效。

3. 二络久咳胸痛茶

〔组成〕丝瓜络5克，橘络5克，瓜蒌5克，桔梗5克。

〔功效〕清肺化痰，通络止痛。

〔主治〕痰气壅滞，肺络不通的久咳胸痛，胸闷痰多，咯痰不畅。

〔服用方法〕将桔梗切成小碎块，将其他药扯碎，同时置入茶杯内，倒入刚沸的开水，盖严杯盖，约隔10至15分钟即可服用。徐徐饮用，边饮边加开水。每日上午和下午各泡服一剂。

〔注意事项〕饮用时，可将口鼻对着杯口深呼吸，让药液中的蒸汽充分进入肺中，则能更好地发挥药效。

饮用期间，忌抽烟。

4. 三子利气豁痰茶

〔组成〕白芥子3克，菜菔子5克，紫苏子5克。

〔功效〕利气宽胸，豁痰平喘。

〔主治〕寒痰壅肺的老年性支气管炎。症见咳喘胸闷，痰多不利，痰稠色白呈风泡，舌淡，苔白腻。

〔服用方法〕将以上药物置入茶杯内，倒入刚沸的开水，盖严杯盖，约隔20分钟左右即可服用。一剂泡一次，一次饮完。每日上午和下午各饮一剂。

〔注意事项〕本药茶适用于寒痰壅肺的咳喘证，如为肺气虚或为肺阴虚所致咳喘则不宜用本药茶。

5. 五味异功茶

〔组成〕党参5克，茯苓5克，白术3克，陈皮5克，甘草2克。

〔功效〕健脾理气。

〔主治〕脾虚气滞的多种虚弱证。症见气短乏力，食少神疲，脘腹胀满，大便清溏，面色无华，舌淡白，脉弱。

〔服用方法〕将以上药物切成小碎块，并置入茶杯内，倒入刚沸的开水，盖严杯盖，约隔15至20分钟即可服用。徐徐饮用，边饮边加开水。每日上午和下午各泡服一剂。

〔注意事项〕饮茶期间，注意饮食的调摄，忌吃生冷食物。

6. 贝母瓜蒌清肺茶

〔**组成**〕川贝 3 克，瓜蒌 5 克，桔红 5 克，天花粉 5 克。

〔**功效**〕清肺化痰，宽胸止咳。

〔**主治**〕肺热郁结，或痰火壅肺的支气管炎。症见咳嗽痰多而稠黄，口渴喜冷饮，声音洪亮，舌红，苔黄腻。

〔**服用方法**〕将川贝砸碎，将瓜蒌、桔红和天花粉切成小碎块，同时置入茶杯内，倒入刚沸的开水，盖严杯盖，约隔 20 分钟即可服用。徐徐饮服，边饮边加开水。每日上午和下午各饮一剂。

〔**注意事项**〕饮茶时，可将口鼻对着杯口深呼吸，让药液的蒸汽充分进入肺中，则其疗效更佳。

7. 贝母紫菀养肺茶

〔**组成**〕川贝母 5 克，紫菀 5 克，麦冬 5 克，桔梗 5 克。

〔**功效**〕养阴润肺，祛痰止咳。

〔**主治**〕肺阴亏虚的久咳不止证。症见久咳不止，痰少不易咯出，咳振胸痛，口干渴。

〔**服用方法**〕将川贝母砸碎，将紫菀、桔梗和麦冬切为小碎块，同时置入茶杯内，倒入刚沸的开水，盖严杯盖，约隔 15 至 20 分钟即可服用。徐徐饮用，边饮边加开水。每日上午和下午各饮一剂。

〔**注意事项**〕饮茶时，可将口鼻对着杯口深呼吸，让药液的蒸汽充分地进入肺中，使药性更有效地发挥作用。

8. 贝青枳藻消瘰茶

〔**组成**〕浙贝母 5 克，青皮 5 克，枳壳 5 克，海藻 5 克。

〔**功效**〕开郁行滞，消痰散结。

〔**主治**〕气郁痰凝的淋巴结核，或单纯性甲状腺肿大，以及乳腺增生病等。

〔**服用方法**〕将浙贝母砸碎，将青皮、枳壳和海藻切成碎块，同时置入茶杯内，倒入刚沸的开水，盖严杯盖，约隔 10 至 15 分钟即可服用。徐徐饮用，边饮边加开水。每日上午和下午各饮一剂。

〔**注意事项**〕本药茶可作为治疗以上疾病的辅助药物，其疗效较慢，可长期饮用。饮用期间可多吃各种海洋植物，如海带等。

9. 月季夏枯消瘰茶

〔**组成**〕月季花 5 克，夏枯草 5 克，蒲公英 5 克，金银花 5 克。

〔功效〕清热解毒，行气散结。

〔主治〕气滞热郁的淋巴腺结核。症见颈部或腋下或腹股沟的淋巴腺肿大结硬、疼痛、甚者溃烂。

〔服用方法〕将以上药物置入茶杯内，倒入刚沸的开水，盖严杯盖，约隔10至15分钟即可服用。徐徐饮用，边饮边加开水。每日上午和下午各泡服一剂。

〔注意事项〕如有溃烂者，可用本药茶清洗患处。

10. 甘草杏仁止咳茶

〔组成〕甘草3克，杏仁5克。

〔功效〕宣肺止咳。

〔主治〕肺气不宣的咳嗽。症见咽痒而咳，痰少清稀，容易咳出。

〔服用方法〕将杏仁砸碎，与甘草一起置入茶杯内，倒入刚沸的开水，盖严杯盖，约隔15至20分钟即可服用，徐徐饮用，边饮边加开水。每日上午和晚上各泡服一剂。

〔注意事项〕饮茶时，可将口鼻对着杯口深呼吸，让药液的蒸汽充分进入肺内，润泽呼吸道，有利于病的康复。

饮用期间忌抽烟并忌吃辛辣食物。

11. 百部桑皮止咳茶

〔组成〕百部5克，桑白皮5克，瓜蒌5克，甘草3克。

〔功效〕清热润肺止咳。

〔主治〕痰热壅肺，肺失宣降的咳嗽。症见久咳不已，咽干口燥，痰多稠黄，舌红。

〔服用方法〕将百部和桑白皮切成小碎块，与其他药一起置入茶杯内，倒入刚沸的开水，盖严杯盖，约隔15至20分钟即可服用。徐徐饮用，边饮边加开水。每日上午和下午各饮一剂。

〔注意事项〕饮茶时，宜将口鼻对着杯口深呼吸，让药液的蒸汽充分进入肺中，这样能更有效地发挥药效。

12. 百部麻杏止咳茶

〔组成〕百部5克，麻黄2克，杏仁5克。

〔功效〕润肺止咳。

〔主治〕寒痰壅肺的支气管炎。症见咳嗽喘急，痰多清稀，胸闷气促，苔白薄。

〔服用方法〕将百部切成小碎块，将杏仁捣烂，与麻黄一起置入茶杯内，倒入刚沸的开水，盖严杯盖，约隔 10 至 15 分钟即可服用。徐徐饮用，边饮边加开水。每日上午和下午各饮一剂。

〔注意事项〕饮茶时，宜将口鼻对着杯口深呼吸，让药液的蒸汽充分进入肺中，这样能更有效地发挥疗效。

如患有高血压的病人，不宜用本药茶。

13. 竹茹开窍涤痰茶

〔组成〕竹茹 5 克，菖蒲 5 克，钩藤 5 克，丹参 5 克。

〔功效〕涤痰开窍，活血化瘀。

〔主治〕痰热蒙蔽心窍的脑血管意外症。症见舌强不语，不省人事，口眼歪斜。

〔服用方法〕将以上药物切成小碎块，置入茶杯内，倒入刚沸的开水，盖严杯盖，约隔 10 至 15 分钟即可服用。徐徐饮用，边饮边加开水。每日上午和下午各饮一剂。

〔注意事项〕本药茶只适用于轻微的脑血管意外症，并只作为辅助药物。

14. 竹茹清肺涤痰茶

〔组成〕竹茹 5 克，瓜蒌 5 克，桔红 5 克，桔梗 5 克。

〔功效〕清肺涤痰止咳。

〔主治〕热邪伤肺的支气管炎。症见咳嗽不已，痰多而稠黄，口渴气粗，舌红。

〔服用方法〕将以上药物切成小碎块，置入茶杯内，倒入刚沸的开水，盖严杯盖，约隔 10 至 15 分钟即可服用。徐徐饮用，边饮边加开水。每日上午和下午各饮一剂。

〔注意事项〕饮茶时，可将口鼻对着杯口深呼吸，让药液的蒸汽充分进入肺中，这样能更好地发挥疗效。饮用期间，忌抽烟及吃辛辣食物。

15. 远志化痰止咳茶

〔组成〕远志 3 克，桔梗 5 克，紫菀 3 克，白前 5 克。

〔功效〕化痰止咳。

〔主治〕痰湿壅肺，肺失宣降的支气管炎。症见咳嗽痰多。痰液粘稠呈风泡，不易咯出，胸闷气促。

〔服用方法〕将以上药物切成小碎块，置入茶杯内，倒入刚沸的开水，盖严杯盖，约隔 15 至 20 分钟即可服用。徐徐饮用，边饮边加开水。每日上午和下午各泡服一剂。

〔注意事项〕饮茶时，将口鼻对着杯口深呼吸，让药液的蒸汽充分进入肺内，这样能更有效地发挥药效，有利于痰液的溶化与排出。

16. 远志乌梅咽喉茶

〔组成〕远志5克，乌梅肉3克。

〔功效〕化痰散结。

〔主治〕痰热结于咽喉的慢性咽炎。症见咽喉疼痛不适，如有物塞在咽喉，难以咯出，咽痒咳嗽。

〔服用方法〕将以上药物切成小碎块，置入茶杯内，倒入刚沸的开水，盖严杯盖，约隔10至15分钟即可服用。徐徐饮用，边饮边加开水。每日上午和下午各泡服一剂。

〔注意事项〕饮茶期间，可将口对着杯口吸气，让药液的蒸汽熏蒸患部，然后口噙药液慢慢咽下，这样能更充分发挥药效。

饮用期间，忌吸烟及吃辛辣食物并注意保暖避免着凉。

17. 花粉桔梗化痰茶

〔组成〕天花粉5克，桔梗5克。

〔功效〕润燥化痰。

〔主治〕燥热伤肺，炼液为痰的支气管炎。症见咽喉干燥，咳嗽痰少，难以咯出。

〔服用方法〕将以上药物切成小碎块，并置入茶杯内，倒入刚沸的开水，盖严杯盖，约隔15至20分钟即可服用。徐徐饮用，边饮边加开水。每日上午和下午各泡服一剂。

〔注意事项〕饮茶时，可将口鼻对着杯口深呼吸，让药液的蒸汽充分进入肺内，以润泽肺组织。

18. 苏冬桑芩定喘茶

〔组成〕紫苏子5克，款冬花5克，桑白皮5克，黄芩3克。

〔功效〕清热泻肺，涤痰定喘。

〔主治〕痰热内蕴，肺气上逆的肺气肿。症见咳喘气促，痰多稠黄。胸闷不适，口渴气粗，舌红，苔黄腻，脉滑数。

〔服用方法〕将苏子捣烂，将桑白皮和黄芩切成碎片，与款冬花一起置入茶杯内，倒入刚沸的开水，盖严杯盖，约隔15至20分钟即可服用。徐徐饮用，边饮边加开水。每日上午和下午各饮一剂。

〔注意事项〕饮茶时，可将口鼻对着杯口深呼吸，让药液的蒸汽充分进入肺中，有利于宿痰的排出。

如为寒痰内蕴的咳喘证不宜用本药茶。

19. 苏前降气平喘茶

〔组成〕苏子5克，前胡5克，半夏3克，肉桂2克。

〔功效〕温肺散寒，降气平喘。

〔主治〕寒痰壅肺的慢性支气管哮喘。症见咳喘气促，哮鸣痰多，痰粘白不易咯出，口不渴，舌淡，苔白腻。

〔服用方法〕将前胡和肉桂劈为小碎块，将半夏砸碎，与苏子一起置入茶杯内，倒入刚沸的开水，盖严杯盖，约隔15至20分钟即可服用。徐徐饮用，边饮边加开水。每日上午和下午各饮一剂。

〔注意事项〕饮茶时，可将口鼻对着杯口深呼吸，让药液的蒸汽充分进入肺中，这样能更好地发挥药效。

本药茶不适于痰热壅盛的咳喘证，用之有耗气伤阴之弊。

20. 苏葶杏仁涤痰茶

〔组成〕紫苏子5克，葶苈子3克，杏仁5克，甘草2克。

〔功效〕泻肺涤痰。

〔主治〕痰饮内停，肺气不降的肺气肿。症见咳嗽痰壅，咳喘气逆，胸满不适。

〔服用方法〕将苏子、葶苈子和杏仁捣碎，与甘草一起置入茶杯内，倒入刚沸的开水，盖严杯盖，约隔15至20分钟即可服用。徐徐饮用，边饮边加开水，每日上午和下午各饮一剂。

〔注意事项〕饮茶时，可将口鼻对着杯口深呼吸，让药液的蒸汽充分进入肺中，这样有利于宿痰的排除。

如为阴虚燥热的咳喘证不宜用本药茶，用之有化燥伤阴之患。

21. 杏苏宣肺化痰茶

〔组成〕杏仁3克，苏叶3克，桔梗3克，陈皮3克，甘草2克。

〔功效〕轻散凉燥，宣肺化痰。

〔主治〕外感凉燥证。症见头微痛，恶寒，无汗，咳嗽，痰稀白，鼻塞咽干，苔白，脉弦。

〔服用方法〕将杏仁捣烂，将桔梗切成小块，与其余的药一起全部置入茶杯内，倒入刚沸的开水，盖严杯盖，约隔20至30分钟即可饮用。一边饮一边加开水，直到药味清淡为止。上午和下午各饮一剂。

〔注意事项〕

（1）本药茶只适宜于深秋季凉燥之邪犯肺所致的凉燥证，不能作为治疗四时伤风咳嗽的通用药。

（2）若见咽喉干痛红肿，口渴，干咳无痰的热燥证者，忌用本药茶。

22. 杏姜温肺止嗽茶

〔组成〕杏仁5克，干姜3克，茯苓5克，甘草2克。

〔功效〕温肺散寒，化痰止嗽。

〔主治〕寒痰宿肺所致的支气管炎。症见久咳不止，咯痰清稀，痰白呈泡沫，舌淡，脉弱。

〔服用方法〕将杏仁砸烂，将干姜、茯苓和甘草切成小碎块，同时置入茶杯内，倒入刚沸的开水，盖严杯盖，约隔20至25分钟即可服用。徐徐饮用，边饮边加开水。每日上午和下午各饮一剂。

〔注意事项〕饮茶时，可将口鼻对着杯口深呼吸，让药液的蒸汽充分进入肺中，这样能更有效地发挥疗效。

如为燥热之邪所致的咳嗽，不适宜用本药茶，否则有化燥伤阴之患。

23. 佛手化痰止咳茶

〔组成〕佛手5克，杏仁5克，陈皮5克，茯苓5克，甘草3克。

〔功效〕化痰止咳。

〔主治〕宿痰停肺。肺气不降的支气管炎。症见咳嗽痰多清稀呈风泡，一咯即出，胸满气急，不思饮食。

〔服用方法〕将杏仁砸烂，将其他的药切成小碎块，同时置入茶杯内，倒入刚沸的开水，盖严杯盖，约隔10至15分钟即可服用。徐徐饮用，边饮边加开水。每日上午和下午各饮一剂。

〔注意事项〕饮茶时，可将口鼻对着杯口深呼吸，让药液的蒸汽充分进入肺中，这样能更好地发挥药效，有利于宿痰的排出。

24. 杷叶清肺化痰茶

〔组成〕枇杷叶5克，竹茹5克，栀子5克，桔皮5克。

〔功效〕清肺化痰止咳。

〔主治〕热邪犯肺，痰气上逆的支气管炎。症见久咳不止，痰多黄稠，不易咯出，口渴喜饮。

〔服用方法〕将栀子砸碎，与其他药一起置入茶杯内，倒入刚沸的开水，盖严杯盖，约隔 15 至 20 分钟即可服用。徐徐饮用，边饮边加开水。每日上午和下午各饮一剂。

〔注意事项〕饮用时，可将口鼻对着杯口深呼吸，让药液的蒸汽充分地进入肺中，这样能更好地发挥疗效。如为虚寒性咳嗽，不适于服用本药茶。

25. 知蒌甘桔清肺茶

〔组成〕知母 5 克，瓜蒌 5 克，桔梗 5 克，甘草 5 克。

〔功效〕清肺化痰止咳。

〔主治〕痰热壅肺的咳喘证。症见咳嗽喘促，痰多黄稠，胸闷气急，口渴喜冷饮，舌红，脉数。

〔服用方法〕将以上药物切成小碎块，并置入茶杯内，倒入刚沸的开水，盖严杯盖，约隔 15 至 20 分钟即可服用。徐徐饮用，边饮边加开水。每日上午和下午各泡服一剂。

〔注意事项〕饮用时，可将口鼻对着杯口深呼吸，让药液的蒸汽充分进入肺中，有利于痰液的稀释和排出。

26. 参菀固肺止咳茶

〔组成〕党参 5 克，紫菀 5 克，杏仁 5 克，五味子 5 克。

〔功效〕补肺固气，宣肺止咳。

〔主治〕肺气不足，宣降失常的慢性支气管炎。症见久咳不止，喘促气短，懒言神疲，痰少清稀，舌淡苔白，脉弱。

〔服用方法〕将杏仁和五味子砸碎，将党参和紫菀切成小碎块，同时置入茶杯内，倒入刚沸的开水，盖严杯盖，约隔 15 至 20 分钟即可服用。徐徐饮用，边饮边加开水。每日上午和下午各泡服一剂。

〔注意事项〕饮茶时，可将口鼻对着杯口深呼吸，让药液的蒸汽充分进入肺中，这样能更好地发挥药效。

饮用期间，忌抽烟并应注意保暖，避免感冒。

27. 姜夏止呕茶

〔组成〕生姜 5 克，法半夏 3 克。

〔功效〕温中降逆，和胃止呕。

〔主治〕寒邪犯胃或痰饮蓄胃所致的呕吐证。症见恶心呕吐，胃脘冷痛，苔白腻，脉沉缓。

〔服用方法〕将生姜切成薄片，将半夏敲为小碎块，两者一起置入茶杯内，倒入刚沸的开水，盖严杯盖，约隔 15 至 20 分钟即可饮用。徐徐饮用，边饮边加开水，直到药味清淡。每日上午和下午各饮一剂。

〔注意事项〕本药茶不宜长期饮用，久服有伤阴损目，生热发疮之弊。

28. 前胡清肺止嗽茶

〔组成〕前胡 5 克，桑白皮 5 克，杏仁 5 克，川贝母 3 克。

〔功效〕清热泻肺，化痰止咳。

〔主治〕痰热壅肺的急、慢性支气管炎。症见咳嗽喘息，痰多而稠黄，口渴气粗，舌红苔黄。

〔服用方法〕将杏仁和川贝砸碎，将前胡和桑白皮切成小碎块，同时置入茶杯内，倒入刚沸的开水，盖严杯盖，约隔 20 分钟左右即可服用。徐徐饮用，边饮边加开水。每日上午和下午各饮一剂。

〔注意事项〕饮茶时，可将口鼻对着杯口深呼吸，让药液的蒸汽充分进入肺中，直接发挥药效，其疗效更佳。

29. 首乌夏枯消瘰茶

〔组成〕生何首乌 5 克，夏枯草 5 克，土贝母 3 克，昆布 5 克。

〔功效〕清热解毒，消痰散结。

〔主治〕肝经火郁，痰热瘀结的淋巴腺结核。症见颈部、腋下，腹股沟等处淋巴肿大。

〔服用方法〕将土贝母砸碎，将何首乌切成小碎块，与其他药一起置入茶杯内，倒入刚沸的开水，盖严杯盖，约隔 15 至 20 分钟即可服用。徐徐饮用，边饮边加开水。每日上午和下午各泡服一剂。

〔注意事项〕饮茶期间，宜多吃海生植物，如海带等，注意情绪稳定，避免生气动怒。

本药茶疗效较慢，需长饮久服。

30. 桔杏宣肺止嗽茶

〔组成〕桔梗 5 克，杏仁 5 克，荆芥 3 克，前胡 5 克。

〔功效〕疏风宣肺，化痰止嗽。

〔主治〕风邪犯肺的咳嗽。症见咽痒干咳无痰，或痰少而粘不易咯出，痰色稀白有风泡。

〔服用方法〕将杏仁砸烂，将桔梗和白前切成小碎块，与荆芥一起置入茶杯内，倒入刚沸的开水，盖严杯盖，约隔 15 至 20 分钟即可服用。一剂泡一次，一次饮完。

每日上午和下午各饮一剂。

〔注意事项〕饮茶期间，应适当添加衣服，使在饮药茶后身体有微热感，则其疗效更佳。

31. 桔络化痰养肺茶

〔组成〕桔络 5 克，白茅根 5 克。

〔功效〕化痰养肺，凉血止血。

〔主治〕痰热灼伤肺络的支气管扩张。症见久咳不止，胸痛气足，痰中带血，甚者咯血，舌红，苔少，脉细数。

〔服用方法〕将以上药物置入茶杯内，倒入刚沸的开水，盖严杯盖，约隔 10 至 15 分钟即可服用。徐徐饮用，边饮边加开水。每日上午和下午各饮一剂。

〔注意事项〕饮茶时，可将口鼻对着杯口深呼吸，让药液的蒸汽充分进入肺部，这样能更有效地发挥药效。

饮用期间，忌食辛辣燥火的食物。

32. 桔梗甘草利咽茶

〔组成〕桔梗 5 克，甘草 3 克。

〔功效〕宣肺散邪，利咽止痛。

〔主治〕风热犯肺的急、慢性咽炎。症见咽喉红肿疼痛，吞咽和说话皆痛，舌红，苔薄黄，脉数。

〔服用方法〕将以上药物切成小碎块，置入茶杯内，倒入刚沸的开水，盖严杯盖，约隔 10 至 15 分钟即可服用。徐徐饮用，边饮边加开水。每日上午和下午各饮一剂。

〔注意事项〕饮茶时，可将口腔对着茶杯口深呼吸，让药液的蒸汽充分地与患部接触，这样能更好地发挥其疗效。

33. 桔梗清肺开音茶

〔组成〕桔梗 5 克，桑白皮 5 克，黄芩 3 克，玄参 5 克。

〔功效〕清肺开音。

〔主治〕痰火闭肺的失音证。症见声音嘶哑，甚者失音不语，咽喉疼痛，口干舌燥。

〔服用方法〕将以上药物切成小碎块，并置入茶杯内，倒入刚沸的开水，盖严杯盖，约隔 15 至 20 分钟即可饮用。徐徐饮用，边饮边加开水。每日上午和下午各饮一剂。

〔注意事项〕饮茶时，可将口对着杯口深呼吸，利用药液的蒸汽熏蒸患部，其疗效更理想。饮用期间，避免高声说话，并忌吸咽及吃辛辣食物。

34. 夏枯软坚散结茶

〔组成〕夏枯草5克，海藻5克，玄参5克，浙贝母3克。

〔功效〕泻火导滞，软坚散结。

〔主治〕肝郁化火，痰火结聚的淋巴结核，单纯性甲状腺肿大和乳腺增生。

〔服用方法〕将浙贝砸碎，将玄参切成小碎块，与其他药一起置入茶杯内，倒入刚沸的开水，盖严杯盖，约隔20分钟左右即可服用。徐徐饮用，边饮边加开水。每日上午和下午各饮一剂。

〔注意事项〕饮茶期间宜多吃海带，淡菜等海味食物，并应保持情绪稳定。

35. 柴翘消瘰化核茶

〔组成〕柴胡5克，连翘5克，蒲公英5克，川贝2克，昆布5克。

〔功效〕疏肝解郁，化毒散结。

〔主治〕痰凝气滞，热毒聚结的乳痈乳核症。症见乳腺结节，略有疼痛，乳房略肿大。

〔服用方法〕将川贝砸碎，与其他药一起置入茶杯内，倒入刚沸的开水，盖严杯盖，约隔15至20分钟即可服用。徐徐饮用，每日上午和下午各饮一剂。

〔注意事项〕本药茶只适于乳核症的初发期，严重者服本药茶疗效较差。

36. 党参姜夏止呕茶

〔组成〕党参5克，干姜3克，半夏3克。

〔功效〕温胃化饮，降浊止呕。

〔主治〕寒饮犯胃，浊气止逆的妊娠呕吐。症见妊娠期间呕吐不止，吐出之物清稀无臭，胃脘喜温喜按，肢冷畏寒，不思饮食。

〔服用方法〕将以上药物切成小碎块，同时置入茶杯内，倒入刚沸的开水，盖严杯盖，约隔10至15分钟即可服用。徐徐饮用，边饮边加开水。每日上午和下午各饮一剂。

〔注意事项〕本药茶热饮，更能发挥其疗效。饮用时应频频少量饮入，否则会加重胃的负担而致吐。饮用期间，忌吃各种生冷饮食。

37. 海藻昆布瘿瘤茶

〔组成〕海藻5克，昆布5克，青皮5克，通草5克。

〔**功效**〕软坚消痰散结。

〔**主治**〕痰湿凝滞，气血瘀阻的单纯性甲状腺肿大。症见颈下肿大，不红不痛，心慌心悸，容易激动。

〔**服用方法**〕将以上药物扯成小碎块，置入茶杯内，倒入刚沸的开水，盖严杯盖，约隔 10 至 15 分钟即可服用。徐徐饮用，边饮边加开水。每日上午和下午各饮一剂。

〔**注意事项**〕饮用本药茶治疗本病疗效较慢，需长期饮用。饮用期间应保持情绪稳定，精神乐观。

38. 通乳散结茶

〔**组成**〕青皮 5 克，瓜蒌 5 克，丝瓜络 5 克，蒲公英 5 克，桔叶 5 克。

〔**功效**〕行气通络止痛。

〔**主治**〕肝气郁结，乳汁停滞所致的乳痈。症见乳房红肿、硬满、疼痛，并伴有发热恶寒，全身不适等。

〔**服用方法**〕将青皮切成小碎块，与其他药一起置入茶杯内，倒入刚沸的开水，盖严杯盖，约隔 15 至 20 分钟即可饮用。徐徐饮用，边饮边加开水。每日上午、下午和晚上睡觉前各服一剂。

〔**注意事项**〕在患病期间，应停止用患乳哺育婴儿。

39. 旋复半夏止呕茶

〔**组成**〕旋复花 5 克，法半夏 3 克，陈皮 5 克，生姜 3 克。

〔**功效**〕降气消痰，和中止呕。

〔**主治**〕饮停胸膈，胃气上逆的呕吐。症见恶心呕吐频作，心下痞鞭，口淡不饮，苔白腻。

〔**服用方法**〕将半夏砸碎，将生姜切成薄片，与其他药一起置入茶杯里，倒入刚沸的开水，盖严杯盖，约隔 15 至 20 分钟即可使用。徐徐饮用。

〔**注意事项**〕饮用本药茶的时间和次数不限，可一日一剂，也可一日二剂，止吐即可停药。

40. 旋复乳岩乳痈茶

〔**组成**〕旋复花 5 克，青皮 5 克，白芷 5 克，蒲公英 5 克，甘草 2 克。

〔**功效**〕清热解毒，消痰散结。

〔**主治**〕痰湿郁结，气血凝滞所致的乳岩或乳痈。乳岩者症见乳房内有包块不红不痛坚硬如石。乳痈者症见乳房红肿热痛，并伴有发热恶寒等全身症状。

〔服用方法〕将以上药物置入茶杯内，倒入刚沸的开水，盖严杯盖，约隔15至20分钟即可服用。徐徐饮用，边饮边加开水。每日上午和下午各饮一剂。

〔注意事项〕本药茶只能作为治疗乳岩、乳痈的辅助药物。饮用期间，忌食各种辛辣食品。

41. 棱莪夏枯消瘰茶

〔组成〕三棱3克，莪术3克，夏枯草5克，瓜蒌5克。

〔功效〕软坚散结。

〔主治〕气滞痰凝的淋巴腺结核。症见颈部，腋下、腹股沟的淋巴腺肿大、坚硬，按之滑动。

〔服用方法〕将三棱和莪术切成小碎块，与其他药一起置入茶杯内，倒入刚沸的开水，盖严杯盖，约隔15至20分钟即可服用。徐徐饮用，边饮边加开水。每日上午和下午各泡服一剂。

〔注意事项〕孕妇忌用本药茶。

42. 紫五二母肺痨茶

〔组成〕紫菀5克，知母5克，五味子5克，川贝母3克。

〔功效〕养阴润肺。

〔主治〕阴虚肺痨的肺结核。症见久咳不已，胸中隐痛，痰中带血，骨蒸潮热，舌红少苔。

〔服用方法〕将五味子和川贝母砸碎，将知母和紫菀切成小碎块，同时置入茶杯内，倒入刚沸的开水，边饮边加开水。每日上午和下午各饮一剂。

〔注意事项〕饮茶时，可将口鼻对着杯口深呼吸，让药液的蒸汽充分进入肺内，这样能更有效地发挥药效。

饮用期间，忌食辛辣食品。

43. 紫前桔芥止嗽茶

〔组成〕紫菀5克，白前5克，桔梗5克，荆芥3克。

〔功效〕宣散寒邪，降气祛痰。

〔主治〕寒邪犯肺的咳嗽证。症见咽痒干咳无痰，或痰少而粘，咯痰不爽，口不渴，舌淡白。

〔服用方法〕将以上药物置入茶杯内，倒入刚沸的开水，盖严杯盖，约隔10至15分钟即可服用，一剂泡一次，一次饮完。每日上午、下午和晚上睡前各饮一剂。

〔注意事项〕饮茶期间，应注意保暖以防感冒加重病情。

44. 紫菀温肺益气茶

〔组成〕紫菀5克，干姜3克，黄芪5克，杏仁5克。

〔功效〕温肺益气，化痰止咳。

〔主治〕肺气虚衰，寒痰壅肺的支气管炎。症见久咳不止，喘促气急，痰少而粘，气虚乏力，畏寒怕冷，容易感冒。

〔服用方法〕将杏仁砸碎，将干姜和黄芪切成小碎块，与紫菀一起置入茶杯中，倒入刚沸的开水，盖严杯盖，约隔15至20分钟即可服用。徐徐饮用，边饮边加开水。每日上午和下午各饮一剂。

〔注意事项〕饮茶时，可将口鼻对着杯口深呼吸，让药液的蒸汽充分进入肺内，这样能更有效地发挥药效。

祛风剂

1. 二皮归芍血风劳茶

〔组成〕五加皮5克，牡丹皮5克，赤芍5克，当归5克。

〔功效〕补气精，益血脉。

〔主治〕妇女经血闭阻，气精亏伤的血风劳。症见形容憔悴，肢体困倦，喘满虚烦，发热汗多。

〔服用方法〕将以上药物切成小碎块，置入茶杯内，倒入刚沸的开水，盖严杯盖，约隔15至20分钟即可服用。徐徐饮用，边饮边加开水。每日上午和晚上各泡服一剂。

〔注意事项〕饮茶期间，应多吃高蛋白食物，如蛋类、奶类、瘦肉类和水产类。

2. 二枝通络止痛茶

〔组成〕桑枝10克，桂枝5克，片姜黄5克，防风5克，川芎5克。

〔功效〕祛风通络止痛。

〔主治〕风湿之邪阻滞经络所致的痹证。症见全身关节酸痛，四肢拘急，麻木不仁，尤以上肢关节及肩臂为甚。

〔服用方法〕将以上药物切成小碎块，并置于茶杯内，倒入刚沸的开水，盖严杯盖，约隔15至20分钟即可服用。徐徐饮用，边饮边加开水。每日上午和下午各泡服一剂。

〔注意事项〕饮茶期间，应注意对肢体的防寒保暖并尽量避免接触冷水。

3. 川芎二活除痹茶

〔**组成**〕川芎 5 克，羌活 3 克，独活 3 克，薏苡仁 5 克。

〔**功效**〕胜湿止痛。

〔**主治**〕寒湿之邪阻滞经络的痹症。症见肢体关节疼痛重着，肌肤麻木不仁，腰背强痛，俯仰不便。

〔**服用方法**〕将川芎、羌活和独活切成小碎块，将薏苡仁捣碎，同时置入茶杯内，倒入刚沸的开水，盖严杯盖，约隔 15 至 20 分钟即可服用。徐徐饮用，边饮边加开水。每日上午和下午各泡服一剂。

〔**注意事项**〕饮茶期间，应注意对肢体的防寒保暖并尽量避免接触冷水。

4. 天麻川芎头痛茶

〔**组成**〕天麻 3 克，川芎 5 克。

〔**功效**〕祛风止痛。

〔**主治**〕肝风上扰清窍的血管神经性头痛。症见头昏头痛，甚者暴痛如裂，项强，肩背拘挛，嗜睡。

〔**服用方法**〕将以上药物切成小碎块，同时置入茶杯内，倒入刚沸的开水，盖严杯盖，约隔 15 至 20 分钟即可服用。徐徐饮用，边饮边加开水。每日上午和下午各泡服一剂。

〔**注意事项**〕饮茶期间，应保证足够的睡眠，并适当增加户外活动。

5. 天麻钩藤降压茶

〔**组成**〕天麻 3 克，钩藤 5 克，黄芩 5 克，牛膝 5 克。

〔**功效**〕平肝熄风降压。

〔**主治**〕肝阳上扰的高血压病。症见头晕目眩，头胀痛，口苦咽干，烦躁易怒，舌红，苔黄，脉弦数。

〔**服用方法**〕将天麻、黄芩和牛膝切成小碎块，与钩藤一起置入茶杯内，倒入刚沸的开水，盖严杯盖，约隔 15 至 20 分钟即可服用。徐徐饮用，边饮边加开水。每日上午和下午各服一剂。

〔**注意事项**〕饮茶期间，避免情绪激动，保证足够的休息并忌吃辛辣食物。

6. 木瓜风痹茶

〔**组成**〕木瓜 5 克，桂心 5 克，吴萸 3 克，牛膝 5 克，巴戟 5 克。

〔**功效**〕祛风除湿，散寒止痛。

〔主治〕风湿之邪客搏于经络的痹痛。症见手、足、腰疼痛不适，不能举动。

〔服用方法〕将吴萸砸碎，将其他药切成小碎块，同时置入茶杯内，倒入刚沸的开水，盖严杯盖，约隔 15 至 20 分钟即可服用。徐徐饮用，边饮边加开水。每日上午和下午各泡服一剂。

〔注意事项〕饮茶期间，应注意防寒保暖并尽量避免接触冷水。

7. 牛蒡荆防消风茶

〔组成〕牛蒡子 5 克，荆芥 5 克，防风 5 克，生地 5 克。

〔功效〕祛风止痒。

〔主治〕风邪郁闭腠理的各种瘙痒性皮肤病，如风疹，疥癣，湿疹等。

〔服用方法〕将牛蒡子砸碎，将防风和生地切成小碎块，与荆芥一起置入茶杯内，倒入刚沸的开水，盖严杯盖，约隔 10 至 15 分钟即可服用。徐徐饮用，边饮边加开水。每日上午和下午各泡服一剂。

〔注意事项〕饮茶期间，忌吃鱼、虾、辛辣和油腻食物。

8. 牛膝钩藤眩晕茶

〔组成〕牛膝 5 克，钩藤 5 克，白芍 5 克，生地 5 克。

〔功效〕滋补肝肾，平肝熄风。

〔主治〕肝肾阴虚，肝阳上亢的高血压病。症见头晕目眩，头痛欲裂，眼球胀痛，耳鸣耳聋，心悸烦躁，手指麻木。

〔服用方法〕将牛膝、白芍和生地切成小碎块，与钩藤一起置入茶杯内，倒入刚沸的开水，盖严杯盖，约隔 15 至 20 分钟即可服用。徐徐饮用，边饮边加开水。每日上午和下午各泡服一剂。

〔注意事项〕饮茶期间，应保证足够的休息，适当增加体育锻炼，避免过度的脑力劳动，保持情绪稳定，避免动怒生气并忌饮酒及吃辛辣食物。

孕妇忌用本药茶。

9. 白芍平肝降压茶

〔组成〕白芍 5 克，玄参 5 克，牛膝 5 克，钩藤 5 克。

〔功效〕平肝抑阳。

〔主治〕肝阴不足，肝阳上亢的高血压病。症见头胀痛，头晕眼花，耳鸣，心烦易怒。

〔服用方法〕将白芍、玄参和牛膝切成小碎块，与钩藤一起置入茶杯内，倒入刚沸的开水，盖严杯盖，约隔 15 至 20 分钟即可服用。徐徐饮用，边饮边加开水。

每日上午和下午各泡服一剂。

〔**注意事项**〕饮茶期间，应保证足够的休息，避免过度疲劳和过度用脑，保持情绪稳定并忌吃辛辣食品。

10. 瓜络通络风痹茶

〔**组成**〕丝瓜络5克，鸡血藤5克，防风5克，秦艽5克。

〔**功效**〕祛风通络。

〔**主治**〕风湿之邪阻滞经络的风痹。症见骨节疼痛，肌肉顽麻，手足拘急。

〔**服用方法**〕将鸡血藤，防风和秦艽切成小碎块，与丝瓜络一起置入茶杯内，倒入刚沸的开水，盖严杯盖，约隔10至15分钟即可服用。徐徐饮用，边饮边加开水。每日上午和下午各泡服一剂。

〔**注意事项**〕饮茶期间，应注意对肢体的防寒保暖并尽量避免接触冷水。

11. 老鹳寻骨历节茶

〔**组成**〕老鹳草5克，寻骨风5克，舒筋草5克，防己3克。

〔**功效**〕除湿通络，消肿止痛。

〔**主治**〕风湿热邪阻滞经络的历节风。症见四肢各关节疼痛，痛处红肿，手脚屈伸不利，骨节渐大。

〔**服用方法**〕将寻骨风和防己切成小碎块，与其他药一起置入茶杯内，倒入刚沸的开水，盖严杯盖，约隔10至15分钟即可服用。徐徐饮用，边饮边加开水。每日上午和下午各泡服一剂。

〔**注意事项**〕饮茶期间，应尽量避免接触冷水。

12. 寻骨桂枝寒痹茶

〔**组成**〕寻骨风5克，桂枝5克，细辛1克，麻黄2克。

〔**功效**〕祛风散寒，除痹止痛。

〔**主治**〕风湿寒邪阻滞经络的寒痹，症见四肢关节冷痛，遇寒加剧，得暖则舒，不红不肿。

〔**服用方法**〕将寻骨风和桂枝切成小碎块，与其他药一起置入茶杯内，倒入刚沸的开水，盖严杯盖，约隔10至15分钟即可服用。徐徐饮用，边饮边加开水。每日上午和下午各泡服一剂。

〔**注意事项**〕饮用期间，应注意对患肢防寒保暖，并尽量避免接触冷水。

本药茶只适于寒痹，不可用于热痹。

高血压患者慎用本药茶。

13. 防风蠲痹拈痛汤

〔组成〕防风 5 克，桂枝 3 克，知母 3 克，白芍 3 克。

〔功效〕祛风止痛，清热蠲痹。

〔主治〕风湿热邪痹阻经络的热痹证。症见全身重着不适，各关节红肿疼痛，行走不便，舌红，苔黄腻，脉滑数。

〔服用方法〕将以上药切成小碎块，置入茶杯中，倒入刚沸的开水，盖严杯盖，约隔 20 分钟左右即可饮用。一剂泡一次，一次饮完。早中晚各饮一剂。

〔注意事项〕饮药过程中，应避免接触冷水并忌吃生冷食品。

14. 苍菊天麻眩晕茶

〔组成〕苍耳 5 克，菊花 5 克，天麻 2 克。

〔功效〕疏风清热，平肝息风。

〔主治〕风邪上攻的美尼尔氏综合证。症见头晕，头痛，目眩，目暗，耳鸣，恶心欲吐，如坐舟船。

〔服用方法〕将苍耳砸碎，将天麻切成小碎块，与菊花一起置入茶杯内，倒入刚沸的开水，盖严杯盖，约隔 15 至 20 分钟即可服用。徐徐饮用，边饮边加开水。每日上午和下午各泡服一剂。

〔注意事项〕饮茶期间，饮食宜以清淡为主，忌吃油腻和辛辣食物。
本药茶不宜长饮久服，一般服用 2 至 3 天即可。

15. 杜仲天麻降压茶

〔组成〕杜仲 5 克，天麻 3 克，栀子 5 枚，白芍 5 克。

〔功效〕清肝养阴，平肝息风。

〔主治〕肝阴亏虚，肝阳上亢的高血压病。症见头胀痛欲裂，耳鸣耳聋，口苦心烦，急躁易怒，舌红，苔黄，脉弦数。

〔服用方法〕将栀子砸碎，将其他药切成小碎块，同时置入茶杯内，倒入刚沸的开水，盖严杯盖，约隔 15 至 20 分钟即可服用，徐徐饮用，边饮边加开水。每日上午和下午各泡服一剂。

〔注意事项〕本药茶宜凉饮，饮用期间，应保证足够的休息，避免过度的脑力劳动，注意保持情绪稳定，避免生气动怒并忌吃辛辣食物。

16. 杜仲防风痹痛茶

〔组成〕杜仲 5 克，狗脊 5 克，防风 5 克，秦艽 5 克。

〔功效〕补肾强筋，祛风通络。

〔主治〕肝肾虚损，风寒湿邪阻滞经络的痹证。症见腰脊酸痛，项背强痛，四肢关节疼痛，活动不利。

〔服用方法〕将以上药物切成小碎块，并置入茶杯内，倒入刚沸的开水，盖严杯盖，约隔15至20分钟即可服用。徐徐饮用，边饮边加开水。每日上午和下午各泡服一剂。

〔注意事项〕本药茶宜热饮。

本药茶不适于治疗风湿热痹。

17. 陈皮天麻眩晕茶

〔组成〕陈皮5克，茯苓5克，天麻3克，白术5克。

〔功效〕运脾燥湿，消痰止晕。

〔主治〕脾虚不运，痰湿上泛的眩晕证。症见头晕目眩，如坐舟船，耳鸣，恶心欲吐，胸膈痞塞。

〔服用方法〕将以上药物切成小碎块，同时置入茶杯内，倒入刚沸的开水，盖严杯盖，约隔15至20分钟即可服用。徐徐饮用，边饮边加开水。每日上午和下午各饮一剂。

〔注意事项〕饮茶期间，饮食宜以清淡为主并忌吃油腻食物。

18. 刺蒺藜降压清眩茶

〔组成〕刺蒺藜5克，钩藤5克，牛膝5克。

〔功效〕平肝潜阳，降压清眩。

〔主治〕肝阳上亢的高血压病。症见头痛，头胀，眩晕，心烦，失眠。

〔服用方法〕将刺蒺藜砸碎，将牛膝切成小碎块，与钩藤一起置入茶杯内，倒入刚沸的开水，盖严杯盖，约隔10至15分钟即可服用。徐徐饮用，边饮边加开水。每日上午和下午各泡服一剂。

〔注意事项〕饮茶期间，避免情绪激动，应保证足够的休息并忌吃辛辣食物。

19. 罗布麻叶降压茶

〔组成〕罗布麻叶3克，钩藤5克，夏枯草5克，菊花5克。

〔功效〕清肝火，平肝阳。

〔主治〕肝阳上亢的高血压病。症见头痛，头晕，头胀，目眩，耳鸣，烦躁，易怒。

〔服用方法〕将以上药物置入茶杯内，倒入刚沸的开水，盖严杯盖，约隔15至

20 分钟即可服用。徐徐饮用，边饮边加开水。一般每日上午泡服一剂，严重时下午加泡服一剂。

〔注意事项〕饮茶期间，避免情绪激动，应保证足够的休息并忌吃辛辣食物。

20. 草决钩藤眩晕茶

〔组成〕草决明 5 克，菊花 5 克，钩藤 5 克，夏枯草 5 克。

〔功效〕平肝息风，清利头目。

〔主治〕肝阳上亢的高血压。症见头晕目眩，头胀眼胀，心烦易怒，失眠多梦，舌红，脉弦。

〔服用方法〕将以上药物置入茶杯内，倒入刚沸的开水，盖严杯盖，约隔 10 至 15 分钟即可服用。徐徐饮用，边饮边加开水。每日上午和下午各饮一剂。

〔注意事项〕饮茶期间，应保持精神乐观和情绪稳定，切忌发怒。同时忌饮酒与吃辛辣食物。

21. 钩藤清肝降压茶

〔组成〕钩藤 10 克，桑叶 5 克，栀子 5 克，白芍 5 克。

〔功效〕清肝平肝。

〔主治〕肝热上扰，肝阳上亢的高血压病。症见头晕头胀，目眩目胀，口苦口干，心烦性急，舌红，脉弦。

〔服用方法〕将栀子砸破，将白芍切成小碎块，与其他药一起置入茶杯内，倒入刚沸的开水，盖严杯盖，约隔 10 至 15 分钟即可服用。徐徐饮用，边饮边加开水。每日上午和下午各泡服一剂。

〔注意事项〕饮茶期间，应保证足够的休息睡眠。

22. 秦艽天麻痹痛茶

〔组成〕秦艽 5 克，天麻 3 克，当归 5 克，川芎 5 克，羌活 3 克。

〔功效〕祛风散寒，通络除痹。

〔主治〕风湿寒邪阻滞经络的着痹。症见四肢骨节疼痛，全身重着，行走不利，遇寒即发，得暖则缓。

〔服用方法〕将以上各药物切成小碎块，置入茶杯内，倒入刚沸的开水，盖严杯盖，约隔 15 至 20 分钟即可服用。徐徐饮用，边饮边加开水。每日上午和下午各泡服一剂。

〔注意事项〕饮茶期间，应注意对患肢的防寒保暖并尽量避免接触冷水。

本药茶适用于寒湿痹痛，不适用于热痹证。

23. 桂枝忍冬热痹茶

〔组成〕桂枝5克，忍冬藤5克，知母3克，赤芍5克，白芍5克。

〔功效〕清热活血，通络止痛。

〔主治〕风湿热邪痹阻经络的热痹。症见全身关节疼痛发热红肿，甚者变形，全身微发热，口干口渴。

〔服用方法〕将知母、赤芍和白芍切成小碎块，与其他药一起置入茶杯内，倒入刚沸的开水，盖严杯盖，约隔15至20分钟即可服用。徐徐饮用，边饮边加开水。每日上午和晚上各泡服一剂。

〔注意事项〕饮茶期间，应注意对肢体防寒保暖，尽量避免接触冷水。

凡寒湿之痹证，忌用本药茶。

24. 夏枯黄芩降压茶

〔组成〕夏枯草5克，野菊花3克，黄芩3克。

〔功效〕清热泻火，平肝祛风。

〔主治〕肝阳上亢或肝火上升的高血压。症见头痛头晕，目眩耳鸣，烦躁性急，口苦咽干，舌红，苔黄，脉弦数。

〔服用方法〕将黄芩切成小块，与其他药一起置入茶杯内，倒入刚沸的开水，盖严杯盖，约隔15至20分钟左右即可服用。徐徐饮用，边饮边加开水，直至药味清淡。每日上午服一剂。

〔注意事项〕饮茶期间，应保持情绪稳定和精神乐观，忌饮酒，少吃辛辣燥火的食物。

25. 黄芪桂枝血痹茶

〔组成〕黄芪5克，桂枝5克，白芍5克，生姜3克，大枣3枚。

〔功效〕补气，行血，通痹。

〔主治〕营卫气血不足的血痹虚劳。症见肌肉顽麻，痹痛不仁，肢体屈伸不利，腰膝俯仰不能。

〔服用方法〕将以上药物切成小碎块，并置入茶杯内，倒入刚沸的开水，盖严杯盖，约隔15至20分钟即可服用。徐徐饮用，边饮边加开水。每日上午和下午各泡服一剂。

〔注意事项〕饮茶期间，应注意对肢体防寒保暖，尽量避免接触冷水。

26. 菊藤平肝止痛茶

〔组成〕菊花5克，钩藤5克，生地5克，白芍3克。

〔功效〕平肝熄风，滋阴降火。

〔主治〕阴虚火旺，肝风内动的高血压头痛。症见头痛头胀，目眩眼花，心烦易怒，失眠多梦，舌红，脉弦。

〔服用方法〕将生地和白芍掰成小碎块，与其他药一起置于茶杯内，倒入刚沸的开水，盖严杯盖，约隔15至20分钟即可服用。徐徐饮用，边饮边加开水，直到药味清淡。每日上午饮一剂。

〔注意事项〕如患者病情严重，在下午加服一剂。饮茶期间，应保证足够的休息睡眠，避免过度疲劳并保持情绪稳定。

27. 槐菊夏枯眩晕茶

〔组成〕槐花3克，菊花5克，夏枯草10克。

〔功效〕清肝泄火。

〔主治〕肝火上扰的高血压病。症见头晕目眩，耳鸣耳聋，脑鸣，口苦，烦躁，情急易怒，舌红，脉弦数。

〔服用方法〕将以上药物置入茶杯内，倒入刚沸的开水，盖严杯盖，约隔10至15分钟即可服用。徐徐饮用，边饮边加开水。每日上午和下午各泡服一剂。

〔注意事项〕饮茶期间，应保证足够的休息，避免过度的脑力劳动，适当从事体力劳动，避免情绪激动并忌吃辛辣油腻食物。

28. 蔓荆疏风羞明茶

〔组成〕蔓荆子5克，白蒺藜5克，甘草3克。

〔功效〕疏风清热，凉肝明目。

〔主治〕风热上攻眼目的眼结膜炎。症见目赤肿痛，涩胀泪多，羞明畏光。

〔服用方法〕将以上药物切碎并置入茶杯内，倒入刚沸的开水，盖严杯盖，约隔15至20分钟即可服用。徐徐饮用，边饮边加开水。每日上午和下午各泡服一剂。

〔注意事项〕饮茶时，可将患眼置于杯口上，让药液的蒸汽熏蒸患眼，这样有利于患眼的康复。

29. 豨地风湿茶

〔组成〕豨莶草5克，地梧桐5克。

〔功效〕祛风除湿，通络止痛。

〔主治〕风湿之邪凝滞筋脉的痹痛。症见腰膝酸软，肢体麻木，骨节疼痛，不能屈伸，步履艰难，难以俯仰。

〔服用方法〕将以上药物置入茶杯内，倒入刚沸的开水，盖严杯盖，约隔15至

20 分钟即可服用。徐徐饮用，边饮边加开水。每日上午和下午各泡服一剂。

〔注意事项〕饮茶期间，应注意对肢体的防寒保暖，并尽量避免接触冷水。

30. 豨莶五加中风茶

〔组成〕豨莶草 5 克，五加皮 5 克，当归 5 克，防风 5 克，红花 3 克。

〔功效〕通经活络，强健筋骨。

〔主治〕风中经络的脑血管意外的后遗症。症见口眼歪斜，语言蹇涩，半身不遂。

〔服用方法〕将五加皮，当归和防风切成小碎块，与其他药一起置入茶杯内，倒入刚沸的开水，盖严杯盖，约隔 15 至 20 分钟即可服用，徐徐饮用，边饮边加开水。每日上午和下午各泡服一剂。

〔注意事项〕饮茶期间，配合针灸治疗，则疗效更佳。

31. 蝉藤平息夜啼茶

〔组成〕蝉蜕 5 克，钩藤 5 克。

〔功效〕平肝熄风，清心安神。

〔主治〕肝火上扰心神所致的小儿夜蹄证。症见小儿夜啼，啼声洪亮，唇红，囟门饱满。

〔服用方法〕将以上药物撕成小碎块，置入茶杯内，倒入刚沸的开水，盖严杯盖，约隔 15 分钟即可服用。一剂泡一次，加少量白糖以调其味，徐徐让患儿饮用。每日上午、下午和晚上睡前各饮一剂。

〔注意事项〕本药茶适用于肝火上扰心神的夜啼，对心气不足的夜啼疗效较差。

32. 藁独天芎通痹茶

〔组成〕藁本 5 克，独活 5 克，天麻 2 克，川芎 5 克。

〔功效〕祛风通络，蠲痹止痛。

〔主治〕寒湿或风湿之邪痹着经络所致的痹痛证。症见全身骨节疼痛，屈伸不利，肌肤麻木。

〔服用方法〕将以上药物切成小碎块，并置入茶杯内，倒入刚沸的开水，盖严杯盖，约隔 15 至 20 分钟即可服用。徐徐饮用，边饮边加开水。每日上午泡服一剂。

〔注意事项〕凡风湿热痹忌用本药茶。